中国石油化工股份有限公司天然气分公司系列培训教材

液化天然气接收站运行技术

中石化天津液化天然气有限责任公司◎编

中国石化出版社
·北京·

内 容 提 要

本书是由中石化天津液化天然气有限责任公司组织编写的 LNG 接收站培训教材，包含了液化天然气技能员工从初级工到高级技师、基层技术和管理人员应掌握的理论基础、操作技能和相关知识，内容涵盖 LNG 接收站工艺、机械、电气、仪表、港务及计量分析相关基础知识。

本书可作为 LNG 接收站操作工、专业技术人员、管理人员应知应会教材。本书内容基于国内大多数 LNG 接收站建设、运行情况，可能存在表述不够清晰或内容不全面之处，希望读者批评指正。

书中所列具体工艺参数，若无特殊说明均以天津 LNG 接收站为例。

图书在版编目(CIP)数据

液化天然气接收站运行技术 / 中石化天津液化天然气有限责任公司编．--北京：中国石化出版社，2025．4．--(中国石油化工股份有限公司天然气分公司系列培训教材)．-- ISBN 978-7-5114-7852-8

Ⅰ．TE82

中国国家版本馆 CIP 数据核字第 20255SG397 号

中国石化出版社出版发行

地址：北京市东城区安定门外大街 58 号

邮编：100011　电话：(010)57512446

发行部电话：(010)57512575

http://www.sinopec-press.com

E-mail：press@sinopec.com

宝蕾元仁浩(天津)印刷有限公司印刷

全国各地新华书店经销

*

787 毫米×1092 毫米 16 开本 19.25 印张 452 千字

2025 年 4 月第 1 版　2025 年 4 月第 1 次印刷

定价：128.00 元

中国石油化工股份有限公司天然气分公司
系列培训教材

编委会

《液化天然气接收站运行技术》
编委会

序

近年来，液化天然气(LNG)作为重要的清洁能源正以前所未有的速度改变着全球及我国的能源格局。从2006年我国大陆引入LNG开始，到如今我国已成为全球最大的LNG进口国，31座接收站的建设投用，8000万吨左右的资源年进口量，不仅见证了我国能源结构的调整，也彰显了我们对清洁能源、低碳生活的不懈追求。在此背景下，中石化天津液化天然气有限责任公司编纂了《液化天然气接收站运行技术》，无疑为推动我国LNG接收站的专业化、规范化管理，提升行业整体运营水平，具有里程碑式的意义。

在本书即将出版之际，应编写组邀请，作为一名在LNG耕耘多年的老同志和LNG行业发展的见证者，略作二三寄语，聊表对我国及中国石化LNG发展历程的艰辛体会，对编者同志们的感谢，以及对LNG行业未来的祝福！

回望过去，中国石化LNG接收站起步于2005年，从珠海到青岛，从天津到北海，再一路拓展到舟山、烟台、潮州，我们在摸索中不断学习，从技术引进到消化吸收，从全套进口到"六化"标准，从孤岛荒滩到罐塔林立，我们的每一步都充满了挑战。尤其是天津液化公司，我在2012年受命担任天津LNG项目部经理，带领总计不到40人、其中新毕业大学生22人的团队，面对无路无水无电无地基的外部环境，开始了天津LNG的创业之路，历时6年前期审批、地基处理、工程建设，最终在2018年建成了当时国产化程度达到90%的大型接收站，并一次顺利完成投产，创造了最快靠离泊、最快槽车外运等多项国内纪录。

投产后，我感到最大的问题是如何将项目管理人员转变为优秀的生产管理者，因此我们启动了天津LNG全员培训三年计划，编制了一批教材课件、总结了一系列方法思路，这也为本教材的编写奠定了基础。我还发现随着LNG行业规模的不断扩大，技术工艺的日益复杂，对从业人员的专业素养和管理能力也提出了更高的要求。在这种情况下，一套系统、全面、实用的培训教材就显得尤为重要，不仅能够帮助新员工快速掌握岗位技能，提升工作效率，更能够为老员工提供知识更新的平台，促进个人与企业的共同发展。这本教材正是响应了这样的需求。

教材从LNG行业的概况、工艺流程、设备设施、生产管理、安全管理等方面进行了深入剖析和详细阐述，特别注重实用性和可操作性，通过大量实操指导和图表说明，使读者能够轻松上手、学以致用。

在此，我要特别感谢所有参与这本教材编写工作的同志们，你们将无私的分享、宝贵的经验、坚韧的精神注入其中。同时，我也要感谢长期以来关心和支持我国及中国石化LNG接收站建设与发展的各级领导、专家学者以及广大同仁，正是大家的共同努力和不懈奋斗，才使得LNG事业取得了今天的辉煌成就。

展望未来，随着全球能源结构的进一步调整和清洁能源的快速发展，LNG在我国能源体系中的地位将越来越重要。我们有理由相信，在全体LNG从业者的共同努力下，我国LNG接收站事业必将迎来更加美好的明天。《液化天然气接收站运行技术》的出版，无疑将为这一伟大事业提供有力的人才保障和智力支持。

能源之光，照亮未来；教材为基，铸就辉煌。让我们携手共进，以更加饱满的热情和更加坚定的步伐，推动中国石化LNG及我国LNG事业不断向前发展，为实现中华民族伟大复兴的中国梦贡献我们的力量！

前　言

液化天然气(Liquefied Natural Gas)，本书简称LNG，是天然气经净化处理、压缩降温，得到的-165℃液态形式的天然气，因其脱除了N_2、CO_2、硫化物及固体杂质，被称为最洁净的化石能源，故越来越受到世界各国的青睐。

自2006年6月深圳大鹏LNG接收站投产以来，经国内同行的共同努力，2023年中国成为世界上最大的LNG进口国。中国石油化工股份有限公司天然气分公司(以下简称天然气分公司)先后建成投产了青岛、北海、天津、温州、华瀛等LNG接收站，其中天津LNG接收站更是中国石化第一个“自主设计、自主采购、自主施工、自主开车、自主运营”的LNG接收站，并于2021年12月29日成为国内首座“双泊位”运行的LNG接收站，2023年11月，该站9座LNG储罐全部投产，LNG储罐容量达到126万立方米，总储气能力达10.8亿立方米。2024年10月，建成投用了国内首座冷热能互换站，年处理能力超260万吨，是我国首次实现LNG接收站与大型石化产品生产装置之间能量耦合，对进一步促进能源绿色低碳转型具有重要示范意义。

《液化天然气接收站运行技术》的编纂以天然气分公司多年积累的内部培训资源为基础，系统整合了各单位职工培训教材、标准化岗位练兵手册、岗能匹配方案及技能鉴定题库等核心资料。为确保内容的专业性与实用性，天然气分公司组建了由基层技术骨干与行业专家构成的专业审核团队，始终秉持“立足基础理论、服务基层实践、夯实操作技能”三大原则，精心打磨书稿内容。

在编纂过程中，项目团队多次召开专家审核会议，对全书内容进行全方位、多层次的深度研讨。从大纲框架的整体规划，到具体技术细节的修订完善；从专业原理的严谨推敲，到实际操作流程的模拟推演；再到故障诊断排查的方法验证，甚至标点符号的规范使用，每个环节都经过反复比较、再三斟酌，力求精益求精。

为提升书籍的可读性与实用性，书中特别配置了大量生动直观的插图，帮助读者快速理解复杂的设备构造与工艺流程；设计了简明易懂的计算例题，便于读者掌握关键技术参数的计算方法；同时引入了丰富翔实的典型实例，通过真实案例分析，为读者提供更具参考价值的实践经验，有效增强了阅读体验与学习效果。

本书包含七篇，共三十九章。

第一篇基本概念：第一章 LNG 产业链简介；第二章天然气性质及特性；第三章 LNG 性质及特性。

第二篇 LNG 接收站：第一章工艺流程介绍；第二章 LNG 储罐；第三章主要设备。

第三篇 LNG 接收站相关系统：第一章 LNG 运输船型与接卸；第二章 LNG 装车系统；第三章供电系统；第四章自控系统；第五章海水系统；第六章电信系统；第七章消防系统；第八章公用系统。

第四篇 LNG 接收站计量分析：第一章液化天然气计量；第二章天然气计量；第三章化验分析设备；第四章 CNAS 认可。

第五篇 LNG 接收站投产：第一章码头投产；第二章 LNG 储罐投产；第三章工艺系统投产。

第六篇 LNG 接收站生产管理：第一章调度机构；第二章调度运行模式及工作原则；第三章生产计划管理；第四章生产方案管理；第五章生产监控管理；第六章生产技术管理；第七章生产信息管理；第八章生产协调；第九章作业管理；第十章异常管理；第十一章应急管理；第十二章能耗管理；第十三章投产管理；第十四章调度令管理；第十五章考核管理。

第七篇 LNG 接收站新技术应用：第一章冷能利用；第二章薄膜储罐；第三章智能化。

在本书编撰过程中，承蒙各级领导悉心指导、行业专家倾囊相助，以及设备领域专业人士大力支持。在此，笔者向所有关心本书创作、给予帮助的同仁致以诚挚的感谢！

鉴于编者学识与经验有限，书中内容或许存在疏漏和不足之处。敬请广大读者不吝赐教，提出宝贵意见与建议，助力本书在后续修订中日臻完善。

目　录

第一篇　基本概念

第二篇　LNG 接收站

第三篇　LNG 接收站相关系统

第四篇　LNG 接收站计量分析

第五篇　LNG 接收站投产

第六篇　LNG 接收站生产管理

第七篇　LNG 接收站新技术应用

第一篇 基本概念

第一章 LNG 产业链简介

第一节 LNG 产业概述

人类发现天然气的历史很久远，但直到 20 世纪初天然气产业才逐渐形成于美国和欧洲。整个 19 世纪和 20 世纪初，天然气主要用于街道照明、家庭取暖和烹饪。随着科技进步和新技术的产生，天然气使用的安全性和输送的便利性得到改善，使得天然气产业扩展到发电、天然气化工和液化天然气(Liquefied Natural Gas，简称 LNG)。

LNG 的产业发展已经历百年，商业化运营也超过了 60 余年。1914 年美国批准了全球首个 LNG 处理和运输专利；1917 年世界首座液化天然气工厂在美国建立；1942 年英国首次完成货车和巴士 LNG 动力系统改装；1955 年壳牌发起船运 LNG 项目，并于 1959 年建成全球首艘 LNG 运输船“甲烷先锋”号；1961 年全球首个 LNG 长约签署，英国和阿尔及利亚签订合同从 1965 年开始每年交易 100 万 t LNG；1968 年美国向日本出口 LNG，完成亚洲首次 LNG 商业运作，同年文莱成为亚洲第一个液化天然气生产国，生产的 LNG 出口日本；1984 年日本成为全球最大的 LNG 进口国，全世界 72% 的 LNG 被日本购买，其中 75% 用于发电；1986 年韩国完成首次 LNG 进口，交易国印度尼西亚。

从我国来看，从 20 世纪 90 年代始于台湾，随后在大陆沿海快速发展，20 余年来已成为全球最大的 LNG 进口国。1990 年我国台湾地区开始从印度尼西亚进口 LNG；2001 年我国首座天然气液化装置在中原油田投用；2004 年国家发改委启动了 LNG 接收站布局工作，共 10 座接收站(中国石化 3 座、中国石油 3 座、中国海油 4 座)；2006 年广东大鹏 LNG 接收站建成运营；2011 年三大石油公司开启 LNG 国产化进程，搭建自主化平台、扶持国内制造业，开展深冷高压装备研发；2014 年中国石化青岛 LNG 接收站建成运营；2018 年中国石化天津 LNG 接收站建成运营，天津接收站除低温动设备外基本实现全部主材主设备国产化；2021 年我国大陆进口 LNG 7930 万 t，超越日本成为全球第一大进口国。截至 2024 年，我国大陆已建 LNG 接收装置能力 1.1 亿 t，预计到 2030 年有望超过 2 亿 t。

第二节 我国的天然气资源禀赋与 LNG 产业需求

天然气作为清洁、高效的能源形式，在全球能源消费结构中占据越来越重要的地位。我国作为全球最大的能源消费国，天然气资源的禀赋以及液化天然气(LNG)的需求状况，对于国家能源安全和经济发展具有深远的影响。

一、资源禀赋

资源量与分布。我国天然气资源总量虽然庞大，但人均资源量相对较低。天然气资源主要分布在西部和北部地区，如新疆、内蒙古、四川等地，这些地区的地质构造复杂，开采难度大，成本相对较高。而东部沿海和经济发达地区的天然气资源相对较少，这使得天然气供应存在地域不均衡的问题。

开采难度与成本。我国大部分天然气资源蕴藏在复杂的地质环境中，如高寒、高山、沙漠等恶劣自然条件区域，这无疑增加了开采的难度和成本。同时，随着开采的深入，勘探和开采的成本也在逐渐上升。

非常规天然气的开发。近年来，我国也在积极探索非常规天然气的开发，如页岩气、煤层气等，这些资源的开发有助于缓解常规天然气供应的压力。同时，非常规天然气的开采技术相对复杂，且对环境的影响也需要进一步评估。

二、LNG 贸易的需求与风险

经济增长与能源消费结构转型。随着我国经济的快速增长和工业化、城市化的推进，能源消费总量持续增长。同时，为了应对气候变化和环境污染问题，我国正积极推动能源消费结构的转型，大力发展清洁能源。天然气作为清洁能源的重要组成部分，其需求量自然也随之增长。

LNG 进口的增长趋势。由于国内天然气资源的有限性，我国不得不依赖进口来满足日益增长的需求。LNG 作为天然气的一种液态形式，便于运输和储存，因此成为我国进口天然气的主要方式之一。近年来，我国 LNG 进口量持续增长，对外依存度逐年攀升。

价格波动与市场风险。LNG 价格受国际油气市场价格波动的影响较大。国际油气市场的供求关系、地缘政治因素以及投机行为等都可能导致 LNG 价格的剧烈波动。这种价格波动给我国的 LNG 进口带来了市场风险和经济压力。因此，我国需要密切关注国际油气市场的动态，制定合理的进口策略降低市场风险。

基础设施建设与能源安全。为了适应 LNG 需求的增长并保障能源安全，我国加快了 LNG 接收站、储气设施以及输送管道等基础设施的建设步伐。这些基础设施的完善不仅提高了我国 LNG 的接收和储存能力，还为保障能源供应的稳定性和安全性提供了有力支撑。与此同时，我国还在积极推动多元化能源供应策略的实施，以降低对外部资源的依赖风险。

第三节　LNG 接收站的发展

一、LNG 接收站现状

随着全球能源结构的转变和对清洁能源需求的增加，液化天然气（LNG）作为一种高效、清洁的能源形式，在世界能源市场中的地位日益凸显。LNG 接收站作为 LNG 产业链的重要环节，其建设和发展对于满足能源需求、保障能源安全具有重要意义。

全球范围内，LNG 接收站的数量和容量都在稳步增长。根据国际燃气联盟的报告，近年来全球已投运的 LNG 接收站数量持续增加，总容量也在不断扩大，截至 2023 年年底，全球 LNG 接收站已超过 140 座，总容量超过 9 亿 t/a。这一趋势反映了全球对 LNG 能源需求的持续增长以及各国在能源多元化战略上的考量。尤其是中国、日本及韩国在 LNG 接收站的建设和容量方面都位居全球前列，显示出 LNG 能源利用、能源安全等方面的重要地位。

随着我国对清洁能源的大力推广和能源消费结构的优化，LNG 接收站的建设也进入了快速发展阶段。近年来，我国 LNG 接收站规模不断扩大，进口能力持续增长。截至 2024 年，我国已建成投用 LNG 接收站 31 座(含台湾地区 2 座)，不仅为下游客户提供了优质的能源服务，同时也有力地保障了国家的能源安全。

二、LNG 接收站的工艺流程及构成

一般来说，LNG 接收站的工艺流程可以划分为：LNG 接卸、LNG 储存、BOG 处理、LNG 增压气化、计量外输、液体装车 6 个部分，以及火炬、仪表风、消防等配套的辅助生产设施。

总的流程是：LNG 远洋运输船在 LNG 专用码头靠泊，码头工作平台上的 LNG 卸料臂与 LNG 运输船相连接，从 LNG 运输船接卸的 LNG 通过管道输送到储罐内储存。储罐内的 LNG 经罐内低压泵升压后进入外输高压泵进一步升压，升压后的 LNG 进入气化器加热气化，气化后的高压天然气经计量后，通过输气干线输出外销至目标市场；有液体外销需求的，则通过罐内低压泵装车外输。同时，储罐、装置内产生的蒸发气(BOG)通过回收及再冷凝，返回储罐中。

本书的后续篇章将对上述流程进行详细的介绍。

三、LNG 接收站的分类

按照功能定位区分，LNG 接收站可划分为基本负荷型、调峰型、储备型三类。

(1)基本负荷型。主要承担长期稳定的天然气供应任务。这类接收站通常具有较大的储存和气化能力，以满足下游用户持续不断的天然气需求。一般配备有大型的 LNG 储罐和高效的气化设施，确保天然气的稳定输出。基本负荷型接收站是天然气供应体系中的主力，对于保障城市或区域的能源供应起到关键作用。

(2)调峰型。主要是为了应对天然气需求的波动而设计的。在天然气消费量高峰时段，这类接收站能够快速增加气化量，以满足突发的高需求。它们通常具有灵活的气化能力和储存设施，以便在需要时迅速调整输出量。调峰型接收站在保障天然气季节供应的稳定性方面发挥着重要作用。

(3)储备型。主要侧重于天然气的战略储备和应急供应。这类接收站通常拥有大量的储存容量，用于在特殊情况下(如自然灾害、供应中断等)提供紧急天然气供应。储备的 LNG 可以在必要时迅速转化为气态天然气以应对紧急情况，同时可探索作为期货仓等金融工具开展储存能力经营。

第二章 天然气性质及特性

第一节 概述与分类

天然气是一种存在于油田、天然气田和煤层的气态化石燃料，主要成分是甲烷，其次是乙烷、丙烷、丁烷、戊烷以及微量的重碳氢化合物和其他气体，如：氮气、氢气、硫化氢、一氧化碳、二氧化碳、水、有机硫等。《天然气》(GB 17820—2018)中规定，天然气按高位发热量、总硫、硫化氢和二氧化碳等分为一类和二类，其质量要求见表1－2－1。《进入天然气长输管道的气体质量要求》(GB/T 37124—2018)，其质量要求见表1－2－2。

表1－2－1 天然气质量要求

项目	一类	二类
高位发热量[a,b]/(MJ/m^3)	≥34.0	≥31.4
总硫(以硫计)[a]/(mg/m^3)	≤20	≤100
硫化氢[a]/(mg/m^3)	≤6	≤20
二氧化碳摩尔分数/%	≤3.0	≤4.0

注：[a]本标准中使用的标准参比条件是101.325kPa，20℃。

[b]高位发热量以干基计。

表1－2－2 进入天然气长输管道的气体质量要求

项目		指标
高位发热量[a,b]/(MJ/m^3)	≥	34.0
总硫(以硫计)[a]/(mg/m^3)	≤	20
硫化氢[a]/(mg/m^2)	≤	6
二氧化碳摩尔分数/%	≤	3.0
一氧化碳摩尔分数/%	≤	0.1
氢气摩尔分数/%	≤	3.0
氧气摩尔分数/%	≤	0.1
水露点[c,d]/℃	≤	水露点应比输送条件下最低环境温度低5℃

注：[a]本标准中气体体积的标准参比条件是101.325kPa，20℃。

[b]高位发热量以干基计。

[c]在输送条件下，当管道管顶埋地温度为0℃时，水露点应不高于－5℃。

[d]进入天然气长输管道的气体，水露点的压力应是进气处的管道设计最高输送压力。

第二节 天然气的一般特性

天然气主要成分为甲烷(其分子式为 CH_4)，是一种无色、无味、无毒且无腐蚀性的气体。在标准状况下，其密度为0.75～0.8kg/m^3(相对空气密度为0.60～0.63)，一个标准大气压下沸点为－166～－157℃，临界温度约为－82.5℃。天然气的热值较高，1m^3 天然气燃烧后发出的热量是同体积的人工煤气(如焦炉煤气)的两倍多，即35.6～41.9MJ/m^3。如果天然气含较多硫化氢，则会对人体有毒害作用；如果天然气燃烧不完全，也会产生一氧化碳等有毒气体。

第三节 天然气的储存和运输

一、天然气的储存

天然气的主要储存方式包括地下储气库和液体储存等。

二、天然气的运输

天然气一般是通过管道和液化气船等方式进行运输。其中，液化天然气是将天然气液化，减少了运输成本，并放宽了运输路线限制。通过采用高效的海运和陆运方式，实现天然气的远程跨越。

第四节 天然气的危险特性

一、天然气的易燃易爆特性

天然气是一种碳氢化合物，具有易燃易爆特性。它与空气或氧气混合，浓度达到5%～15%，遇到明火就会发生爆炸。

二、天然气的有毒特性

天然气中含有硫化氢等有毒物质，浓度达到一定程度时会对人体造成伤害，因此在使用天然气时要确保通风良好，避免长时间暴露在高浓度的天然气环境中。

三、天然气的高压特性

天然气在运输和储存过程中是以高压状态存在的，如果发生泄漏，可能会造成火灾或爆炸等严重后果。因此接收站在进行天然气外输时需要注意上载压力，做好配套的安全措施，确保气体的安全储运。

第五节 天然气的应用价值

在“双碳”目标政策驱动下，天然气作为清洁低碳的化石能源，承担着国家能源结构转型期间保障能源安全的使命，在推动能源绿色低碳转型，在工业、民用、电力等多领域发挥着巨大的作用。

(1)城市燃气。随着人民生活水平的提高及环保意识的增强，大部分城市对天然气的需求明显增加。天然气作为民用燃料的经济效益也大于工业燃料，以工业带动民用，渐进地稳步发展民用天然气，将是我国天然气利用的极佳方向。

(2)工业燃料。天然气可以作为锅炉燃烧、火炬长明灯、燃气轮机的燃料气，具有缓解能源紧缺、提高燃烧效率、减少环境污染的优势。

(3)化工原料。天然气通过净化分离和裂解、蒸汽转化、氧化、氯化、硫化、硝化、脱氢等反应可制成合成氨、甲醇及其加工产品(甲醛、醋酸等)、乙烯、乙炔、二氯甲烷、四氯化碳、二硫化碳、硝基甲烷等。天然气是制造氮肥的最佳原料，具有投资少、成本低、污染少的优点。

(4)热力发电。天然气在热力发电中有着重要的作用，其中利用一些先进技术，如燃气轮机、燃气内燃机、燃气燃烧锅炉等进行发电。相比传统的热电厂，天然气发电具有效率高、环保、稳定等优点。

第三章 LNG性质及特性

第一节 概念与分类

LNG是天然气经过净化(脱水、脱烃、脱酸性气体等)后超低温液化的产物，被公认是地球上最干净的化石能源。主要成分是甲烷，并可能含有少量的乙烷、丙烷、丁烷、氮等其他组分。《液化天然气》(GB/T 38753—2020)中规定，LNG按甲烷含量和高位体积发热量分为贫液类、常规类和富液类三个类别(表1－3－1)。

表1－3－1 LNG的分类及质量要求

项 目	贫液类	常规类	富液类
甲烷摩尔分数/%	>97.5	86.0～97.5	75.0～<86.0
C_{4+}烷烃摩尔分数/%	≤2		
二氧化碳摩尔分数/%	≤0.01		
氮气摩尔分数/%	≤1		
氧气摩尔分数/%	≤0.1		
总硫(以硫计)[a]/(mg/m^3)	≤20		
硫化氢含量[a]/(mg/m^3)	≤3.5		
高位体积发热量[a]/(MJ/m^3)	≥37.0且<38.0	≥38.0且≤42.4	>42.4

注：[a] 本标准中使用的计量参比条件是101.325kPa，20℃，燃烧参比条件是101.325kPa，20℃。

第二节 LNG的一般特性

LNG是一种常压、无色、无味、无毒且无腐蚀性的液体，主要的物性参数如下：

(1)沸点：在一个大气压下为－166～－157℃。

(2)密度：通常在420～470kg/m^3。

(3)临界温度：气液临界温度约为－82.5℃。

(4)高位发热值：≥37.0MJ/m^3。

LNG作为一种低温液体储存于大型绝热储罐中。任何传入储罐的热量都会导致部分液体蒸发为气体，这部分气体称为蒸发气(Boil Off Gas，简称BOG)。当LNG蒸发时，氮气和甲烷先气化，剩余液体中摩尔质量较大的烃类含量增大，因此蒸发气的组成取决于液体的组分。

第三节 LNG的危险特性

一、LNG的低温特性

绝大多数普通建造材料在极低温度条件下，会因脆性断裂而失效，尤其是碳钢的抗断裂韧性在LNG温度下(－166～－157℃)很低，造成管材、焊缝、管件受损产生泄漏；如果LNG泄漏，皮肤与LNG或蒸发气接触时，可造成类似于灼伤的皮肤起泡现象。

二、LNG的易蒸发扩散特性

LNG与其他液体性质相同，当压力降至其沸点压力以下时，例如流过阀门后，部分液体就会蒸发。由于泄漏的LNG最初蒸发时产生的气体温度接近液体温度，其密度大于环境空气密度，因此气体沿地面形成一个流动层，并从环境中吸收热量，同时将周围的环境空气冷却，当气体的温度上升至－113℃时，便形成了密度小于空气的云团并开始向上运动。

三、LNG的易燃易爆特性

根据《石油天然气工程设计防火规范》(GB 50183—2004)，LNG为甲A类火灾危险物质，气化后的天然气属于甲B类可燃气体，易燃易爆，在空气中爆炸浓度为5%～15%。由于LNG的易蒸发扩散特性，蒸气云的边缘在达到爆炸极限范围时，遇到明火或达到爆炸温度时极易爆炸，其火灾特点是火焰传播速度较快，质量燃烧速率大；火焰温度高、辐射热强，易形成大面积火灾，具有复燃、复爆性，难于扑灭，会造成十分严重的火灾爆炸事故。

四、LNG的分层特性

LNG长期储存或不同密度的LNG混装时储罐中可能会形成两个稳定的液层。在每层内部液体密度是均匀的，密度较大的LNG积聚在储罐底部，而密度小的则处于顶部。

五、LNG的翻滚特性

由于输入储罐中的LNG热量、各层间发生传热传质以及液体表面的蒸发，各层密度将达到均衡并且自发混合，这种自发的混合称之为翻滚。相对于储罐气相空间的压力而言，如果底层液体过热(通常正是这样的情况)，翻滚的同时气化量也会增加，有时这种增加很快且量大，其危害是储罐内压力急剧上升，导致安全阀起跳、设备超压甚至罐体损坏等。在蒸发过程中，当蒸发气量明显低于其正常量时，通常是出现翻滚现象的前兆。所以，在设备运转过程中，应采用仪器监测的方法，严密监测蒸发气量、密度、温度等参数，防止液层大量储热。如果怀疑液层有储热可能，应及时循环以促进液体混合。

第二篇 LNG 接收站

第一章 工艺流程介绍

第一节 LNG 接卸

液化天然气码头(LNG pier)指从 LNG 运输船泵输送到陆地储罐的专用工作场所，一座 LNG 接收站一般有一座或多座 LNG 码头，每座 LNG 码头由码头水工设施和上部储运设施组成，码头水工设施主要满足 LNG 船舶的靠泊需求，而上部储运设施主要用途是进行 LNG 的卸船，部分 LNG 接收站同时设计有装船功能。本单元的学习内容包括接收站码头工艺流程以及重点设备介绍。通过本单元的学习，能够规范卸船工艺系统日常的操作，确保卸船工艺系统的平稳运行，对日后的生产操作具有指导性意义。

一、主要功能

码头卸料单元的主要功能是通过相应设备及工艺管道，承担 8 万 ~27 万 m^3 LNG 运输船接卸作业，部分码头兼备 3 万 ~8 万 m^3 小型 LNG 船装载作业。主要设备包括：液相卸料臂、气相返回臂、登船梯以及船岸通信连接系统、辅助靠泊系统等接卸船辅助系统。工艺管线包括：卸料总管、BOG 总管、码头保冷循环管线、装船管线、排凝管线及凝液收集罐等。

二、相关专用名词

1. 气相平衡

LNG 进入储罐后置换出的蒸发气，通过一根返回气管道，经气相返回臂，回到 LNG 运输船的船舱中，以保持卸船系统的压力平衡。

2. 码头保冷循环

LNG 接收站在非卸船期间，需建立自码头至储罐的卸料管线的保冷循环，通过一根从低压输出总管引出的循环管线以小流量 LNG 经卸船管线循环，以保持 LNG 卸船管线处于冷态备用。最佳的码头保冷循环流量可在满足工艺条件要求的基础上，有效避免能量的浪费。

三、主要工艺流程

(一)生产工艺流程

码头生产工艺流程主要包括卸料工艺流程、气相平衡工艺流程、码头保冷循环工艺流程以及 LNG 船装载工艺流程，如图 2－1－1 所示。

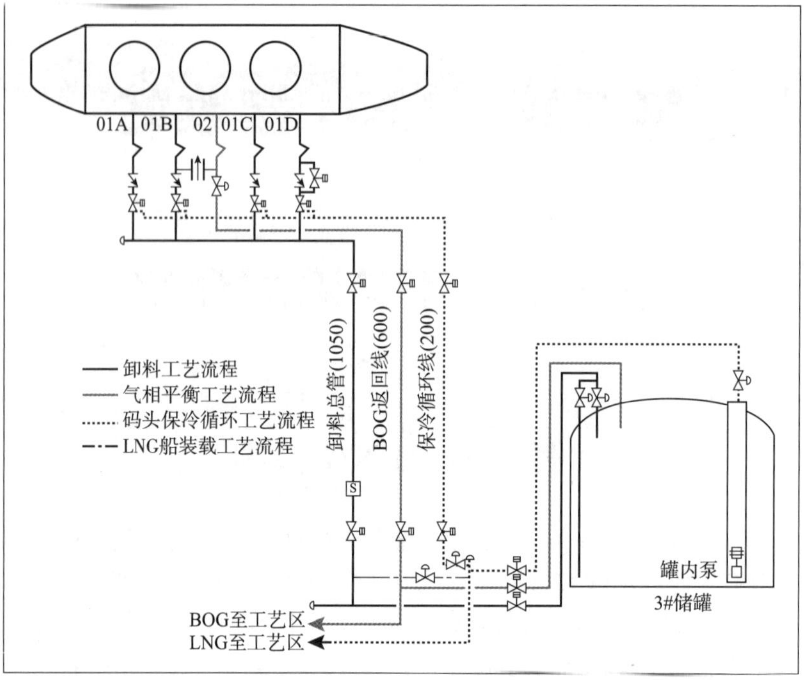

图2-1-1 码头生产工艺流程

1. 卸料工艺流程

LNG船舱内的LNG经卸料泵升压，经船上卸料管道送至码头卸料臂(液相臂)、卸料管道、储罐上的卸料控制阀进入储罐，如图2-1-2所示。若接收站设置多码头，则多码头功能取决于设计功能，可具备分开接卸和同时卸料功能。

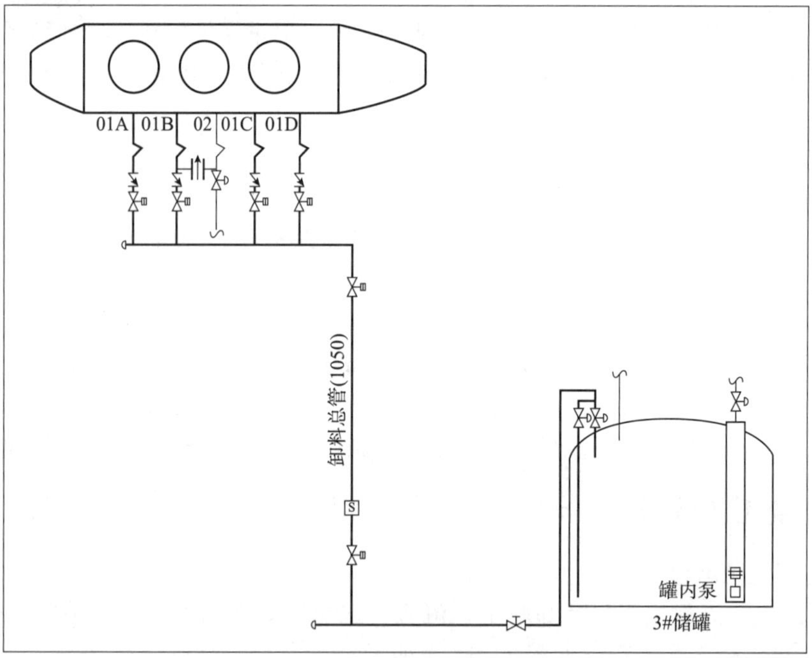

图2-1-2 码头卸料工艺流程

卸料总管管径：1050mm，设计压力1.75MPa。

船方卸货泵参数：流量1300～1800m^3/h；压力1.2MPa。

卸货参数(以天津站为例)：全速卸料时流量约14000m^3/h，卸料压力0.25MPa(随着码头长度增加，卸料压力有所增加)。根据经验，17万m^{3}的船型大约15h卸料完毕。

2. 气相平衡工艺流程

在卸料过程中，随着船舱液位降低，船舱压力也在降低，通过LNG码头气相管线上的控制阀经码头气相臂、船上气相管线向船舱补压，保证卸料操作顺利进行。码头卸料气相平衡工艺流程如图2－1－3所示。

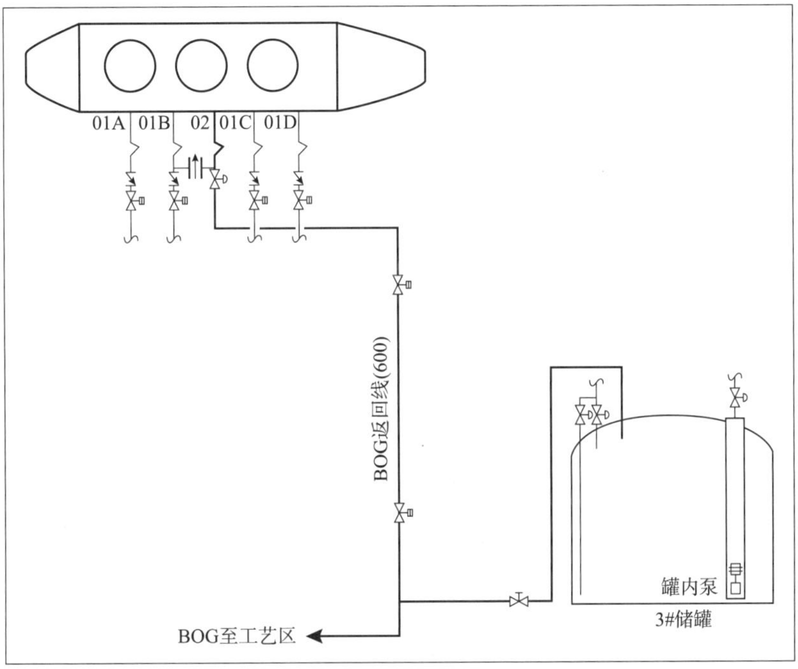

图2－1－3 码头卸料气相平衡工艺流程

卸料过程中，是否向船方返气需由船方根据船舱压力进行确定。返气时，BOG返回线压力与储罐压力一致，储罐压力一般控制在18kPa左右。

设置气液两用臂，当气相臂检修时，气液两用臂可作为气相臂使用。

3. 码头保冷循环工艺流程

保冷循环流量通过一个流量调节阀进行控制。在非卸船期间，经储罐罐内泵增压后的LNG经码头保冷循环管线流经卸料总管循环回到LNG储罐，以保持LNG卸料总管处于冷备用状态。正常的循环流量依据：使卸船总管内LNG温度升高不超过4～5℃的原则确定。码头保冷循环工艺流程如图2－1－4所示。

4. 装载工艺流程

经储罐罐内泵增压后的LNG经跨线进入卸料总管，后反向输送至码头，经卸料臂输送至待装LNG船，如图2－1－5所示。有的接收站为提高装船速度，安装有专用LNG装船泵。

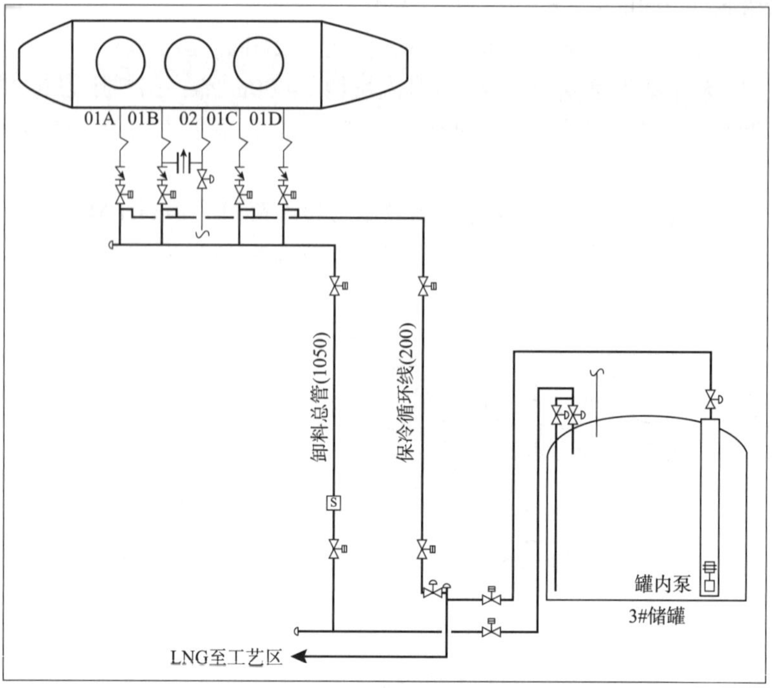

图 2-1-4　码头保冷循环流程

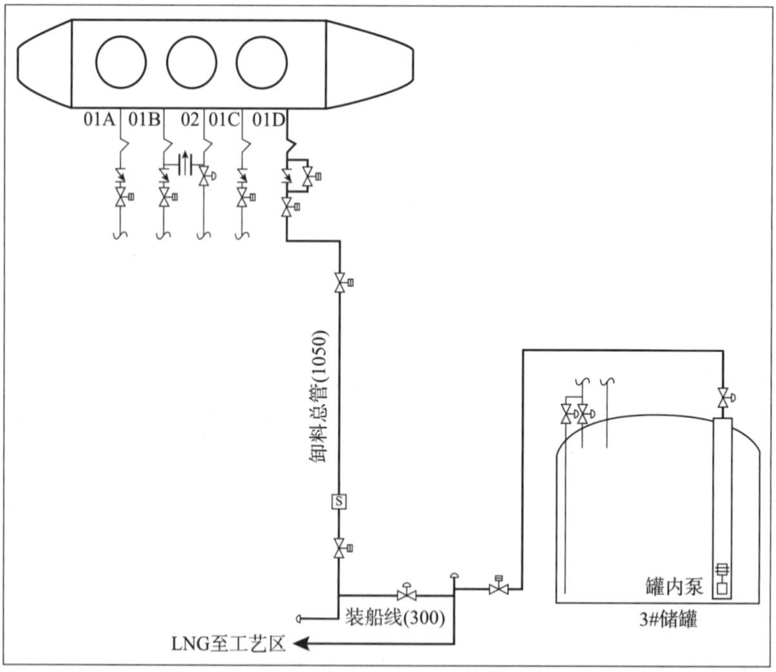

图 2-1-5　码头装载工艺流程

(二)消防工艺流程

码头消防系统可划分为消防水系统及消防干粉系统，如图 2-1-6 所示。消防水系统的启动过程为消防系统内经消防泵增压至 1.6MPa 的消防水，一路进入消防水炮，另一路进入码头雨淋阀室，经调节分配后进入各喷淋管线。消防干粉系统的启动过程为氮气瓶内的氮气和干粉罐内的干粉混合后，经管路通过干粉卷盘喷射进行灭火。

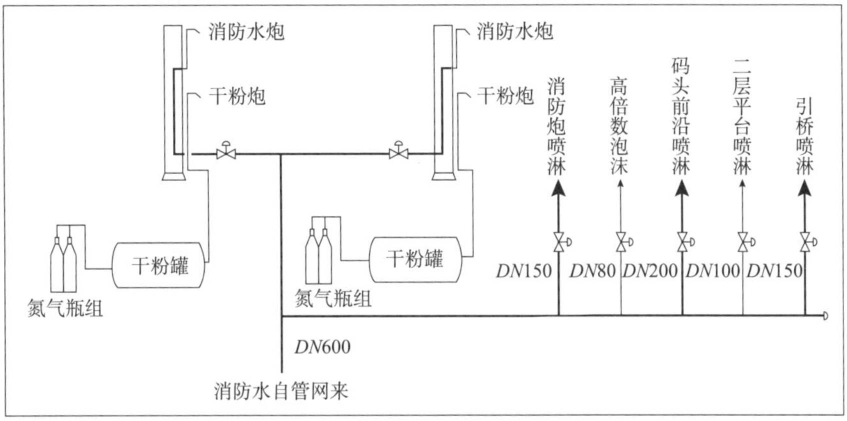

图2－1－6 码头消防工艺流程

四、重点设备及作用

重点设备包括卸料臂、快速脱缆钩、登船梯和消防炮，如图2－1－7所示。

(a)卸料臂

(b)快速脱缆钩

(c)登船梯

(d)消防炮

图2－1－7 码头重点设备图

(一)卸料臂

卸料臂是液化天然气(LNG)接收站的重要设备之一，用于将液化天然气从运输船转移至接收站储罐。

(二)快速脱缆钩

快速脱缆钩是安装于码头用于船舶绞缆、系缆的专用设备，是传统系缆桩的更新换代产品。与系缆桩相比，该产品减轻了工人劳动强度，提高了劳动效率、安全性和可靠性。快速脱缆钩主要由脱缆机构及绞缆机构组成，特别适用于操作人员少，风浪条件恶劣，需要快速脱缆的大型码头。尤其在码头或船舶发生火灾险情等紧急情况时，需要船舶迅速离开停泊码头，此时操作人员操纵手柄使锁定机构快速脱开，系泊缆绳迅速脱钩解缆，从而保证码头和船舶的安全，避免巨大损失。

(三)登船梯

登船梯用于现代码头，船舶在停靠码头作业过程中，装卸作业人员和船员安全顺利上下船舶的装置。

(四)消防炮

消防炮是远距离扑救火灾的重要消防设备，LNG 接收站码头消防炮主要由炮塔、工作平台、干粉炮、水炮及附属管线组成。

第二节　储　　存

LNG 储罐是用于储存 LNG 的设施，LNG 通过卸料管线由 LNG 运输船船舱进入接收站内的 LNG 储罐中进行暂时储存，每座储罐配备有低温潜液泵，即罐内低压泵，将 LNG 输送至下游，其运行台数由接收站总输气量决定。每台低压泵均设置有回流管线，当 LNG 输出量发生变化时用于调节泵的出口流量。作为储罐的压力控制，每个储罐设有 BOG 放空管线，并同时安装了超压放空阀及真空补气阀。

一、主要功能

LNG 储存单元的主要功能为储存 LNG 以及通过罐内泵向低压总管输出 LNG。

二、主要设备设施

(一)全容式储罐

由内罐和外罐组成，内罐为钢制自支撑结构，底部设有热角保护系统，用于储存低温易燃液体；外罐为独立的自支撑式带拱顶的闭式结构，用于承受气相压力和隔热材料，并可容纳内罐溢出的低温易燃液体，其材质一般为钢制或者混凝土。

(二)罐内泵

LNG 罐内泵在 LNG 接收站的生产运行中的主要作用是将罐内 LNG 输送至罐外低压管汇，以继续完成下一步的重组分回收、冷能利用、加压、气化、计量、外输等操作，同时循环 LNG 卸料管线和装车管线，使其处于冷状态。每座储罐均有一台罐内泵能够实现不间断供电。

(三)PSV

PSV(Pressure Safety Valve)是压力安全阀的缩写，是一种用于控制系统内部压力的安全装置。当系统压力超过设定的安全压力时，PSV 会自动打开，释放部分流体，以防止系统压力升高到危险水平，这有助于保护设备和人员免受过高压力的危害，确保系统在正常运行范围内的安全。

目前接收站储罐罐顶 PSV 多为先导式安全阀，先导式安全阀是一种非直接载荷式安全阀。由主阀和导阀(又称“副阀”)组成，主阀依靠从导阀排出的介质驱动，由于系统内的压力呈脉冲形式，所以又被称为“脉冲式安全阀”。单独来看，导阀本身也是一种直接载荷式安全阀。当介质匝力达到导阀的开启压力时，导阀先行开启，排出的介质从旁通管进入主阀。

(四)VSV

VSV(Vacuum Safety Valve)是真空安全阀的缩写，如果压力低于设定的安全压力(由突然的大气压力变化、负活塞效应等造成)时，通过安装在每个储罐上的 VSV 将空气引入罐内，防止超出负压设计范围而损坏。

三、主要工艺流程

(一)生产工艺流程

1. 接卸储存工艺流程

每座 LNG 储罐均设置上下两个进料口。卸船时，LNG 根据密度不同分别从两个进料口进入储罐。当 LNG 密度较大时，LNG 通过上进料口进入储罐内液位上部；当 LNG 密度较小时，LNG 通过下进料口进入 LNG 储罐底部，便于不同密度的 LNG 相互扩散及混合。在进料总管上设有切断阀，紧急状态可以切断进料。如图 2-1-8 所示。

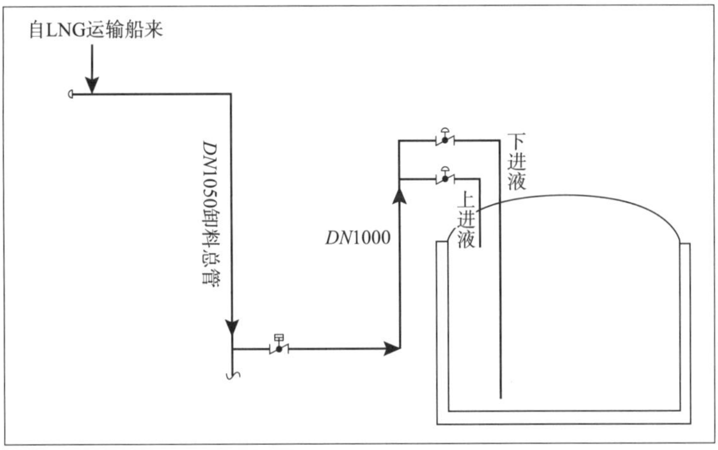

图 2-1-8　LNG 卸料储存流程图

2. 外输工艺流程

储罐内 LNG 经罐内泵增压至 1.2MPa 进入 LNG 低压总管后，有三种外输方式。一是通过高压泵增压后进行气化外输；二是通过槽车装运外输；三是通过 LNG 码头进行装船外输。对于储罐外输工艺，其物料平衡按照以下原则：罐内泵出口总流量 = 外输量 + 保冷循环量；外输量 = 高压气化外输量 + 槽车装运外运量 + 装船外运量；保冷循环量 = 码头保冷循环量 + 增压单元保冷循环量 + 槽车区保冷循环量。如图 2-1-9 所示。

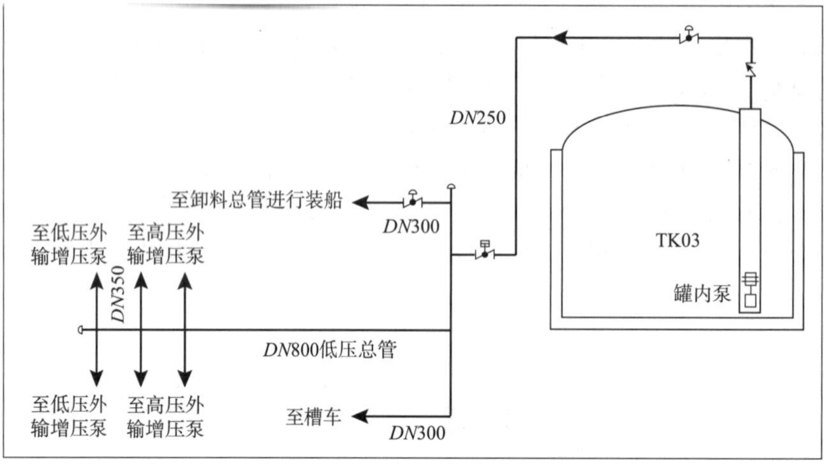

图 2-1-9 LNG 外输工艺流程图

3. 保冷循环工艺流程

储罐内 LNG 经罐内泵增压至 1.2MPa 进入 LNG 低压总管后，一路经过 LNG 码头保冷循环线，对码头卸料总管保冷并返回储罐；一路进入工艺处理区，对高压泵及高压总管进行保冷，并通过高压泵零输出线返回储罐；最后一路进入槽车外运区域，对装车总管进行保冷，通过槽车装运返回线返回储罐。如图 2-1-10 所示。

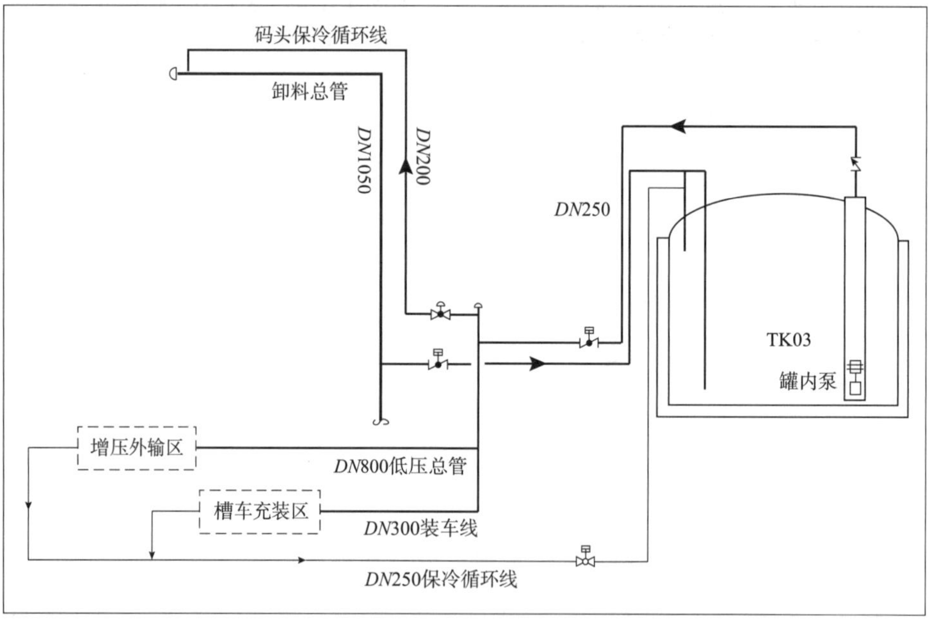

图 2-1-10 LNG 保冷循环工艺流程图

LNG 保冷循环操作要点：当系统停工或者检修期间，要确保保冷循环正常建立，防止管线温升过大，造成管托严重移位，直至管道拉裂损伤。LNG 保冷循环的返回温度原则上不低于 -150℃，温差不超 3~5℃。当全站事故停电期间，启动应急柴油发电机，确保接在应急线路上的罐内泵正常运行，保冷循环正常建立，防止全站大面积管道温升过大，损伤管道，造成重大事故。

4. 喷淋冷却工艺流程

当储罐投产时，需对储罐进行喷淋冷却。流程为自 LNG 运输船来的 LNG 或其他储罐罐内泵增压后的 LNG，通过码头卸料总管进入储罐喷淋线，从而实现对储罐的喷淋冷却。如图 2－1－11 所示。

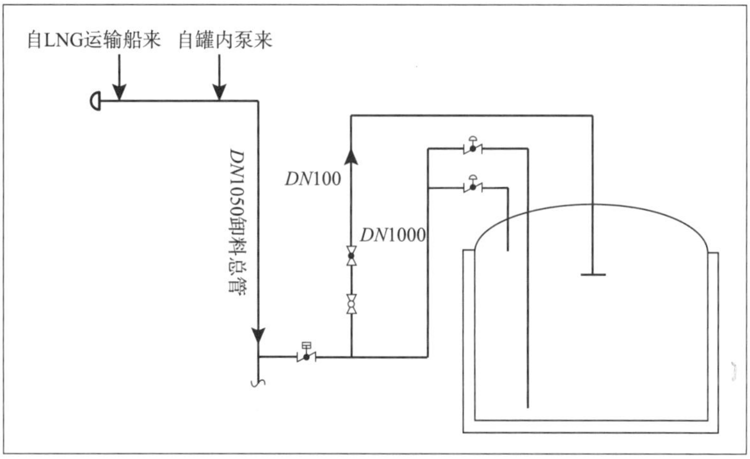

图 2－1－11 喷淋冷却工艺流程图

(二)储罐进出管线

LNG 储罐主要进出管线包括：进料管线、BOG 管线、泵出口管线、保冷循环线；辅助管线包括：冷却喷淋管线、立管排凝管线、凝液收集管线、仪表风管线(蓝色管线)、氮气管线(棕色管线)、消防水管线(红色管线)。以某接收站 LNG 储罐为例，进出管线如图 2－1－12 所示。

图 2－1－12 储罐进出管线示意图

(二)储罐单元辅助生产工艺

1. LNG 罐顶水喷淋工艺

中压消防管网内 1.2MPa 的消防水经由雨淋阀调节为 0.8MPa 后，分配至储罐顶部安全通道、罐内泵平台、上下进液阀平台、PSV 安全阀平台以及 VSV 真空安全阀平台，如图 2-1-13所示。

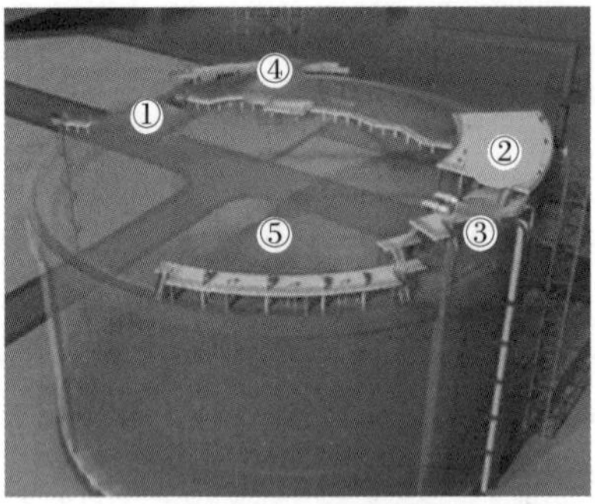

(a)水喷淋分布示意图

(b)罐顶安全通道

(c)安全阀平台

图 2-1-13　LNG 罐顶水喷淋示意图

2. 罐区高倍泡沫工艺

高倍泡沫是将水和高倍泡沫灭火剂通过一定方式按设定的容积比例均匀混合，然后利用发生器鼓入大量空气发泡而成的，在泄漏收集池隔绝空气与液体界面，避免 LNG 大量剧烈气化，可用于扑灭 LNG 火灾，如图 2-1-14 所示。

(a)罐区集液池

(b)泡沫发生器

图 2-1-14　罐区高倍泡沫工艺示意图

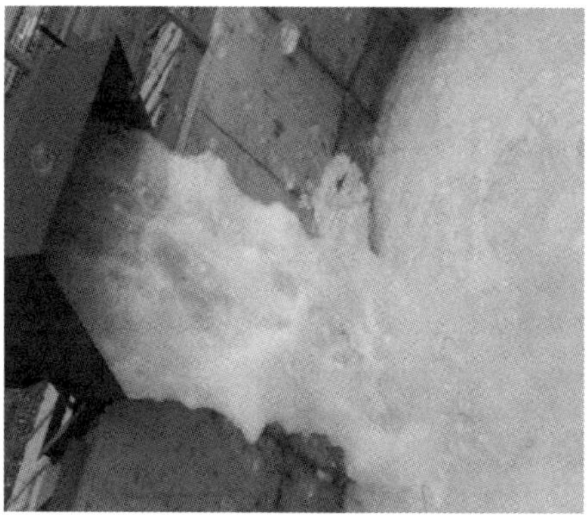

(c)高倍泡沫

图2－1－14 罐区高倍泡沫工艺示意图(续)

3. 罐顶干粉灭火工艺

用于对罐顶安全阀放空实施应急灭火，干粉灭火装置包括：2套氮气瓶组，每套6个70L钢瓶；2个干粉罐，每个容积1m^3、容装干粉1.225t。如图2－1－15所示。

图2－1－15 干粉灭火装置图

四、主要工艺及操作条件

(一)LNG储罐压力工艺及操作条件

1. 储罐压力工艺条件

LNG储罐压力主要通过调节BOG压缩机负荷(负荷有50%、75%和100%三种)进行控制操作。储罐设计压力为－0.5～29kPa，正常操作压力为15～22kPa，允许操作压力为5～25kPa。当调节BOG压缩机无法继续控制罐压时，LNG储罐设置有超压三级保护和低压四级保护。

2. 储罐压力操作条件

正常情况下，通过调节BOG压缩机负荷控制罐压在15～22kPa。

当压力高于正常控制范围时，通过超压三级保护进行控制，如图2－1－16所示。当压力≥25kPa时，控制阀打开放空至火炬；当压力≥27.5kPa时联锁关闭进液阀门；当压力≥29kPa时五个压力安全阀起跳放空至大气。

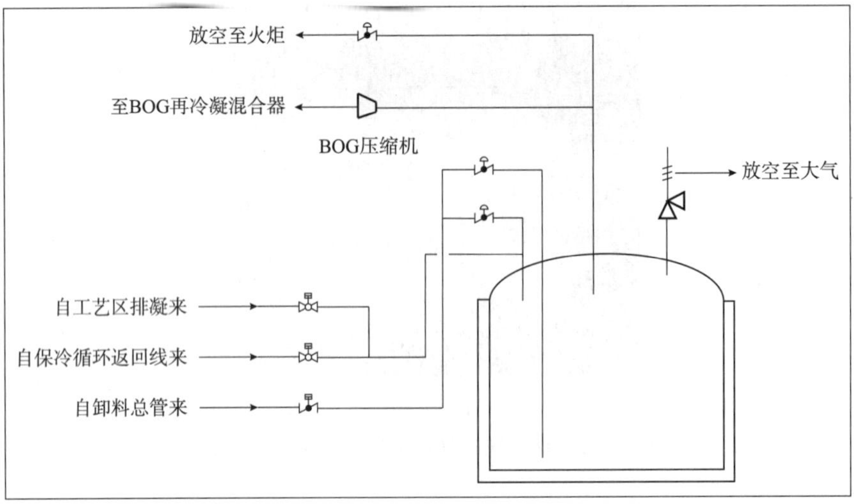

图2-1-16 超压三级保护控制示意图

当压力低于正常控制范围时，通过低压四级保护进行控制，如图2-1-17所示。压力≤5kPa时联锁关停BOG压缩机；压力≤2kPa时联锁停罐内泵；压力≤1kPa时自动打开真空补气阀；压力≤-0.22kPa时真空安全阀机械开启。

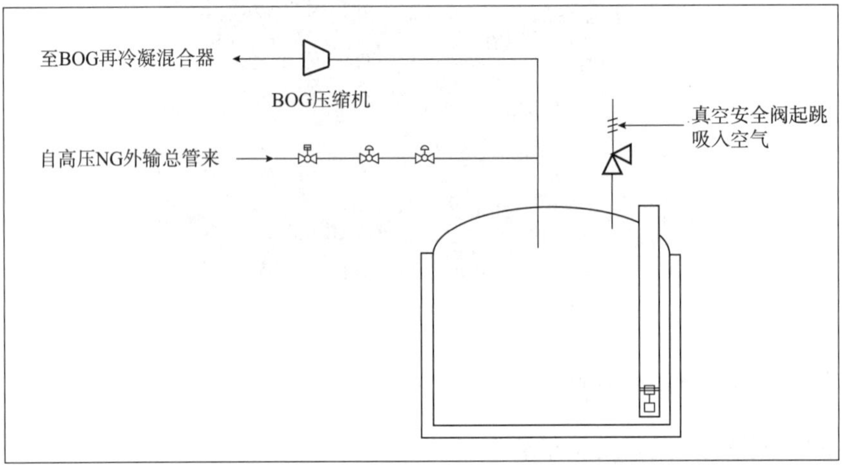

图2-1-17 低压四级保护控制示意图

(二)LNG储罐液位工艺及操作条件

1. 储罐液位工艺条件

对于16万m^3的LNG储罐，正常液位为2.4~31.8m，同时设置液位报警及联锁值。报警液位为低报警液位2.0m，高报警液位33.51m；联锁控制液位为低低联锁液位1.1m，高高联锁液位33.97m。对于22万m^3的LNG储罐，正常液位为2.0~36.0m；报警液位为低报警液位1.7m，高报警液位36.5m；联锁控制液位为低低联锁液位1.6m，高高联锁液位37.5m。

2. 储罐液位操作条件

以 16 万 m^3 的 LNG 储罐为例，储罐液位工艺控制图如图 2－1－18 所示。

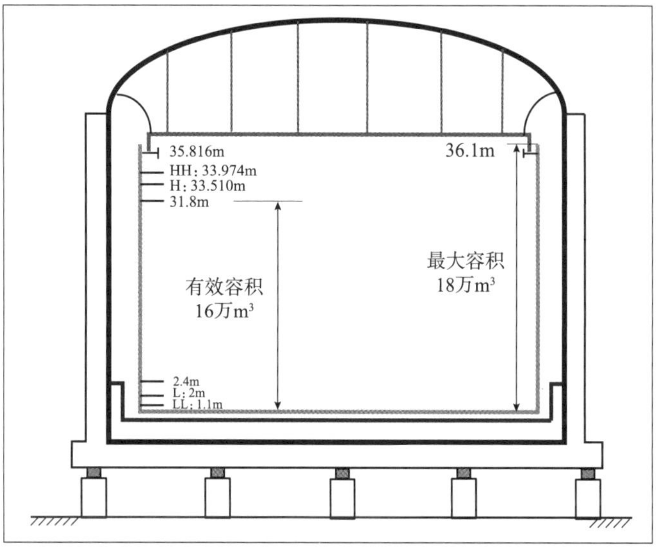

图 2－1－18　液位工艺控制示意图

当液位升至 33.51m 时，触发高液位报警，若在全速卸料，1.1h 后液位将满溢；当液位升至 33.974m 时，触发高高液位 ESD 联锁，三个进液阀门关闭。

当液位降至 2m 时，触发低液位报警，此时罐内泵不允许启动；当液位降至 1.1m 时，触发低低液位 ESD 联锁，罐内泵停止运行。

（三）LNG 分层及翻滚现象

1. LNG 分层现象

LNG 分层是指 LNG 储罐中不同温度或组分的 LNG 液层之间的分离现象。分层可能会导致储罐内压力波动，甚至引发翻滚现象，这会导致 LNG 剧烈蒸发，可能引起储罐超压，从而威胁储罐的安全。

2. LNG 翻滚现象

翻滚现象是指不同温度和密度的两层 LNG 在储罐内迅速上下翻动混合，剧烈蒸发，瞬间产生大量 BOG 的现象。翻滚会造成储罐压力短时间内升高，严重时会损坏储罐。实际中，设置翻滚现象分层预警条件为相邻两点温差超过 0.3℃ 或者相邻两点密度差超过 0.8kg/m^3。

为预防翻滚现象，控制措施包括：

（1）避免组分差异较大的 LNG 在同一个储罐混装。

（2）根据组分不同，合理选择上下进液方式，使罐内 LNG 充分混合。

（3）避免较长时间静置储存。

（4）分层预警时，启动罐内泵打回流进行充分混合操作。

第三节 气 化

一、相关专用名词

饱和蒸气压：在一定温度下，液体介质气液相平衡时所产生的压力叫饱和蒸气压。

LNG 饱和蒸气压：LNG 的主要成分为甲烷，LNG 的饱和蒸气压参考甲烷饱和蒸气压，如表 2－1－1 所示。当温度为－161℃时，甲烷的饱和蒸气压(表压)为 0MPa，当温度升高至－128℃时，甲烷的饱和蒸气压为 0.71MPa。因此，随着温度的升高，LNG 的饱和蒸气压增大。

表 2－1－1 不同温度下甲烷的饱和蒸气压

温度/℃	甲烷饱和蒸气压/MPa(表压)
－161	0
－150	0.13
－142	0.29
－140	0.33
－139	0.36
－138	0.38
－137	0.41
－134	0.50
－131	0.60
－129	0.67
－128	0.71

汽蚀现象：泵内液体压力低于或等于该温度下的饱和蒸气压时，液体发生气化，产生气泡，这些气泡随液体流到较高压力处受压又迅速凝结，这种气化和凝结产生的冲击、剥蚀、振动和性能下降的现象称为汽蚀现象。汽蚀严重时，泵内液体的连续性流动遭到破坏，产生空洞，液流间断，使部件损坏，振动噪声加剧，导致泵抽空断流。

饱和蒸气压差：液体实际压力与该温度下液体饱和蒸气压之差。增压外输泵入口饱和蒸气压差值越大，泵越不容易产生汽蚀。差值越小，泵越容易产生汽蚀。

二、主要工艺流程

气化外输工艺流程的主要功能是将 LNG 增压、气化、计量后外输至下游管道，其工艺流程如图 2－1－19 所示，可分为气化外输工艺流程和保冷循环工艺流程。

(一)气化外输工艺流程

经罐内低压泵增压至 1.2MPa 后的 LNG，汇入低压 LNG 总管，少部分输送至 BOG 再冷凝回收装置，绝大部分经低压 LNG 总管上压力调节阀调压后，进入增压外输泵增压，增压后的 LNG 经高压 LNG 总管输送至 IFV(中间介质气化器)和 SCV(浸没燃烧式气化器)气化成高压 NG(天然气)，经超声波流量计计量后输送至下游管网。

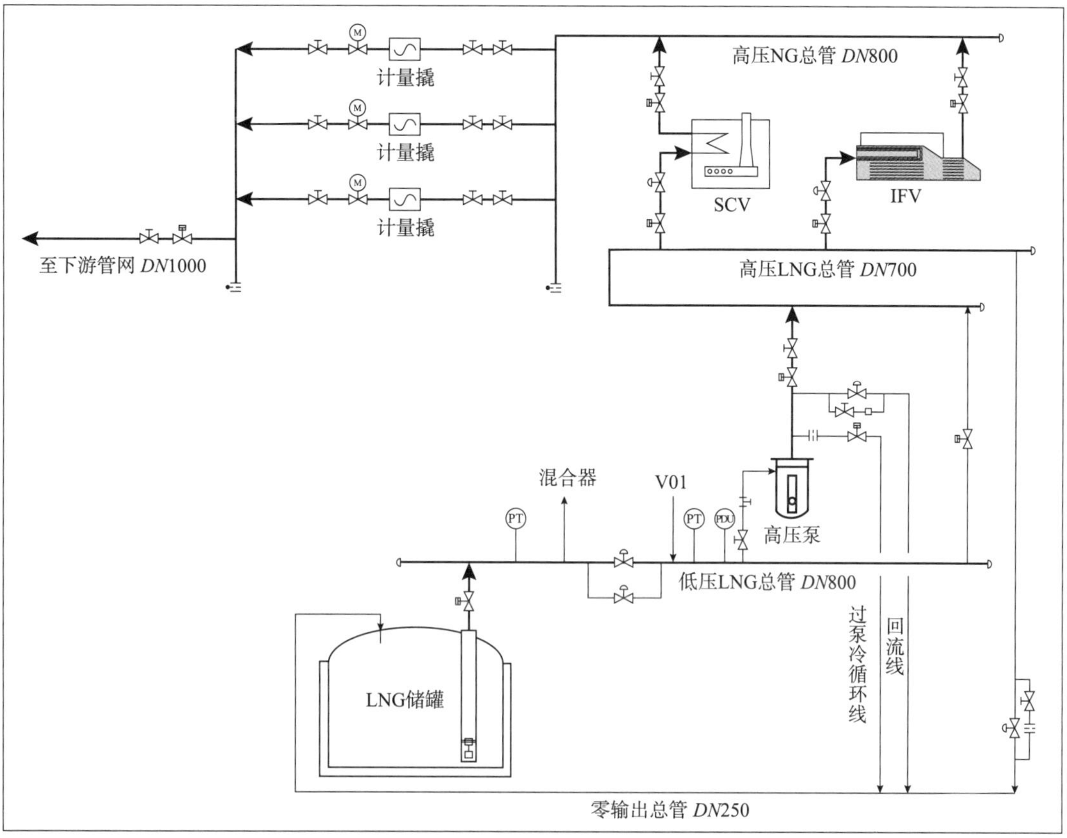

图2-1-19 增压气化工艺流程图

(二)保冷循环工艺流程

当LNG接收站处于零输出负荷时，增压泵停用，高压LNG总管需要通过LNG循环进行保冷。LNG由低压LNG总管末端经跨线进入高压LNG总管，在高压LNG总管的末端，有一条线通过零输出保冷循环管线返回到储罐。

当接收站处于正常生产状态时，对于在运行的增压泵，LNG从低压LNG总管进入在运转泵，通过泵回流调节阀旁路流经限流孔板，再通过零输出保冷循环管线返回到储罐；对于备用状态的增压泵，LNG从低压总管进入备用增压泵，一路流经打开的过泵保冷循环线，通过限流孔板维持流动状态，一路通过泵回流调节阀旁路流经限流孔板，最后两路并入零输出保冷循环管线返回到储罐。

三、主要设备

气化外输工艺的主要设备有增压外输泵、中间介质气化器(IFV)、开架式气化器(ORV)、浸没燃烧式气化器(SCV)、海水系统、外输计量撬。

(一)增压外输泵

选用电动立式潜液多级离心泵，其主要作用是将来自低压总管(含再冷凝系统出口)的低压LNG进一步加压后输送至气化器进行气化外输。

（二）气化器

(1)中间介质气化器(IFV)利用丙烷作为中间介质，海水作为热源，对 LNG 进行加热气化。IFV 主要由气化段和过热段两部分组成，气化段海水与液态丙烷进行换热，使丙烷气化，管束内的 LNG 再与气态丙烷进行换热，升温并气化为低温 NG；低温 NG 进入过热段，经海水再次加热后升温至 1℃以上。

(2)开架式气化器(ORV)由海水系统、ORV 换热面板和 NG 输出管线组成。海水由海水泵加压后输送至 ORV 顶部水槽，自上而下流经面板外表面，LNG 自下而上流经面板内部，气化器利用海水热能与 LNG 在面板内外逆向进行热交换，将 LNG 转换为气态，输送至外输管网。IFV 和 ORV 均利用海水对 LNG 进行加热气化，运行过程中，需保证海水进出口温差不超过 5℃。

(3)浸没燃烧式气化器(SCV)以天然气燃烧所产生的高温气体为热源，利用燃烧所产生的高温水蒸气冷凝潜热和高温烟气显热($CH_4+2O_2 = CO_2+2H_2O$)，加热堰流箱内的软化水。LNG 盘管浸没在加热升温后的软化水中，通过换热，从而将 LNG 加热气化至 1℃以上。

①燃烧系统工艺流程。鼓风机来的空气与燃料气在燃烧器混合、点燃，在燃烧室充分燃烧。所产生的高温烟气，经烟气分配器均匀分配至堰流箱下方，高温烟气在上升过程中加热堰流箱内的软化水和 LNG 盘管，烟气经混凝土水浴池上方的集气室从烟囱排出。

②LNG 加热工艺流程。自高低压外输泵来的 LNG 流经 LNG 盘管过程中，经堰流箱内的高温烟气和软化水同步加热后，温度升至 1℃以上外输。

③循环水工艺流程。为了降低燃烧室外壁温度，在燃料室外壁设置水夹套进行降温。循环水泵从混凝土水浴池抽出软化水后，送至燃料室的水夹套底部进行冷却，并由水夹套上方溢流至混凝土水浴池内进行循环。

④加碱中和工艺流程。燃烧过程中产生的 CO_2 和少量的氮氧化物溶于软化水，使混凝土水浴池中软化水的 pH 值逐步降低形成酸性溶液，需要根据软化水 pH 值进行加碱中和，从而维持软化水 pH 值在 6～8。

⑤喷射水工艺流程。空气中的氮在 1000℃高温下，会氧化形成少量的氮氧化物；在 3000℃高温下，会氧化形成大量的氮氧化物(转化率约 50%)。为满足环保要求，降低氮氧化物产生量，利用喷射水泵在燃烧器内设置喷射水，以降低燃烧室温度。

以上三种气化器能耗主要为电能和燃料气，其中，IFV 和 ORV 能耗主要来自海水泵电机耗电量，运行时对环境温度及海水温度有要求，SCV 能耗主要来自燃料气，运行不受季节及环境温度影响。

（三）计量撬

计量撬的主要功能是将气化器气化的天然气进行计量并输送至下游输气干线，如图 2－1－20所示。每路计量撬均配置 1 套满足贸易计量要求的超声波流量计及流量计算机，超声波流量计通过多普勒效应测算出外输工况流量，再通过外输分析小屋和计量撬上温度压力仪表的数据，计算出标况流量，用于计量交接。计量撬下游外输总管上配置发球装置，用于干线管道的扫线和清管。

(a)计量外输工艺布置图

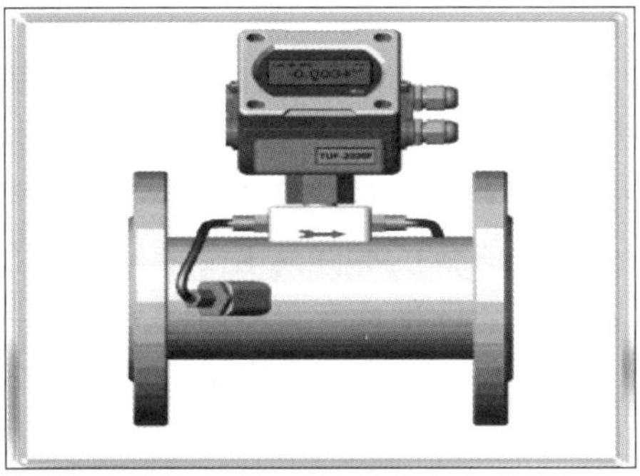

(b)超声波流量计

(c)收发球筒

图 2-1-20　计量外输工艺示意图

由于多声道超声波流量计对介质流动稳定性的要求较高，在不安装流动调整器(整流器)的情况下，上游直管段长度至少为 10 倍公称直径(*DN*)，下游直管段长度至少为 5 倍公称直径(*DN*)，或根据厂家及设计要求进行安装。

第四节　BOG 处理

一、相关专用名词

BOG 是由于 LNG 在接收站内部储存和处理过程中受到温度和压力变化的影响而产生的蒸发气。LNG 通过卸船总管进入储罐，通过回流回储罐时，由于外界温度较高导致 LNG 气化以及气相空间被输入的 LNG 占据，从而生产大量的 BOG。目前我国大型 LNG 接收站储罐中均采用全包容混凝土顶 9% 镍罐，以 16 万 m^3 LNG 储罐为例，若日蒸发量为 0.5‰，则每天可产生 BOG 4.8 万 m^3。

二、主要工艺流程

LNG 接收站 BOG 的主要处理方法有以下几种：①再冷凝，BOG 冷凝成 LNG 进行回收，是减少浪费常采用的工艺；②燃料气利用，供接收站内火炬长明灯、SCV 气化器、锅炉等设备使用，南方区域年平均气温较高，燃料气用户数量较少，存在不能充分利用可能；③返回 LNG 船填补舱压，该方法方便、快捷，但只适于 LNG 船卸料时使用；④直接压缩，

LNG 储罐内的 BOG 气体先由低压低温压缩机初步加压，再由高压压缩机直接加压到管网外输所需压力，进入外输管网至下游用户；⑤火炬燃烧或储罐压力安全阀放空，为紧急情况下的安全处理措施。

目前，LNG 接收站 BOG 处理工艺通常采用直接压缩工艺或再冷凝工艺。

直接压缩工艺流程主要由储罐和 BOG 压缩机组成，储罐、管线内的 LNG 蒸发的 BOG 直接经 BOG 压缩机压缩至外输压力后，并入外输管网供下游用户使用，流程简单，但 BOG 压缩机能耗较高。

再冷凝工艺流程以经罐内泵初步加压的 LNG 为冷源，与经 BOG 压缩机加压至一定压力(通常为 0.7MPa 左右)的 BOG 气体，在再冷凝器中进行混合冷凝后，输送至高压泵加压，在气化单元气化后进入管道外输。

国内常见再冷凝器结构形式多为单壳单罐式，主要由破涡器、拉西环填料层、液体分布器、气体分布盘、液体折流板、气体折流板、填料支撑板、闪蒸盘构成。其中液体分布器、气体分布盘主要是为了增大蒸发气和 LNG 的接触面积，提高冷凝效果。微界面错流接触管道式再冷凝器为中国石化开发的具有自主知识产权的新技术，其主要结构为微孔式气液预混集成旋流强化的蒸发气再冷凝形式。该技术及成套设备具有再冷凝效率高、控制简单、投资低、检维修方便等特点。中国石化天津 LNG 接收站首次应用了该技术，效果良好。上述两种形式的再冷凝器均为气液直接接触混合式。其工作原理均为气体与液体在再冷凝器填料层中充分接触，利用 LNG 的过冷度将过热的蒸发气吸收实现蒸发气再冷凝。

以中国石化青岛 LNG 接收站为例，BOG 再冷凝工艺是 BOG 压缩机压缩后的 BOG 经换热器降温至 -95℃，与低压总管来的 LNG 在分液罐内按质量比为 1∶7 的比例充分混合，使 BOG 再冷凝成液态 LNG，从而实现 BOG 的再冷凝回收，流程如图 2-1-21 所示。

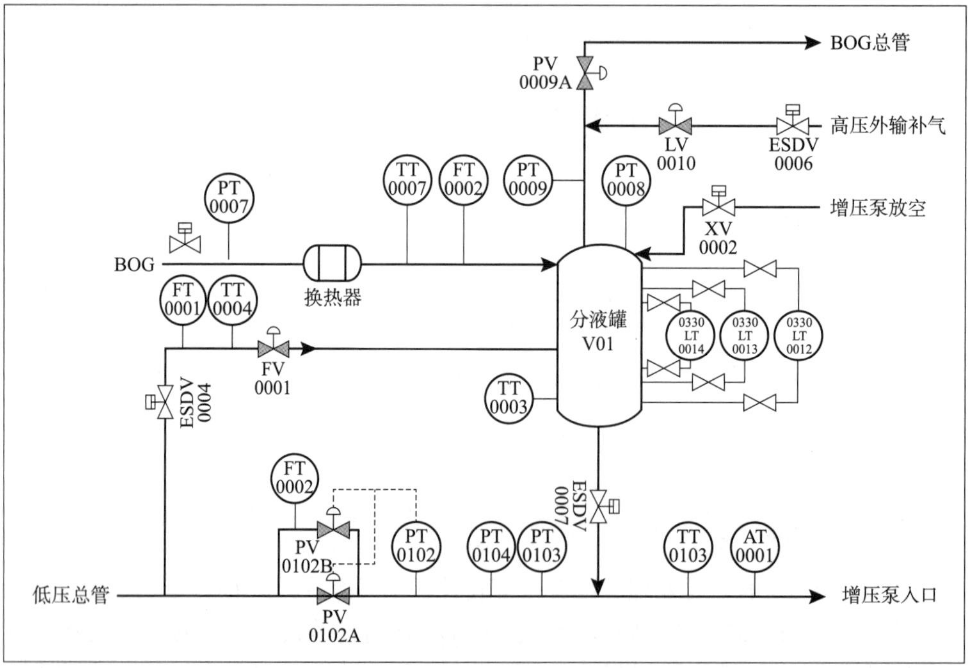

图 2-1-21　BOG 再冷凝系统工艺流程图(青岛 LNG)

以中国石化天津 LNG 接收站为例，BOG 再冷凝工艺主要由 BOG 减温分液预处理工艺、BOG 压缩升压工艺和 BOG 再冷凝回收工艺三部分组成，流程如图 2－1－22 所示。

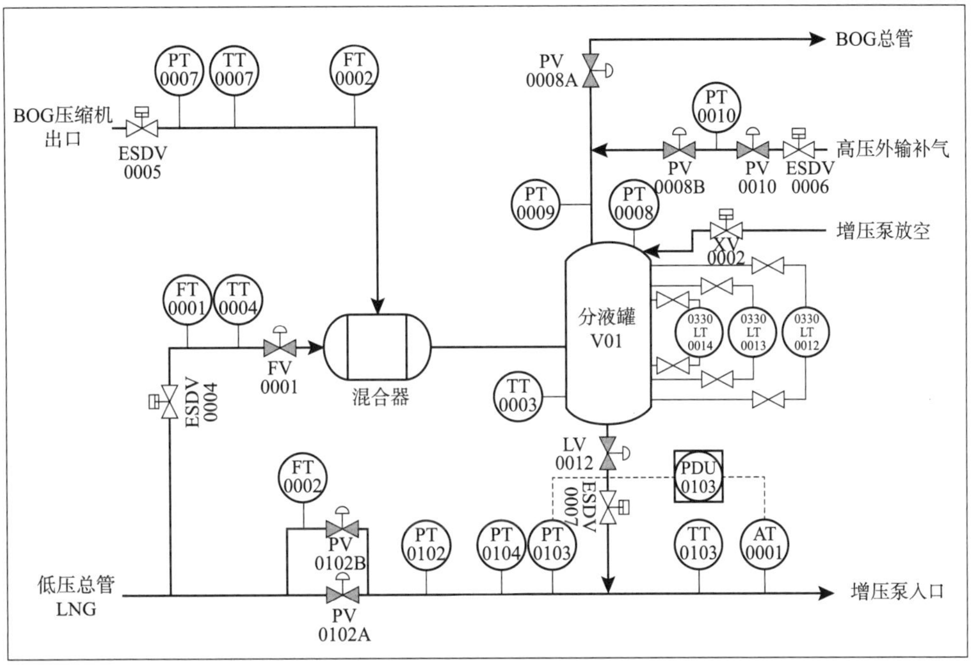

图 2－1－22　BOG 再冷凝系统工艺流程图(天津 LNG)

(一)BOG 减温分液预处理工艺

LNG 储罐所产生的 BOG，经 BOG 总管进入减温器，当 BOG 总管来料温度≥－110℃时，减温器温度调节阀开启，喷入低温 LNG(－150℃)，将来料 BOG 温度控制在－110℃以下，进入 BOG 压缩机入口缓冲罐进行分液处理，气体由 BOG 压缩机入口缓冲罐顶部进入 BOG 压缩机，液体由底部进入凝液收集罐。如图 2－1－23 所示。

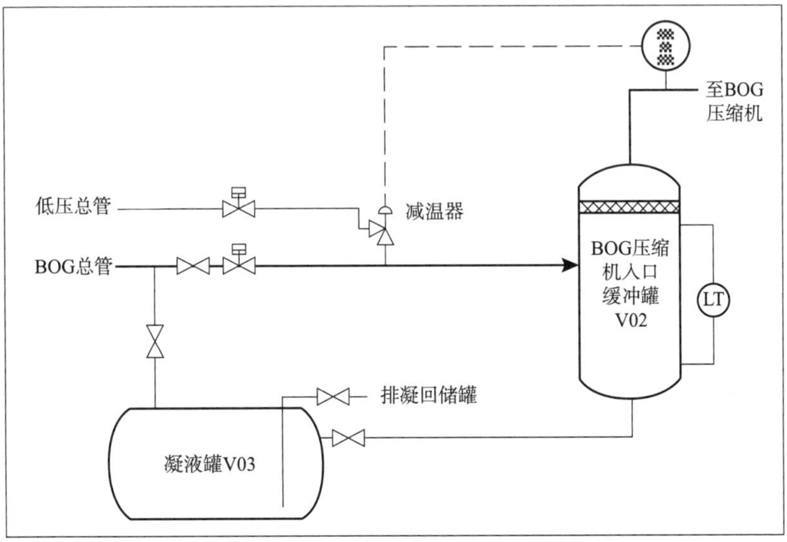

图 2－1－23　BOG 减温分液预处理工艺原则流程图

(二)BOG 压缩机升压工艺

自 BOG 压缩机入口缓冲罐来的低温 BOG(< -110℃), 进入 BOG 压缩机一级入口缓冲罐, 经压缩机一级气缸压缩后, 进入一级出口缓冲罐; 一级出口压缩气进入二级入口缓冲罐, 经压缩机二级气缸压缩后, 进入二级出口缓冲罐。

(三)BOG 再冷凝回收工艺

经 BOG 压缩机两级压缩后的高温高压 BOG, 与低压总管来的过冷 LNG 在混合器内按质量比为 1∶7(BOG∶LNG)的比例充分混合, 将高温 BOG 降温至 -120℃以下(工艺控制温度为 -130℃), 使 BOG 再冷凝成液态 LNG, 进入混合器后分液罐, 经分液罐底部管线与低压 LNG 总管 LNG 混合后, 进入增压泵增压, 从而实现 BOG 的再冷凝回收。如图 2-1-24 所示。

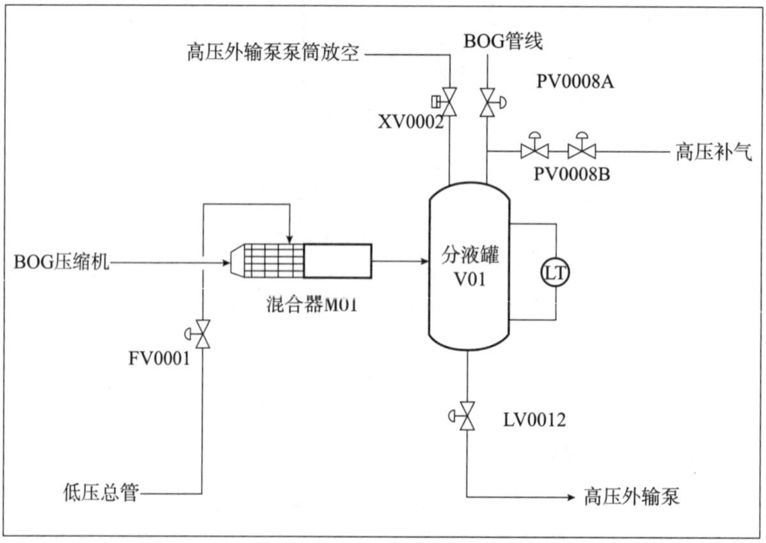

图 2-1-24 BOG 再冷凝回收工艺流程图

(四)燃料气系统工艺

自 BOG 压缩机出口来的 NG, 除输送至再冷凝系统液化回收外, 也可以作为站内燃料气的一路来源, 高压 NG 总管来的 NG, 作为站内燃料气的另一路来源, 由压力调节阀降压后, 经过燃料气电加热器加热至 1℃以上进入燃料气管网, 输送至火炬长明灯、SCV、锅炉、食堂等站内用户。如图 2-1-25 所示。

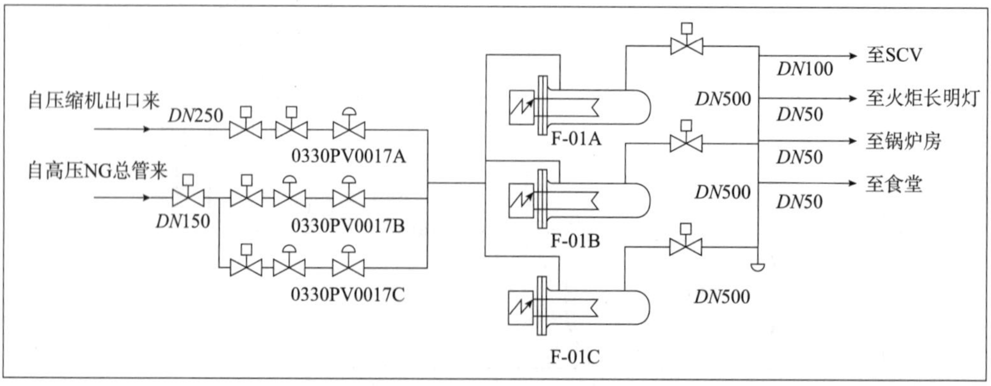

图 2-1-25 燃料气系统工艺流程图

三、主要设备

BOG 处理工艺的主要设备有 BOG 压缩机入口缓冲罐、BOG 压缩机、减温器、混合器及混合器后分液罐(再冷凝器)、凝液收集罐、燃料气电加热器。

(1)BOG 压缩机入口缓冲罐主要用于 BOG 蒸发气的缓冲存储，使压缩机吸入压力更加稳定，同时通过顶部捕雾器(类似于过滤网)将 BOG 中夹带的 LNG 液滴及杂质分离，防止夹带的 LNG 及杂质进入 BOG 压缩机气缸带来损伤。

(2)BOG 压缩机主要用于处理储罐蒸发产生的 BOG，维持储罐压力稳定。其负荷由卸荷阀与余隙阀共同进行调节，可根据储罐压力，选择在 50%、75%、100% 等不同负荷下工作。

(3)减温器主要用于对 BOG 压缩机入口的气体温度进行调节，使 BOG 压缩机入口温度保持在 -110℃以下，确保压缩机安全稳定运行。

(4)混合器及混合器后分液罐(再冷凝器)的主要作用是实现 BOG 压缩机出口气体与过冷 LNG 的充分混合、再液化；同时作为 LNG 增压泵的入口缓冲罐。

(5)凝液收集罐为卧式 304 不锈钢储罐，安装在工艺区最低点，其主要作用是收集工艺区凝液，排至 LNG 储罐。

(6)燃料气电加热器的主要作用是给降压后的燃料气进行加热，确保其出口温度在 1℃以上。电加热器功率可根据实际需求进行调节。

第五节 火炬系统

在 LNG 接收站中，低温 LNG 在储存和工艺处理过程中，从环境中间接吸收热量挥发产生 BOG，使接收站储罐系统压力升高，必要时需要通过火炬燃烧，以确保接收站的运行安全。

一、主要功能

接收站 LNG 储罐及系统由于吸热产生大量 BOG，造成 LNG 储罐及系统压力升高，火炬作为 LNG 接收站安全运行的重要安全措施，如果 LNG 低温储罐压力高于设定值，将通过其排放，以降低储罐压力，使储罐在正常压力工况下操作，从而保护 LNG 接收站运行安全。

二、火炬的分类

火炬设施分为高架火炬或封闭式地面火炬。

(1)高架火炬：高架火炬由点火系统、放空管道、火炬塔架、火炬筒、长明灯及火炬头组成。火焰远离地面，由就地、远程控制、手动及自动点火燃烧。火炬头处配置长明灯，长明灯保持长燃状态，当火炬排放气通过放空管道排放至火炬头时，立即被长明灯引燃，燃烧产生的热辐射影响范围较大。

(2)封闭式地面火炬：封闭式地面火炬系统可将气体放空燃烧火焰完全控制在防辐射隔热罩内，外界看不到火焰，能最大限度地减少热辐射、噪声对工作人员和周围设备的影响。该火炬主要由基础、安全防护墙、燃烧器组、防辐射隔热罩、点火系统组成。

三、火炬系统主要工艺流程

(一)火炬系统概况

LNG 接收站的火炬是用于处理开停工、正常操作和紧急状态下排放的可燃气体。通过对高架火炬系统和封闭式地面火炬系统性能的比较分析，高架火炬适应的放空气条件较宽，封闭式地面火炬适应于放空量小且无毒的介质；从燃烧效果、设备布置占地面积、安全可靠性、环保等方面来看，封闭式地面火炬比高架火炬好；从投资及维护方面来看，封闭式地面火炬成本较高，但是维修方便，运行成本低。经查询相关资料发现，2014 年前已投产的 LNG 接收站使用的是高架火炬，之后在建使用的主要以封闭式地面火炬为主。

(二)火炬系统工艺流程

(1)高架火炬主要供接收站内的 BOG 管网事故放空用，以中国石化青岛 LNG 接收站为例，火炬设施按冷、热两个系统进行设计，冷、热火炬不同时使用，两个火炬相互独立。其中任意一个火炬检修时，另一个火炬可作为临时备用。冷火炬系统主要供接收站内的 BOG 管网、LNG 储罐、乙烷储罐、轻烃回收装置、SCV 及 ORV 事故放空用，BOG 管网通过 PV 阀与冷火炬系统连通，超压进行放空。热火炬系统供液化石油气罐(LPG 储罐)火灾工况下放空使用。冷、热火炬系统均可采用高空自动点火系统和地面爆燃点火两套独立点火系统实现点火。冷、热火炬均设置了分液罐，罐内设加热器，对凝液加热气化后放空至火炬燃烧。火炬头上设置 3 只节能型长明灯，接收站正常运行时，冷、热火炬长明灯应处于燃烧状态，长明灯燃烧所用的燃料气有两个来源：一是燃料气系统；二是液化石油气钢瓶，用于火炬首次开车。火炬头上设有三级速度封，以防止回火。冷、热火炬分液罐底部设两个潜液式电加热器，确保使各种工况下分离出来的凝液完全气化。高空火炬工艺流程如图 2-1-26 所示。

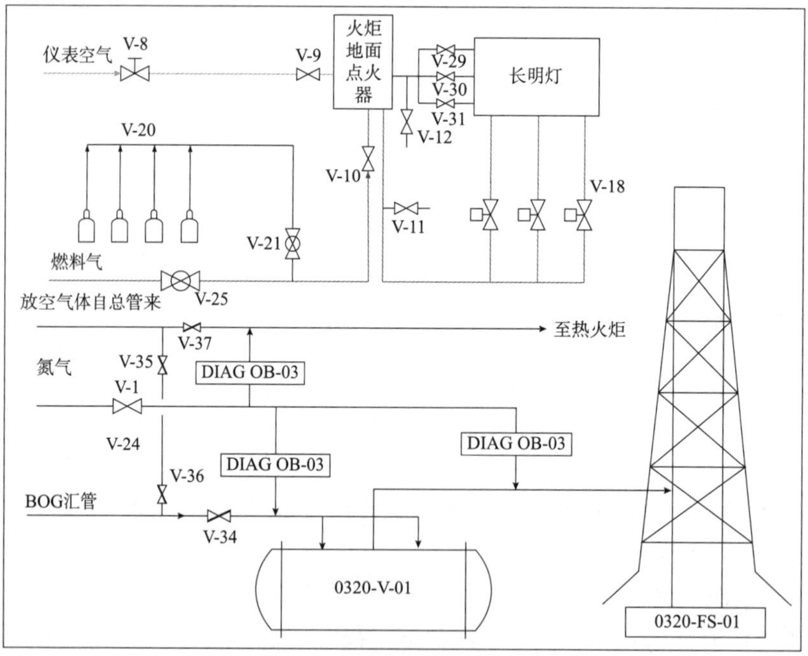

图 2-1-26 高空火炬工艺流程图

(2)地面火炬以中国石化天津 LNG 接收站为例，该接收站设有 3 台地面式火炬，并联运行，单台处理量60t/h。不同工况下进入火炬的火炬气量不同，为适应火炬气量的变化，火炬采用四级燃烧的方式，其中一级燃烧常开，其余三级根据排放压力依次开启。地面火炬主要供接收站内的 BOG 管网、LNG 储罐、SCV 及 IFV 事故放空用，BOG 管网通过 PV 阀与火炬系统连通，超压进行放空。当 BOG 管网压力高值超过 26kPa 时，火炬气压力控制阀依次开启，自 BOG 总管来的 BOG 经压力控制阀后进入火炬分液罐，在分液罐中除去 BOG 中夹杂的 LNG 小液滴，分液后的 BOG 进入地面火炬的四级排放管线分别放空，如图 2－1－27 所示。

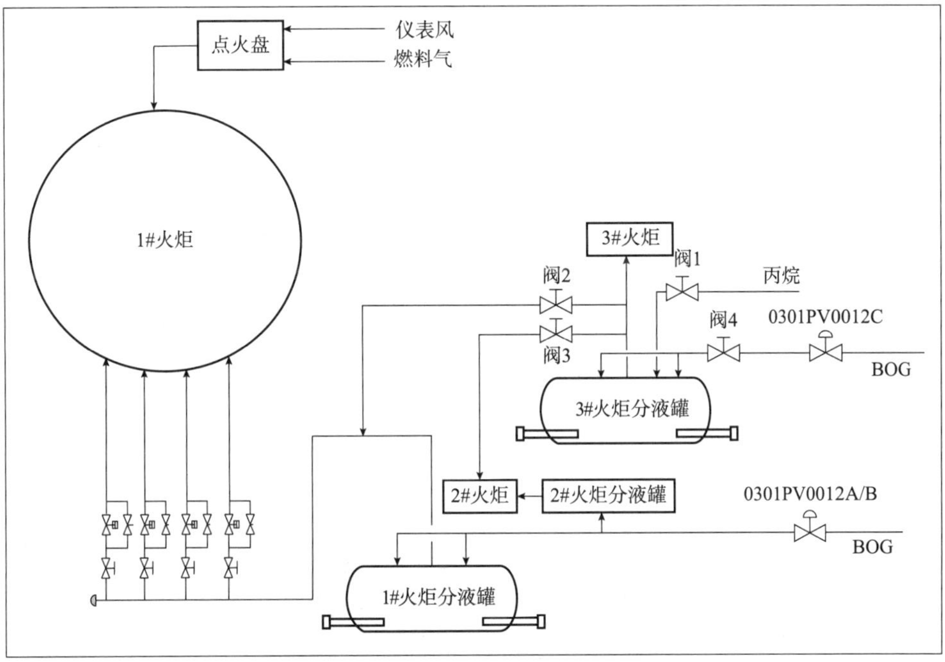

图 2－1－27 地面火炬工艺流程图

四、火炬结构及作用

(一)高架火炬

高架火炬主要由火炬头、火炬筒体、火炬塔架、长明灯、高空点火器、地面点火器、火炬分液罐以及检测控制系统等组成。

1. 火炬分液罐

火炬分液罐为卧式容器，可分离出小液滴，小液滴使燃烧不完全，严重时可能产生“火雨”现象。底部设有潜液式电加热器使液态 LNG 能够及时气化。

2. 高空点火器

高空点火器由高能发生器、点火电极、电极发弧装置组成。在自动点火模式下，可依据长明灯的热电偶信号自动判断点火；在手动点火模式下，可通过地面操作盘上的按钮依次将长明灯点燃。

3. 地面点火器

地面点火器由仪表用压缩空气管线、点火用燃料气管线及空气燃气混合器、点火控制盘组成。空气、燃料气混合器的作用是将仪表用压缩空气和点火用燃料气按一定比例混合形成可燃性混合气体。按动点火按钮后，设置在混合器内的点火嘴发出电火花引燃可燃性混合气体，通过内传焰引火管将火焰引到长明灯，从而点燃长明灯。

(二)封闭式地面火炬

封闭式地面火炬由挡风墙、燃烧塔、地面燃烧器、分级控制阀组、长明灯、自动点火装置、分级控制系统和放空气系统所组成。火炬气在圆柱形燃烧塔内地面燃烧器处进行燃烧。根据火炬气量的大小，通过分级控制阀组将火炬气分配到火炬的一级或多级燃烧器中进行燃烧处理，燃烧过程封闭，燃烧塔外看不见火光，没有光污染，热辐射低。

火炬系统重点设备如图 2-1-28 所示。

(a)火炬长明灯

(b)火炬分液罐

(c)分液罐电加热器

图2-1-28 火炬系统重点设备

1. 火炬长明灯

主要作用：长明灯一直处于燃烧状态，当火炬气瞬时进入火炬后可以快速引燃火炬气，避免火炬气直接排空带来的安全隐患及环境污染。

2. 火炬分液罐

主要作用：卧式容器，分离出小液滴，小液滴使燃烧不完全，严重时可能产生“火雨”现象，底部设有潜液式电加热器使液态 LNG 能够及时气化。

3. 分液罐电加热器

主要作用：当分液罐底检测到液位时，电加热器启动加热，使 LNG 气化。

五、主要工艺操作

(一)高架火炬系统操作

火炬自动点火控制逻辑如下：

当高空点火控制盘及地面点火控制盘上的长明灯手自动选择开关位于自动位置时，若长明灯温度低于100℃时，控制系统将自动启动点火程序将长明灯点燃。首先高空点火器自动点火程序启动，对熄灭的长明灯进行点火，当长明灯温度随着火焰的建立逐步升高，一旦高于100℃，点火程序自动结束。如果点火持续3min仍没有点燃，则地面点火器的自动点火程序也将被启动，对熄灭的长明灯进行自动点火，如果仍然点火失败则发出点火失败报警信号，此时需要操作人员去现场通过手动点火模式手动将长明灯点燃，同时需要排查自动点火失败的原因。为避免高空点火装置长时间工作而降低寿命，点火控制程序被设计为允许连续点3min，火焰建立后将自动结束点火程序，若3min未能将长明灯点燃，系统将自动锁定，停止点火，此时地面内传焰点火器自动点火程序启动。只有当长明灯被点燃后，自动点火程序才会自动启用。当长明灯温度低，需要再次点火时，只有温度低的长明灯所对应的点火器工作。在自动点火过程中，如果长明灯控制开关转换到手动位置，自动点火程序自动停止。

(二)地面火炬系统操作

1. 火炬放空压力控制

单台火炬的处理能力为60t/h，每台火炬配60个火嘴，单个火嘴排放能力为1t/h。根据火炬放空气总管压力可分4级控制压力，具体压力控制见表2－1－2，火炬火嘴及长明灯内部布置图如图2－1－29所示。

表2－1－2　火炬放空压力控制表　kPa

压力值 3取2	阀门打开(1#火炬)	阀门关闭(1#火炬)	阀门打开(2#火炬)	阀门关闭(2#火炬)	阀门打开(3#火炬)	阀门关闭(3#火炬)
1级放空	1	0.5	1	0.5	2.5	2.5降至0.5
2级放空	6	3	4	2	4.3	4.3降至1
3级放空	8	5	6	4	6.1	6.1降至2.1
4级放空	10	7	8	6	7.9	7.9降至3.2

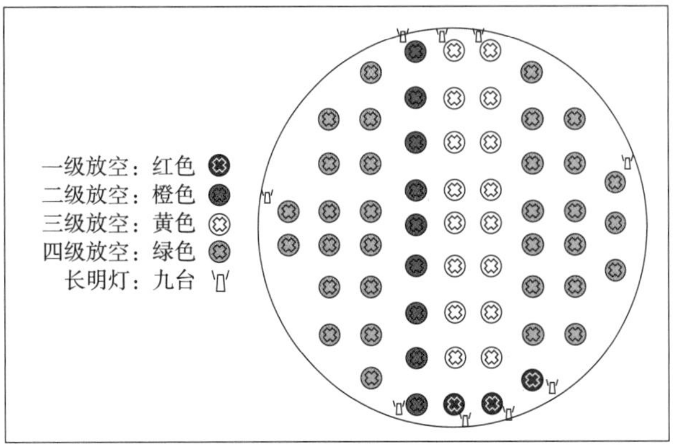

图2－1－29　火炬火嘴及长明灯内部布置图

2. 火炬分液罐操作

每台火炬配置一台火炬分液罐，一台火炬分液罐配备两台电加热器，用于去除火炬气中夹带的可燃液滴。火炬分液罐设置液位高低联锁值，当火炬分液罐内液位大于液位高高设定值时，两台电加热器联锁启动；液位小于液位低低设定值时，两台电加热器联锁停机。

3. 火炬防回火操作

地面火炬设置有三种防回火措施：

(1)火炬入口汇管氮气补压：当火炬入口压力小于压力低低设定值时，火炬入口汇管氮气吹扫管路自控阀开启补压，氮气向火炬排放侧吹扫；当火炬入口压力显示大于压力高高设定值时，火炬入口汇管氮气吹扫管路自控阀关闭，停止补压。

(2)氮气自动后吹扫：火炬开启火炬气管线分级控制阀关闭时，该级放空线的氮气吹扫管路自控阀开启，持续吹扫一段时间后氮气自控阀关闭。

(3)氮气持续吹扫二级、三级、四级：二级、三级、四级氮气吹扫线旁路，带有旁路手阀及限流孔板，旁路手阀常开，持续吹扫。

4. 火炬长明灯操作

LNG 接收站正常运行时，火炬长明灯应处于燃烧状态。当任一个长明灯熄灭，检测到长明灯温度异常低时，将启动自动点火程序(最多点火 3 次)，若失败则报警提醒人工手动点火或检查。

第二章　LNG 储罐

自美国于 20 世纪发明并应用 LNG 技术，以及建成 1000m^3/d 的小型 LNG 工厂以来，天然气低温常压储存方式因其储存效率高、占地面积小、储存规模易于大型化，在 LNG 接收终端站、天然气液化厂和城市燃气调峰系统中得到了越来越广泛的应用。LNG 储罐的设计和建造技术也不断提高，储罐容积越来越大，结构形式呈多样化且注重安全性能的提高。

第一节　LNG 储罐的基本形式

LNG 储罐属常压低温大型储罐，通常为平底双壁圆柱形。储罐内筒一般采用 9% Ni 钢，外壁为预应力混凝土。吊顶一般采用全铝材料，罐顶则由碳钢及混凝土制成。罐内绝热材料主要为膨胀珍珠岩、弹性玻璃纤维毡及泡沫玻璃砖等。

一、按结构形式分类

单容罐内容器内壁一般为 9% Ni 钢，外壁为碳钢，而辅助容器只是由较低防护堤围成的收液槽，用于防止在内容器发生事故时 LNG 外溢扩散。

双容罐与单容罐相比，则是辅助容器在内容器外围设置的一层高度与罐壁相近，并与内容器分开的圆柱形混凝土防护墙。

全容罐内壁为含 9% Ni 钢或不锈钢薄膜，外壁为预应力混凝土。因此全容罐外壁不仅可防止罐内 LNG 泄漏时外溢，还可防止子弹击穿、热辐射等，也起到了辅助容器的作用。

二、按容量分类

小型储罐(5 ~ 50m^3)：常用于民用 LNG 汽车加注点及民用燃气液化站等。

中型储罐(50 ~ 100m^3)：多用作工业燃气液化站。

大型储罐(100 ~ 1000m^3)：适用于小型 LNG 生产装置。

超大型储罐(1000 ~ 40000m^3)：用于基本负荷型和调峰型液化装置。

特大型储罐(40000 ~ 270000m^3)：用于 LNG 接收站。

三、按形状分类

球形储罐：一般用于中小容量的储罐，但有些工程的大型 LNG 储罐也有采用球形的。

圆柱形储罐：在各种容量的储罐中都有使用。

四、按放置分类

地上型储罐：坐落于地上。

地下型储罐：坐落于地下，包括半地下型、地下型、地下坑型。

五、按修建材料分类

双金属型储罐：内外罐均采用金属材料。内罐选用不锈钢或铝合金，外壳选用容器用钢。

预应力混凝土型储罐：内筒采用耐低温金属建造，外壳采用预应力混凝土建造。

薄膜型储罐：储罐内筒主要采用厚度为1.2～2mm的不锈钢薄膜建造，外壳采用预应力混凝土建造。

第二节 大型LNG全容罐结构形式及特点

大型LNG储罐常用的结构形式为平底立式圆筒形，预应力混凝土全容罐安全性较高、技术成熟，是近年来全球应用广泛的储罐形式。

目前，我国建造的LNG储罐主要为全容罐，常见的全容罐结构采用9% Ni钢内筒、9% Ni钢或混凝土外罐和顶盖、底板，外筒或混凝土外罐到内筒1～2m，可允许内筒里的LNG和气体向外筒流动，它可以避免火灾的发生。由于全包容罐的外筒体可以承受内筒泄漏的LNG及其气体，因此不会向外界泄漏，其安全防护距离也要小得多。一旦事故发生，对装置的控制和物料的输送仍然可以继续，这种状况可持续几周，直至装置停车。

地上全容罐承台平面形状为圆形，从结构上分主要有两种类型，分别为架空式承台和落地式承台，两者主要的区别是架空式承台采用自然通风保持承台温度，落地式承台采用承台混凝土中预埋的电加热系统保持承台温度，防止承台下方土壤冻胀。承台结构厚度大，最厚可达1.5m，面积也大，最大可达8000m^2左右，多采用分块浇筑。

地上全容罐罐壁多采用后张法预应力结构，罐壁平面形状为圆形，罐壁竖直。方向内侧垂直于储罐承台，外侧底部多为均匀过渡收缩，中上部垂直；沿罐壁设有扶壁柱作为后张法预应力的锚固带。

罐壁内侧设有纵向及横向布置的预埋件，作为9% Ni钢罐蒸发气隔离板结构的着力点；罐壁混凝土沿垂直方向划分为多个施工段，分次浇筑完成。储罐罐壁外侧受力钢筋采用高强度热轧钢筋，罐壁内侧在可能遭受低温作用的部位采用低温钢筋，用于抗剪的钢筋采用低温钢筋。

储罐穹顶结构外形为球冠状，沿垂直方向可分为两层，内侧为钢结构形式，外侧为混凝土结构。内罐钢结构拱顶作为外侧混凝土结构施工时的支撑，外侧混凝土多采用分段浇筑，施工段间常采用免拆钢板网支挡施工缝，完成后施工段间采用防水材料进行处理。

储罐外罐罐壁内侧在环向和竖向均布置有低温钢筋，预应力采用有黏结后张拉预应力系统。储罐结构示意图如图2－2－1所示。

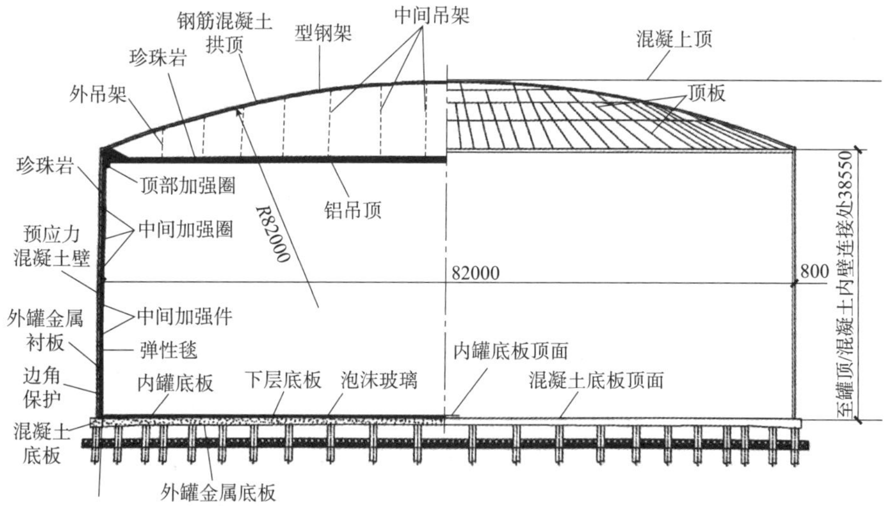

图2-2-1 储罐结构示意图

第三节 大型LNG全容罐主要施工过程

一、主要施工内容

按照LNG储罐结构形式，施工主要内容包括桩基施工、短柱及承台施工、外罐壁施工、气顶升、穹顶混凝土浇筑(罐顶设施安装)、内罐壁施工、罐顶设备安装、门洞封闭施工、罐体压力试验、保冷施工、氮气置换。

二、重要施工节点

1. 气顶升

气顶升就是罐顶结构在罐底制作完成后，对拱顶边缘进行密封，通过在临时洞口安装的风机向罐内持续吹进空气，利用管内空气形成的压力将罐顶缓慢抬升至预定位置的过程。气顶升主要包括顶升平衡系统、密封系统、供风系统和监测系统。

2. 内罐9% Ni钢板施工

低温LNG储罐的内罐一般采用9% Ni钢板进行施工，9% Ni钢的主要特点是高镍含量、高纯净度、高的低温冲击韧性、较高强度和良好焊接性等，又因为其使用温度可达-196℃，且在深冷环境下使用时的韧性最好，而被广泛用于LNG储罐设备中。其中内罐壁板在焊接时采取的顺序为：

(1)吊装壁板，并对壁板进行固定和组装。

(2)先使用门形卡对两个壁板固定，然后点焊定位，最后拆除门形卡，依次重复直到此块壁板全部定好位。

(3)壁板定位后，对壁板进行焊接。

(4)采用两端前进的方式，对壁板进行安装。

(5)在此层壁板焊接完成后，采取同样方式对上层壁板进行吊装焊接安装。

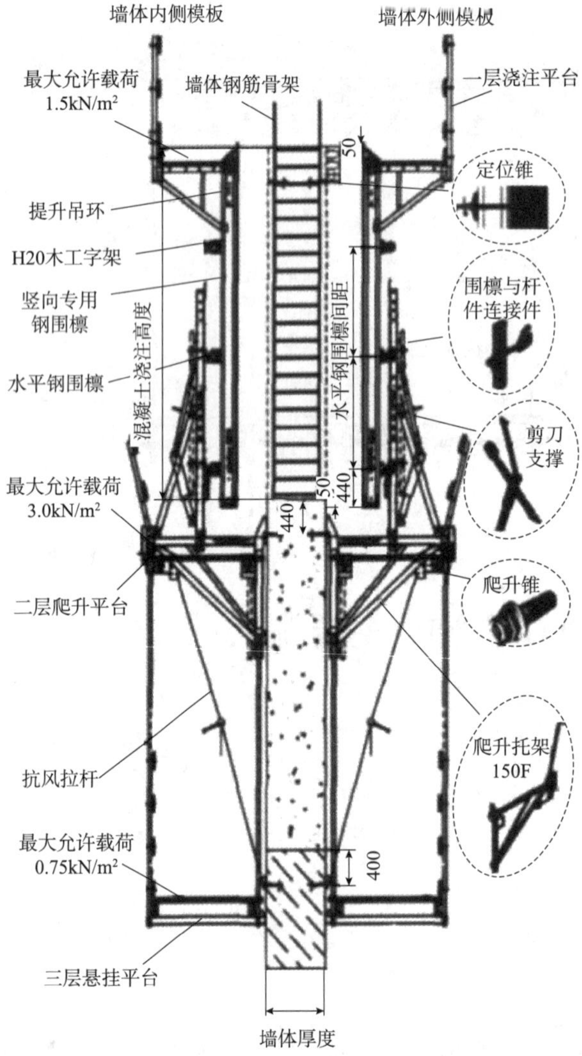

图2－2－2　DOKA 模板结构图

三、关键施工工具

DOKA 模板：

(1) DOKA 模板由于灵活轻便、操作简单、高精度、高承载能力等特点，在 LNG 储罐混凝土外罐施工中得到广泛应用。全容式储罐的混凝土外罐罐壁施工中普遍使用的模板体系为 DOKA150F 爬升模板系统，该系统由墙体模板系统 Top50、支撑系统、操作平台和锚固系统四大部分组成，如图 2－2－2 所示。

(2) DOKA 模板爬升步骤。

DOKA 模板的组装有三个阶段。

第一阶段：组装浇筑结构，即完成模板面板及支撑件的组装，形成混凝土浇筑模板结构，用于第一层墙体的施工。

第二阶段：组装模板提升结构，即在第一阶段的基础上完成爬升架的组装，实现提模爬升功能，用于第二层墙体的施工。

第三阶段：在前二阶段的基础上增加第三层悬挂平台，形成完整的模板系统，用于第三层及以上标准层的施工。

第三章 主要设备

第一节 卸料臂

LNG 卸料臂是用于接收站和 LNG 船舶间装卸 LNG 的特殊专用设备，是储存设备之间转移 LNG 的过渡连接装置。目前国内在用 LNG 卸料臂以国外引进为主，多为德国 SVT、法国 FMC Technologies（简称 FMC）和日本 NIIGATA 等进口产品。国内目前一般采用 16in 和 20in 两大类大口径 LNG 卸料臂。近年来，随着国内 LNG 卸料臂相关企业不断突破关键技术，中国船舶集团第716 研究所杰瑞自动化有限公司、江苏长隆石化装备有限公司、连云港远洋流体装卸设备有限公司均具备自主研发制造 16in 大口径 LNG 卸料臂的能力，并已成功在国内投用。

一、卸料臂的分类

卸料臂按照其卸料时的介质不同，可将其分为液相臂、气相臂、气液两相臂。

（1）液相臂。输送介质为 LNG，连通船岸两侧液相管线，以实现 LNG 的装卸载。

（2）气相臂。输送介质为 BOG，连通船岸两侧气相管线，用于保持接收站 LNG 储罐与船舱压力平衡。

（3）气液两相臂。正常情况下为液相臂，当气相臂故障时，通过调整工艺流程可作为气相臂使用。

国内 LNG 接收站多设置 4/5 条卸料臂，其中 3/4 条为液相臂，1 条为气相返回臂，该设置方式更有利于维持 LNG 船舱的压力平衡。早期建成投产的大鹏 LNG、福建 LNG 采用的卸料臂是日本 NIIGATA 产品，之后陆续建成投产的 LNG 接收站多采用德国 SVT、法国 FMC 卸料臂。

中国石化天津 LNG 接收站 1 号码头共 5 台卸料臂，其型号为 RCMA“S”型，分别为 4 台液化天然气（LNG）液相臂（3 用 1 备）和 1 台气相返回臂；2 号码头共 5 台卸料臂，其中 4 台 FMC 进口臂，型号与 1 号码头相同，1 台国产臂，同样配置 4 台液相臂和 1 台气相返回臂。当气相臂需维修时，两个码头的卸料臂 01B/11B 将用作气相臂使用。其中，中国石化天津 LNG 国产卸料臂具备 3D 实时智能管控等功能，在行业内实现了首次国产卸料臂实船应用，大幅提升了产品的自动化和智能化水平，更加清晰直观地显示设备工作状态，方便现场设备管控，符合未来 LNG 智慧接收站发展趋势。

二、卸料臂的结构

卸料臂主要由基座立柱、内臂、外臂、内臂支架、外臂支架、平衡系统（配重、平衡滑轮）、低温旋转接头（SWIVEL JOINT）（包括 style 40、style 50、style 80 三种型号）、快速连接/断开装置（QCDC）、双球阀与紧急脱离卡箍（PERC）组成。其结构如图 2－3－1 所示。

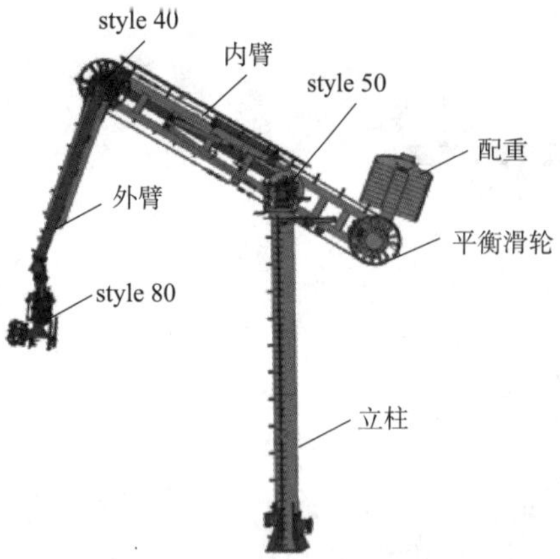

图 2－3－1　卸料臂结构图

基座立柱是整个卸料臂的支撑，旋转盘和主配重用于调节卸料臂平衡，内臂和外臂是支撑卸料管的支架。此外，卸料臂的核心部件主要有低温旋转接头、快速连接/断开装置、双球阀与紧急脱离卡箍等。其中，低温旋转接头的主要作用是令卸料臂跟随船上 LNG 集管一起运动；紧急脱离接头能够保证在紧急状况下(例如船在装载或卸载过程中移离码头)装卸臂与船可以安全断开，使产品溢漏最少；而快速连接/断开装置采取了与 LNG 船集管法兰连接和断开的方式，此方式不需要螺母和螺栓，其动作速度可通过控制装卸臂动力装置输出的液压油流量调节。

(1)基座立柱：基座立柱是支撑整个卸料臂总成的焊接件，为空心壁管结构。基座立柱可实现在陆地管道系统和卸料臂总成之间输送产品，将卸料臂锁定在停放位等功能。

(2)内臂：在立柱和外臂之间输送产品的管道。

(3)外臂：是一条在内臂和 LNG 运输船管汇间输送产品的管道。

(4)内臂支架：是一根支撑卸料臂总成、产品管线和外臂结构的焊接钢梁，包括支撑平衡滑轮、主配重及附加配重的钢梁(平衡梁)。通过将平衡梁固定到基座立柱上，可将内臂锁定在停放位置。

(5)外臂支架：是一根预制钢梁，它的一端通过旋转接头与外臂连接，另一端与 Style 40 滑轮连接。

(6)平衡系统：主要包括旋转式配重、上/下平衡滑轮、收放钢丝绳等。

(7)旋转接头(style 40、style 50、style 80)：在立柱顶部，由 style 50 旋转接头支撑内臂，可让整个卸料臂围绕垂直轴(1 号旋转接头)旋转，让内置臂围绕水平轴(2 号旋转接头)旋转。连接外臂与内臂的旋转接头称为 style 40(3 号旋转接头)。style 80 为三节式旋转接头总成，其作用是连接卸料臂总成与 LNG 运输船，由三个旋转接头(4 号、5 号、6 号旋转接头)组成，能够随 LNG 运输船移动而自由转动。如图 2－3－2 所示。

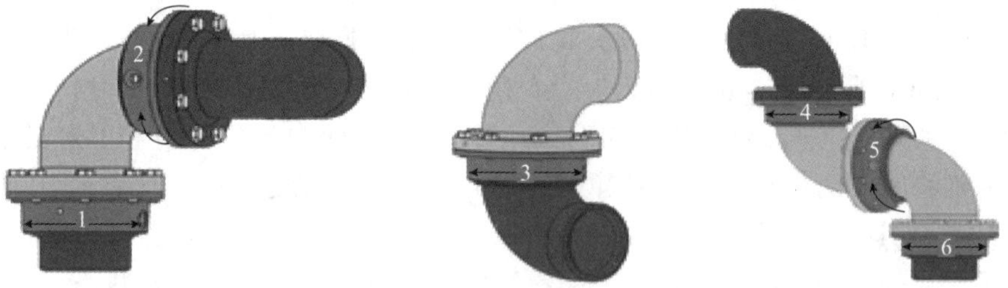

(a)style 50　(b)style 40　(c)style 80

图 2－3－2　旋转接头示意图

(8)快速连接/断开装置(QCDC)：是卸料臂的末端法兰与船上装卸口法兰对接准确后，利用液压驱动对连接法兰快速夹紧和脱开的装置，其结构如图 2－3－3 所示。QCDC 采用螺栓螺母的自锁结构能确保在抓紧以后一直保持，提高安全性。在失去外部动力的情况下，QCDC 仍然可以通过手动方式打开。

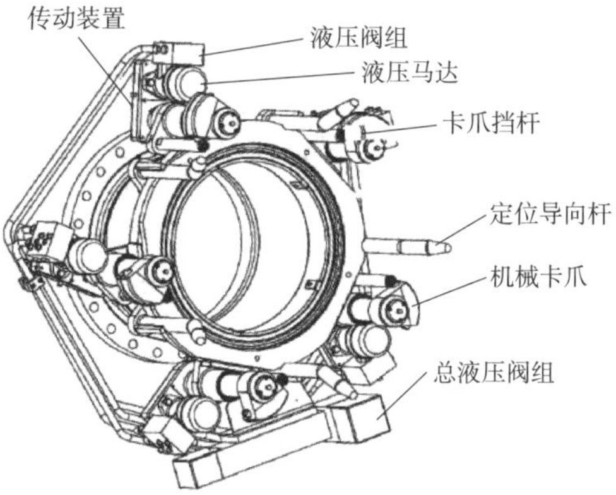

图 2-3-3 QCDC 整体结构图

(9)双球阀与紧急脱离卡箍(PERC)：双球阀位于 style 80 上，是触发 ESD 时船岸间工艺管道的隔离阀。两个阀串联安装，两阀之间的对接面通过 PERC 连接。双球阀、PERC 及动力驱动装置共同构成了卸料臂的紧急脱离系统。双球阀与 PERC 形成液压互锁，当双球阀未完全关闭时，无法脱开 PERC。当 PERC 液压缸未收回时，双球阀无法打开(图 2-3-4)。

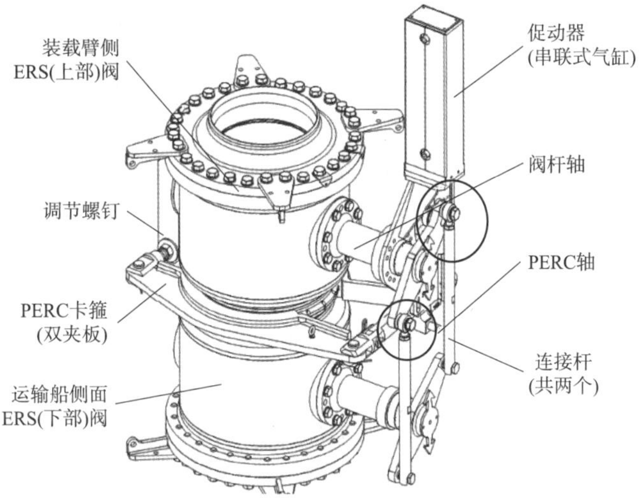

图 2-3-4 双球阀与紧急脱离卡箍(PERC)

卸料臂备用及工作连接状态如图 2-3-5 所示。

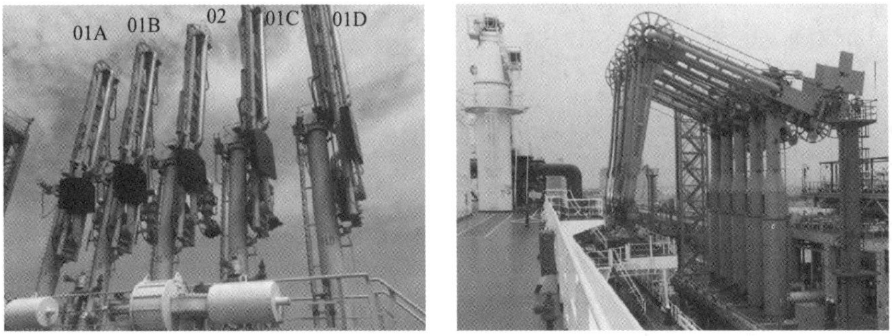

图 2-3-5 卸料臂备用及工作连接状态图

三、卸料臂的主要参数

以天津 LNG 接收站为例：

(1)卸料臂管径：16in(406mm)(1in≈25.4mm)。

(2)工作压力：LNG 卸料臂为0.28MPa，气相返回臂为0.02MPa。

(3)卸料流量：LNG 单台卸料臂卸料设计流量为4666.7m^3/h。

四、卸料臂操作方式

常用的卸料臂操作方式有两种：一是遥控器控制；二是就地控制面板控制。如图2-3-6所示。当遥控器操作失效时，可以采用本地控制面板操控卸料臂。在本地控制面板上操控卸料臂连接时，操作员不能直接看到对接过程，这种方法仅在遥控器发生故障时使用。

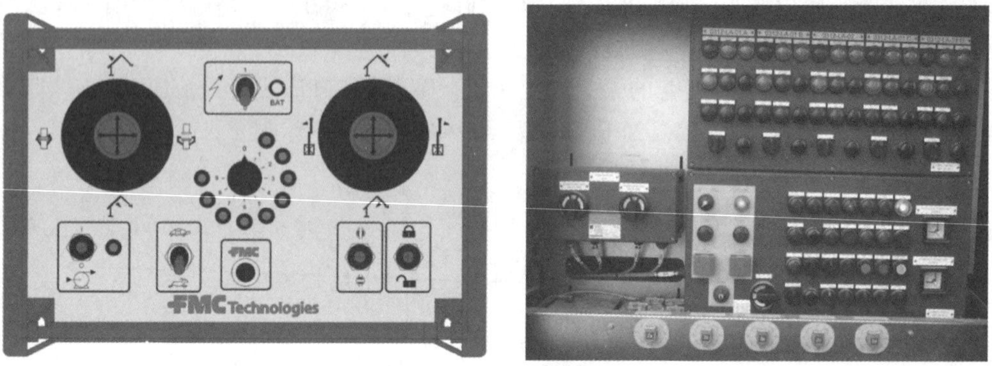

(a)遥控器　　(b)就地控制面板

图2-3-6　卸料臂操控设备图

第二节　罐内泵

罐内低压泵(LNG LP transfer pumps)俗称罐内泵，是LNG低压输送系统中的关键设备，通常安装在LNG储罐底部，担负着将LNG从储罐抽出外输的重要任务，也可用于LNG储罐内部循环防止翻滚。无外输任务时，维持整个系统的保冷循环等。罐内泵底阀安装在泵井底部(图2-3-7)，其作用是在罐内泵需要检修时，将罐内泵提升起来，底阀便会自动关闭，将泵井与LNG储罐隔离开来，避免将储罐内大量的LNG放空，减少经济损失，同时确保作业安全。

图2-3-7　LNG 罐内泵底阀实物图

一、LNG 罐内泵结构

LNG 罐内泵主要由导流器、叶轮、扩散器、平衡鼓、主轴、轴承、电机七部分组成，如图2-3-8所示。

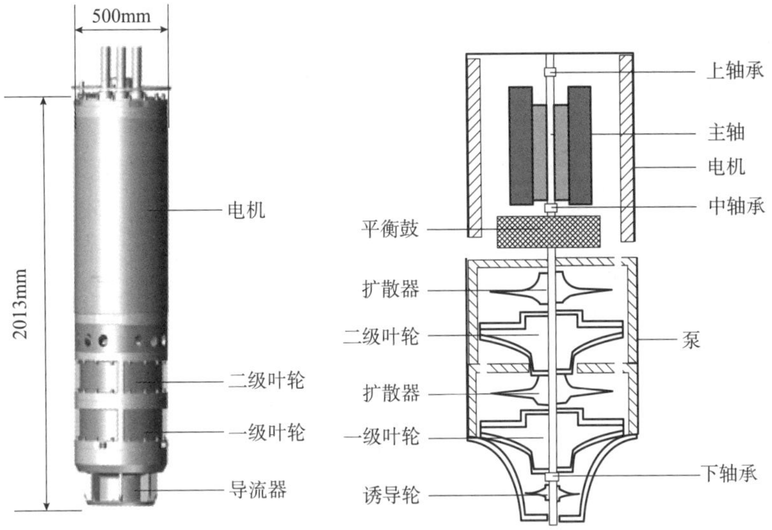

图2-3-8　LNG罐内泵结构示意图

(1)导流器：由诱导轮(图2-3-9)与导流腔(图2-3-10)组成，其作用为改善水力特性，减小泵进口介质流体阻力，改善吸入压头，有效防止泵入口产生汽蚀，提高泵运行稳定性。

图2-3-9　诱导轮

图2-3-10　导流腔

(2)叶轮(图2-3-11)：闭式叶轮由轮毂、前端盖、后端盖及叶片构成，其作用为通过叶轮高速旋转的离心运动产生压力输送介质。叶轮形式如图2-3-12所示。

图2-3-11　罐内泵叶轮

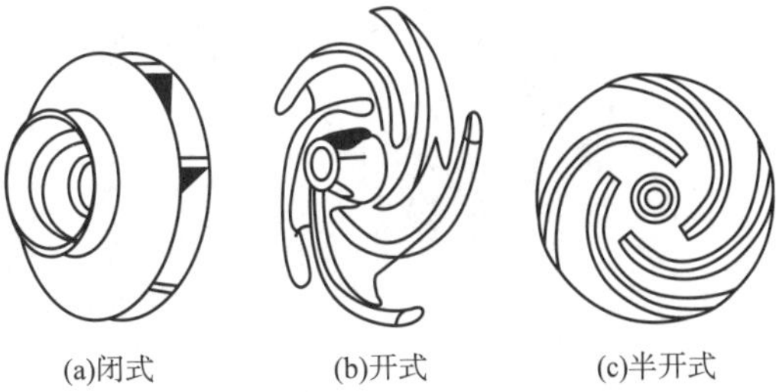

图2-3-12　叶轮形式

图2-3-13　罐内泵扩散器

(3)扩散器(图2-3-13)：主要由轮毂、螺旋状叶片及外壳组成，其作用为有效消除罐内泵因介质流动及机械因素所产生的径向力。

(4)平衡鼓：为圆柱体，类似于活塞，装在末级叶轮之后，随轴旋转，可上下移动，其作用为有效消除罐内泵因介质流动及机械因素所产生的轴向力。平衡鼓结构如图2-3-14所示，平衡鼓零部件如图2-3-15所示。

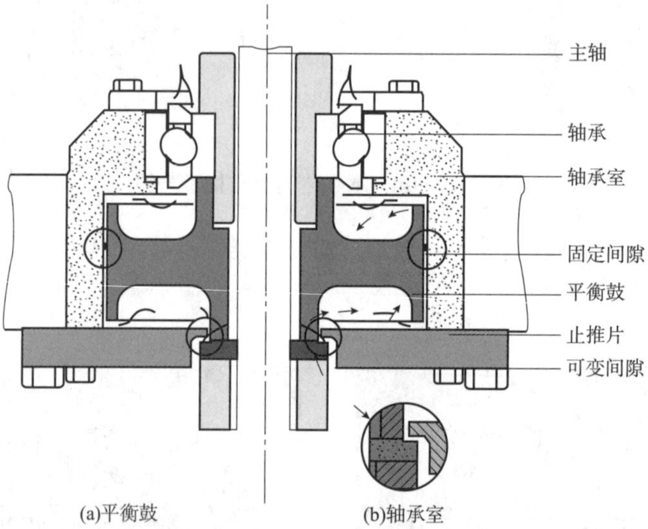

图2-3-14　平衡鼓结构示意图

图2-3-15　平衡鼓零部件

(5)主轴：由电机轴与泵体轴组成，两部分之间用花键连接(图2-3-16)，其作用为动力传动轴，带动轴上两级叶轮及诱导轮。

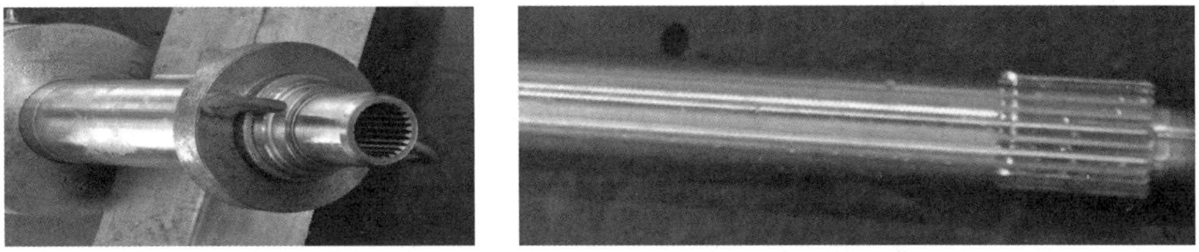

图2-3-16　轴连接示意图

(6)轴承：主要由内圈、外圈、保持架及滚动体组成(图2-3-17)，LNG罐内泵共计3套轴承组，分别位于电机上部、电机与泵体之间、泵体导流腔内，其作用为支撑轴，使轴能够灵活转动，控制轴的轴向及径向移动。

(7)电机：由定子及转子组成，其作用是为LNG罐内泵主轴转动提供动力。

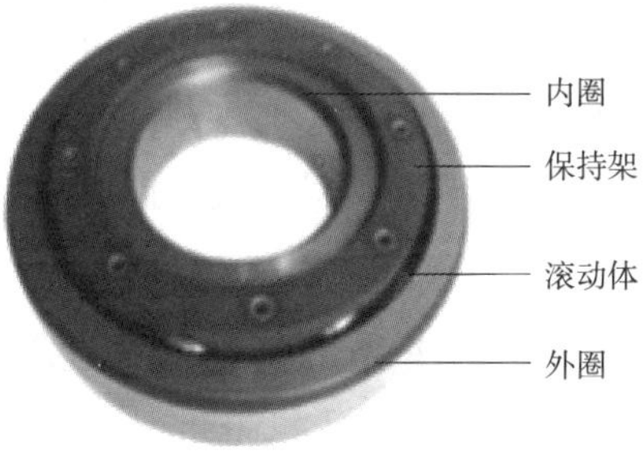

图2-3-17　轴承示意图

二、LNG罐内泵形式与主要参数

以天津LNG一期12台罐内泵为例，其主要参数如下：

(1)形式：电动立式潜液多级离心泵。

(2)尺寸：泵直径500mm，高度2013mm。

(3)设计流量：60～175t/h(140～420m^3/h)；额定流量：150t/h(356m^3/h)。

(4)额定扬程：275m(1.2MPa)。

(5)汽蚀余量：2m。

(6)吸入压力：7.4～165.2kPa。

(7)排放压力：1276kPa。

(8)额定电压：6kV。

(9)额定电流：24.3A。

(10)轴功率：185kW。

(11)额定转速：3000r/min。

(12)罐内泵安装在直径600mm的泵井内。

三、LNG罐内泵主要特点

潜液式LNG罐内泵与传统泵相比，主要有以下特点：

(1)泵体完全浸没在液体中，工作噪声较小。

(2)电机与叶轮在同一个主轴上，省去了联轴器和对中需要。

(3)平衡机构的设计，消除了轴向力和径向力，振动大大降低，使轴承使用寿命和泵的人修周期大大延长。

(4)叶轮和轴承通过液体自身润滑，不需要设计润滑油系统。

(5)无须使用防爆电机。

第三节 增压外输泵

增压外输泵是LNG接收站增压气化外输单元的核心工艺设备，其主要作用为将LNG再次升压至10MPa左右，经高压总管输送至气化器，采用多级离心立式结构，与罐内泵配套使用，技术难度相对更高。国际市场中，增压外输泵主要供应商为日本Ebarra、Nikkiso和美国JcCarter。国内企业通过多年攻关，开发了拥有自主知识产权的多级潜液离心泵，较为成功的有大连深蓝泵业有限公司和杭州新亚低温科技有限公司，经投用测试，国产泵各项性能指标与进口产品相当，同时大功率国产低温电机也已实现批量使用，稳定运行，节能效益明显。

一、增压外输泵结构及作用

增压外输泵主要由导流器、叶轮、扩散器、平衡鼓、主轴、轴承、出液管线、电机等八部分组成，其结构如图2-3-18所示。

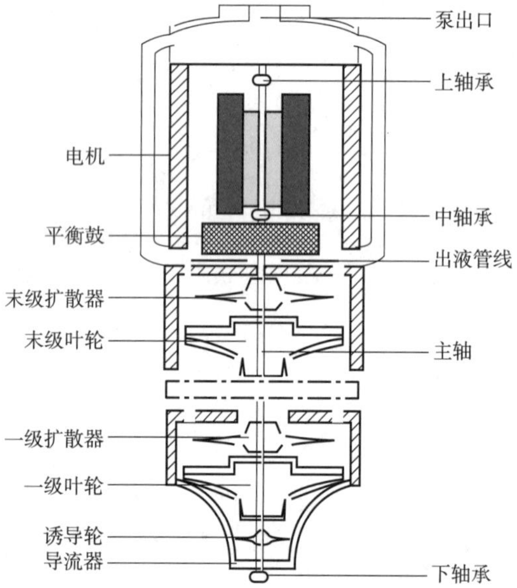

图2-3-18 增压外输泵结构示意图

(1)导流器：由诱导轮与导流腔组成。其作用为改善水力特性，减小泵进口介质流体阻力，改善吸入压头，有效防止泵入口产生汽蚀，提高泵运行稳定性。

(2)叶轮：通过叶轮高速旋转的离心运动产生压力输送介质。叶轮形式主要分闭式叶轮、开式叶轮和半开式叶轮，本站增压外输泵采用闭式叶轮，由轮毂、前端盖、后端盖及叶片构成。

(3)扩散器：由轮毂、螺旋状叶片及外壳组成，用以有效消除增压外输泵因介质流动及机械因素所产生的径向力。

(4)平衡鼓：为圆柱体，类似于活塞，安装在末级叶轮之后，随轴旋转，可上下移动，用以有效消除增压外输泵因介质流动及机械因素所产生的轴向力。

(5)主轴：为一根通轴，是动力传动轴，带动轴上叶轮及诱导轮。

(6)轴承：由内圈、外圈、保持架及滚动体组成，每台增压外输泵由3套轴承组成，分别位于电机上部(上轴承)、电机与泵体之间(中轴承)、泵体导流腔内(下轴承)。主要作用为支撑主轴，使轴能够灵活转动，控制轴的轴向及径向移动。

(7)出液管线：通过6根出液管线汇总至泵出口汇管。

(8)电机：由定子及转子组成。作用是为增压外输泵主轴转动提供动力。

二、增压外输泵的主要参数

国内 LNG 接收站增压外输泵以 15 级为主，个别接收站有 13 级、9 级，最高可以达到 18 级。以高压进口外输泵(15 级)、低压进口外输泵(9 级)及低压国产外输泵(9 级)为例，主要参数示例见表 2 -3 -1。

表 2 -3 -1　进口与国产增压外输泵的主要参数

参数名称	进口		国产
	高压外输泵	低压外输泵	低压外输泵
泵形式	电动立式潜液多级离心泵	电动立式潜液多级离心泵	电动立式潜液多级离心泵
叶轮级数	15 级	9 级	9 级
泵直径/mm	1014	1014	720
泵高度/mm	4725	3925	3345
泵设计流量/(m^3/h)	183 ~629(77 ~264t/h)	172 ~588(77 ~247t/h)	80 ~240(36 ~108t/h)
泵额定流量/(m^3/h)	443(186t/h)	403(170t/h)	200
泵设计扬程/m	2365(10MPa)	1255(6.3MPa)	1255
泵电机电压/kV	6	6	6
泵电机功率/kW	1633.8	809.9	411
泵电机启动电流/A	1298	594	412
泵电机运行电流/A	281	251	47

第四节　气化器

气化器是 LNG 接收站气化外输的关键设备，是一种专门用于液化天然气气化的换热器。选择合适的气化器将对接收站的成本及性能有着重要的影响。不管是民用还是工业应用，LNG 总是要气化并恢复到常温后才能使用。低温的液化天然气要转变为常温气体，必须要有相应的热量使其气化。热量的来源可以从环境空气和水中获得，也可以通过燃烧燃料或蒸汽获得。现用的 LNG 气化器主要有：浸没燃烧式气化器(SCV)、开架式气化器(ORV)、中间介质气化器(IFV)以及空气气化器(AAV)，上述几种形式的气化器中，广泛使用的是 ORV 和 SCV，但当海水质量不能满足 ORV 要求时，通常采用 IFV。

气化器技术长期被国外垄断，其中 SCV 主要以德国 SELAS - LINDE 公司和韩国 WONIL T&I 公司为主，IFV 的外国供应商主要有 KOBELCO Kobe Steek，国内供应商主要有江苏中圣压力容器装备制造有限公司、航天晨光股份有限公司、中国航天科工三院 254 厂等。从接收站的功能定位、投资、运行费用及设备安全性能多方面考虑，国内 LNG 项目接收站工程多采用的气化方案是开架式气化器或中间介质气化器 + 浸没燃烧式气化器。夏季使用开架式气化器或中间介质气化器，开架式气化器利用海水或淡水，中间介质气化器利用海水加热及气化 LNG；在冬季海水温度过低时，启用浸没燃烧式气化器，使 LNG 气化成气态天然气，经调压、计量后输送进下游输气管网。

一、浸没燃烧式气化器(SCV)

浸没燃烧式气化器(SCV)，主要是通过燃料气与空气在燃烧器充分混合后在燃烧室燃烧，产生的高温气体通过烟气分配器，利用水蒸气冷凝潜热和高温 CO_2 气体显热，加热混凝土水浴池中的软化水；升温后的软化水将盘管中的 LNG 加热升温至 0℃以上，工作原理如图 2-3-19 所示。主要利用时间在每年 11 月~次年 3 月。SCV 优势主要体现在投资和安装费用低，但因其需要通过燃烧燃料气产生热量，所以缺点是运行费用高。

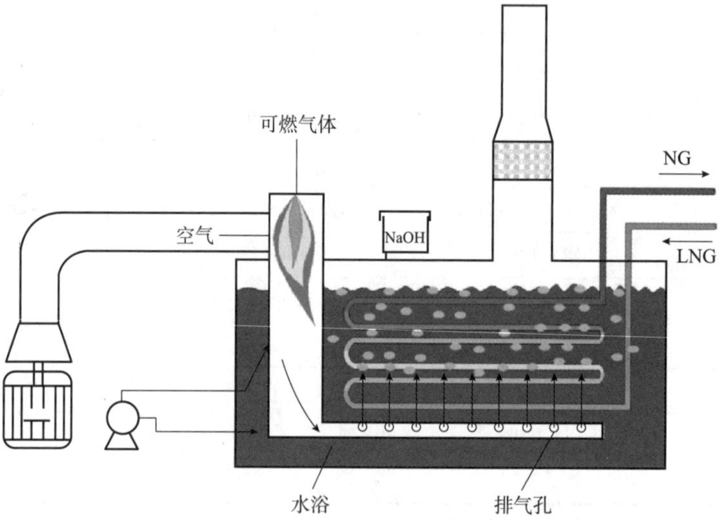

图 2-3-19　浸没燃烧式气化器工作原理图

1. 浸没燃烧式气化器结构及作用

浸没燃烧式气化器主要由燃烧系统、水浴加热系统和 LNG 管束气化系统等三部分组成，如图 2-3-20 所示。

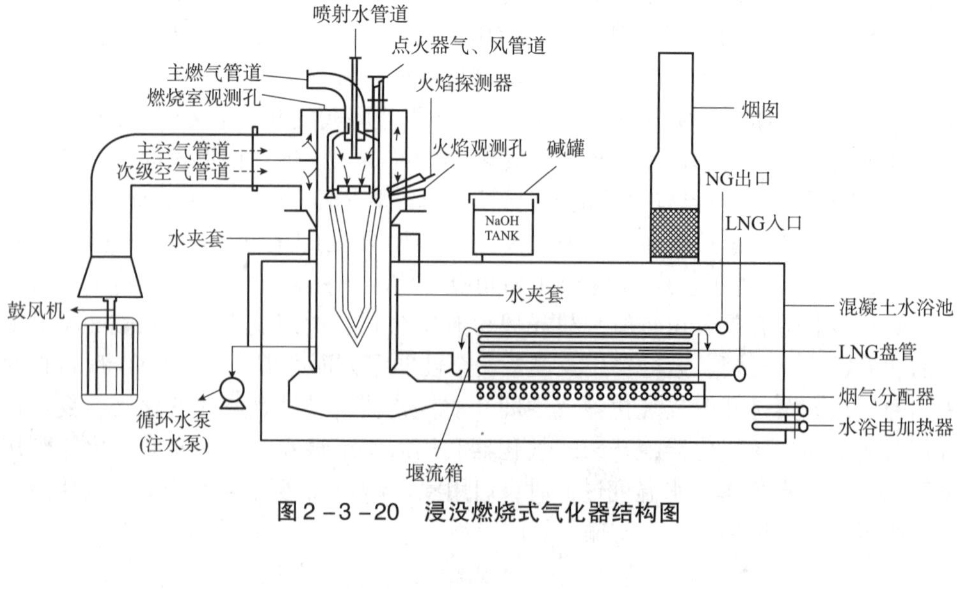

图 2-3-20　浸没燃烧式气化器结构图

(1)燃烧系统：主要由鼓风机、燃烧室、烟气分配器、水夹套、烟囱五部分组成。

①鼓风机(图2-3-21)：由电机、风机、消音器(图2-3-22)组成。

主要作用：一是在燃烧器点火之前吹扫燃烧室内的水分及残留天然气；二是在燃烧器启动之后为燃烧室提供空气。

图2-3-21 鼓风机

图2-3-22 消音器

鼓风机的主要参数见表2-3-2。

表2-3-2 鼓风机主要参数

类别	鼓风机		电机		
	风量/(Nm^3/h)	压力/kPa	功率/kW	转速/(r/min)	电压/kV
国产	48000	29.6	560	2980	6
进口	54744	15.1	450	2981	6

②燃烧室：由主空气管道，次级空气管道，主燃气管道，点火器气、风管道，主燃气喷嘴，点火喷嘴，注水喷嘴，火焰探测器等八部分组成，结构如图2-3-23所示，各部分功能如下。

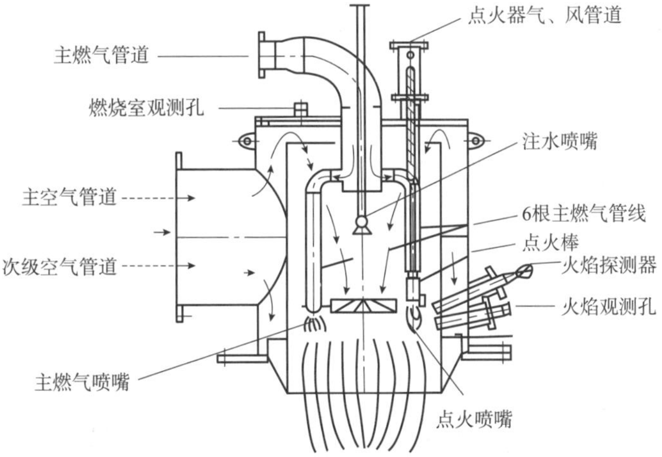

图2-3-23 燃烧室结构简图

主空气管道：位于风道阀板上部，为燃烧室提供助燃空气。

次级空气管道：位于风道阀板下部，调节空燃比。

主燃气管道：为燃烧室提供燃料气。

点火器气、风管道．为点火喷嘴提供燃烧气。

主燃气喷嘴：分散雾化主燃料气，使其充分燃烧。

点火喷嘴：分散雾化引燃气，使其充分燃烧。

注水喷嘴：分散雾化喷射泵来的喷射水，降低上部温度，降低氮氧化物生成量，满足环保要求。

火焰探测器：监测燃烧室内火焰燃烧情况。

③烟气分配器：由烟气分配器主管、烟气分配器支管(14 根)及通气孔等三部分组成(图 2－3－24)。其作用为燃烧室产生的高温烟气，经烟气分配器主管至分配器支管，由通气孔扩散至水浴池堰流箱下部，加热水浴池中的软化水。各部分尺寸结构为：

图 2－3－24　烟气分配器

烟气分配器主管：为 304L 不锈钢，长度 7.15m，直径 1.44m。

烟气分配器支管：为 304L 不锈钢，共 14 根，长度为 3m/根，直径 400mm。

通气孔：沿管四周分布，直径 19mm。

④水夹套。循环水自循环水泵来，从水夹套下部进入，上部溢流回水浴池，为燃烧室降温，如图 2－3－25 所示。具体尺寸结构参数见表 2－3－3。

表 2－3－3　进口 SCV 与国产 SCV 水夹套尺寸结构对比

项目	进口 SCV	国产 SCV	
		上部	下部
材质	316 不锈钢	316 不锈钢	316 不锈钢
高度	2.4m	0.3m	1.8m

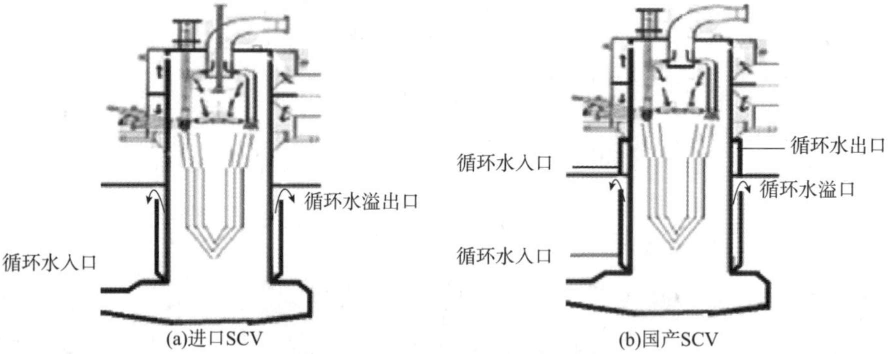

图 2－3－25　SCV 水夹套示意图

⑤烟囱：换热后的低温烟气通过烟囱排入大气。具体尺寸结构参数见表 2－3－4。

表2-3-4 进口SCV与国产SCV烟囱尺寸结构对比

项目		进口SCV	国产SCV
材质		碳钢	碳钢
高度		27m	27m
直径		2.5m	1.52m
排烟温度	设计	<65℃	<65℃
	控制	23℃	23℃

(2)水浴加热系统：主要由混凝土水浴池、循环水泵、注水泵、NaOH容器、水浴电加热器等五部分组成。

①混凝土水浴池：为钢筋混凝土结构，混凝土标号C35。主要作用是储存软化水，储存量约180t(约占水浴池容积的70%)，如图2-3-26所示。

尺寸结构：$L \times D \times H = 9180mm \times 7330mm \times 3860mm$

$V \approx 225m^3$

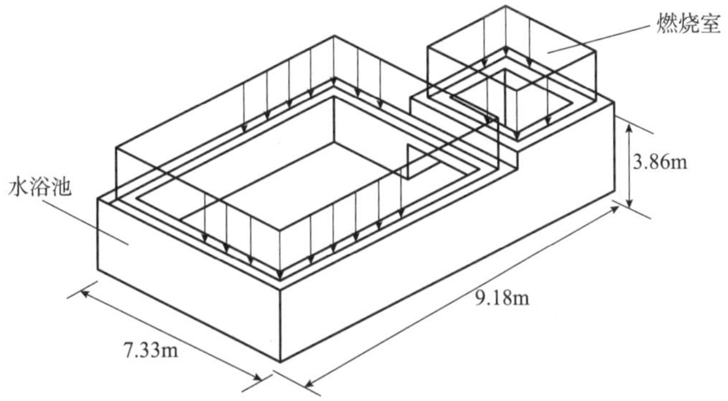

图2-3-26 混凝土水浴池结构示意图

②循环水泵(图2-3-27)：为离心水泵，电机和泵的主轴用联轴器连接。主要作用：一是保持水浴池中的软化水循环流动；二是给水夹套供应循环水源，为燃烧室降温。

工艺参数：设计流量$108m^3/h$，额定流量$60m^3/h$，额定压力70kPa。

电机参数：额定电压380V；额定电流11.8A；额定功率5.5kW。

图2-3-27 循环水泵示意图

③注水泵：为离心水泵，电机和泵的主轴用联轴器连接。主要作用：为燃烧室喷射软化水提供水源，降低燃烧室温度，如图2-3-28所示。

工艺参数：设计流量$60m^3/h$，额定流量$3.9m^3/h$，额定压力90.8kPa。

电机参数：额定电压380V；额定电流15.2A；额定功率7.5kW。

图2-3-28　注水泵示意图

④NaOH容器：主要作用：燃烧产生CO_2和氮氧化物，溶于水形成酸性物质，使软化水酸化呈弱酸性，通过NaOH容器中的碱液进行中和反应，如图2-3-29所示。

酸化过程：

$$N_2 + O_2 \xrightarrow[\text{3000℃大量产生}]{\text{1000℃微量产生}} NO + NO_2$$

$$CO_2 + H_2O = H_2CO_3$$

$$3NO_2 + H_2O = 2HNO_3 + 4NO$$

$$4NO + 2H_2O + 3O_2 = 4HNO_3$$

主要尺寸：

进口(箱体)：$L \times D \times H = 1400mm \times 1320mm \times 1000mm$；$V = 1.848m^3$

国产(罐体)：$\Phi = 1000mm$，$H = 1530mm$；$V = 1.2m^3$

(a)进口NaOH容器　　(b)国产NaOH容器

图2-3-29　NaOH容器实物图

⑤水浴电加热器：每台2个。主要作用是在停运期间，给水浴池中的软化水加热，使其温度不低于4℃。

主要参数：电压380V，功率15kW。

主要结构如图2－3－30所示。

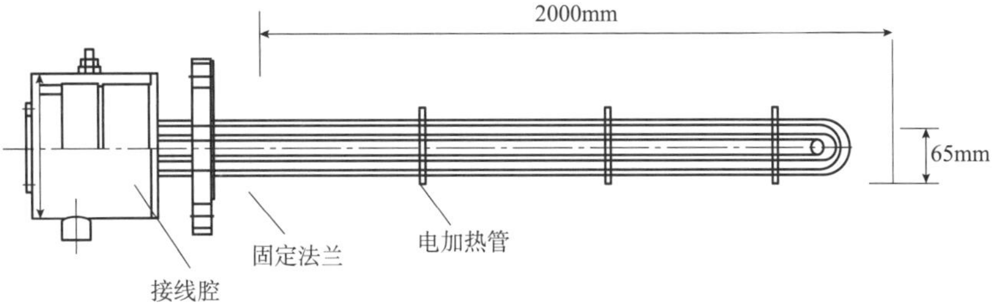

图2－3－30 水浴电加热器示意图

(3)LNG管束气化系统主要由LNG管束、堰流箱两部分组成。

①LNG管束：材质为316不锈钢，共6排，单排管束140根，单根管束长度45m，盘管管径单根*DN*25。主要作用是为管束中的LNG通过盘管与水浴中的软化水换热气化至0℃以上，如图2－3－31所示。

图2－3－31 LNG管束示意图

②堰流箱：主要作用是将高温烟气集中在箱体内，提高箱体内的水浴温度，加大换热强度，提高换热效率。结构尺寸为$L \times D \times H = 7930\text{mm} \times 3730\text{mm} \times 1739.5\text{mm}$。如图2－3－32、图2－3－33所示。

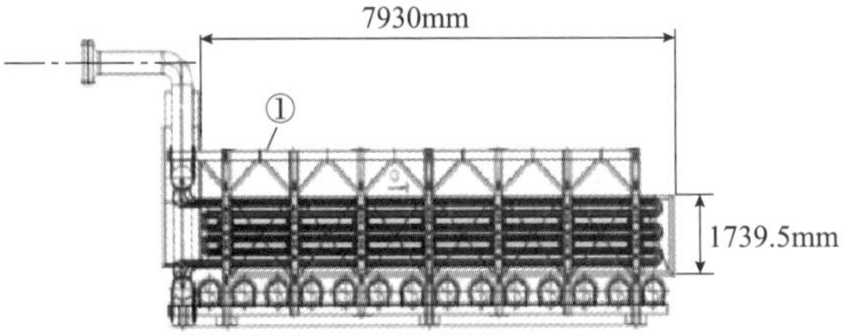

图2－3－32 堰流箱结构示意图

图2－3－33 堰流箱图示

2. 浸没燃烧式气化器主要参数

以天津LNG接收站为例，总共有12台SCV，其中8台进口高压SCV，1台进口低压SCV，2台国产高压SCV，1台国产低压SCV。其主要参数如下：

高压 SCV(进口)	高压 SCV(国产)
额定处理量：175t/h(610 万 m^3/d)	额定处理量：175t/h(610 万 m^3/d)
NG 出口温度：0℃以上	NG 出口温度：0℃以上
水浴温度：操作温度 25℃	水浴温度：操作温度 5～55℃
烟气出口温度：<65℃	烟气出口温度：<60℃
软化水液位：2400mm	软化水液位：2500mm
软化水 pH 值：6～8	软化水 pH 值：6～8

低压 SCV(进口)	低压 SCV(国产)
额定处理量：160t/h(528 万 m^3/d)	额定处理量：160t/h(528 万 m^3/d)
NG 出口温度：0℃以上	NG 出口温度：0℃以上
水浴温度：操作温度 25℃	水浴温度：操作温度 5～55℃
烟气出口温度：<65℃	烟气出口温度：<60℃
软化水液位：2400mm	软化水液位：2500mm
软化水 pH 值：6～8	软化水 pH 值：6～8

3. 进口 SCV 与国产 SCV 不同点

(1)调节燃料气流量方式不同。

①进口 SCV 通过控制水浴温度调节燃料气流量；

②国产 SCV 通过控制出口 NG 温度调节燃料气流量。

(2)燃烧室降温方式不同。

①进口 SCV 配备有注水泵，向燃烧室喷射软化水，降低燃烧室上部温度；燃烧室下部设有水夹套，降低燃烧室下部温度；

②国产 SCV 燃烧室上下部均设有水夹套，降低燃烧室上下部温度；未设燃烧室注水设施。

二、开架式气化器(ORV)

图 2－3－34　开架式气化器

青岛 LNG 接收站一期工程采用的是 ORV 与 SCV 相结合的两种气化装置。ORV 是一种将来自高压泵出口的 LNG 气化为天然气的装置，如图 2－3－34 所示。

ORV 工作时，利用海水泵抽取的海水将 LNG 气化至 0℃以上。为保护环境，避免海水温度变化影响海洋生物生存，把海水温降控制在 5℃以内，余氯含量小于 0.2ppm(1ppm = 10^{-6})。ORV 排放的海水通过海水排放渠排放至接收站相邻的海域中。

ORV 的基本单元是翅片管，由 86 根翅片管组成一个管束板，7 排管束板组成一个管束板块，而 2 个管束板块组成一个 ORV。为提高换热效率，翅片管选用了铝合金材料，管束内外表面均为不同形状的翅片，增加了换热面积，提高了换热效率。ORV 工作时是利用顶部的海水喷淋装置将海水喷淋在管束板外表面，依靠重力作用自上而下流动，而 LNG 在换热管内向上流动时与海水换热气化成 NG 外输。因此 ORV 也称为液膜下落式气化器。工作原理如图 2-3-35 所示。

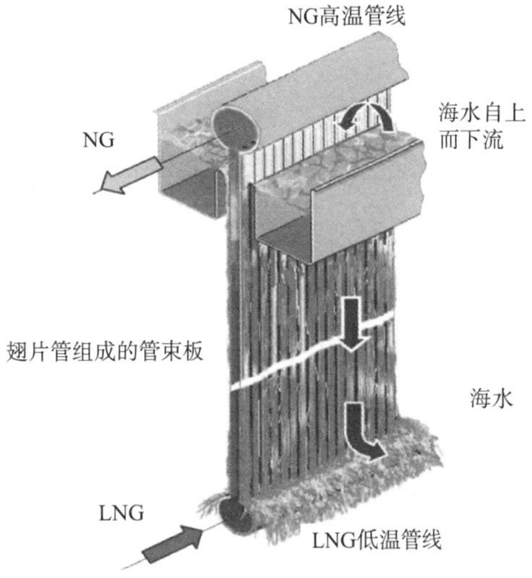

图 2-3-35　ORV 工作原理示意图

ORV 利用海水作为加热介质，气化原理简单，气化性能安全可靠，运行成本低廉、操作简单，但提供热源的海水进出口温差较小，ORV 设备占地面积较大。

三、中间介质气化器(IFV)

天津 LNG 接收站采用的是 IFV 与 SCV 相结合的两种气化装置。IFV 为中间介质气化器，中间介质为丙烷。主要工作原理为管程中的海水与丙烷腔中的液态丙烷进行一次换热，形成气相丙烷；气相丙烷与管程中的 LNG 进行二次换热，形成低温 NG；低温 NG 与管程中的海水进行三次换热，加热升温至 0℃以上进行计量外输，如图 2-3-36 所示。以江苏中圣压力容器装备制造有限公司制造的 IFV 为例，当入口海水温度达 7℃以上且出口温降不大于 5℃时，满足开启条件。

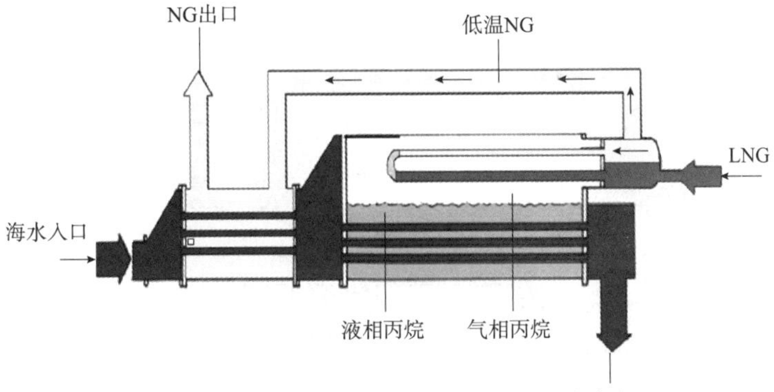

图 2-3-36　海水气化器工作原理图

1. 中间介质气化器结构及作用

中间介质气化器主要由丙烷蒸发段、LNG 气化段、NG 过热段等三部分构成，如图 2-3-37所示。

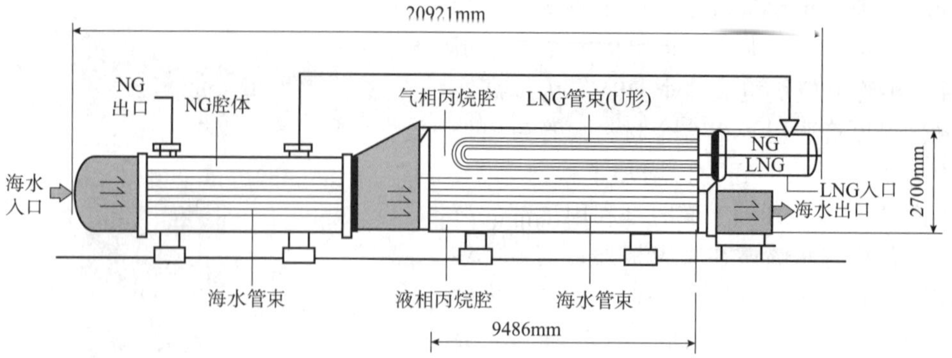

图2-3-37　中间介质气化器结构图

(1)丙烷蒸发段：由海水管束和液相丙烷腔组成。

海水管束：材质为Ti合金，直径19mm，壁厚1.6mm，长度10000mm，数量3500根，管束高度1.2m。

液相丙烷腔：容积21.2m³，设计压力2.02MPa，丙烷质量约8t，丙烷液位1430mm±10mm(占丙烷腔约53%)，0~1.43m为液相丙烷空间。

(2)LNG气化段：由LNG管束和气相丙烷腔组成。

LNG管束：材质为不锈钢，直径16mm，壁厚1.6mm，长度10000mm，数量994根，管束高度1.1m，排列方式为U形排列。

气相丙烷腔：容积18.8m³，设计压力2.02MPa，1.43~2.7m为气相丙烷空间(占丙烷腔约47%)。

(3)NG过热段：由海水管束和NG腔体组成。

海水管束：材质为Ti合金，直径19mm，壁厚1.8mm，长度3350mm，数量3656根，管束高度1.8m。

NG腔体：容积9.4m³，设计压力15.6MPa，外部保冷材料为泡沫玻璃砖300mm。

2. 中间介质气化器的主要参数

高压中间介质气化器及低压中间介质气化器参数见表2-3-5。

表2-3-5　中间介质气化器主要参数

参数名称	高压IFV	低压IFV
尺寸	长20.92m，宽3.41m，高5.78m	长20.92m，宽3.41m，高5.78m
额定处理量	172.6t/h(610万m³/d)	157.1t/h(528万m³/d)
LNG管束	994根，DN16，316不锈钢	994根，DN16，316不锈钢
海水管束	3500/3656根，DN19，钛合金管	3500/3656根，DN19，钛合金管
设备保冷	泡沫玻璃砖300mm	泡沫玻璃砖300mm
丙烷腔压力	2.02MPa	2.02MPa
丙烷腔容积	40m³	40m³
丙烷腔液位	1430mm±10mm	1430mm±10mm
NG出口温度	0℃以上	0℃以上

第五节 BOG 压缩机

BOG 压缩机的作用是将 LNG 储罐及管线系统中因吸热气化或卸船产生的 BOG 气体进行压缩升压，送到再冷凝器与过冷的 LNG 进行换热及传质，液化后经高压泵升压、气化并外送，以便维持并控制储罐压力在规定的操作范围内，从而确保 LNG 储罐及接收站工艺系统的运行安全。由于正常工况下 BOG 气体进气温度很低，所以 BOG 压缩机一般不设置级间和后冷却器。

结合 LNG 接收站工艺、介质特性、环境及投资等因素，通常选用的 BOG 压缩机为往复式压缩机，而往复式压缩机的结构形式分为卧式和立式两种。一般大排量往复式压缩机通常选用卧式结构，其具有安装方便、运转平稳等优点，如天津液化一期工程选用的是美国 DRESSER – RAND 设计的冲程型往复式压缩机；青岛一期调整工程、三期工程、天津液化二期工程均选用的是浙江强盛压缩机制造有限公司生产的 4 列两级卧式对称平衡式往复式压缩机。而立式结构则以立式迷宫活塞往复式压缩机为主，如青岛 LNG 接收站一期工程设计有 BOG 压缩机 2 台，均为 2 列两级立式迷宫密封的往复双作用活塞式压缩机，由瑞士 Burckhardt Compression 设计制造生产。

一、卧式 BOG 压缩机

以天津一期 BOG 压缩机为例，其作用是将 LNG 吸热产生的 BOG 压缩升压至 0.8MPa，进入高效再冷凝混合器与 LNG 混合再冷凝成 LNG 进入混合器后分液罐(图 2 – 3 – 38)，从而实现 BOG 的再冷凝回收。

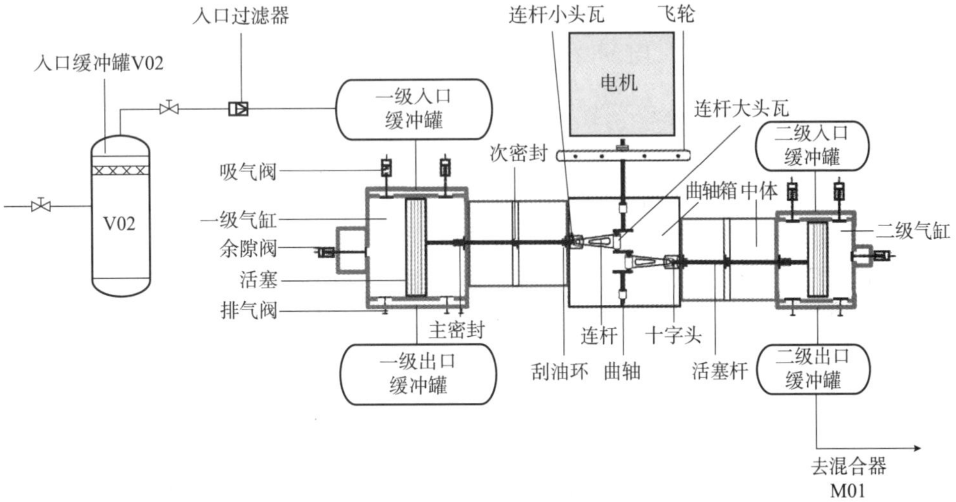

图 2 –3 –38　BOG 压缩机简图

(一)BOG 压缩机原理

往复式压缩机的工作原理是电机带动压缩机的曲轴做旋转运动，曲轴的旋转运动通过连杆的摆动带动十字头做往复直线运动，从而使活塞杆带动活塞组件在气缸内作往复运动，

活塞左右各有 个工作容积，随着进、排气阀的自动开启与关闭，曲轴每旋转一周，气缸的每个工作容积依次完成膨胀、吸气、压缩、排气四个工作过程，从而实现将低压侧气体压缩提高至排气侧压力的目的(图 2－3－39)。

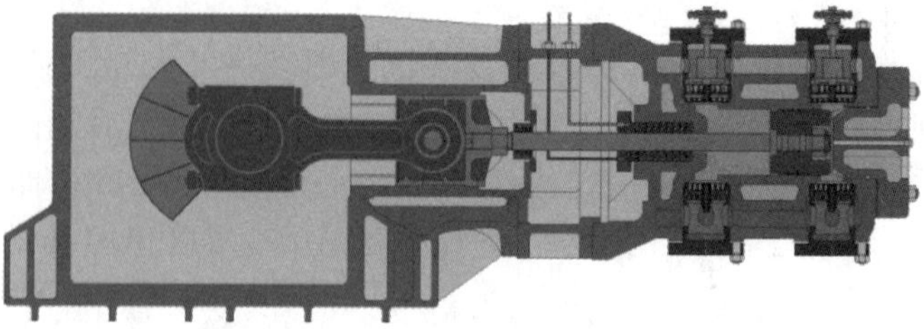

图 2－3－39　BOG 压缩机原理图

1. BOG 压缩机压缩原理

压缩过程见 BOG 压缩机做功图，如图 2－3－40 所示。

活塞由右向左运动过程中，对气缸左侧密闭空间介质进行压缩(过程 1)，当压力 $P>P_2$，排气阀打开排气(过程 2)。

活塞由左向右运动过程中，对气缸左侧密闭空间介质进行膨胀(过程 3)，当压力 $P<P_1$，卸荷阀打开吸气(过程 4)。

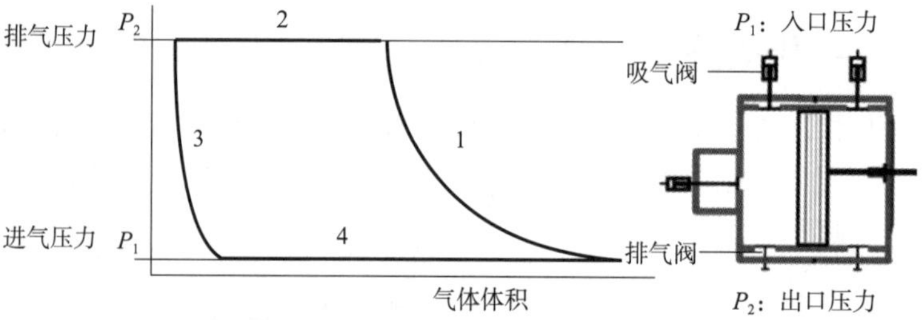

图 2－3－40　BOG 压缩机做功图

2. BOG 压缩机负荷调节原理

负荷调节如下：

大部分接收站压缩机负荷调节通常分四挡：零负荷、50% 负荷、75% 负荷、100% 负荷。少部分接收站压缩机负荷调节为五挡：零负荷、25% 负荷、50% 负荷、75% 负荷、100% 负荷。

负荷调节手段：利用每级 8 个吸气阀和 1 个余隙阀进行调节。

吸气阀由卸荷器和蘑菇阀组成，余隙阀由卸荷器和钢滑套组成，如图 2－3－41 所示。

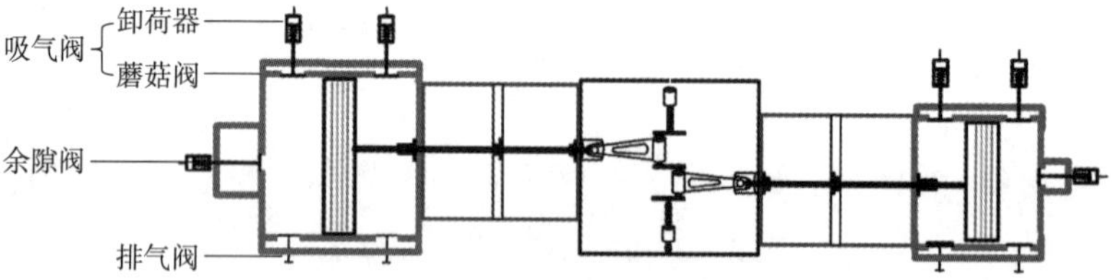

图 2－3－41　BOG 压缩机零负荷

(1)零负荷调节：全部吸气阀的卸荷器充氮，蘑菇阀被强制顶开，与缸体形成通路，蘑菇阀不工作；余隙阀卸荷器充氮与否，余隙腔关闭与否，余隙腔均不起作用。

(2)50%负荷调节：近端4个吸气阀的卸荷器撤氮，蘑菇阀工作；远端4个吸气阀的卸荷器充氮，蘑菇阀被强制顶开，蘑菇阀不工作；余隙阀卸荷器充氮与否，余隙腔关闭与否，余隙腔均不起作用。

(3)75%负荷调节：全部吸气阀的卸荷器撤氮，蘑菇阀工作；余隙阀卸荷器不充氮或撤氮，余隙腔打开，余隙腔起作用；在活塞向外侧运动压缩时，部分气体进入余隙腔，活塞向内侧运动压缩时，余隙腔的高压气体释放进入气缸，影响下一次的气体吸入量，在多重因素的作用下使其做功减少25%，负荷为75%。

(4)100%负荷调节：全部吸气阀的卸荷器撤氮，蘑菇阀工作；余隙阀卸荷器充氮，钢滑套封堵余隙腔，余隙腔关闭，余隙腔起作用。

(二)BOG压缩机结构及作用

BOG压缩机主要由压缩机本体、辅助设备两部分组成。

BOG压缩机本体主要由电机部分、曲轴箱部分、中体部分、气缸部分四部分组成；

辅助设备主要由润滑油站、入口缓冲罐V02、入口过滤器、压缩机缓冲罐四部分组成。

1. BOG压缩机本体

1)电机部分

(1)电机。

主要作用：为BOG压缩机曲轴旋转提供动力，如图2-3-42所示。

(2)飞轮。

主要作用：一是消除电机轴旋转过程中由于旋转不均匀产生的动载荷，利用飞轮的飞轮矩和均匀的切向力缓冲旋转角度的波动；二是盘车(图2-3-43)。

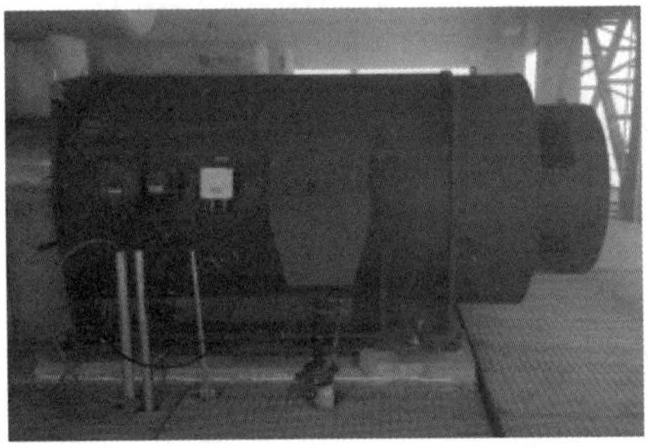

图2-3-42 BOG压缩机电机

图2-3-43 BOG压缩机飞轮

材质：碳钢。

(3)电机空间加热器。

主要作用：一是在电机停机期间，为电机绕组及内部空间加热；二是在电机运行期间，禁止投用。

2)曲轴箱部分

(1)曲轴。

主要作用：位于曲轴箱内，通过电机驱动带动曲轴做圆周运动。

材质：合金钢(图2-3-44)。

图2-3-44 BOG压缩机曲轴

(2)连杆。

主要作用：连杆大头通过大头瓦(图2-3-45)与曲轴连接，曲轴的圆周运动带动连杆做摆动运动，连杆小头瓦(图2-3-46)与十字头连接。

材质：合金钢。

图2-3-45 大头瓦

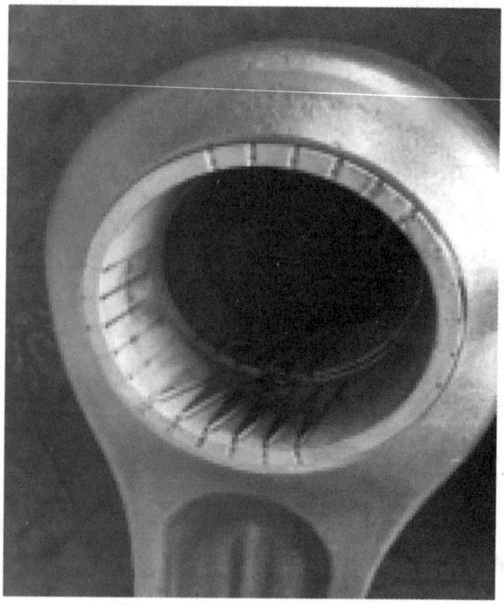

图2-3-46 小头瓦

(3)十字头(图2-3-47)。

主要作用：与连杆的小头瓦用十字头销连接，连杆的摆动带动十字头沿着滑道做往复运动，十字头带动活塞杆及活塞做往复直线运动。

材质：铸钢。

3)中体部分

(1)活塞杆(图2-3-48)。

主要作用：活塞杆与十字头、活塞通过螺纹连接，带动活塞做往复直线运动。材质：合金钢。

图 2-3-47 十字头

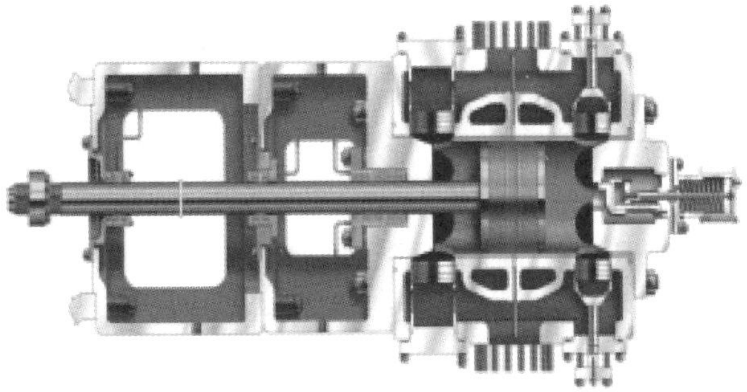

图 2-3-48 活塞杆

(2)填料密封。

填料分类：主密封、次密封、刮油环。如图 2-3-49 所示。

主要作用：主密封、次密封用于阻止 BOG 介质从活塞与气缸内壁之间的空隙向曲轴箱侧泄漏；刮油环用于阻止润滑油从曲轴箱侧向中体侧泄漏。

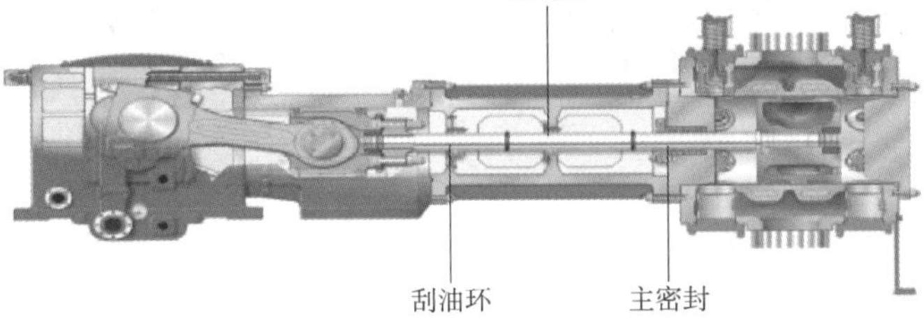

图 2-3-49 填料密封

4)气缸部分

(1)气缸(图 2-3-50)。

主要作用：活塞做往复运动的密闭空间。

主要结构：气缸内部设置衬套，防止磨损并方便更换。

(2)活塞。

主要作用：在气缸内做往复运动，压缩、膨胀 BOG 气体。

主要结构：①每个活塞上有 2 道支撑环，用于支撑活塞质量，防止拉缸；②每个活塞上有 2 道活塞环，用于活塞和气缸内壁之间形成密封，如图 2-3-51 所示。

图 2-3-50 BOG 压缩机气缸

图 2-3-51 BOG 压缩机活塞

(3)吸气阀。

组成：吸气阀由卸荷器和蘑菇阀组成。卸荷器由活塞、活塞杆、弹簧、顶板组成(图2－3－52)；蘑菇阀由55个蘑菇头(图2－3－53)、上下挡板组成。

主要作用：调节BOG压缩机入口吸气量。

数量：一级气缸8个吸气阀；二级气缸8个吸气阀(图2－3－54)。

图2－3－52　卸荷器

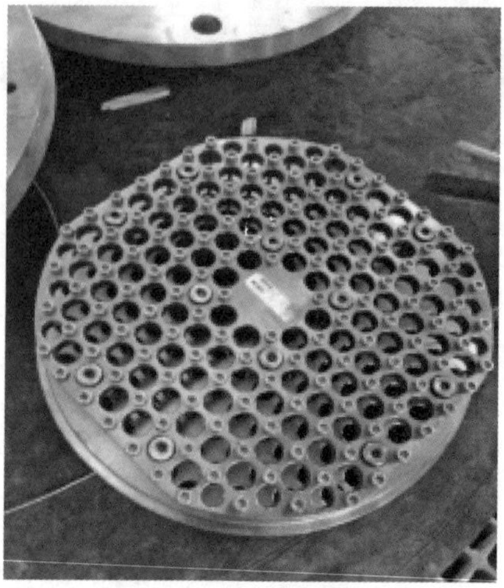

图2－3－53　蘑菇阀

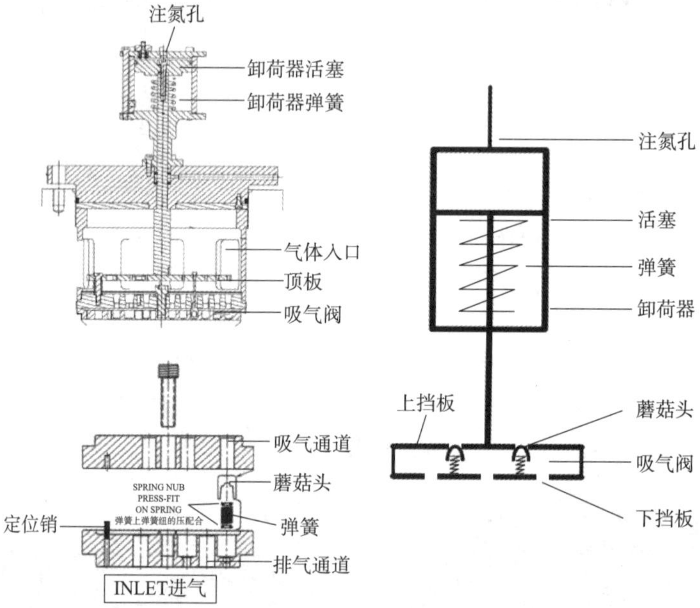

图2－3－54　吸气阀

(4)排气阀。

组成：排气阀的形式为蘑菇阀。蘑菇阀由55个蘑菇头、上下挡板组成。

主要作用：增压后的BOG气体通过排气阀排出。

数量：一级气缸8个排气阀；二级气缸6个排气阀(图2－3－55)。

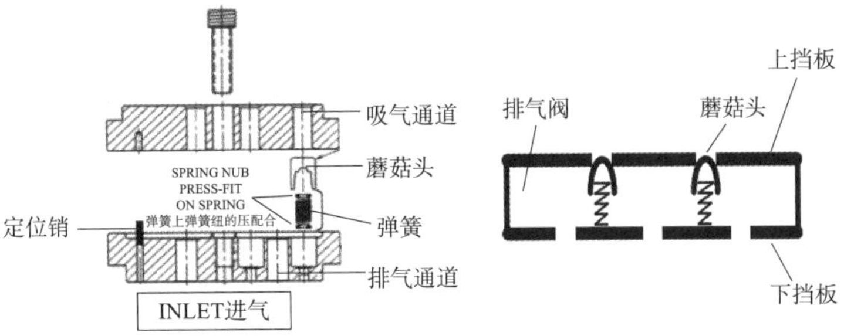

图 2－3－55　排气阀

(5)余隙阀。

组成：余隙阀主要由卸荷器和钢滑套组成。其中卸荷器主要由活塞、活塞杆、弹簧组成；钢滑套主要由钢滑套和导轨组成。

主要作用：卸荷器带动钢滑套上下移动，封堵余隙腔。

数量：一级气缸 1 个余隙阀；二级气缸 1 个余隙阀(图 2－3－56)。

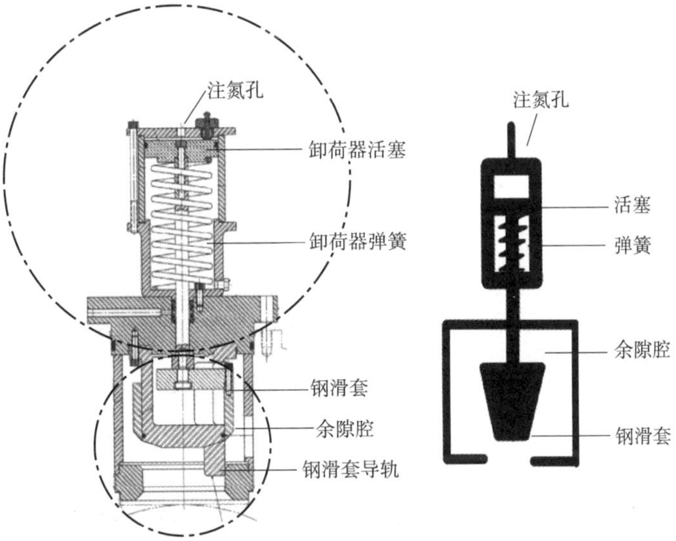

图 2－3－56　余隙阀

2. 辅助设备

1)润滑油站

润滑油通过主油泵或者辅油泵将曲轴箱内的润滑油通过油分配器，对压缩机的曲轴、连杆大头瓦、小头瓦、十字头等运动机构进行润滑，如图 2－3－57 所示。润滑油站设置润滑油过滤、冷却装置。

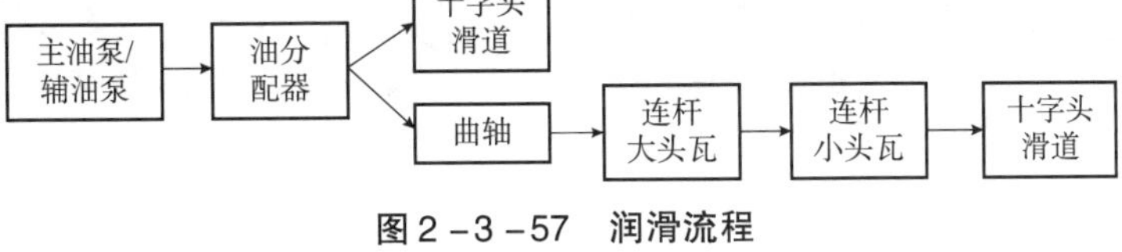

图 2－3－57　润滑流程

(1)主油泵。

主要作用：主油泵位于曲轴箱外侧，动力来自BOG压缩机电机，为润滑油循环提供动力，将润滑油送至曲轴及十字头滑道，为运动部件提供润滑，如图2-3-58所示。

(2)辅油泵。

主要作用：一是用于在压缩机启动之前对润滑油系统升压、升温；二是在主油泵出现故障的情况下自动启动；三是在压缩机停机后冷却曲轴和十字头滑道；四是在压缩机备用期间，定期盘车前启动辅油泵润滑曲轴和十字头滑道，如图2-3-59所示。

图2-3-58　主油泵

图2-3-59　辅油泵

(3)风冷机。

主要作用：因为运动机构摩擦生热，通过风冷机为润滑油降温，确保润滑油温度维持在27~54℃，如图2-3-60所示。

(4)过滤器。

主要作用：过滤掉润滑油中的颗粒杂质，当过滤器前后压差达到0.105MPa时，发生报警，如图2-3-61所示。

过滤精度：过滤精度为10μm。

图2-3-60　风冷机

图2-3-61　过滤器

2）入口缓冲罐（V02）

BOG进入BOG压缩机前首先进入BOG压缩机入口缓冲罐，通过顶部200mm厚的捕雾器（类似于过滤网）将BOG中夹带的LNG液滴及杂质分离，防止夹带的LNG及杂质进入BOG压缩机气缸造成损伤，如图2-3-62所示。

材质：不锈钢304L/304。

设计压力：0.35MPa。

设计温度：-170~65℃。

3）BOG压缩机入口过滤器

BOG进入BOG压缩机一级入口缓冲罐前，通过过滤精度为100目（部分接收站已改为60目）的过滤器，过滤掉BOG介质中的杂质，如图2-3-63所示。

图2-3-62 入口缓冲罐

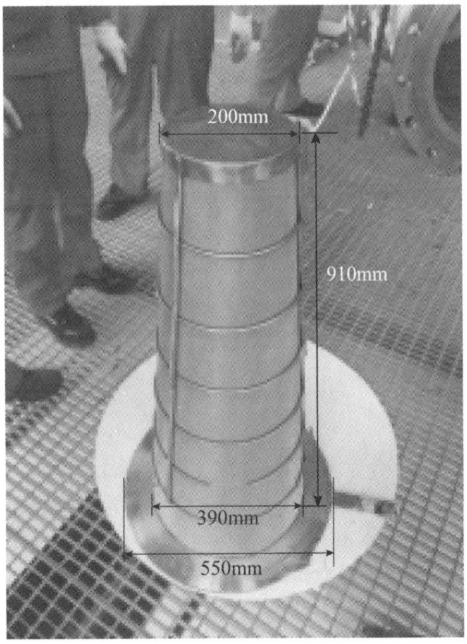

图2-3-63 BOG压缩机入口过滤器

4）BOG压缩机入口缓冲罐

主要作用：缓冲系统压力波动，保证出入压缩机气缸的介质压力稳定，如图2-3-64所示。

图2-3-64 BOG压缩机入口缓冲罐

二、立式BOG压缩机

立式迷宫密封往复压缩机主机主要由运动机构、工作机构和机身组成，其中运动机构主要由曲轴、主轴承、连杆、十字头、十字头销等组成；工作机构主要由气缸、活塞组件、进排气阀、活塞及活塞杆密封件等组成；机身主要由曲轴箱、中体、主油泵、主轴机械密封等组成。立式往复式压缩机结构如图2－3－65所示。

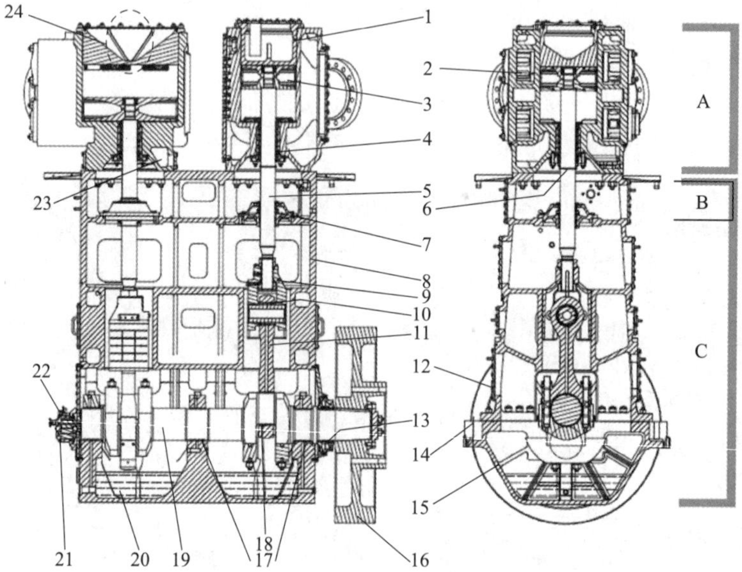

图2－3－65　立式往复式压缩机结构图

1—气缸盖；2—阀门；3—活塞；4—活塞杆压盖；5—活塞杆；6—油挡；7—导向轴承；8—机架；9—十字头；10—十字头销轴承；11—连杆；12—机架盖；13—曲轴密封；14—地脚螺栓；15—底板；16—飞轮；17—曲轴轴承；18—连杆轴承；19—曲轴；20—滤油器；21—齿轮油泵；22—压力计；23—隔热装置；24—附加余隙控制装置

A—气缸；B—隔离段；C—曲轴箱

除主机外，机组还包括主电机、进出口缓冲罐、润滑油站、冷却剂风冷器及冷却风机、仪表监测及控制设备等辅助部分；按系统分：由气路系统、润滑系统、冷却系统、仪表监测及控制系统及主动力系统组成。

(1)气路系统由各级进、排气缓冲器，止回阀，各级安全阀和各设备间的联接管路、阀门等构成。一级进口、一级出口及二级出口排气缓冲器用于抑制气流的脉动，以降低气路系统及主机的机械振动。在出口闸阀前的排气管路中装有止回阀，以防止压缩机停车后，已进入工艺系统的高压气体倒回压缩机，进入压缩机的低压部分而引起低压部分的损坏。安装止回阀时应注意方向，不可装反。气路系统中设有安全阀，分别布置在各级排气管路上，防止本段气体超压。

(2)润滑系统包括辅油泵提供润滑油和主油泵提供润滑油两部分。辅油泵在压缩机启动前为轴承和十字头提供润滑油。主油泵是在压缩机运行期间由曲轴驱动提供润滑。

(3)冷却系统中的冷却液由50%的水和50%的乙二醇混合而成。在生产中冷却液对压缩机气缸热夹套、十字头滑道夹套和油冷器提供冷却介质，通过冷却水泵输送，温度过高时由风机冷却，温度过低时由加热器加热。

（4）为保障机组运行安全可靠，机组的仪表监测与控制系统对机组的启动条件、运行参数等进行自动监控，当某个参数超出许可范围时发出报警。主要的监测对象有循环润滑油的油温、油压、油过滤器的前后压差，冷却水的水压，各级进、排气的温度和压力等。

立式迷宫密封往复压缩机的活塞、填料等密封部分是迷宫槽密封，迷宫密封又称疏齿密封，属于非接触式密封。即在泄漏通道内加设许多齿或槽，增加泄漏流动中的阻力，使造成泄漏的压差急骤损失，如图 2－3－66 所示。由于迷宫活塞式压缩机是利用活塞与气缸之间小间隙的流阻实现密封的，因此不存在磨损，去除了易损件的更换环节，能保证较长的运行时间；同时防止了摩擦粉末对介质的污染，确保介质的清洁；无接触的结构也大大减少了活塞与气缸间的摩擦热。

图 2－3－66　立式迷宫式密封

三、国产 BOG 与进口 BOG 压缩机区别

近年来，国产 BOG 压缩机技术发展迅速，部分企业通过引进国外先进技术或与高校、科研机构合作，在设计技术上取得了很大进步。下面以青岛 LNG 接收站三期 BOG 卧式与立式两种形式进行对比。如图 2－3－67 所示。

中国石化青岛LNG接收站三期 BOG卧式与立式两种形式对比			
型式		BOG卧式压缩机	BOG立式迷宫压缩机
厂家		浙江强盛压缩机制造有限公司	布克哈德
型号		4M16-131/7.66(四列二级)	2DL250B-2D_1
进气压力	bar a	1.12	1.12
排气压力	bar a	8.66	8.66
进气温度(设计)	℃	-144	-144
进气量(设计)	Nm^3/h	18558(14t/h)	10500(8.7t/h)
末级排气温度	℃	20	40
气缸缸径	mm	一级：740×2，二级：510×2	一级：790mm，二级：615mm
总轴功率	kW	879	642
每吨消耗功率	kW	62.78	80.25
主电机功率	kW	1100	800
主电机转速	r/min	375	495
气缸材料		低温高镍球铁	低温球铁
活塞杆		SNC815 (GR 12CrNi3合金渗碳钢)	一种渗碳钢
隔热装置		无	有，专用水站
隔热介质		无	介质：乙二醇
活塞环、支撑环		有，一年更换一次需要13万元	无(迷宫密封)
活塞损耗		无	检修配件费用大约20万~24万元左右 (一年检修一次)
平衡性		卧式对称受力方向为水平方向，平衡性好。 轴向振动：0.6mm/s，径向振动：0.9mm/s	立式迷宫受力方向为垂直方向，活塞力传导至基础上，振动大，平衡性差
容积效率	%	80	65
维护性		维护二层平台，所有检修部件 (如气缸、中体、机身)都易于操作和维修	1. 需要高维护平台才能进入气缸 2. 活塞与气缸间隙调节困难 3. 维护时间较长，需要一定技艺
服务费用		免费，24h至现场	1万元/(天/人)

图 2－3－67　BOG 卧式与立式种形式对比

总的来说，国产 BOG 压缩机在大流量设计、智能化应用、采购价格、售后服务等方面具有一定的优势。如天津 LNG 国产 BOG 压缩机配备可远传、全数字智能化的远程在线监测及诊断系统，可以将缸内动态压力、进排气阀温度、十字头冲击、活塞杆下沉、曲轴箱振动、飞轮键相等实时数据传导至检测系统服务器，通过上位机软件对相关数据进行分析和处理，为压缩机组提供持续的状态监测及设备故障预判。进口 BOG 压缩机在迷宫密封结构、活塞环设计等方面具有独特的技术优势，可有效减少气体泄漏，提高压缩机的效率和可靠性。

第六节　再冷凝器

图 2－3－68　再冷凝器

在 LNG 接收站，目前常用的再冷凝器(图 2－3－68)有两种，一种是传统 BOG 再冷凝器，如青岛 LNG 接收站的再冷凝器；另一种是国产高效 BOG 再冷凝器，如天津 LNG 接收站目前使用的再冷凝器。

一、传统再冷凝器

传统再冷凝器主要有两个作用，分别是冷凝 BOG 和作为高压泵入口缓冲罐。目前国内常用再冷凝器整体为裙座式支撑筒状结构，内筒为不锈钢鲍尔环填料床(或整体填料)，内径 1.9m，总高 6.4m，罐内泵出口总管来的 LNG 一部分根据冷凝蒸发气 BOG 所需量进入再冷凝器，剩余部分通过再冷凝器旁路直接送至高压输出泵。BOG 和罐内泵出口总管来的过冷 LNG 都从再冷凝器的顶部进入，这种情况称为“并流”，有的接收站 BOG 从下部进入，称之为“逆流”，进入后在填料段中混合，BOG 被进一步冷凝为 LNG。再冷凝器也起到高压输出泵的入口缓冲罐的作用，控制再冷凝器的液位确保高压泵筒总是充满 LNG，因此再冷凝器的压力和液位控制应保持稳定，确保 LNG 高压输送泵的入口压力稳定。在再冷凝器的两端设有旁路，未进入再冷凝器的 LNG 通过旁路与来自再冷凝器的 LNG 混合后进入高压输送泵，同时旁路也可以保证再冷凝器检修时，LNG 的输出可继续进行。

LNG 的流量将通过 BOG 的流量和再冷凝器压力来调节。为冷凝 BOG 所需的 LNG 流量由控制器控制，控制设定点(体积流量)被比值计算模块串级控制。BOG 的流量是通过流量计测量的，并由计算模块根据温压补偿的输入，对测量结果进行校正。如果再冷凝器气体入口压力在高值范围不规则波动，再冷凝器的操作压力将通过释放部分气体到蒸发气总管来维持。在外输天然气量较低时，再冷凝器可能无法将压缩后的蒸发气体完全冷凝下来，再冷凝器可通过对液体出口温度的检测，将该温度信号送往压缩机以调节控制蒸发气压缩机的能力。

由于进入再冷凝器的 BOG 温度波动直接影响着气液比，当 BOG 的温度升高时，冷凝所需的 LNG 量会相应增加，气液比会相应减小；当 BOG 温度减小时，冷凝所需的 LNG 量会相应减小，气液比相应增加。同时，当 BOG 温度突然波动时，由于再冷凝器的 LNG 入口流量调节阀不能及时调整，会造成再冷凝器液位波动，因此在 BOG 进入再冷凝器前要先经过冷换器降温。

二、高效 BOG 再冷凝器

BOG 再冷凝成套装置国产化首次在天津 LNG 接收站实现，该装置主要由高效 BOG 再冷凝器及其后分液罐组成。经 BOG 压缩机两级压缩后的高温高压 BOG 与低压总管来的过冷 LNG（-150℃）在再冷凝器内按质量比 1：7（BOG：LNG）的比例充分混合，将高温 BOG 降温至 -120℃以下（工艺控制温度为 -130℃），使 BOG 再冷凝成液态 LNG，进入分液罐，自再冷凝器后分液罐的 LNG 再与罐内泵出口的另一部分 LNG 混合后进入外输增压泵，从而实现 BOG 的再冷凝回收。

高效 BOG 再冷凝器结构如图 2-3-69 及图 2-3-70 所示，包括一个喷射管壳式的气体混合器（Φ950mm）和一个螺旋绕流静态混合器（Φ600mm）。容积 2.99m^3，设计温度 -196～65℃，设计压力 1.75MPa，工作压力 0.8MPa。

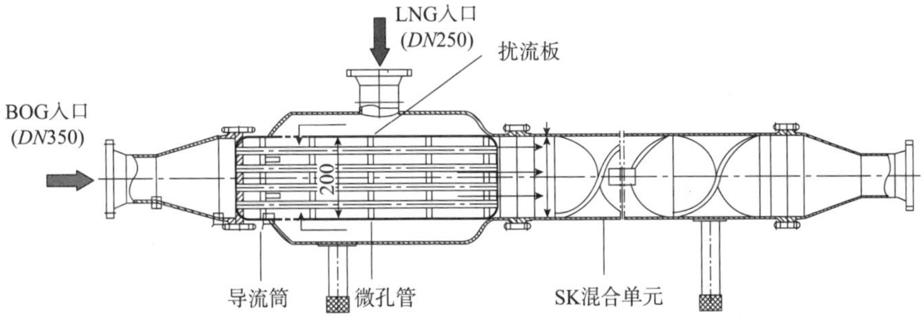

图 2-3-69 BOG 高效再冷凝器结构图

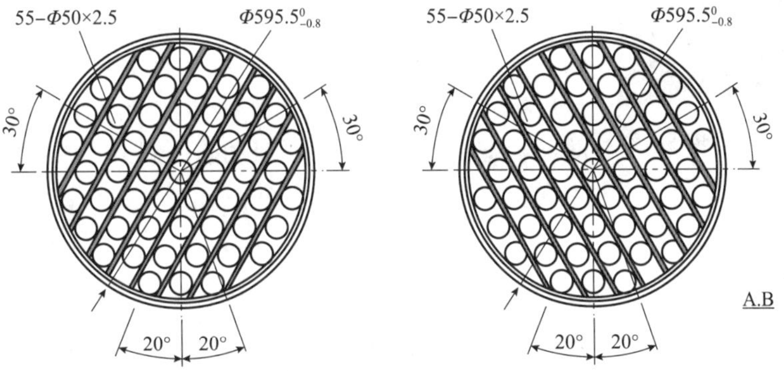

图 2-3-70 微孔管管束及扰流板结构图

BOG 从 *DN*350 的入口进入，依次经过微孔管、微孔管微孔、导流筒、扰流板，进入螺旋扰流静态混合段；LNG 从 *DN*250 的入口进入，经过导流筒前端开口进入导流筒与 BOG 混合。微孔管个数为 55 个，长度为 1950mm，其鼓泡段长度为 1520mm，微孔孔径为 40nm；扰流板形式为 X 形，5 个交错排列；静态混合段总长度为 5m。

该装置的特点是系统控制简单、BOG 冷凝效果好、投资低（投资降低 50% 以上），冷凝效率从传统 BOG 再冷凝器的 68% 提升至 100%，投产至今，运行状态良好。

第七节 海水泵

海水泵是 LNG 接收站中的重要设备，其作用是将海水抽出并送到下游装置。海水泵配置为 5 台大泵 1 台小泵。

一、主要参数

海水泵 0511 - P - 01A/B/D/E/F 流量为 17000m^3/h，轴功率约为 1700kW，电机功率为 1900kW。此泵流量较大，对材质要求较高，选用双向不锈钢。

海水泵 0511 - P - 01C 流量为 8500m^3/h，轴功率约为 880kW，电机功率为 1000kW。此泵流量较大，对材质要求较高，选用双向不锈钢。

图 2 - 3 - 71　海水泵示意图

二、海水泵结构及作用

海水泵为立式，单级单吸，转子为可抽出式斜流泵，叶轮是混流型，导叶体是空间导叶结构。泵轴之间通过套筒联轴器连接，导轴承采用 AR 轴承，通过泵自身抽取的海水经过滤后从内接管依次进行润滑，同时接通工业淡水做备用润滑水源。叶轮旋转配合面采用可更换的密封环分别安装在叶轮和壳体上。轴向推力和转子质量由泵推力轴承部件内的推力瓦承受。泵轴向密封采用盘根填料密封。电机安装在电机支架上，通过膜片联轴器与泵轴连接，从顶部往下看，泵顺时针旋转。如图 2 - 3 - 71 所示。

每台海水泵均配备一套自润滑一体装置，该装置是引用立式长轴海水泵出口的自身海水做润滑水，经叠片式过滤器(图 2 - 3 - 72)精过滤后，依托润滑水泵(磁力驱动泵)的增压输送到泵组的终端——导轴承及推力轴承的润滑冷却系统，最后排入泵坑。同时采用外接清洁淡水作为自润滑一体装置故障状态的备用水源和泵启动前预润滑水源。

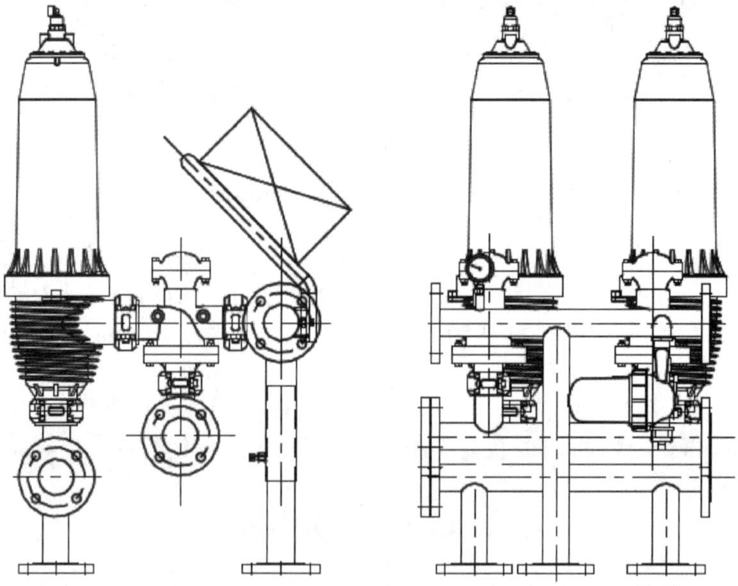

图 2 - 3 - 72　过滤器示意图

海水泵配备测振系统，监测泵组的推力轴承壳振以及电机上轴承壳振。

海水泵总体设计图如图2-3-73所示。

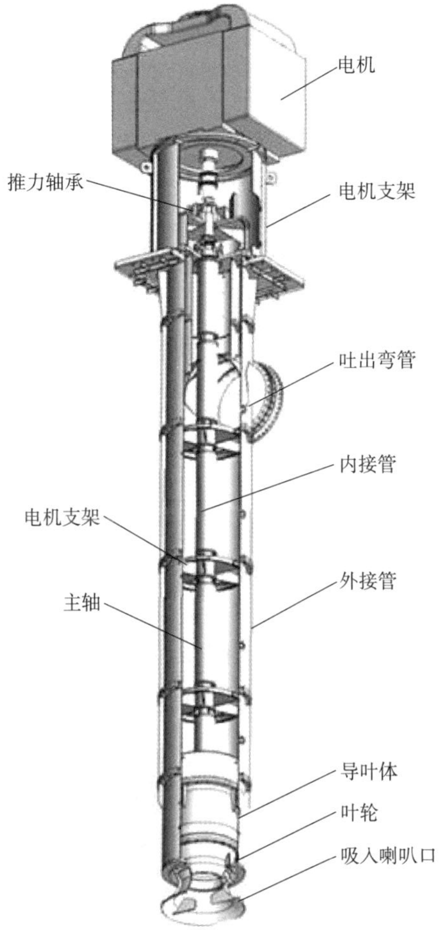

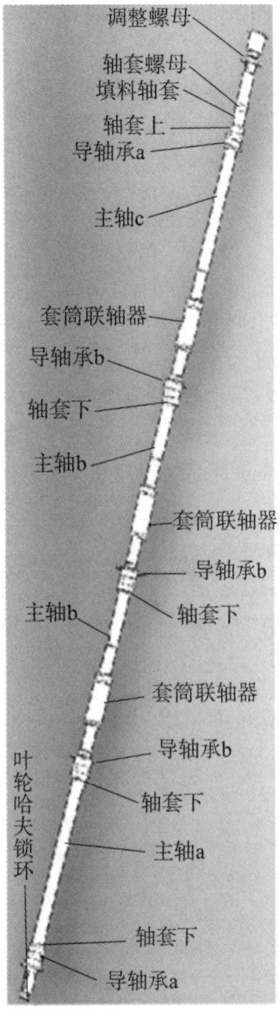

图2-3-73 海水泵总体设计图

1. 吸入喇叭口

吸入喇叭口(图2-3-74)的作用是将吸水池中的液流均匀地导向到叶轮，减少泵的吸入水力损失。吸入喇叭口用螺柱、螺母联接于外接管a。

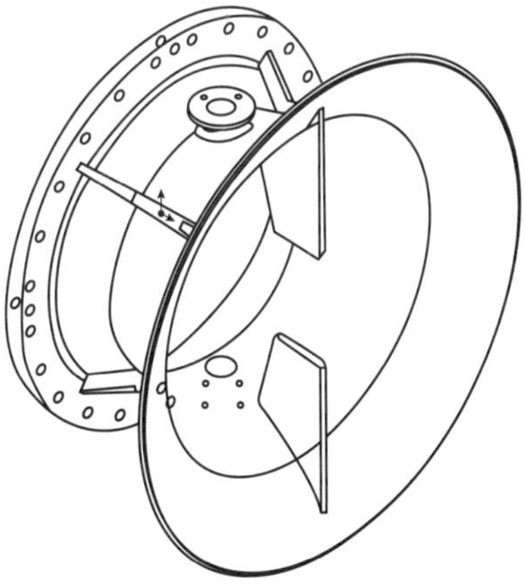

图2-3-74 吸入喇叭口

2. 叶轮室

叶轮室(图2-3-75)用螺柱与导叶体联接，叶轮室套着叶轮。在叶轮室外圆周上有一个凸耳，卡在外接管a的配套凹槽中，防止泵在运行中可抽部件的旋转。

3. 叶轮

叶轮为闭式、单吸整体结构，叶轮用键联接在轴上，并用一哈夫锁环和四组螺栓定位在轴上。

4. 导叶体

导叶体(图 2 - 3 - 76)将从叶轮中流出的液流收集并经外接管导向吐出弯管，导叶体内装有一个赛龙导轴承。

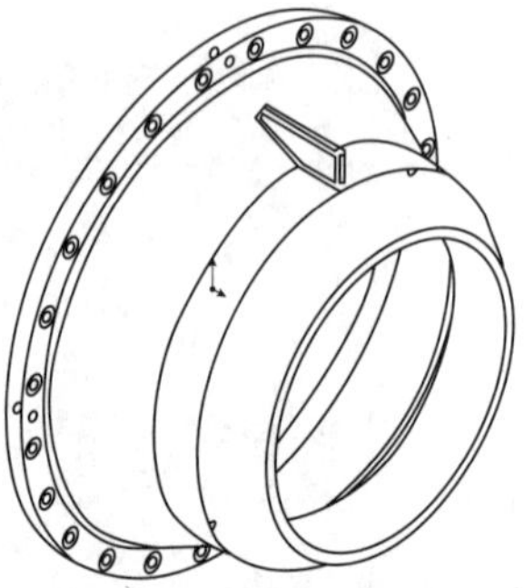

图 2 - 3 - 75 叶轮室

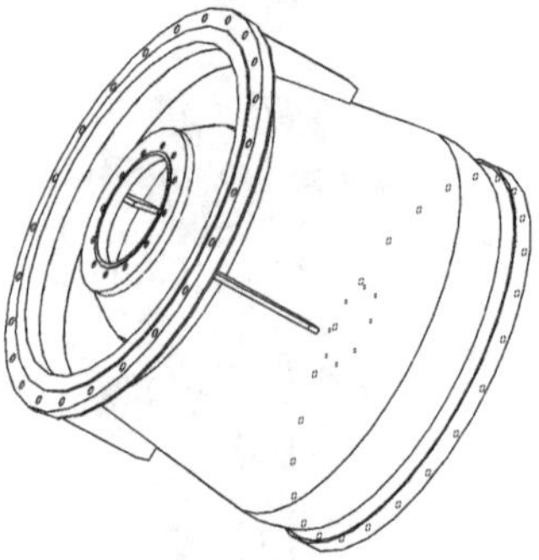

图 2 - 3 - 76 导叶体

5. 轴套

轴套下、轴套上及填料轴套是可以更换的。轴套下用键联接并用定位螺钉固定在主轴 a、主轴 b 上。轴套上、填料轴套依次装在主轴 c 上，并用轴套螺母并紧，在填料轴套与轴套螺母之间装有“O”形密封圈，防止液体沿上主轴表面渗漏。如图 2 - 3 - 77 所示。

6. 导轴承

导轴承(图 2 - 3 - 78)装于导叶体、轴承支架及填料函体的轴承部位上，泵内所有导轴承启动前要用外接工业水润滑，启动后用泵抽取的过滤后海水冲洗，导轴承浸没在水中，导轴承可更换。

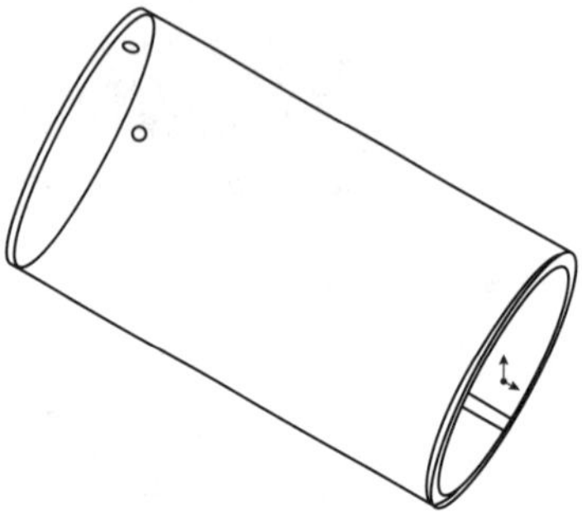

图 2 - 3 - 77 轴套

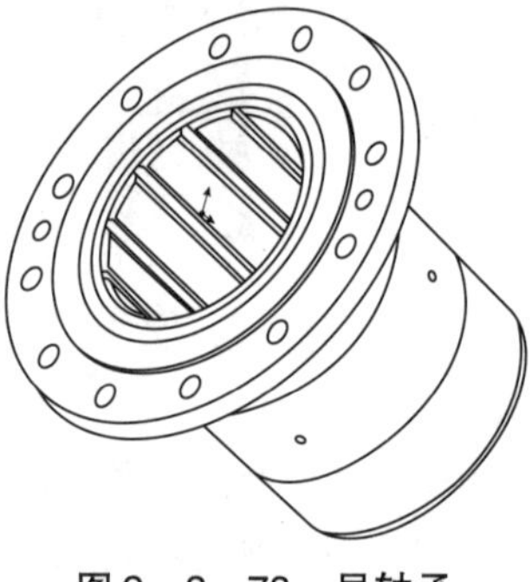

图 2 - 3 - 78 导轴承

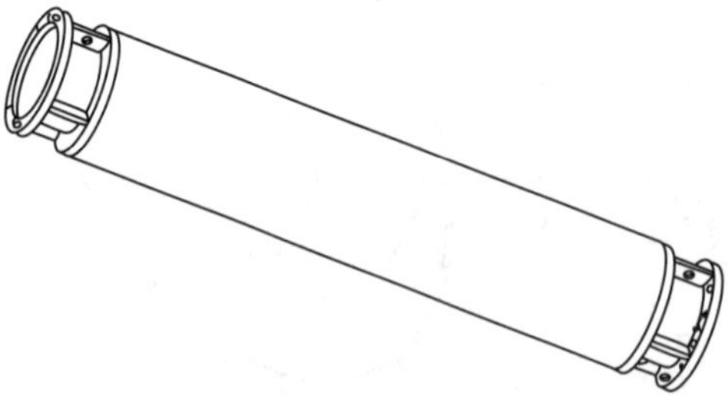

图 2 - 3 - 79 内接管

7. 内接管

内接管(图 2 - 3 - 79)的主要作用是支撑轴承支架和保护轴及导轴承，润滑水可以通过轴承支架、填料函体、内接管对所有的导轴承进行润滑。

8. 轴

海水泵有三根轴(图 2 - 3 - 80)，它们将电动机的能量传递给叶轮，并将叶轮运动产生的轴向力传递给泵本体的推力轴承部件。

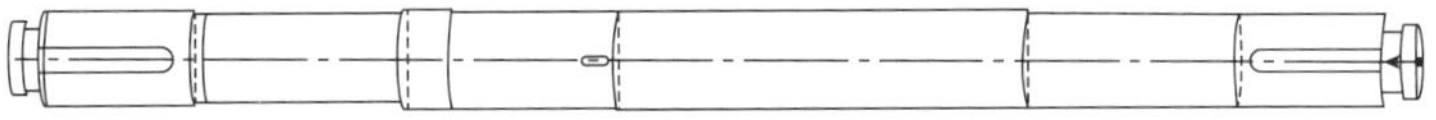

图2－3－80 泵轴

9. 吐出弯管

吐出弯管(图2－3－81)上设有标准的吐出法兰(*DN*1600)，用以联接管路系统，导流片装在其内。

10. 外接管

外接管(图2－3－82)共有5件，它是泵的外壳，支撑泵的可抽出部件。

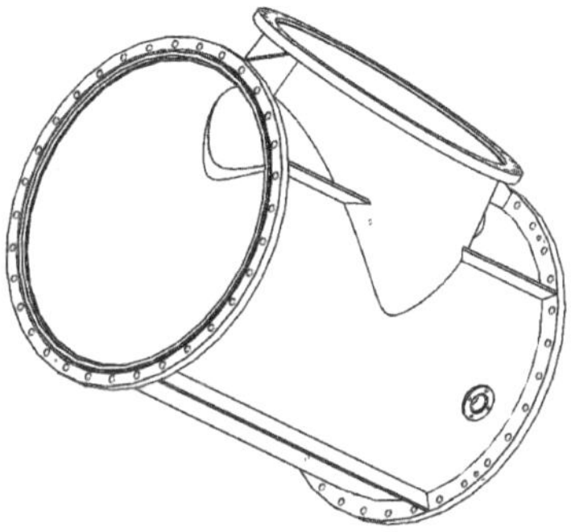

图2－3－81 吐出弯管

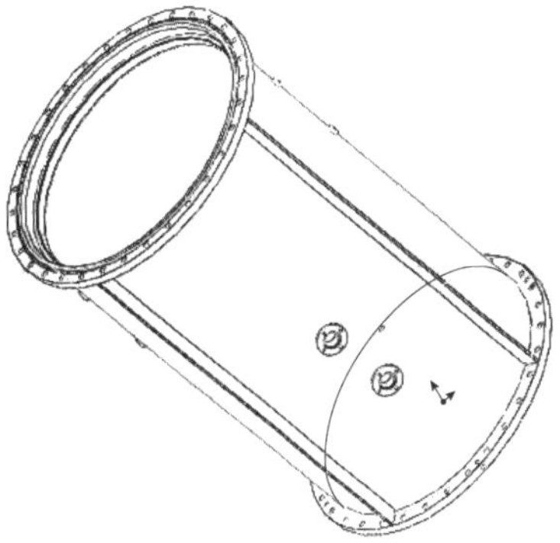

图2－3－82 外接管

11. 支撑板

支撑板(图2－3－83)是泵组与安装基础连接件，它的上法兰支撑电机支架，下法兰与吐出弯管相连，承受着泵固定部分的质量。

12. 盖板

盖板(图2－3－84)下与支撑板筒体上法兰相连，密封泵的外接管；盖板上与轴承座相连，支撑着轴承座及推力轴承部件，盖板上设有泵筒体的排气结构。

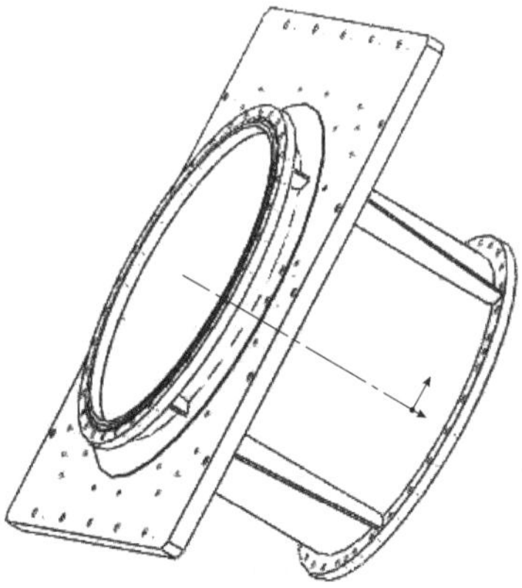

图2－3－83 支撑板

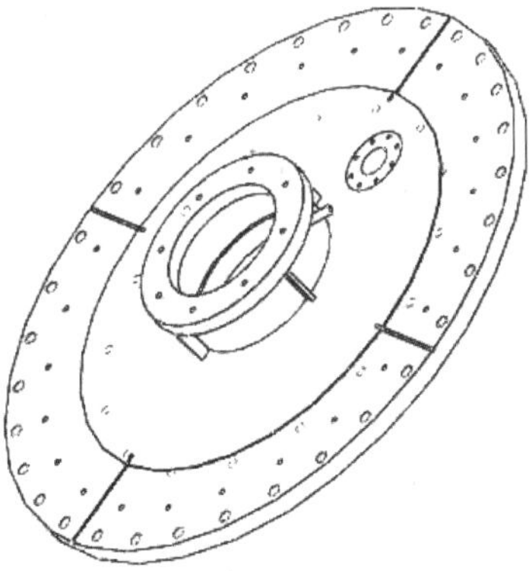

图2－3－84 盖板

13. 推力轴承部件

推力轴承(图2－3－85)部件下与轴承座相连接，内与主轴c螺纹连接，它承受着泵的轴向力。

14. 电机支架

电机支架(图 2－3－86)是电机支撑件，它的下法兰与支撑板上法兰联接，上法兰与电机联接。

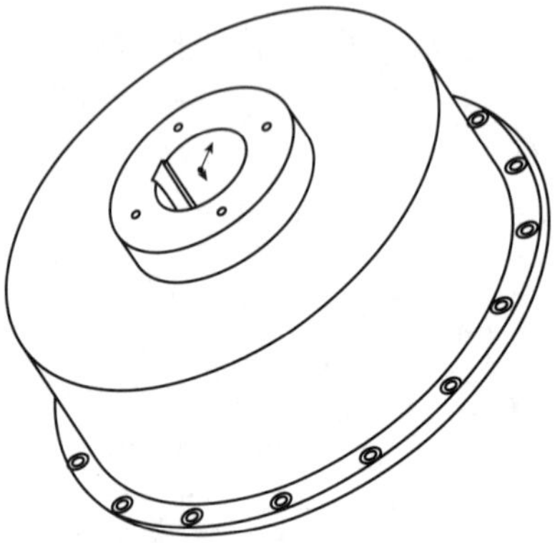

图 2－3－85　推力轴承

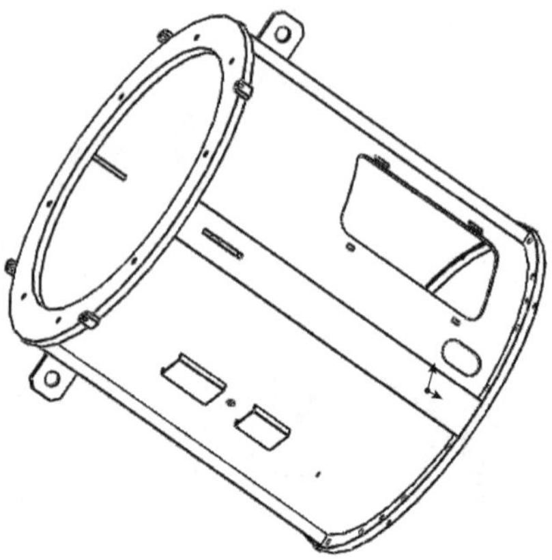

图 2－3－86　电机支架

15. 填料函体

填料函体(图 2－3－87)安装在泵的盖板上，导轴承 a 和填料都装在此内，填料控制液体轴向泄漏。

16. 导流片

导流片(图 2－3－88)装在吐出弯管内，对水流有导向的作用，能够减少沿程损失，提高泵的整体效率。

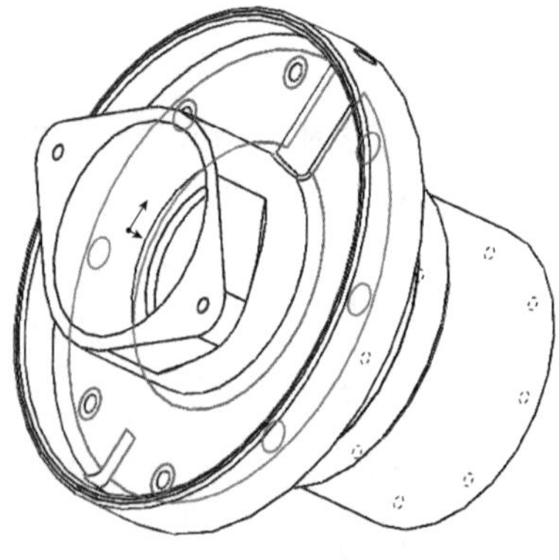

图 2－3－87　填料函体

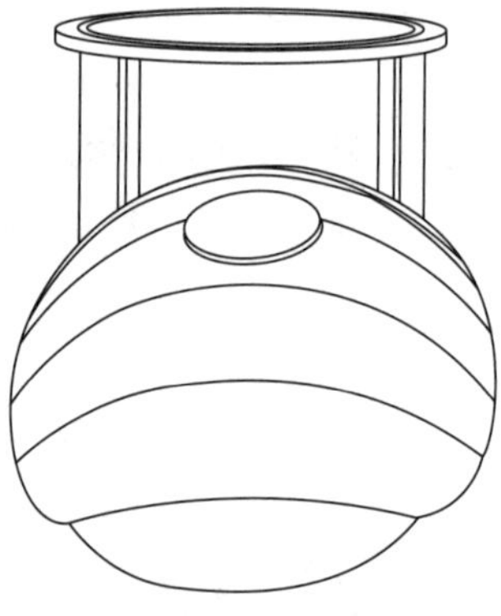

图 2－3－88　导流片

第八节　挺杆起重机

挺杆起重机又称为悬臂吊，属于起重机械的一种，安装在储罐顶部罐内泵平台之上，其主要作用是在安装、检修罐内泵时作为泵的提升机构或吊装其他上罐设备设施。挺杆起重机主要由立柱、旋转臂、移动小车、卷筒及电气系统等部分组成，如图 2－3－89 所示。天津 LNG 接收站挺杆起重机由 MEP PELLEGRINI MARRINE EQUIPIVIENTS S. R. L. 设计制造生产，一期、二期挺杆起重机主要参数见表 2－3－6。

图2-3-89　挺杆起重机结构图

表2-3-6　挺杆起重机参数表

项目	一期挺杆起重机	二期挺杆起重机
规格型号	XC-1111	GBD-3.5-20
安装位置	1#~4#储罐罐顶	5#~9#储罐罐顶
总负载/t	3	3.5
小负载/t	1	1
总负载工作半径/m	最小：2.5　最大：16	最小：3　最大：23
小负载工作半径/m	最小：2.5　最大：13.5	最小：3　最大：20
起吊高度/m	60	60

第九节　阀　门

一、阀门的基础知识

(一)阀门的分类

(1)按阀门的用途和作用可以分为：切断阀、调节阀、止回阀、分流阀、安全阀等。

(2)按操作方式可以分为：手动阀、自动阀。其中自动阀的动力驱动有气动、电动、液动等方式。

(3)按公称压力可以分为：真空阀门(压力低于大气压力)、低压阀门[压力0~1.6MPa(表压)]、中压阀门[压力4~64MPa(表压)]、高压阀门[压力10~80MPa(表压)]、超高压阀门[压力大于100MPa(表压)]。

(4)按压力温度等级分类，国际上通行的阀门压力温度等级标准主要包括ANSI、BS等标准。按照ANSI标准，阀门压力温度等级可以分为：150#、300#、400#、600#、900#、1500#、2500#、3500#。按照BS标准，阀门压力温度等级可以分为：*PN*2.5、*PN*6、*PN*10、*PN*16、*PN*25、*PN*40、*PN*63、*PN*100、*PN*160、*PN*250和*PN*320。

(5)按工作温度可以分为：

①高温阀门，工作温度高于450℃；②中温阀门，工作温度介于120~450℃；常温阀门，工作温度介于-20~120℃；③低温阀门工作温度介于-80~-20℃；④超低温阀门，工作温度低于-80℃。

(6)按照通用分类法可以分为：闸阀、截止阀、止回阀、蝶阀、旋塞阀、球阀、夹管阀、隔膜阀、柱塞阀、安全阀和疏水阀。

(二)阀门的参数

1. 阀门的公称通径 *DN*

公制用毫米(mm)表示；英制用英寸(in)表示。

2. 阀门的公称压力 *PN* 以及阀门的温度压力等级 *ANSI*

阀门的公称压力是指在国际规定温度下阀门允许的最大工作压力，单位为 MPa。阀门的温度压力等级是指阀门在不同工作温度下能承受的最大许用压力。

3. 阀门流量系数 *Kv*/*Cv*

Cv 用于英制的衡量单位，*Kv* 用于公制的衡量单位。

$Kv = 0.8547Cv$，$Cv = 1.17Kv$。

(三)阀门的密封

1. 密封分类

分为软密封、硬密封、用密封剂密封。

2. 阀门阀座密封的泄漏标准

中国国家标准 GB 10869—1989、美国国家标准 API 598；ANSI 70－2。

(四)阀门的联接方式

(1)阀门与管道的联接分为螺纹联接、法兰联接和焊接。

(2)阀体与阀盖的联接有螺纹联接、带锁紧螺母联接、法兰联接的阀盖、焊接阀盖、压力自密封阀盖。

(五)阀杆及其填料

(1)阀杆：升降杆阀门、外螺纹升降杆、内螺纹升降杆、不升杆阀门、高温和低温阀门。

(2)常用填料：石棉填料、聚四氟乙烯填料、石墨石棉、石墨薄片和石墨丝半金属填料、阀杆填料润滑、云母等。

二、工业常用的阀门

工业上常用的阀门一般有：闸阀、截止阀、止回阀、球阀、蝶阀、旋塞阀、夹管阀、隔膜阀、柱塞阀、特殊用阀如安全泄压阀、蒸汽疏水阀、低温阀、超高压阀、自动循环阀。下面简单介绍几种阀门的基本特性。

(一)闸阀基本特性

(1)流体流过闸阀时不改变流动方向，因而阻力较小。

(2)适于作切断阀用，不宜流量调节。

(3)联接尺寸小。

(4)阀的底部有空间，不宜用于有固体沉积物的流体(复式闸板阀除外)。

(5)关闭扭矩要比同口径的截止阀小，全启全闭所需时间比同口径的其他阀门要长。

(6)密封面之间容易引起冲蚀和擦伤，维修比较困难。

(7)外形尺寸较大，开启需要一定的空间。

(8)结构比较复杂。

(二)截止阀基本特性

(1)流体流过阀门时压力降较大，“Y”形阀则略小。

(2)密封面结构比较耐侵蚀，通常用于需要节流的场合，但要根据阀的形式和阀孔的尺寸判断。

(3)流体向上流过阀座，阀座上有沉积物时影响阀座的密封性，一般不用于带悬浮固体的流体及黏度较大的介质。

(4)*DN*150以上时，其价格与闸阀相比常要贵些，节流性能也会差些，故一般只用于*DN*150及以下。

(5)所需的启闭扭矩比同直径闸阀要大，由于阀启闭行程较短，所需的全启时间比闸阀短。

(三)止回阀基本特性

(1)*DN*40及以下采用球式止回阀。

(2)*DN*50及以上采用旋启式止回阀。

(3)注意所选用的止回阀是适于垂直安装还是水平安装，通常的止回阀设计只宜装在水平管路上。选用的阀门结构要适合安装的需要。

(4)止回阀的尺寸往往同管线尺寸或泵的出口尺寸。

(5)安装时介质流向需与阀体上所示的介质流向一致。

(四)球阀基本特性

(1)启闭迅速，操作方便，旋转90°即可开关。

(2)从阀柄可很容易地看出阀门的启闭情况。

(3)阻力非常小。

(4)结构简单、加工容易。

(5)使用压力比旋塞的高。

(6)密封性能好，密封面不易擦伤。

(7)全通道球阀不适于调节流量。

(8)适用于浆液和黏性流体。

(9)软密封球阀不适于高温应用。

(五)蝶阀基本特性

(1)切断性能好，关闭后能严密不漏。

(2)蝶阀全启时，流阻小。

(3)在阀板开启15°~70°时有良好的调节特性，流量与阀板开启角度呈线性关系，因而许多场合蝶阀取代了传统的截止阀和调节阀，特别是在流量调节场合。常选用比管道尺寸小的蝶阀使其在半开的状态中进行节流，或者使用若干阀门使压降逐级产生。

(4)由于结构原因，蝶阀的尺寸比同口径的其他阀门小得多，易于配管布置。

(5)由于蝶阀质量轻，故在工程设计中对管系支架设计的要求大大降低。

(6)蝶阀结构简单、安装方便、易于维护检修。

(7)由于蝶阀尺寸小、质量轻，其价格比同口径其他阀要便宜。

(8)蝶阀90°旋转，动作快，可作快速切断阀；90°旋转，易于配备执行机构，实现自动化。

(9)由于蝶阀阀板的运动带有擦拭性，故大多数蝶阀可用于带悬浮固体颗粒的介质，依据密封材料的强度也可以用于粉状和颗粒状介质。

(六)旋塞阀基本特性

(1)适于经常操作，启闭迅速。

(2)启闭扭矩较大。

(3)流体阻力较小。

(4)结构简单，便于维护，阀有泄漏时，可在现场调整阀芯，消除泄漏。

(5)切断性能好。

(6)安装方向不受限制。

(7)适用温度受结构的限制，不宜高温应用。

三、低温阀门

低温阀门是一种在低温介质中工作的阀门。随着现代科技的发展，低温工程制品的生产规模不断扩大，液氧、液氮、液化石油气及液化天然气等得到广泛的应用，以上物质的运输和储存都需要使用大量的低温阀门。

低温阀门的用途越来越广，需求越来越大，对低温阀门的技术性能和工作特性的要求也在不断提高。

1. 低温阀的温度等级

根据各种不同气体在常压下的液化温度，一般分为六种温度等级：

一级：-46～0℃；

二级：-60～-47℃；

三级：-70～-61℃；

四级：-101～-70℃；

五级：-196～-102℃；

六级：-253℃以下。

2. 低温阀门的类型

低温阀门主要有闸阀、截止阀、球阀、蝶阀、止回阀等形式。其主要结构与一般阀门大致相同。

3. 低温阀门的材料选用

低温阀门的材料非常重要，材质不合格，会造成壳体及密封面的外漏或内漏；零部件的综合机械性能、强度和刚度满足不了使用要求甚至断裂，导致液化天然气介质泄漏引起爆炸。因此，在开发、设计、研制低温阀门的过程中，材质处理是首要关键的问题。

一般材料在低温状态下会出现低温脆性，从而降低阀门的强度和使用寿命。选择主体材料首先要适合于低温下工作的材料。表2-3-7为不同材料的最低使用温度。

表2-3-7　低温阀门材料最低使用温度

材料	最低使用温度/℃	材料	最低使用温度/℃	材料	最低使用温度/℃
WCB	-29	灰铸铁	-15	化学镀镍	-268
LCB	-46	球墨铸铁	-30	镀铬	-273
LC1(0.5Mo)	-60	铸铜合金	-273	氟橡胶	-23
LC2(2.5Ni)	-70	CF8M(F316)/CF3M(F316L)	-254	四氟乙烯	-268
LC3(3.5Ni)	-101	CF8(F304)/CF3(F304L)	-254	尼龙	-73
A320 L7	-101	A193 B8	-254	丁腈橡胶 NBR	-40
A194 4	-101	A194 8	-254	EPDM	-50

1)阀体、阀盖、阀座阀瓣(闸板)材料的选用

这些主体零件材料的选用原则大致是：温度高于 -100℃时选用铁素体钢；温度低于 -100℃时选用奥氏体不锈钢。设计时根据最低使用温度选择适当的材料。

2)阀杆及紧固件的材料选用

温度高于 -100℃时，阀杆和螺栓材料采用 Ni、Cr - Mo 等合金钢，经适当的热处理，可提高抗拉强度和防止螺纹咬伤等。温度低于 -100℃时，采用奥氏体不锈耐酸钢。

3)低温阀垫片、填料材料的选用

随着温度降低，氟塑料收缩量很大，会使密封性能下降，容易引起泄漏。石棉填料无法避免渗透泄漏。橡胶对天然气有泡涨性，在低温下不可使用。在低温阀门设计中，一方面通过结构设计保证使填料处于接近环境温度下工作，例如：采用长颈阀盖结构，使填料函离低温介质尽量远些；另一方面在选择填料时要考虑填料的低温特性。低温阀门一般采用柔性石墨填料。柔性石墨是一种优良的密封材料。这种材料对气体、液体均不渗透，在厚度方面有 10% ~15% 的弹性，较低的紧固件压力就可以达到密封。它有自润滑性，用作阀门填料可以防止填料与阀门的磨损。柔性石墨使用温度一般在 -200 ~870℃。

典型的 LNG 用超低温球阀结构及材料如图 2 -3 -90 所示。

序号	名称	材料
1	阀体	CF8M
2	阀盖	CF8M
3	球体	F316
4	上/下游阀座	F316-PCTFE
5	阀杆	S20910
6	双头螺柱	A320 B8M Class2
7	键	45
8	LIP SEAL密封圈	Inconel X-750-PCTFE
9	填料压套	F316
10	支架	304
11	滴水盘	304
12	螺母	A194 8M
13	八角密封环	F316
14	滑动轴承	316-PCTFE
15	内六角螺钉	A320 B8M Class2
16	LIP SEAL	Inconel X-750-PCTFE
17	阀座固定环	F316/Inconel 625/Inconel 718
18	蝶形弹簧	A693 631(UNS SI7700)
19	圆柱销	F316/Inconel 718
20	蝶形弹簧	A693 631(UNS SI7700)
21	内六角螺钉	A320 B8M Class2
22	防松限位环	F316
23	内六角螺钉	A320 B8M Class2

图 2 -3 -90 典型的 LNG 用超低温球阀结构图及材料表

四、阀门执行机构

对于大多数阀门来说，必须拥有某些机械设施或外部系统，当进行节流操作时改变阀门位置。手动控制器、执行机构和执行机构系统是安装在阀门上的机械设施，以便完成开启或关闭动作。执行机构一般分为手动执行机构、气动执行机构和电动执行机构三种。

(一)手动执行机构

手动控制器是一种设备，它要求由人提供能量去操作阀门和确定适当的动作(开启、关闭或节流位置)。手动控制器要求某些类型的机械设施能够容易地将人的力通过手轮或杆提供扭转力矩而在阀门内转换成机械力。

手动控制器一般分为两类：直线运动的和旋转运动的。操纵直线运动手动控制器最常用的方法是使用手轮(图 2－3－91)。最常见的旋转运动手动控制器是手柄(图 2－3－92)和扳手。

图 2－3－91　安装在超低温球阀上的手轮

图 2－3－92　安装在超低温球阀上的手柄

(二)气动执行机构

大多数常用执行机构是由气驱动的执行机构，因为动力源是压缩空气，它与手动、电动或液压动力源相比较是更加便宜的。出于这个原因，现今所有操作执行机构的 90% 都是由压缩空气驱动的。与电动执行机构相比较，气动执行机构是相对易于掌握和维护。气动执行机构如图 2－3－93 所示。

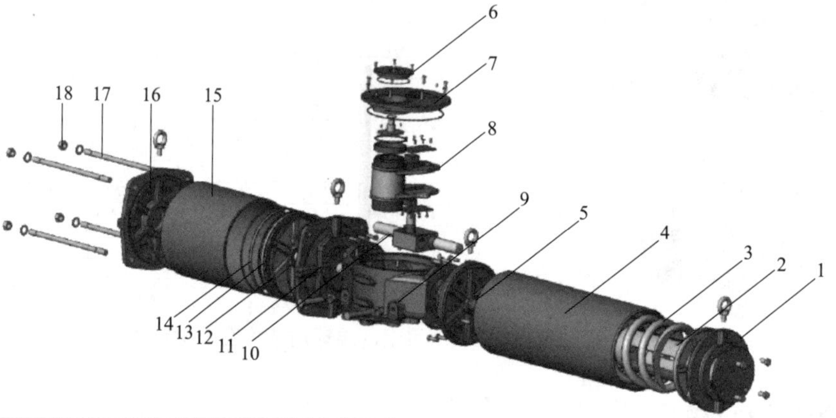

弹簧筒模块

项目号	零件号	数量	材料
1	弹簧盖	1	碳钢
2	弹簧座	1	碳钢
3	弹簧	1	弹簧钢
4	弹簧筒	1	碳钢
5	弹簧杆	1	合金钢

箱体模块

项目号	零件号	数量	材料
6	盖板组件	1	碳钢
7	箱盖	1	球墨铸铁
8	拨叉	1	球墨铸铁
9	箱体	1	球墨铸铁
10	导向传动组件	1	合金钢

气缸模块

项目号	零件号	数量	材料
11	后缸盖	1	球墨铸铁
12	活塞O形圈	1	耐油橡胶
13	活塞	1	球墨铸铁
14	导向带	1	合成树脂
15	缸筒	1	碳钢
16	前缸盖	1	球墨铸铁
17	等长双头螺柱	n	碳钢
18	六角螺母	n	碳钢

图 2－3－93　气动执行机构

阀门的自动化控制要求有一个执行机构，它的定义和安装在阀门上的任何设施一样，为对信号响应，利用外来动力源自动移动阀门到所需要的位置。节流阀上附加的执行机构有调节信号的能力，叫作控制阀。根据执行机构的纯定义说法，手动控制器是个执行机构，但是大多数人讨论到阀的执行机构术语时，他们指的是动力执行机构控制器，它使用外来信号和动力源而不是人力。执行机构典型分类包括气动执行机构(隔膜、气缸活塞等)、电动机执行机构和电动液压执行机构。

控制环路由传感设施、控制器和安装在阀门上的执行机构组成，其中执行机构是控制环路中的关键元件。对于控制环路，工艺系统的传感设施(例如温度传感器或流量计量器)装在控制器的下游，用于测量工艺过程中的特殊变量。传感器向控制器报告了其数据控制器对执行机构的数据，并与工艺所需要的预定数值进行比较。如果测量值和预定数值不同，则控制器向控制阀的执行机构发送正确信号。信号是通过以下三个方法中的其中一个送出的：增加或减小空气压力；改变电压；增加或减小液压压力。执行机构收到这个信号后，运动去改变封闭元件位置，直到控制器实测数据等于预定数据。信号增加、减少或停止，则执行机构及随后的控制器保持在相应的位置。

执行机构有单向动作或双向动作两种。单向动作执行机构采用的结构是：动力源仅作用在执行机构(活塞、隔膜等)的一侧，而相对的另一侧则无动力源。在相对一侧，增加弹簧以平衡单向动作。双向动作执行机构是执行机构的一个术语，它是指动力作用在执行机构(活塞、隔膜等)的两侧，改变执行机构任何一侧的压力，活塞或隔膜移动。

执行机构通常是一个可从阀体分离的组合件，它意味着在操作中能从阀体上拆卸下来而无须拆卸阀体。另一方面，无须拆卸执行机构组合件阀体也能操作。

(三)电动执行机构

电动执行机构(图 2-3-94)是工业自动化仪表中的执行单元。它能够接受来自调节器、工控机、DCS、计算机等仪表系统的控制信号，自动完成调节动作，是组成自动控制系统不可缺少的部分。它是最先用于工艺过程工业的执行机构，即将电动机安装在工艺阀门上。电动执行机构的主要优点是具有高度的稳定和用户可应用的恒定推力。

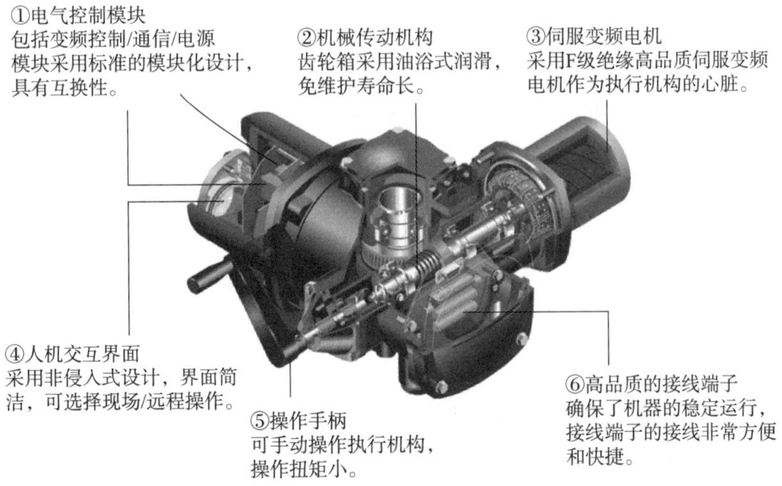

图 2-3-94　电动执行机构

第三篇　LNG 接收站相关系统

第一章　LNG 运输船型与接卸

第一节　LNG 运输船简介

LNG 运输船是一种专门设计用于运输 LNG 的特殊船舶。这种船舶以其严格的制造要求、特殊的船体结构和高超的技术水平而闻名。

LNG 运输船的设计和建造涉及多个方面，包括船型选择、液货舱的设计、推进系统的选择以及冷能的利用等。

一、船型选择

LNG 运输船的船型选择是根据其特定的运输需求和环境条件确定的，主要包括大型 LNG 运输船、支线 LNG 运输船、小型 LNG 运输船。不同船型的 LNG 运输船的侧重点不同。大型 LNG 运输船侧重于载重量、吃水、围护系统、动力装置和总布置等方面的分析；支线 LNG 运输船的设计特点包括 C 形独立液货舱的外形设计及保冷、BOG(Boil Off Gas，蒸发气)的处理、主推进系统选型；小型 LNG 运输船为 V 形无压载水设计，这种设计旨在减少海洋污染和外来生物入侵的风险。天津 LNG 接收站主要接卸大型 LNG 运输船。

自 1964 年世界上首艘 LNG 运输船问世以来，LNG 运输船的设计和技术经历了显著的变化和发展。最初，LNG 运输船的尺寸相对较小，但随着时间的推移，为了追求更高的经济效益，船东和船厂开始更加青睐装载量更高的 LNG 船，其装载量几乎翻了一番。在中国，大型 LNG 运输船的研发和建造也取得了显著进展。中国船舶工业集团有限公司所属沪东中华造船(集团)有限公司与世界著名船级社 DNVGL 签订了共同开发 27 万立方米 LNG 运输船协议，这标志着中国在大型 LNG 运输船领域取得了重大突破。

二、液货舱结构形式

目前，大型 LNG 运输船的液货舱结构主要分为自支撑型(Independent Self Supporting Type)结构和薄膜型(Membrane Type)结构两种。

1. 自支撑型结构

目前，自支撑型结构主要分为球罐型液货舱(Moss Spherical Type)和菱形液货舱(SPB，Self－supporting Prismatic IMO Type B)。

球罐型液货舱的概念最早由挪威 Moss Rosenberg 公司在 1970 年提出，后来该公司被 Kvaerner 公司收购，因此球罐型液货舱的专利由该公司持有。球罐型液货舱采用了具有强度较高的球形罐作为主屏蔽，大大提高了可靠性，同时厚板加工、焊接和独立球罐部件可单独制作等特点比较适合船厂的工艺特点，Moss 型 LNG 船于 20 世纪 80 年代开始得到了较大的订单并批量建造。

菱形液货舱是由日本石川岛播磨重工公司(IHI)所研发的自支撑型结构液货舱，目前只有两艘装有该系统的大型 LNG 运输船被使用，其技术目前还在等待行业内的普遍认同。

相比于自支撑型液货舱结构，薄膜型液货舱结构因其性能更优、造价低廉而受到船东青睐。

2. 薄膜型结构

薄膜型结构具体分为两种液货围护系统，分别为 GT No. 96 型、TGZ Mark Ⅲ型。GT No. * 型围护系统最早由法国 GT(Gaztranport)公司开发并持有技术专利，TGZ Mark 型围护系统最早由法国 TGZ(Technigaz)公司开发并持有技术专利。1994 年，这两家法国公司合并为一家公司，更名为 GTT 公司。2011 年，GTT 公司推出了最新一代 Mark Ⅲ Flex 技术，该技术有助于降低液化天然气在运输过程中的挥发率，这就是现在的 TGZ Mark Ⅲ型液货维护系统。2012 年，GTT 公司推出了最新的 No. 96 型液货围护系统，这就是现在的 GT No. 96 型液货围护系统。

薄膜型结构的液货舱一般用于容积为 146000 ~ 147000m^3 的大型 LNG 运输船上。近年来随着技术的进步，该结构的液货舱容积也逐渐增大，目前最大的薄膜型结构液货舱容积已经达到 270000m^3。

目前，LNG 运输船市场上活跃着几百艘薄膜型结构的大型 LNG 运输船，GTT 公司的薄膜型液货围护系统已经得到了数百条船舶的验证，并取得了无可争议的成功。和自支撑型结构相比，GTT 公司的技术方案采用更轻便的材料，并具有如下优势：①优化了货物存储空间；②降低了船舶的建造和运营费用；③模块化设计，可以灵活装载在不同尺寸的船舶上，而不需要巨大的资本支出。

在 GT No. 96 型液货围护系统与 TGZ Mark Ⅲ型液货围护系统的基础上，一种新的融合了两种液货围护系统设计优点的新型液货围护系统 GTT CS1(Combined System)型液货围护系统正在被开发。不过，目前采用该系统的船舶尚未投入使用，仍在试验阶段。

三、推进系统及冷能的利用

LNG 运输船的推进系统是制约其发展的关键技术之一。目前，从传统的锅炉汽轮机装置向柴油机装置转变的趋势正在出现，但锅炉汽轮机装置仍占支配地位。双燃料电力推进方式在当前低排放绿色船舶的要求下具有发展前景。此外，还有更多创新的推进系统被提出，如双燃料四冲程发动机、燃气轮机等，以及结合气体涡轮电动以及蒸汽系统的混合推进系统。

近年来，LNG 作为一种清洁能源，在航运领域的推广应用成为热点议题。LNG 动力船舶的应用背景、发展现状以及面临的机遇与挑战都得到了广泛的研究和探讨。特别是，LNG 冷能的综合利用设计与经济性分析显示，通过将 LNG 冷能应用于船舶的不同领域中，可以显著节约电量并产生直接经济效益。

总之，LNG 运输船作为一种高效、环保的运输方式，在全球能源结构调整和环境保护的大背景下，正逐渐成为国际贸易中不可或缺的一部分。随着技术的不断进步和市场需求的增长，其设计、建造和运营技术不断进步，这为实现安全、高效和环保的天然气运输提供了重要支撑。未来，LNG 运输船将朝着更高效、更安全、更环保的方向发展。

第二节　LNG 运输船接卸简介

LNG 运输船接卸是 LNG 安全、高效运输的关键环节。这一过程不仅涉及技术和操作的复杂性，还包括对安全性的严格要求。

一、接卸前的准备工作

接卸前的准备工作是确保接卸顺利进行的基础。这包括对 LNG 接收站的设备进行检查和维护，确保所有设备处于良好状态。同时，需要对 LNG 船舶进行船岸兼容性审查，确保船舶与接收站之间的兼容性。此外，还需要提前了解即将靠港 LNG 船舶的 BOG 处理方式，并做好相应的准备工作。

二、卸船过程中的预冷控制

预冷速度的控制是卸船过程中的一个关键环节。预冷速度过快可能会引起卸料臂快速耦合器法兰处泄漏，影响卸船安全性。根据卸船安全性要求和接卸经验，控制预冷速度在 2℃/min 左右是一个较为理想的选择。通过对天津 LNG 接收站 500 余艘 LNG 船舶的卸料臂预冷过程总结分析，提出了卸料臂预冷的最佳控制流程，这对于解决卸料臂预冷过快或不充分等问题，保证 LNG 船舶接卸的安全平稳具有重要意义。

三、接卸过程中的安全管理和风险管控

接卸过程中的安全管理是接卸顺利进行的重要保障，包括强化作业现场突发情况应急培训，提升隐患排查治理能力，加强人员安全意识培训等。同时，还需要制定专项安全作业方案，建立卸船作业安全管理制度，严格上岗考核机制等。船舶靠港后，进行船岸安全检查是保障接卸过程安全平稳的重要步骤，船岸双方代表对照船岸安全检查表[由 ISGOTT (International Safety Guide for Oil Tanker and Terminal，国际油轮和码头安全指南)]发布并更新对船舶、接收站、船岸界面的相关设备设施进行逐项检查，确认船舶、接收站、船岸界面的设备设施状态良好后才可以进行下一步工作。此外，船岸安全检查中的部分项目需要每隔 4h 重新进行检查，以保证接卸过程时刻处于安全状态。

四、贸易交接的计量交接和在线取样

为了准确进行贸易交接，需要在接卸期间进行精确的在线取样。这包括采用静态测量的方法对到港 LNG 的体积进行计量，应用标准的取样流程对卸货 LNG 进行气化取样，利用色谱分析法对 LNG 样品进行组分分析等。

五、非设计工况下的应对措施

在非设计工况运营下给正常接船卸料流程带来的一些新问题，需要采取相应的对策。这包括具备 LNG 再液化装置、控制储罐压力、提前了解将靠港 LNG 船舶的 BOG 处理方式等。

LNG 运输船接卸技术涉及多个方面，包括接卸前的准备、接卸过程中的预冷控制、安全管理、贸易交接的计量交接和在线取样以及非设计工况下的应对措施等。通过综合考虑这些因素，并采取相应的优化措施，可以有效提高 LNG 运输船接卸的安全性和效率。

第二章　LNG 装车系统

第一节　LNG 槽车装车工艺

一、LNG 装车单元概况

(一)LNG 装车单元主要功能及规模

1. 主要功能

负责 LNG 接收站液态产品装车及计量管理工作。

2. 规模

以天津 LNG 接收站为例，共有 20 台装车撬，每台撬装车最大允许流量为 $80m^3/h$(约 33.6t/h)，最大装车流量 32t/h，设计能力 400 车/天。

(二)LNG 装车单元区域划分

以天津 LNG 接收站为例，装车单元分为 4 个区域，分别为充装区、地磅区、安检候装区、办公区。如图 3-2-1 所示。

图 3-2-1　LNG 装车单元区域划分图

二、LNG 装车单元主要设备设施

LNG 装车单元的主要设施包括装车控制室、装车罩棚、装车岛、干粉炮、高倍数泡沫灭火装置、集液池、安检候装区，主要设备包括 LNG 低温装车撬、静态电子汽车衡。槽车充装站设备、设施实景图如图 3-2-2 所示(以天津 LNG 接收站为例)。

图3-2-2 槽车充装中心设备、设施实景图

LNG 装车撬：

LNG 装车撬主要由液相臂、气相臂、批控器、刷卡器、质量流量计、急停按钮、配套管线、配套阀门、配套仪表等组成。现场实景如图 3-2-3 所示。

图3-2-3 装车撬现场实景图

1. LNG 装车臂

(1)装车臂结构如图 3-2-4 所示。

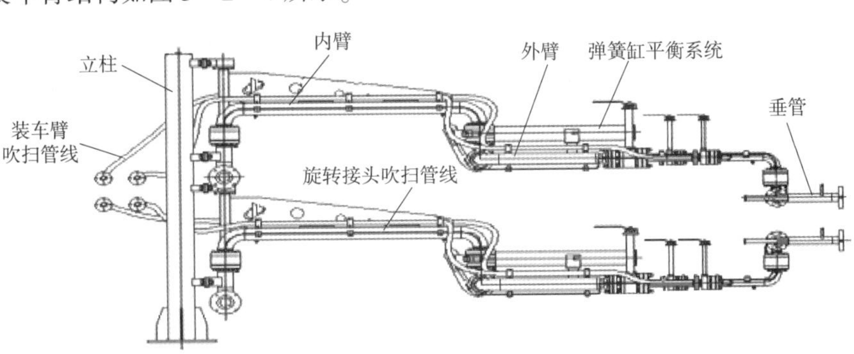

图3-2-4 装车臂结构示意图

LNG 装车臂是陆用流体装车臂的一个分类，可传输低温介质，由旋转接头、立柱、内臂、外臂、垂管、弹簧缸平衡系统、装车臂吹扫管线，旋转接头吹扫管线等组成。如图 3-2-5 所示，每台装车臂由气相臂和液相臂组成，具体如下：

①立柱，起支撑作用，承受装车臂展开时的翻转力矩。

②内臂，装车臂的基本构成部分，连接接口和外臂并输送介质，保证装车臂在水平方向自由旋转。

③外臂，装车臂的基本构成部分，连接垂管和内臂并输送介质，保证装车臂在垂直方向自由旋转。

④弹簧缸平衡系统，平衡外臂重力，减轻外臂上、下运动的人力。

⑤垂管，与外臂连接，实现将介质送入罐车内或从罐车输出。

⑥装车臂吹扫管线，装车前后，置换管道内空气或天然气。

⑦旋转接头吹扫管线，保持旋转接头滚道内有氮气流通，防止滚道结冰或冻死，保持接头转动灵活。

图3-2-5 装车臂现场实景图

(2)技术参数：

介质名称：液化天然气。

设计温度：-196~65℃。

设计压力：1.75MPa。

管道材料：316L不锈钢。

(3)装车臂主要特点：

①旋转接头是低温鹤管的核心部件，结构新颖，承载力大，旋转灵活、方便，其密封件采用增强聚四氟乙烯内衬不锈钢弹簧卡，通上氮气能在低温下正常旋转，具有密封性能好、耐磨、耐腐蚀等优点，使用寿命长。

②平衡方式采用压缩弹簧平衡，可实现工作范围内任意位置平衡，操作轻松灵活。

③整机结构合理，外形美观，管线全部使用高性能不锈钢材料，保证优越的低温性能，实用性强且具有防静电装置。

④气相臂在上，液相臂在下，实现全封闭装车。

⑤装车臂上有两个3/4in氮气支路，用于装车臂吹扫，可置换装车后鹤管中的剩余介质。

2. 地衡

(1)功能：用于LNG槽车制卡时皮重计量及LNG槽车充装后称重复核。

(2)原理：承载货车进入称台，在物体重力作用下，使称重传感器弹性体产生形变，粘贴于弹性体上的应变计桥路阻失去平衡，输出与质量数值成正比例的电信号，经传感器内部的放大器、A/D转换器、微处理器等电子元件器进行相应的数据处理，输出数字信号，各传感器数字信号经接线盒进入称重显示仪表直接显示出质量等数据。

(3)结构：地衡由称重传感器、称重显示仪表、称体、外部设备(打印机、计算机管理系统)组成。如图3－2－6所示。

图3－2－6　地衡现场实景显示仪表图

3. 批控器及刷卡器

批控器：装车控制器。

刷卡器：刷身份证自动读取制卡信息。如图3－2－7所示。

图3－2－7　批控器、刷卡器

4. 配套阀门

主要包括根阀、注氮阀、TSV手阀、旁路阀、排凝阀、FV阀、液相XV阀、气相XV阀和氮气放空阀等。如图3－2－8所示。

图3－2－8　配套阀门

图3－2－8　配套阀门(续)

5. 配套仪表

主要包括质量流量计、压力表、温度表，如图3-2-9、图3-2-10所示。

图3-2-9 配套仪表

图3-2-10 质量流量计

三、LNG装车主要工艺

以下工艺参数主要以天津LNG接收站槽车站为例。

(一)装车工艺流程

LNG储罐中的LNG经过罐内泵加压后进入低压总管，低压总管的LNG在压力下进入槽车装车总管，装车总管内的LNG进入装车撬液相管线，经过计量后进入装车撬液相臂，在压力作用下进入LNG槽车，实现LNG从储罐到罐车的功能。如图3-2-11所示。

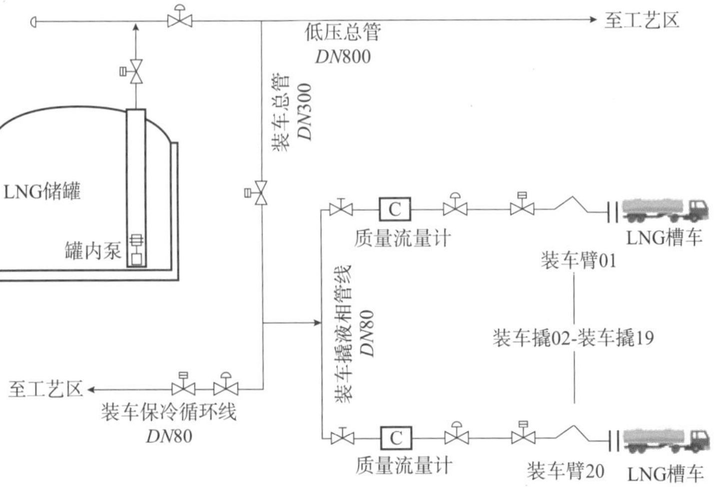

图3-2-11 装车工艺流程图

1. LNG装车工艺参数

(1)装车总管：设计压力1.75MPa，操作压力1.0~1.2MPa。

(2)撬内液相压力：设计压力1.75MPa，操作压力0.2~0.65MPa；报警值为0.7MPa。

(3)装车流量：最大允许流量80m^3/h(约33.6t/h)，其中：充装过程前100kg，装车流量约为8t/h；100~500kg，装车流量约为15t/h；500~(制卡量-500kg)，装车流量约为32t/h；(制卡量-500kg)~(制卡量-100kg)，装车流量约为15t/h；(制卡量-100kg)，装车流量约为 8t/h。

2. 连锁保护装置

(1)报警设置：液相压力高报(0.7MPa)、气相压力高报(0.3MPa)、流量高报(34t/h)。

(2)撬位连锁停车：无流速、静电夹脱落会导致撬位连锁停车。

(3)撬位暂停方式：批控器暂停、制卡系统暂停、撬内急停按钮、中控急停按钮。

3. 超装

(1)超装原因：槽车充装站生产运行过程中由于内操制卡失误、质量流量计计量误差、充装 LNG 密度发生变动、液相气动阀旁路未关严、槽车存在残液等因素造成超装。

(2)采取措施：

①制卡系统通过公式自动生成制卡量，避免内操操作失误。

②制卡系统增设槽车上次皮重显示，辅助判断槽车充装前是否有残液。

③投产时对质量流量计进行调校，确保质量流量计计量误差不超过 60kg。

④外操每日撬位充装首车时对撬位阀位进行检查，确保阀门设置正确。

⑤内操每日充装前与中控确认来液密度，如涉及两种组分密度不能确定时，选用轻组分密度进行制卡。

⑥要求所有进站充装车辆在其液位计上张贴正常充装后液位标识，辅助外操进行监控。

⑦制定完善的车辆超装操作规程，一旦出现超装情况，及时进行处理。

(二)BOG 返回工艺流程

槽车需要返气时，LNG 槽车中的 BOG 通过与槽车相连的气相臂进入装车撬气相管线，此时罐车内的压力高于装车 BOG 总管的压力。在压力作用下，装车撬气相管线内的 BOG 进入装车单元 BOG 总管，然后进入接收站 BOG 总管。

工艺流程如图 3-2-12 所示。

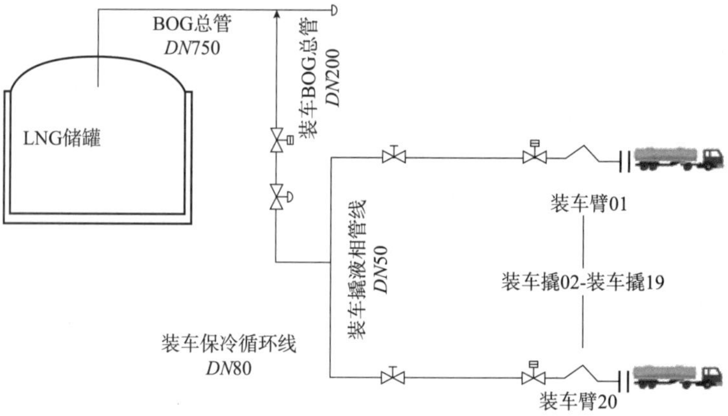

图 3-2-12　BOG 返回工艺流程图

BOG 返回流程主要工艺参数如下：

(1)BOG 返回流程导通条件：槽车罐内压力大于 0.4MPa(同时首车返气)。

(2)BOG 总管：设计压力 1.75MPa，操作压力 0.02～0.3MPa。

(3)撬内气相压力：设计压力 1.75MPa，操作压力 0.02～0.3MPa；报警值为 0.3MPa。

(三)装车保冷循环工艺流程

储罐中的LNG经过罐内泵加压后进入低压总管，低压总管的LNG在压力作用下进入槽车单元装车总管，装车总管末端与装车保冷循环线连接，保冷循环线上有一流量控制阀，根据保冷循环线介质温度调节循环量，LNG循环后返回LNG储罐。

1. LNG保冷循环主要工艺参数

(1)保冷循环返回温度：原则上不高于-150℃。

(2)保冷循环量：槽车装运保冷循环量为5t/h。

2. LNG保冷循环操作要点

当系统停工或者检修期间，要确保保冷循环正常建立，防止管线温升过大，造成管托严重移位，直至管道拉裂损伤；当全站事故停电期间，应急柴油发电机启动，确保罐内泵(A泵)正常运行，保冷循环正常建立，防止全站大面积管道温升过大，管道损伤，造成重大事故。

四、LNG槽车充装流程

1. LNG槽车充装流程

如图3-2-13所示。

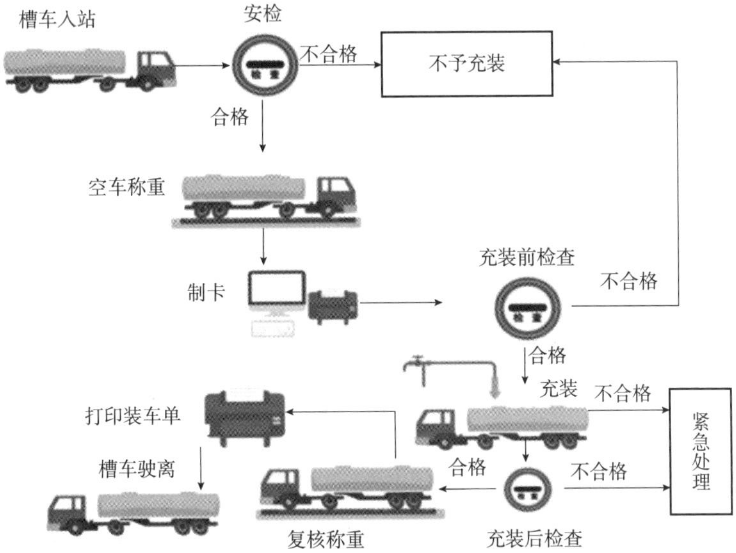

图3-2-13 LNG槽车充装流程图

2. LNG槽车充装步骤

步骤1：司机将槽车驶入物流公司停车场，如图3-2-14所示。

图3-2-14 司机将槽车驶入物流公司停车场

步骤2：物流单位进行安检自查。

物流单位自查合格后发放入场证，并对进入安检候装区车辆排号。如图3-2-15所示。

步骤3：司机将槽车驶至安检候装区。

销售公司调度岗会同安检负责驶入安检候装区槽车的调度，确保车辆进出相对平衡。如图3-2-16所示。

图 3-2-15　入场排号

图 3-2-16　进入安检区停车场

步骤 4：安保人员进行初查。

候装区安保人员查看车辆入场证，未持有者拒绝进入候装区。如图 3-2-17 所示。

图 3-2-17　安保人员初查

步骤 5：销售公司开展计划复核。

销售公司计划岗负责复核车辆信息及资质，不满足要求者拒绝充装。如图 3-2-18 所示。

图 3-2-18　计划复核

步骤 6：安检人员进行安检。

班组安检岗位按照槽车充装检查记录表对车辆进行安检，填写《充装检查记录表》，不合格者拒绝充装。如图 3-2-19、图 3-2-20 所示。

图 3 -2 -19　安检人员进行安检

槽罐车充装检查记录表（LNG）　　　　排号：

承运单位：			承销单位：			时间：		年　月　日		
A区B区充装前安全检查	充装产品		主车牌号			挂车牌号		槽车罐容		方
	驾驶员姓名		联系电话			罐车压力	Mpa	罐车是否有余液		是□ 否□
	押运员姓名		联系电话			预制量	吨	是否更换司押人员		是□ 否□
	上次卸车时间		罐体核定载重量（如20.56吨）	吨	槽车最大毛重（如48.8吨）	吨	平时装车量（如20.5吨）	吨	车辆正常皮重	吨
	本人承诺：自觉自愿遵守《天然气分公司槽车充装站安全管理规定》、《槽车充装站承运商驾驶员、押运员HSSE管理考核实施细则》，做到安全生产、精细操作，并对自己的违法、违章、违规等行为负责。司机：　押运员：									
	劳保着装是否合格，是否配备防冻手套	是□ 否□	司乘人员携带资质文件齐全有效，充装介质LNG名称与铭牌和使用登记资料以及电子密钥、标志标识一致	是□ 否□	根据卸车证明确定是否是冷车	是□ 否□	槽罐安全阀是否完好在有效期内	是□ 否□	阻火器是否安装完好	是□ 否□
	槽罐上、下进液阀、放空阀关闭	是□ 否□	配备防爆工具、防爆螺栓	是□ 否□	安全阀整定压力	MPa	压力表是否在检验有效期内，有限位标识	是□ 否□	灭火器是否完好且（>20LB）	是□ 否□
	槽罐车导静电带是否触地	是□ 否□	罐车轮胎是否完好	是□ 否□			移动压力容器是否在检验有效期内	是□ 否□	液位计有限位标识，指示正常	是□ 否□
	司机及押运员是否持有HSSE培训合格证	是□ 否□	罐车是否有余液	是□ 否□	持道路运输危险货物安全卡，随车携带MSDS，携带本单位应急预案及应急处置卡	是□ 否□	紧急切断阀是否完好有效，测试合格	是□ 否□	罐体与半挂车行走机构装置连接完好、牢固可靠；操作箱内无杂物，箱门固定合格	是□ 否□
	安全标识齐全、罐体防腐合格无明显凹痕和裂痕	是□ 否□	充装前槽车液位	mm	槽车压力（0.01-0.3MPa）	是□ 否□	所有连接密封面的密封状态完好、无泄漏	是□ 否□	燃料罐完好，证件齐全，燃料罐增压阀已关闭	是□ 否□
	A区安检员：				B区抽检人员：					
充装前及过程控制	充装人员持R2证上岗，按照规定的充装工艺规程进行操作，安全管理监督人员按照规章制度规定，进行巡回检查；	是□ 否□	充装现场具备防止明火和防静电的安全措施	是□ 否□	配置充装安全连锁报警保护装置，且该装置功能完好、可靠	是□ 否□	充装区域内设置安全警示标志和必要的安全防护设施	是□ 否□	充装作业过程中，操作人员应在规定的工作岗位上；配置紧急切断装置的，操作人员位于紧急切断装置的远控系统位置	是□ 否□
	内操指定充装撬位号		槽罐车熄火、切断总电源、上交钥匙、防冻手套是否放置指定位置	是□ 否□	两侧轮胎均放置阻车器，且距离2-5CM范围内	是□ 否□	槽车前挡车路锥是否放置到位	是□ 否□	自增压管线阀门是否关闭	是□ 否□
	装车撬排凝阀是否关闭	是□ 否□	静电接地装置是否连接正常	是□ 否□	槽车气、液相管线放空阀是否关闭	是□ 否□	槽车压力是否超过0.4MPa	是□ 否□	气相、液相连接法兰已完成验漏，确认密封良好，氮气置换合格	是□ 否□
	上述确认无误后启动装车按钮		批控器装车数据是否正确、无报警	是□ 否□	法兰口是否漏液	是□ 否□	检查氮气管线是否无结霜、无泄漏	是□ 否□		
	槽车押运员签字：				充装检查人员签字：					
装车后检查	装车撬XV、FV阀是否关闭到位，排凝阀是否打开	是□ 否□	静电夹是否断开	是□ 否□	气、液相臂是否吹扫充分无泄漏	是□ 否□	槽罐上、下进液是否关闭到位	是□ 否□	装车臂是否已断开、归位合格	是□ 否□
	罐体外壁是否存在结露结霜现象	是□ 否□	检查槽车周围有无障碍物或存在设备损坏隐患的问题	是□ 否□	是否收回枕木	是□ 否□	充装后槽罐压力	MPa	槽车与充装作业相关的操作阀门置于闭止状态，充装连接口安装的盲法兰等装置，连接牢固、可靠	是□ 否□
							充装后槽车液位	mm	充装量复核（吨）	
	充装检查人员签字：						充装人员签字：			
驾驶员（签字）：				押运员（签字）：						
备注：1. 签字即默认检查合格；2. 所有开关阀门操作必须缓开、缓关，请务必在充装人员指挥下进行槽车阀门等相关操作，严禁司押人员操作装车撬所属工艺阀门；3. 应急情况下服从现场人员指挥；4. 自觉遵守秩序，进出厂区严禁抢道、占道、超速行驶。槽车如有隐患，请在装车前说明。5. 此表一式二份，A区预检结束后，销售中心留存一份；由押运员携带一份交由槽车充装站，槽车离开后由槽车充装站留存。										

图 3 -2 -20　充装检查记录表

步骤 7：内操进行称重制卡。

(1) 内操通过监控确认车辆信息及车辆上衡符合要求后，读取地磅数，根据地磅读数、荷载量、销售提货量确定预制量。如图 3 -2 -21 所示。

预制量 = min(实际载质量、核定载质量、最大毛重 - 皮重)

其中，实际载质量 = 罐容 × 密度 × 90% − 100kg

(2)内操根据撬位空余情况，分配撬位，将信息录入充装 IC 卡，并交至押运员。如图 3-2-22 所示。

图 3-2-21 称重

图 3-2-22 制卡

步骤 8：司机将槽车驶入指定撬位并开展接臂作业。

(1)槽车停车，熄火，拉起手刹，将充装 IC 卡片及槽车钥匙交给充装人员。如图 3-2-23 所示。

图 3-2-23 驶入指定撬位

(2)槽车司机、押运员触摸现场静电释放柱，连接槽车静电接地线，垫好枕木。如图 3-2-24 所示。

图 3-2-24 释放静电、放置枕木

(3)槽车司机、押运员连接气、液相臂，连接过程禁止出现气、液相臂相互碰撞情况，同时必须使用铜质扳手等防爆工具进行作业。如图3-2-25所示。

步骤9：外操进行充装前安全检查。

外操根据《充装检查记录表》进行充装前安全检查，填写《充装检查记录表》，不合格者拒绝充装。如图3-2-26所示。

图3-2-25 连臂

图3-2-26 充装前安全检查

步骤10：外操进行充装。

(1)进行验漏、吹扫工作。外操分别打开气、液相臂注氮阀，使臂内充满氮气，然后将槽车与装车臂连接法兰面均匀喷涂上验漏液进行验漏，合格后由槽车押运员打开槽车气、液相管线放空阀门(若不合格由槽车押运员重新对法兰面进行紧固或更换垫片，直到验漏合格为止)，充装人员关闭气、液相臂注氮阀，槽车押运员关闭槽车气、液相管线放空阀门。如图3-2-27所示。

图3-2-27 验漏、吹扫

(2)充装作业。充装人员刷卡后，槽车押运员立即打开槽车上进液阀门，充装操作人员关闭撬内排凝阀，打开气、液相臂手动隔离阀，点击批控器开始按钮，充装开始。如图3-2-28所示。

图3-2-28 充装作业

(3)充装过程要求。槽车司机、押运员必须时刻站在槽车后方对槽车液位及压力进行监控，严禁四处行走，串岗聊天；槽车压力稳定下降后槽车押运员打开槽车下进液阀门；若压力升高超过0.4MPa，必须进行返气。如图3-2-29所示。

图3-2-29　充装过程要求

(4)充装结束、吹扫置换。外操关闭气、液相臂手动隔离阀，打开撬内排凝阀，槽车押运员关闭上进液阀门，外操打开液相臂注氮阀憋压5s后，槽车押运员微开槽车上进液阀门(此动作重复3次)，完成后槽车押运员关闭上进液阀门。憋压5s后外操打开液相臂放空阀门(此动作重复3次)，完成后关闭液相臂注氮阀门，然后再关闭液相臂放空阀门。气相臂吹扫步骤同上(其中液相臂放空阀门改为气相臂放空阀门)。如图3-2-30所示。

图3-2-30　充装结束、吹扫置换

(5)断开装车臂：槽车押运员进行断臂作业，将装车臂、静电接地夹与枕木归位，充装人员将充装IC卡片及槽车钥匙交还给槽车司机。如图3-2-31所示。

图3-2-31　断开装车臂

步骤 11：外操人员进行充装后检查。如图 3 - 2 - 32 所示。

图 3 - 2 - 32　充装后检查

外操人员根据《充装检查记录表》进行充装后安全检查，并填写《充装检查记录表》。

步骤 12：司机将槽车驶入地衡，押运员进入制卡间，内操人员确认车辆上衡符合要求。如图 3 - 2 - 33 所示。

图 3 - 2 - 33　内操人员称重复核

步骤 13：内操人员称重并打印装车单，销售人员确认，槽车驶离。

(1) 内操人员通过监控确认车辆上衡符合要求，读取地衡数，打印装车单，销售制单岗位人员签字确认。

(2) 押运员取走相关物品。

(3) 槽车驶离。

如图 3 - 2 - 34 所示。

图 3 - 2 - 34　销售人员确认，槽车驶离

第二节 LNG 槽车智能装车系统

一、智能装车系统概况

智能装车系统以装车业务流程中实时及历史数据为基础，贯穿整个装车业务流程，具备强大数据兼容和处理能力，集信息推送、工作流转、统计分析于一体，将 LNG 装车业务优化升级，将管理过程与控制过程有机结合，实现装车业务中资质备案、计划申报审核、车辆调度、安检、制卡、充装、称重等全流程智能化管理。解决了传统 LNG 装车业务中线下管理工作量大、人工介入多、纸质单据多、信息孤岛、未建立排队叫号系统等问题。

二、智能装车管理系统模块划分

智能装车管理系统功能由 7 个模块组成，具体为智能备案、智能申报、智能安检、智能调度、智能叫号、智能制卡、智能报表。

1. 智能备案

(1)实现人员、车辆、物流公司等相关信息线上审核备案。

(2)实现人员、车辆黑名单管理，列入黑名单车辆、人员无法上传备案信息。

(3)实现证件到期智能预警功能。

2. 智能申报

(1)实现入场资质信息、黑名单信息、证件有效期等条件的自动核验。

(2)实现人员入场安全教育培训是否合格自动审查，省去现场人员核查工作。

3. 智能安检

实现线上安检，通过平板 App 方式进行安检，实现安检记录可视化、智能化、可追溯化，自动存储安检信息，便捷查询车辆安检历史数据，免去纸质安检的归档和查找工作，提升安检工作管理水平。

4. 智能调度

(1)车辆到达安检候装区门禁时，进行人员及车辆信息识别，通过与装车计划申报时信息对比，合格的予以自动放行，大大减少保安人员的车辆入场登记工作量。

(2)停车位自动分配，无须人工干预，实现了停车位自动管理。

5. 智能叫号

(1)实现自动安检排序并自动叫号提醒。

(2)实现进入充装区自动叫号提醒。

(3)实现打印装车单自动叫号提醒。

6. 智能制卡

(1)实现自动制卡，装车前制卡系统通过身份证识别直接调用数据库信息生成制卡信息，审核确认后完成智能制卡。

(2)实现自动打印磅单，装车完成后，智能制卡系统通过身份证识别车辆信息后自动打印磅单。

7. 智能报表

自动生成日报、月报、年报等生产报表。

三、系统亮点

智能装车系统实现了装车业务全流程智能化管理，装车效率大幅提升，误操作风险有效降低，达到了省时、省人、安全、省力的良好效果。

(1)省时。智能装车系统上线后，LNG 槽车在 C 区作业时间效率大幅提升；其中 C 区作业时间为驶入空磅至驶出重磅时间，具体为图 3 -2 -35 中实心箭头部分。

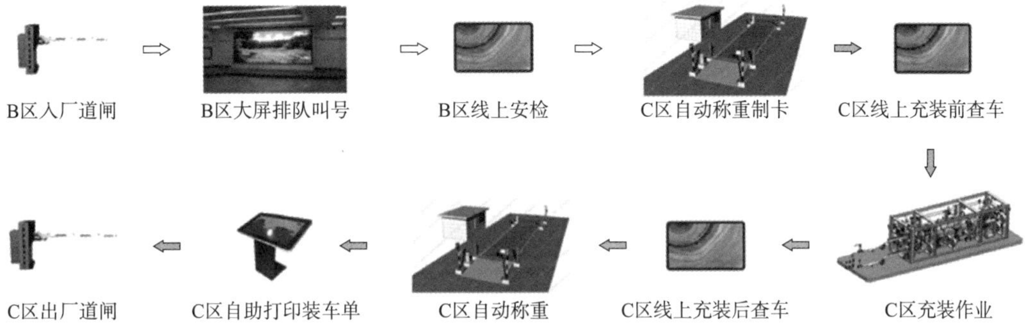

图 3 -2 -35 装车系统流程展示图

(2)省人。系统上线后，内操、安检劳动强度降低，操作人员进一步减少。

(3)安全。系统上线后，司乘人员入场、安检、制卡、称重等 8 个身份验证环节均实现数字化安全核验，身份证一证通行；制卡信息可自动生成；智能调度车辆通行，有效降低人员误操作风险及车辆行驶过程中超车、道路拥堵等安全风险，提高充装作业安全保障。

(4)省力。系统上线后，司乘人员无须进入制卡间进行信息录入及制卡；安检、充装排队等环节均由人工组织实现为自动排序叫号；押运员在综合服务大厅实现自助打单，优化司乘人员充装流程，减少司乘人员充装工作强度，提升服务质量。

第三章 供电系统

第一节 电源、负荷与运行方式

一、接收站进线电源

LNG 接收站大多肩负着地方区域保供任务，以天津 LNG 为例，该站属于一级重要电力用户，电力用户重要等级于 2018 年经天津市经济和信息化委员会最终认定。供电电源为千气线、飞气线，电源分别来自千米桥 220kV 变电站和腾飞路 220kV 变电站(图 3－3－1)。线路采用架空线路＋电缆的模式：第一回电源由 220kV 千米桥变电站 110kV 111 间隔出线采用架空线路架设至线路 96#终端塔平台，再由 96#终端塔平台采用电缆敷设(电缆沟)至总变站内 110kV GIS 111 开关；第二回电源由 220kV 腾飞路变电站 110kV 112 间隔出线采用架空线路架设至线路 84#终端塔平台，再由 84#终端塔平台采用电缆敷设(电缆沟)至总变站内 110kV GIS 112 开关。每一回路电源均能承担 100% 负荷正常运行，并适当留有一定余量，满足国家电监会《关于加强重要电力用户供电电源及自备应急电源配置监督管理的意见》中"具备两部电源供电条件，两路电源应当来自两个不同的变电站，当一路电源发生故障时，另一路电源能保证独立正常供电"的要求。

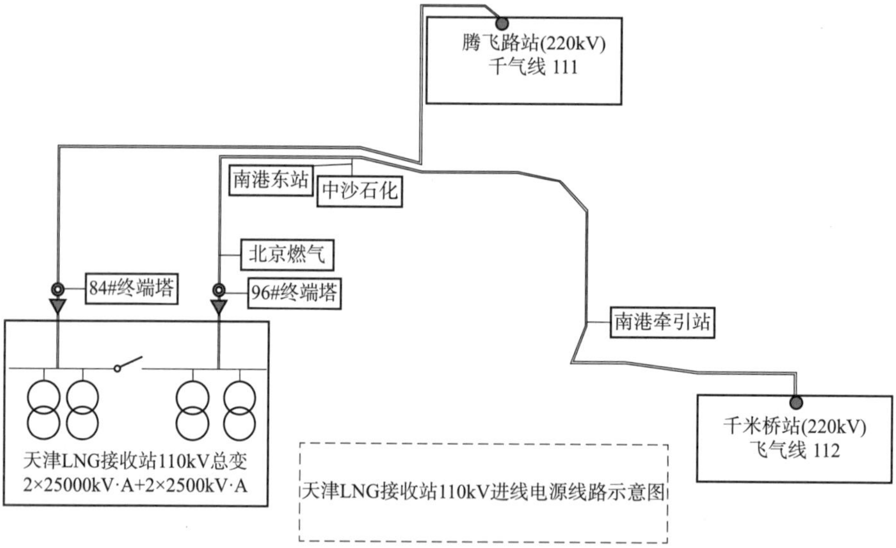

图 3－3－1 天津 LNG 接收站 110kV 进线电源线路示意图

二、接收站负荷等级划分

依据国标《供配电系统设计规范》(GB 50052—2009)，电力负荷应根据对供电的可靠性要求及中断供电在政治、经济上所造成损失或影响的程度进行分级，供电负荷等级见表3-3-1。

表3-3-1 国家标准《供配电系统设计规范》

供电负荷等级	中断供电结果符合下列情况之一	供电电源要求	备注
一级负荷	1. 造成人身伤亡 2. 对政治、经济造成重大损失 3. 有重大政治、经济意义影响的用电单位正常工作	由双电源供电，一个电源故障，另一电源不会同时损坏	
一级特别重要负荷	1. 断电会发生中毒、爆炸和火灾 2. 特别重要场所	1. 双电源+应急电源 2. 不允许其他负荷接入应急供电系统	
二级负荷	1. 对政治、经济造成较大损失 2. 影响重要用电单位正常工作		
三级负荷	不属于一、二级负荷情况		

根据工艺生产性质，接收站供电一旦中断，可能导致事故发生，引起火灾、爆炸、人员伤亡和设备损坏等重大事故，造成严重经济损失。接收站用电负荷中95%以上均属一、二级负荷(绝大部分为一级负荷)，一级负荷中尚有特别重要的用电负荷。其中应急照明、关键仪表负荷、开关柜控制电源、部分重要工艺负荷等为一级负荷中特别重要负荷，该部分负荷的总计算容量约为1900kW；厂前区大部分负荷为三级负荷。所有负荷采用单母线分段方式放射式供电。接收站在区域变电所一和区域变电所二分别各配备一台电压等级6kV、额定功率为1800kW的应急发电机组为一级负荷中特别重要负荷(应急负荷)供电。

三、接收站电压等级

我国常用的电压等级为：220V、380V、6kV、10kV、35kV、110kV、220kV、330kV、500kV、1000kV。通常将35kV以上的电压线路称为输电线路。35kV及以下的电压线路称为配电线路。

交流电压等级中，通常将1kV及以下称为低压；1kV以上、20kV及以下称为中压；20kV以上、330kV以下称为高压；330kV及以上、1000kV以下称为超高压；1000kV及以上称为特高压。

依据电压等级，接收站主要电压等级有：110kV、6kV、380V/400V、220V，主要用电负荷有：6kV高压电动机、380V低压电动机及低压设施、220V办公及照明设施等。

四、接收站供配电方式

天津LNG接收站设一座110kV/6kV总变电所，两座6kV/0.4kV区域变电所及5座6kV/0.4kV配电室(图3-3-2)。

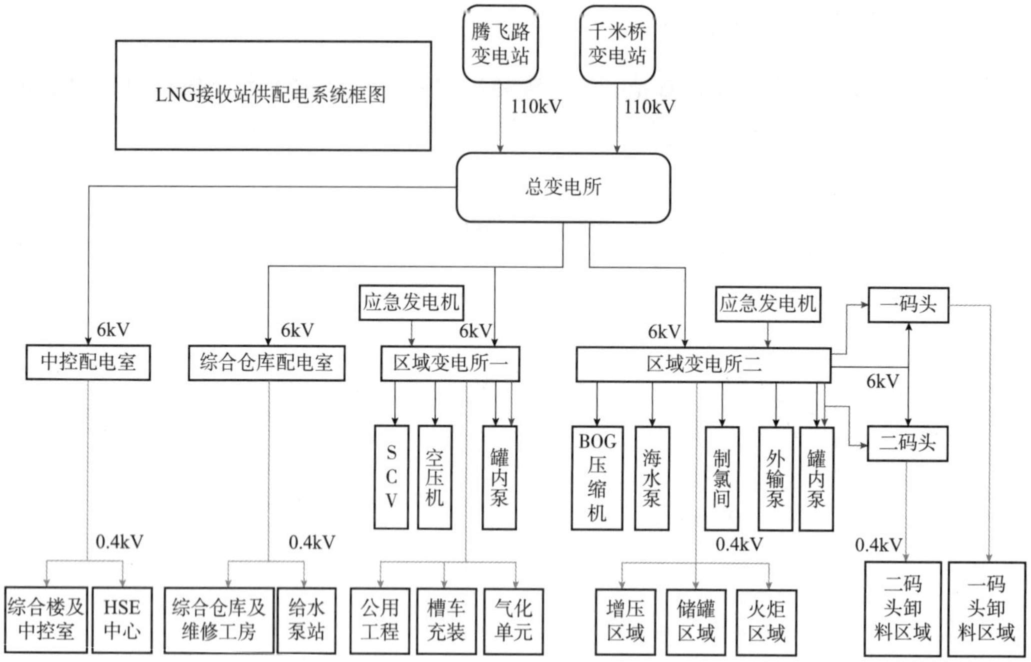

图3-3-2　LNG接收站供配电系统框图

总变电所110kV系统采用室内SF6全封闭组合电器(GIS)，共装有4台额定容量为25000kV·A、额定电压等级为110kV/6kV的变压器。总变电所110kV系统采用单母线分段接线方式，每段110kV母线带两台变压器运行，在一段母线失电情况下另一段母线的两台主变能保证全站的正常供电。

总变电所6kV系统为全厂骨干供电网络，配电装置均采用金属铠装空气绝缘柜，6kV配电装置的分段断路器装有备用电源自动投入装置和快切装置，以利于各生产装置、重要设施的6kV、0.4kV电动机再启动。0.4kV分段断路器装有备用电源自动投入装置(BZT)，并设手动/自动切换开关。

区域变：6kV/0.4kV区域变电所双回路电源引自接收站总变电所6kV不同的母线，6kV及0.4kV主接线方式均采用单母线分段，进线和母联设自动投入装置。正常情况下单母线分段运行，任何一回进线失电跳闸时，母联开关均可自动或手动投入。6kV配电装置均采用金属铠装空气绝缘柜，采用直流电源装置作为操作电源，电压220V DC，直流电源装置采用冗余(两套)配置。0.4kV配电装置采用抽屉式及固定式。

配电室：中控、综合仓库配电室均装有两台6kV/0.4kV变压器，电源引自总变电所6kV不同的母线(市电)；一码头、二码头配电室均装有三台6kV/0.4kV变压器，其中两台变压器电源均引自区变二变电所6kV不同的母线(市电)，另一台变压器(应急变压器)正常情况下引自区变二6kV市电，市电失电的情况下由应急发电机组提供电源(区变二6kV应急段)；HSE配电室0.4kV两路电源引自中控配电室0.4kV不同的母线。

接收站共配备22台不间断电源(UPS)，其中中控配电室4台、槽车配电室2台、一码头配电室2台、二码头配电室2台、机柜一2台、机柜二2台、机柜三3台，采取单机分列方式为仪表电源供电；综合楼电信间1台为通信设施电源供电；区域变电所一、区域变电所二、总变电所各 1 台为变电所监控设施电源供电。

接收站还配备 9 台应急电源(EPS)，在总变电所、区域变电所一、区域变电所二、综合仓库配电室、两座码头配电室各配备了 1 台，在中控配电室配备了 2 台，采取单机供电方式，为各区域应急照明提供电源。电源正常情况下，EPS 经市电输出，同时保持电池在浮充电状态。当两路进线电源均失电时，自动切换至电池输出；电源恢复后，恢复市电输出。

UPS、EPS 进线电源都为双回路供电，分别取自 0.4kV 市电回路和 0.4kV 应急回路(区变二 0.4kV 应急段)，两路电源之间配置有 ATS 自动切换装置，可在一路电源失电情况下自动或手动切换至另一路。

五、接收站电气系统运行方式

天津 LNG 电气主接线图如图 3 -3 -3 所示。

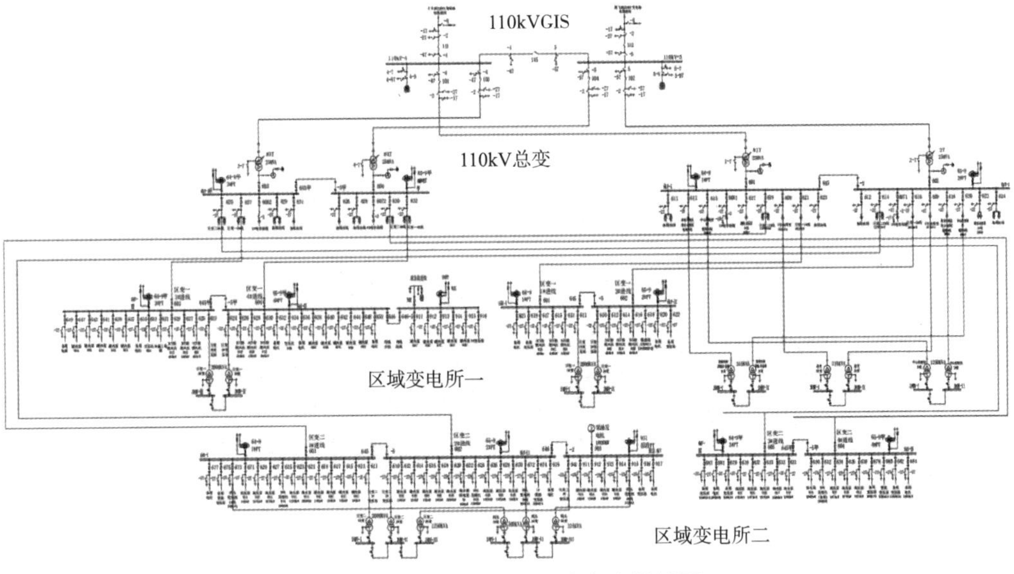

图 3 -3 -3 天津 LNG 电气主接线图

天津 LNG 接收站 110kV、6kV、0.4kV 电气系统正常运行方式都为单母线分段运行方式，其简要原理为：正常运行时，有双电源单母线分列运行，两路电源进线给对应段母线供电，母联开关分断。当一路电源故障时，由单电源(母线)运行，一路电源供电，母联开关闭合。运行方式有自动和手动两种切换方式，其中自动切换仅能从双电源切换为单电源运行，手动既可以由双电源切换为单电源运行，也可以单电源切换为双电源运行。如图 3 -3 -4、图 3 -3 -5 所示。

总变电所运行方式：110kV 千气线 111 开关带 110kV - Ⅳ段母线，带 1#、3#主变，1#主变带 6kV - Ⅳ段母线运行，3#主变带 6kV - Ⅴ段母线运行；110kV 飞气线 112 开关带 110kV - Ⅴ段母线，带 2#、4#主变，2#主变带 6kV - Ⅳ甲段母线运行，4#主变带 6kV - Ⅴ甲段母线运行；110kV 分段母联 145 开关在热备用位置，110kV 分段备自投在投入位置，110kV 分段快切在投入位置；6kV 分段 645、645 甲开关在热备用位置；6kV 分段备自投在投入位置，6kV 分段快切在投入位置。如图 3 -3 -6 所示。

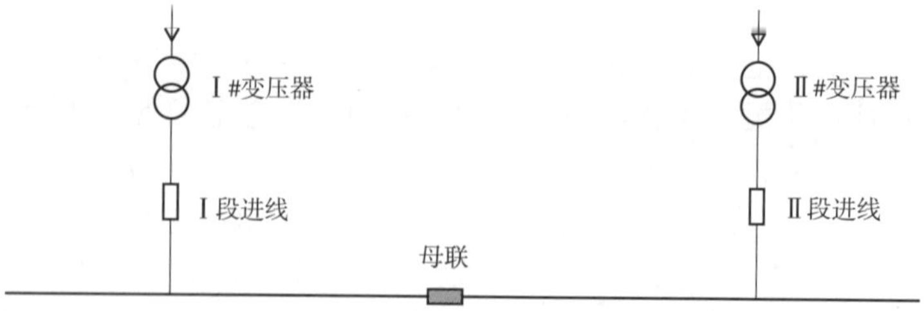

图3-3-4　双电源单母线分列运行

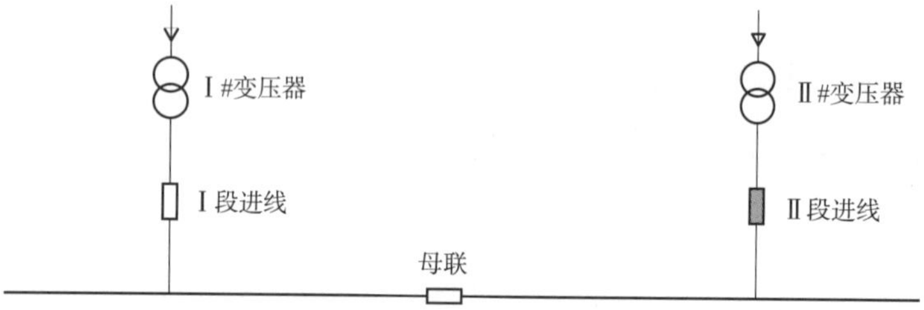

图3-3-5　单电源带母联运行

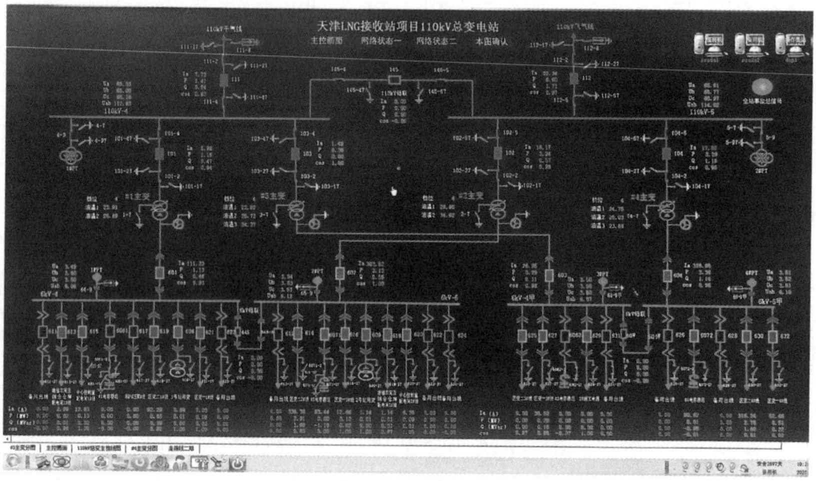

图3-3-6　总变电所主接线图

区域变电所一运行方式：6kV 1#进线601开关带6kV-Ⅰ段母线运行，6kV 2#进线602开关带6kV-Ⅱ段母线运行，6kV 3#进线603开关带6kV-Ⅲ段母线运行，6kV 4#进线604开关带6kV-Ⅳ段母线运行；6kV分段645、645甲开关在热备用位置，6kV分段646开关在运行位置，6kV备自投在投入位置，应急段进线901开关在热备用状态。如图3-3-7、图3-3-8所示。

区域变电所二运行方式：6kV 1#进线601开关带6kV-Ⅰ段母线运行，6kV 2#进线602开关带6kV-Ⅱ段母线运行，6kV 3#进线603开关带6kV-Ⅲ段母线运行，6kV 4#进线604开关带6kV-Ⅳ段母线运行；6kV分段645、645甲开关在热备用位置，6kV分段646开关在运行位置，6kV备自投在投入位置，应急段进线901开关在热备用状态。如图3-3-9、图3-3-10所示。

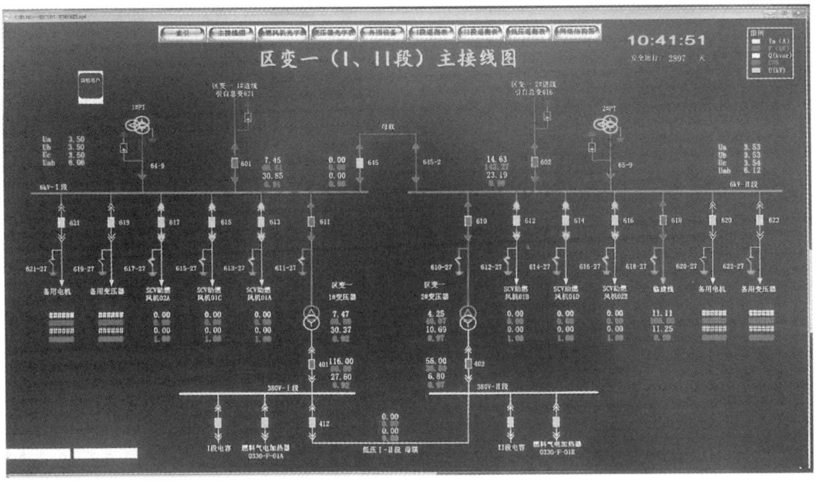

图3－3－7 区域变电所一Ⅰ、Ⅱ段主接线图

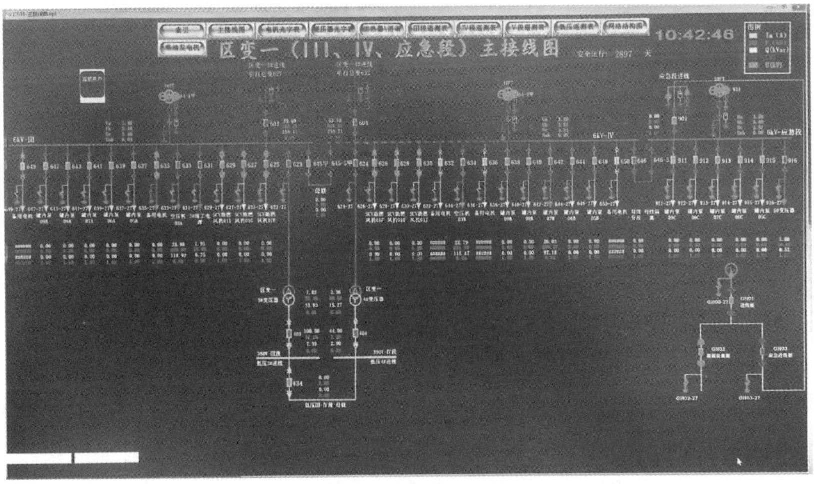

图3－3－8 区域变电所一Ⅲ、Ⅳ、应急段主接线图

图3－3－9 区域变电所二Ⅰ、Ⅱ、应急段主接线图

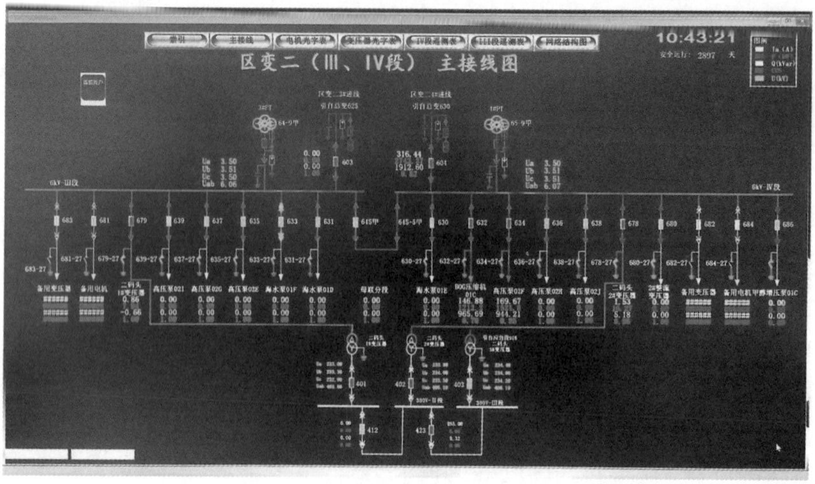

图3－3－10　区域变电所二Ⅲ、Ⅳ段主接线图

第二节　电气调度自动化系统

一、变电所综合自动化系统

为了提高供电系统的自动化水平，确保供电的运行质量和可靠性，天津LNG接收站设置了功能齐全、可靠性高、结构紧凑、操作简单的变电所综合自动化系统。该系统由监控主机和间隔层两部分组成，并用分层、分布、开放式网络系统实现连接，提供供配电系统运行和人机联系界面，实现管理控制间隔层设备等功能，形成全厂监控、管理中心，并可与厂内各有关部分通信；间隔层由工控网络/计算机网络连接的若干个监控子系统组成，在站控层及网络失效的情况下，仍能独立完成间隔设备的就地监控功能。该系统主要实现远程测量、远程信号、远程控制、远程调节和远程监视，即"五遥"功能。如图3－3－11、图3－3－12所示。

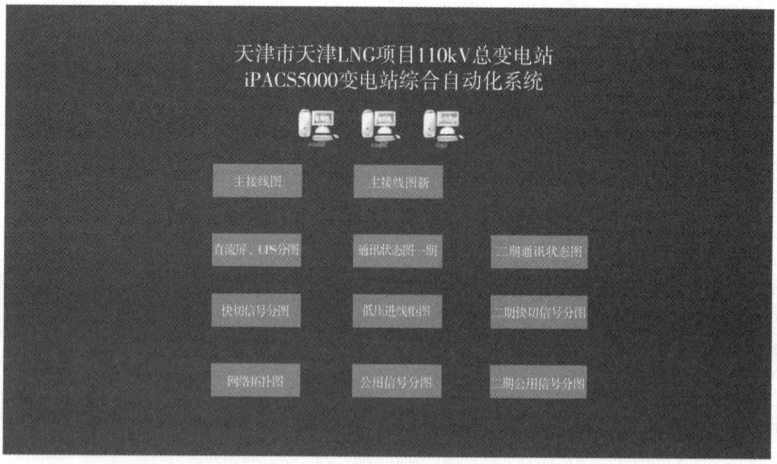

图3－3－11　变电站综合自动化系统

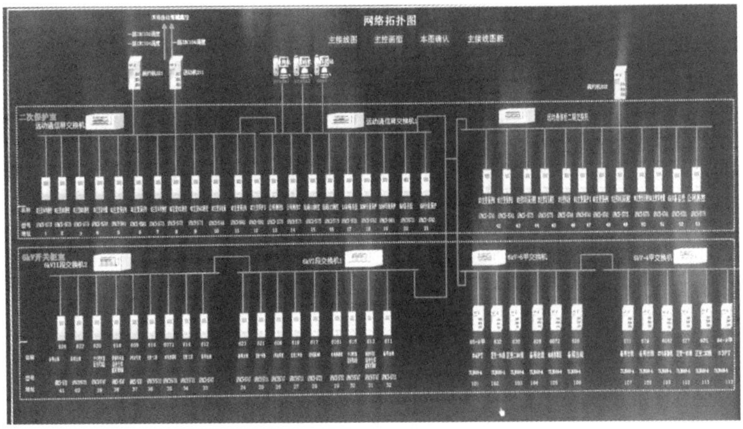

图3－3－12　网络拓扑图

二、智能电气运维监测系统

该系统为中国石化首个LNG接收站智能电气运维监测系统，其包括总变GIS、中压柜间、变压器等总变重点区域。共投入两部智能机器人(图3－3－13，一部自行走机器人、一部吊轨机器人)、5种传感器，可采集线缆温度、表记读数、中压柜综保、环境温度、水浸等数据，采集点位共计约2800点，日均数量约70万条。系统投运后大幅降低了总变日常运检工作强度，自动报表统计，使运维人员更容易发现问题并及时处理。机器人通过挂载多种传感器，连续不断监测设备运行状态，不但提高了巡检频次，还将原来部分难检、耗时的巡检工作保质完成，提高了工作质量。

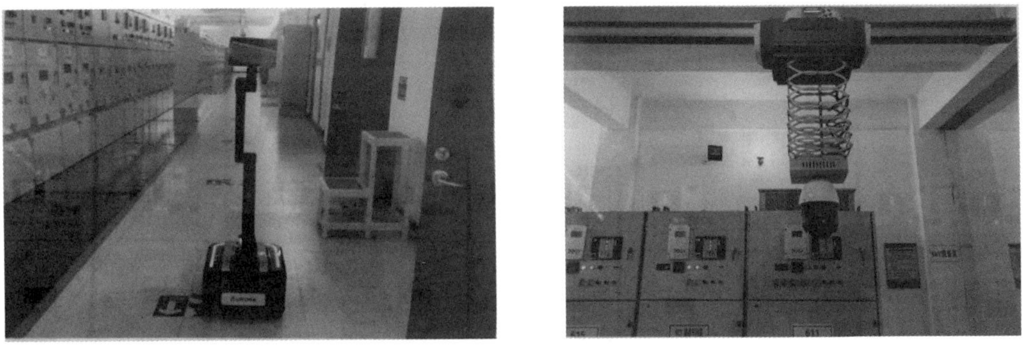

自行走机器人(柜面巡检)　　吊轨机器人(柜面监测)

图3－3－13　智能巡检机器人

第三节　天津LNG应急电源系统

一、应急电源系统概况

天津LNG接收站作为地区一级重要电力用户，站内供电系统设有两路独立电源外，同时配有一套应急供电系统。该系统主要包括应急柴油发电机、发电机启停控制系统、应急供电负载组成。在外电失电的情况下，保证了站内的生产安全，减少了企业的经济损失，有力地保证了LNG接收站的安全稳定运行。

如图3-3-14所示，系统组成：区域变电所一、二内各设置一套应急柴油发电机，功率为1800kW，电压为6.3kV，分别接入区域变电所一、区域变电所二6kV应急段6kV应急母线段，保证储运工艺建立站内保冷循环及火炬紧急放空要求；低压应急母线接入了8套EPS电源，作为接收站内应急照明需求；23套UPS电源保证了仪表DCS系统供电要求，控制系统供电也均由UPS提供；5套直流系统电源供给变电站的正常操作。该系统保证了在遭遇两路市电长时间同时停电的情况下该区域仪表控制系统能正常工作。

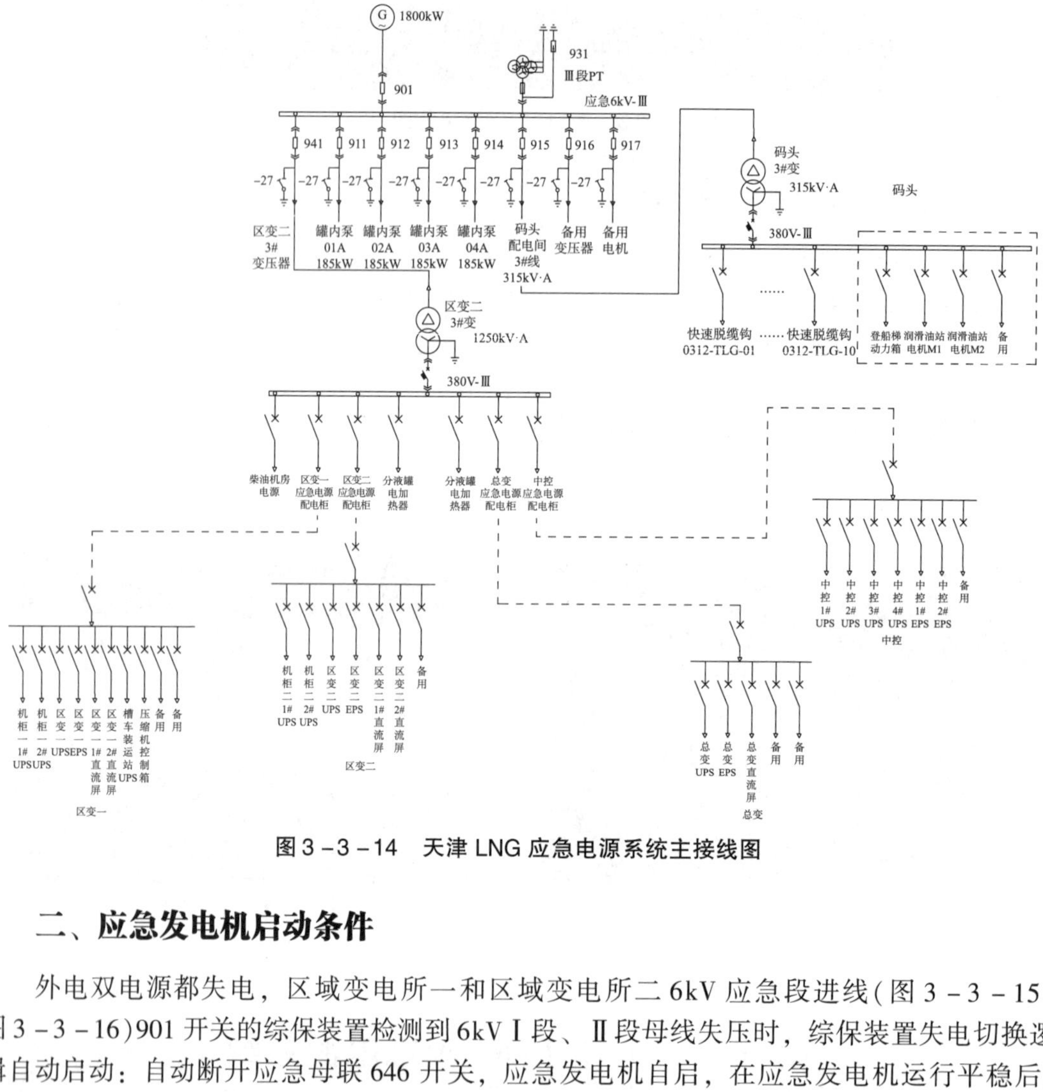

图3-3-14 天津LNG应急电源系统主接线图

二、应急发电机启动条件

外电双电源都失电，区域变电所一和区域变电所二6kV应急段进线(图3-3-15、图3-3-16)901开关的综保装置检测到6kVⅠ段、Ⅱ段母线失压时，综保装置失电切换逻辑自动启动：自动断开应急母联646开关，应急发电机自启，在应急发电机运行平稳后，再自动合上应急进线901开关，6kV应急段恢复供电，时间约在60s以内(包含发电机启动、平稳时间)；同时0.4kV应急系统中综保装置会检测到母线失压，自动断开应急母联423开关，再合上应急进线403开关，0.4kV应急段恢复供电，时间约在1s。

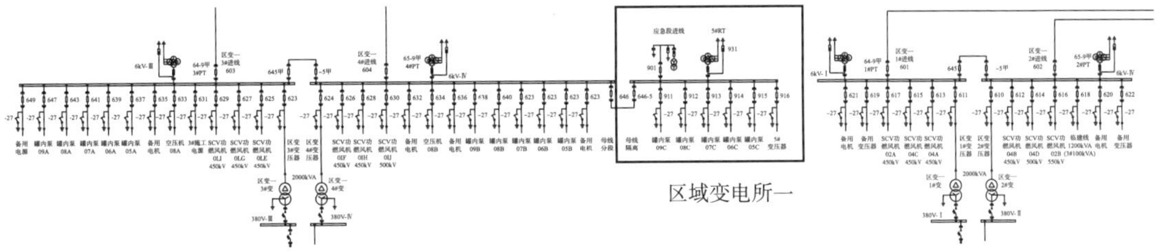

图3－3－15　区域变电所一6kV一次系统图

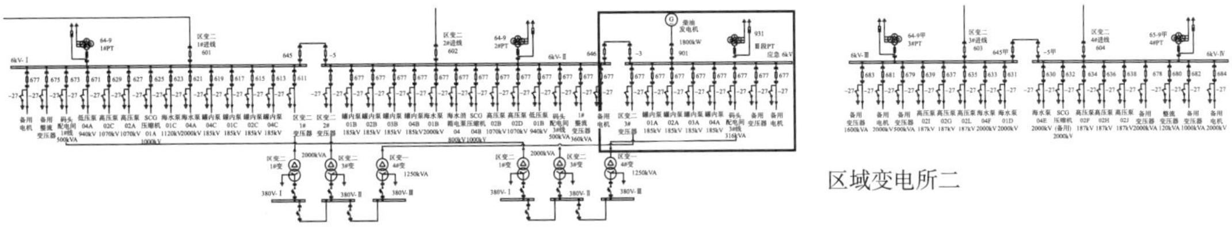

图3－3－16　区域变电所二6kV一次系统图

三、全站应急负荷情况

确保全站失电状态下船舶紧急离泊、工艺切换保冷循环稳态和操作可视化监控三大功能。自备应急电源满足国家电监会《关于加强重要电力用户供电电源及自备应急电源配置监督管理的意见》中“自备应急电源配置容量标准应达到保安负荷的120%”要求，整体应急电气系统可以充分保证在外部电源全停情况下的全站生产需要。应急负荷见表3－3－2。

表3－3－2　应急负荷表

序号	负荷名称	功率/kW	应急段位置	备注
1	罐内泵01A、02A、03A、04A	185	区变二	
2	火炬电加热器	560	区变二	
3	机柜二 UPS	48	区变二	
4	区变二 UPS	8	区变二	
5	区变二 EPS	8	区变二	
6	应急发电机组柴油泵	2.2	区变二	
7	一码头快速脱缆钩电机	110	区变二	
8	一码头卸料臂电机	7.5	区变二	
9	一码头登船梯电机	15	区变二	
10	一码头 UPS	32	区变二	
11	一码头 EPS	15	区变二	
12	二码头快速脱缆钩电机	150	区变二	
13	二码头卸料臂电机	15	区变二	
14	二码头登船梯电机	15	区变二	
15	二码头 UPS	32	区变二	
16	二码头 EPS	15	区变二	
17	区变一 UPS	8	区变二	
18	机柜一 UPS	15	区变二	

续表

序号	负荷名称	功率/kW	应急段位置	备注
19	区变一 EPS	40	区变二	
20	槽车 UPS	10	区变二	
21	中控 UPS	50	区变二	
22	中控 EPS	80	区变二	
23	综合楼通信 UPS	60	区变二	
24	总变 UPS	24	区变二	
25	总变 EPS	15	区变二	
	合计	1519.7		
1	罐内泵 05C、06C、07C、08C、09C	300	区变一	
2	机柜三 UPS	72	区变一	
3	应急发电机组低压电源	1.5	区变一	
4	合计	373.5		

天津 LNG 接收站应急系统组成：区域变电所一、二内各设置一套应急柴油发电机，功率为 1800kW，电压为 6.3kV，建立 6kV 应急母线段，保证储运工艺冷循环及火炬紧急放空要求；设置 8 套 EPS 电源，保证接收站内应急照明需求；设置 23 套 UPS 电源，保证仪表 DCS 系统供电要求，控制系统供电也均由 UPS 提供；5 套直流系统电源，保证变电站的正常操作。该系统保证了在遭遇两路市电长时间同时停电的情况下该区域仪表控制系统能正常工作。

第四节　接地系统

接收站电气接地系统包括电气工作接地系统、电气设备保护接地系统、工艺设备管道静电接地系统、仪表接地系统及防雷保护接地系统，接地方式均采用 TN－S 接地系统。

防雷接地和防静电及保护接地、工作接地共用一个接地网，接地网由人工接地体和自然接地体组成，主管架钢柱及其横梁作为自然接地体接入接地网，接地极为 3m 长铜包钢棒，接地干线、支线分别为 $95mm^2$ 和 $50mm^2$PVC 绝缘铜绞线，地下接地线埋深为 0.8m，区域变机柜室接地线埋深 1m。每个设备/单体接地系统在满足自身的接地要求后与共用接地网连接，其接地电阻不大于 4Ω。

接收站防雷保护系统由避雷针(带)引下线、接地极测试井、接地端子和接地极组成，防雷保护接地系统电阻不大于 10Ω。在储罐罐顶使用 25mm×4mm(宽度×厚度)的镀锌扁铁形成避雷带网格，在建筑物屋顶设置避雷针。变电所 110kV 母线的 2 个 PT 分别装有避雷器，4 台主变高压侧及 6kV 变配电所在每组高压开关柜上均装设避雷器。0.4kV 母线上装设有浪涌保护器，以防止雷电电磁脉冲对电子设备的损害，对微机系统、通信系统等电子设备采用均压、屏蔽、等电位连接、合理布线并加装浪涌保护器措施。

分散型过程控制系统(DCS)及计算机系统设单独接地系统，其接地电阻均不大于 1Ω；仪表设备保护接地与电气接地系统共用，接地电阻不大于 4Ω；电缆屏蔽接地的接地电阻不大于 10Ω。

第四章 自控系统

第一节 DCS

一、DCS 概述

分散控制系统(Distributed Control System，简称 DCS)，又称为集散控制系统，是集计算机技术、控制技术、网络通信技术和显示技术等为一体的综合性高技术产品。DCS 通过操作站对整个工艺过程进行集中监视、操作和管理，通过控制站对工艺过程各部分进行自动控制。

DCS 是 LNG 接收站的过程控制系统中的核心系统，它采用安全可靠、技术先进并具有成熟使用经验的产品。DCS 可提供生产过程的检测、调节、显示、报警、报表打印、历史数据的记录等多重功能，同时也兼备完成顺序控制和工艺联锁等功能。操作人员均可通过可操作界面对装置的工艺过程进行监视、操作。DCS 一般采用冗余容错技术与自诊断技术，其中央处理器卡、通信卡、电源卡、接口卡、供电单元及可实现控制、联锁和计算等功能用的 I/O 卡件均为冗余配置。

LNG 接收站的主要工艺装置、公用工程及辅助设施的控制系统均采用 DCS，主要过程参数均进入 DCS 进行检测、调节、记录、显示、报警及操作管理，主要机泵的运行状态也送入 DCS 进行显示，由 DCS 完成生产装置的实时监控，并为全厂计算机信息管理和生产调度提供基础数据。除 DCS 外，还设有安全仪表系统(SIS)、可燃和有毒气体检测系统(GDS)，其他控制系统均与 DCS 进行通信，将主要的信号传送到 DCS 中，通信采用 RS485 接口，Modbus - RTU 协议。与过程控制、安全联锁等相关的重要信号通过硬线接入 DCS。控制系统的操作站及其附属设备集中设置在中心控制室(CCR)，其控制站及附属设备分别设置在各装置或单元的现场机柜室(FAR)，CCR 和 FAR 的各控制系统设备通过冗余单模光缆连接。

二、DCS 结构

以中国石化天津 LNG 接收站为例，DCS 系统采用了横河公司的 CENTUM VP 集散控制系统。CENTUM VP 系统的操作站和控制器之间采用点对点(Peer to Peer)对等通信方式。控制器和操作站相互独立，控制功能全部在控制站中，操作站仅完成操作和监视功能以及历史数据存储。每个操作站有自己独立的数据库，操作站间数据库相互可以备份，任何一台操作站或工程师站的故障都不影响其他操作站或工程师站的正常工作。系统的历史数据直接取自各现场控制站(FCS)，且各操作站可共享此数据并进行存储，非服务器结构的历史数据存储功能可避免因历史服务器故障所造成的数据丢失。

DCS 涉及操作人员的操作主要为操作站(HIS)的操作和使用，由于本项目配置操作键盘，所有操作可以通过鼠标和操作键盘实现，针对目前情况可从操作站界面显示操作、报警处理和调用、趋势图、操作键盘使用四个方面进行讲解。

DCS/SIS 系统网络架构如图 3-4-1 所示。

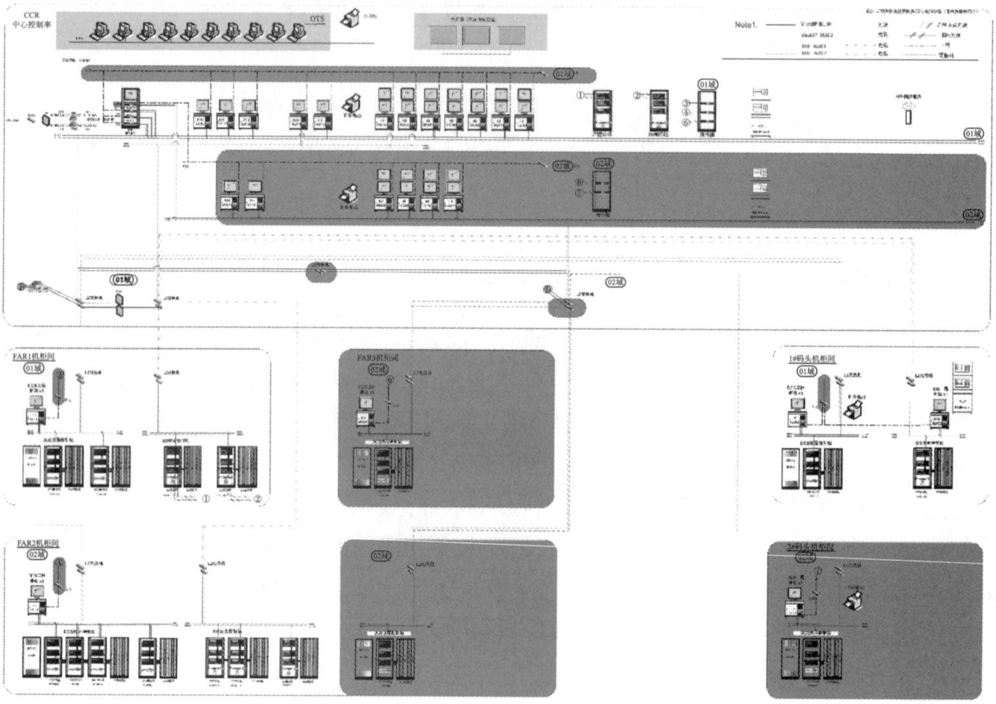

图 3-4-1　DCS/SIS 系统网络架构图

DCS 的通信方式一般通过控制网络无缝集成在一起，直接收集生产过程数据，并进行控制运算和控制输出，实现生产过程的自动化。

在横河 DCS 中，主要的硬件如下：

(1) 现场控制站：用于处理来自现场的过程信号，并进行自动控制运算和控制输出；安装于 FRR/LCR 的系统机柜内。

(2) 人机接口站：用于操作员对整体装置的生产过程数据进行监视和操作。

(3) 工程师站：用于 DCS/SIS 工程软件组态、维护。

(4) 网络交换机：用于控制网络和信息网络的链接。

(5) 打印机：用于报表、报警的打印。

(6) 系统机柜和辅助柜：用于现场信号到现场控制站的转换和联接。

三、DCS 功能介绍

(一) 软件界面

系统信息窗口是向操作员显示工厂内所发生报警的窗口。系统信息窗口总是显示在屏幕顶端，直观地表示报警发生的状态。当报警发生时，可以迅速地进行报警确认。系统信息窗口从不会隐藏在其他窗口后，使用户即使在进行窗口常规应用时也不会错过任何一个过程或系统报警。如图 3-4-2 所示。

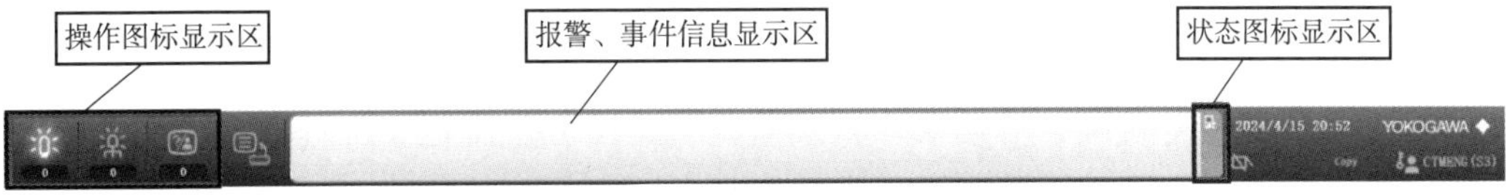

图 3-4-2　DCS 窗口顶端示意图

系统信息窗口从左到右：

——过程报警(Process Alarm)：过程报警时，该钮闪亮，点击出现报警信息的窗口。

——系统报警(System Alarm)：系统报警时，该钮闪亮，点击弹出系统报警信息窗口。

——操作员指导信息(Operator Guide Message)：有操作员指导信息时，该钮闪亮，点击弹出指导信息窗口。

——信息监视窗口，该钮闪亮，点击弹出信息监视窗口。

——虚拟测试功能在该 HIS 上运行。

——I/O 分离状态下的目标测试。

——等值化请求。

——HIS 隔离状态。

——消音。

——拷贝。

——登录用户切换。

(二)浏览器栏

浏览器栏显示在屏幕的左边或右边，作为平台，其作用是调用各种操作和监视窗口。能帮助用户通过显示操作监视窗口和工厂组织的树形结构对系统有个总体了解。如图 3-4-3 所示。

 1——导航菜单(Overview)：

浏览；

设备分级；

趋势；

我的收藏。

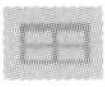 2——预设菜单(Preset Menu)。

 3——工具按钮(Tool Button)。

 4——名称输入(Name Input)。

 5——历史记录(Window History)。

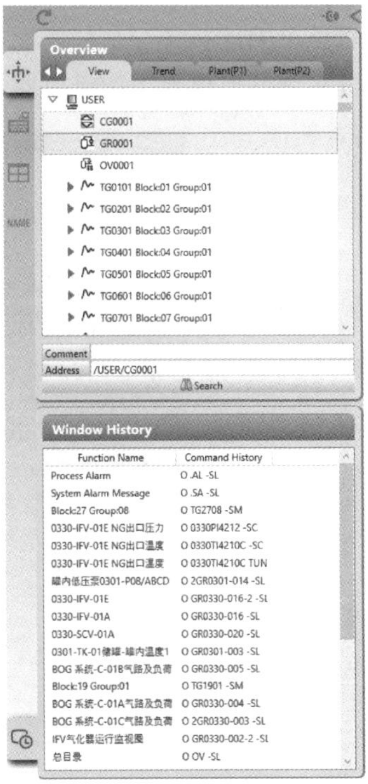

图 3-4-3　DCS 浏览器栏示意图

(二)监控画面

流程图窗口由用户定义，显示工艺流程及逻辑联锁过程。流程图中可显示动态数据、活动液面、报警色变等情况，可使用户直接监视、操作工艺流程和工程数据。流程图窗口的色标由工艺情况及物料的颜色而定。如图 3 -4 -4 所示。

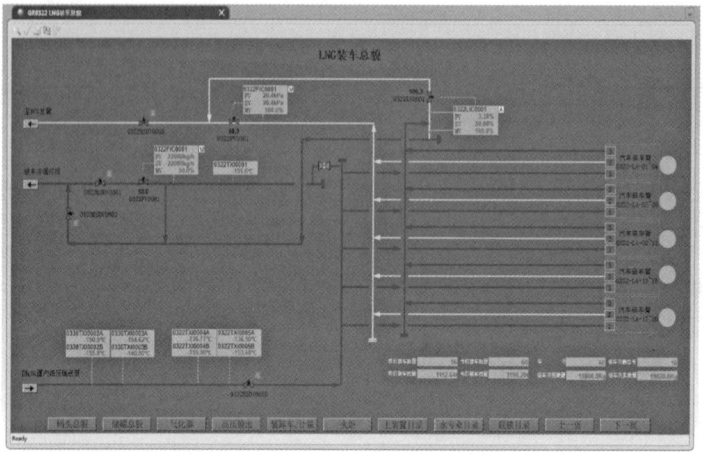

图 3 -4 -4　DCS 监控画面示意图

控制分组窗口可根据工艺装置及控制关系进行分配，最多可同时显示 8 块标准尺寸的仪表面板(图 3 -4 -5)，可操作仪表的回路状态、设定值、输出值，可确认报警，每一个面板可单独地打开一个仪表面板窗口，进入其调整画面，修改其他参数。控制窗口还可灵活登录为其他仪表工位进行监视，但这个变动不会改动软件原分配。

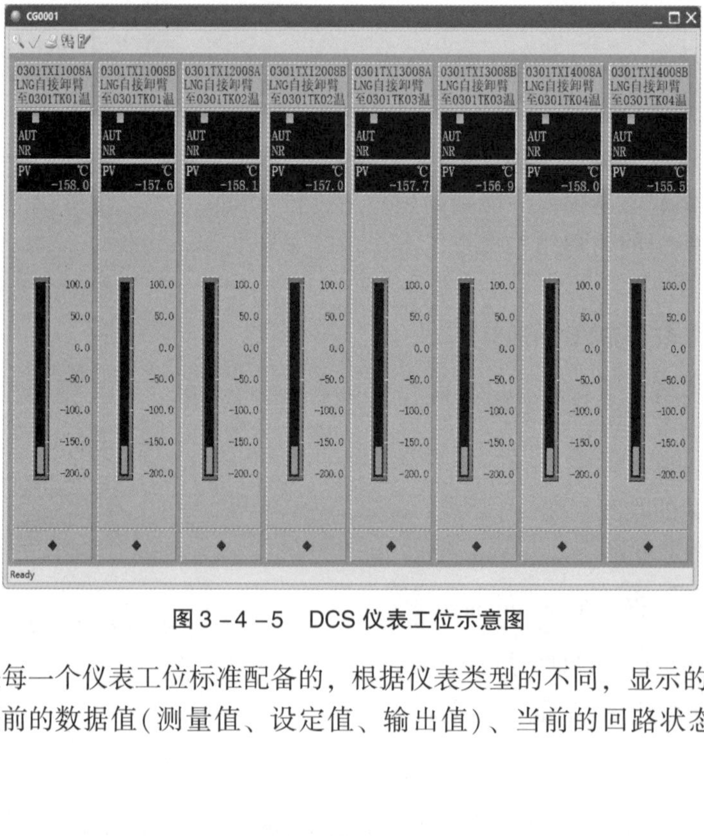

图 3 -4 -5　DCS 仪表工位示意图

调整窗口是每一个仪表工位标准配备的，根据仪表类型的不同，显示的参数内容不同。标准参数有：当前的数据值(测量值、设定值、输出值)、当前的回路状态(手动、自动、串级)、报警的限定值、进入窗口时开始记录的实时趋势(关闭窗口后停止)，如果是调节器，还有 PID 参数等。“:”状态表示当前安全级别下的数据不能修改，“ = ”状态表示当前安全级别下的数据能修改。如图 3 –4 –6 所示。

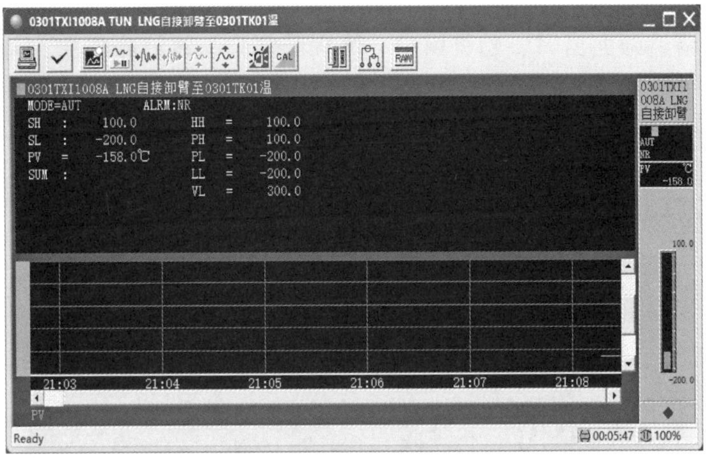

图 3 –4 –6 DCS 仪表工位参数窗口示意图

趋势窗口可根据工艺装置及控制关系进行分配，最多可同时显示 8 块仪表的记录曲线，有关趋势数据的说明如下：

(1)应用数据：PV、SV、MV。

(2)数据采样周期：1s 或 10s；1min、2min、5min 或 10min。

(3)记录时间：48min、8h；2d、4d、10d 或 20d。

(4)最大数据点数：1024 点；当采用 1s 或 10s 采样时为 256 点。

(5)采样数据数：2880 采样点。

8 条曲线分别以 8 种不同颜色表示 8 块仪表，每个仪表的量程标注在趋势显示区的上方。如图 3 –4 –7 所示。

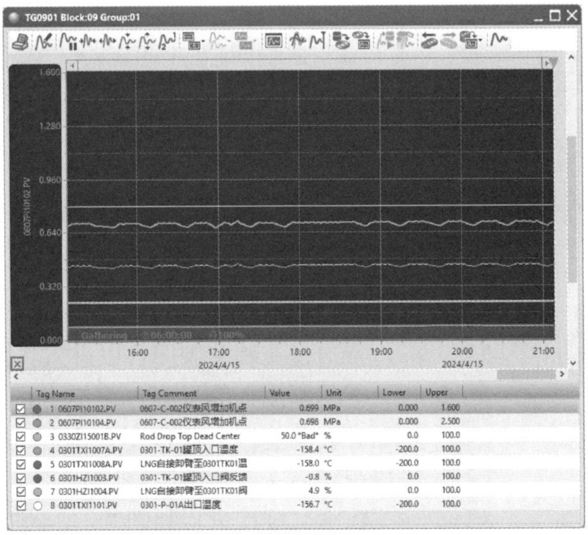

图 3 –4 –7 DCS 趋势显示示意图

(四)操作员键盘

如图3－4－8所示，操作员键盘分为四部分：

(1)功能键区：有64个一触式功能键，可以切换到相应的画面。

(2)窗口调出键区：有系统维护窗口、硬拷贝键、过程报警窗口、操作指导信息窗口、控制分组窗口、调整画面窗口、趋势窗口、流程图窗口、过程报告书窗口、导航器窗口、向前翻页、向上寻根、向后翻页、总貌窗口等。

(3)操作键区：有仪表回路切换键、操作确认键、光标移动键、报警确认键、报警消声键。

(4)数字及字符键区。

图3－4－8　操作员键盘实物图

(五)组态画面的调出

1. 从浏览器栏调出

(1)点击浏览器栏 NAME 按钮，出现name input名称输入工具箱。

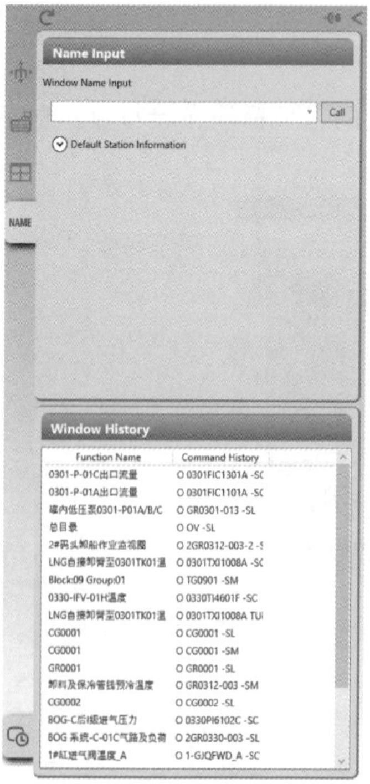

图3－4－9　DCS常规搜索栏示意图

(2)窗口输入区：工位名、用户定义界面名、系统界面名称。

(3)点击[Call]按钮。

如果该界面以前被调用过，可以从下拉菜单中选择。

2. 从操作键盘调出

(1)在操作键盘上点击 NAME 按钮，以便显示名称输入工具箱。

(2)在输入区输入：工位名、用户定义界面名、系统界面名称。

(3)点击[Call]按钮。

说明：①流程图、控制分组、仪表面板都可以通过上述方法调出；

②通过流程总貌图可以进入各区域的总貌；

③每幅流程图界面都配有各区域总貌链接、翻页和返回总貌功能，在流程图中也可按流程上的按钮进入相应流程界面。

DCS常规搜索栏如图3－4－9所示。

(六)仪表显示面板

1. 调出仪表面板

方法一：如果记得仪表的工位号，可以通过名称输入工具箱调出。

方法二：在仪表所属的流程图上，双击仪表的位号，可以调出仪表操作面板。

2. 数据输入

如图 3－4－10 所示。

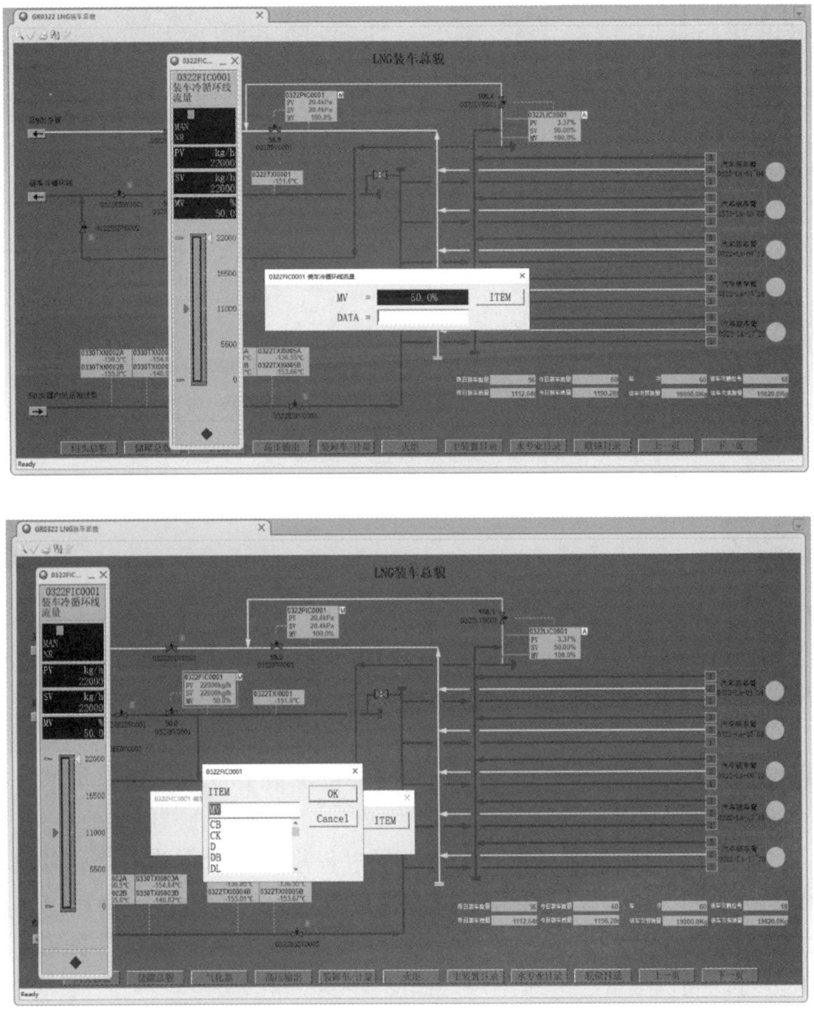

图 3－4－10　DCS 操作数据输入界面示意图

3. 改变操作模式

(1)在仪表面板上点击仪表模式显示区(在这个区域中显示了 AUT 或 MAN 操作模式)。

(2)弹出仪表模式改变对话框。

(3)在仪表模式改变对话框中点击手动(MAN)、自动(AUT)或串级(CAS)按钮，完成所需的模式切换(图 3－4－11)。在手动、自动切换操作中，应与常规仪表操作相似，测定值与给定值相一致，避免阀位大幅波动。

(4)确认弹出“确认”对话框。

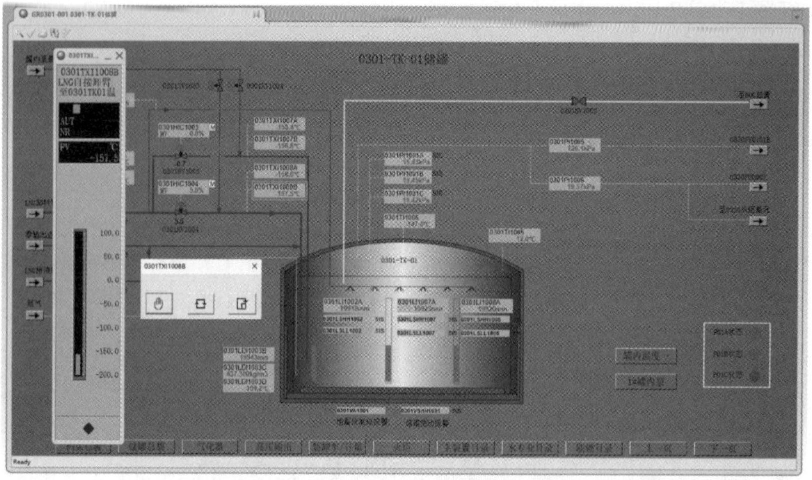

图 3-4-11　DCS 仪表手自动模式切换操作示意图

(七)报警处理

1. 报警信息

报警分为系统报警和过程报警两类。如图 3-4-12 所示。

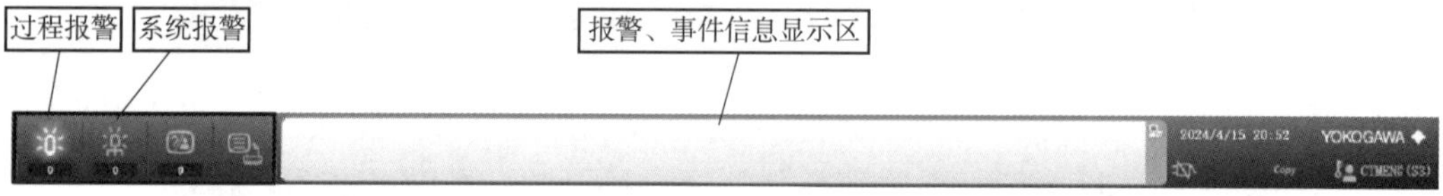

图 3-4-12　DCS 界面顶端报警区域示意图

报警发生的状态是通过操作按钮的颜色，闪烁和信息显示表示的。在最近的过程报警和系统报警中，显示三个未被确认的报警信息。当一个报警发生时，相应的操作按钮就会闪烁，并报以轰鸣声。

系统报警窗口：整个系统时时受到监控，如果系统报警发生，报警类型、时间等信息将显示在这个窗口中。

如图 3-4-13 所示，过程报警窗口中最新的过程报警显示在第一行，并且显示报警发生的时间、类别报警的工位、工位注释、报警状态等信息，双击某一条信息，可调出相应的仪表面板，使操作人员紧急处理。在二级窗口中，可以选择报警的控制站甚至其中一个工位，操作人员可以确认报警，并且消声。如图 3-4-14 所示。

报警类型：

- IOP：输入开路
- OOP：输出开路
- HH(HI)：高高限(高限)报警
- LL(LO)：低低限(低限)报警
- DV+：正偏差报警
- DV-：负偏差报警
- VEL+：正变化率报警
- VEL-：负变化率报警

2. 报警信息处理

报警处理从“系统信息窗口上”确认。当产生一个过程报警、系统报警或操作员提示信息时，系统会报警，同时系统信息窗口上相应的按钮会亮。

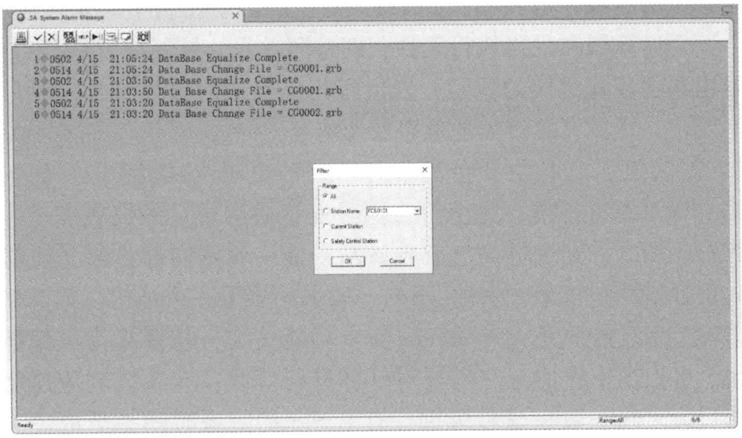

图 3-4-13 DCS 报警信息调取示意图

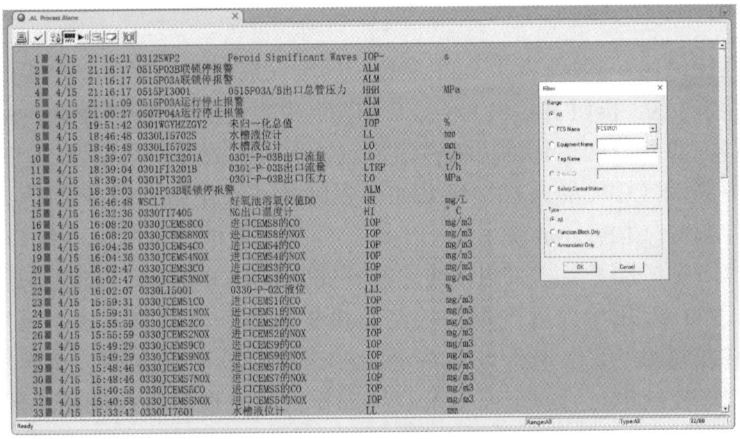

图 3-4-14 DCS 报警信息示意图

(1)当听到报警声，查看系统信息窗口上的按钮，确定报警类型。

(2)点击系统信息窗口上在闪亮的按钮。

(3)会弹出相应的信息窗口。

(4)点击“确认”(√)按钮。确认所有的信息或选择窗口中信息，再点击“确认”(√)按钮，逐个确认。

(5)在组(Group)确认模式下，所有未被确认信息都被确认。在单个确认模式下，所选择的信息都确认。

第二节 SIS

一、SIS 概述

SIS 全称为安全仪表系统(Safety Instrumented System)，又称为安全联锁系统(Safety Interlocking System)。它是 LNG 接收站控制系统中的报警和联锁部分，对控制系统中检测的结果实施报警动作或调节或停机控制，是 LNG 接收站自动控制中的重要组成部分。SIS 主要包括传感器、逻辑运算器和最终执行元件，即检测单元、控制单元和执行单元。SIS 可以监测生产过程中出现的或者潜伏的危险，发出警告信息或直接执行预定程序，立即进入操作，防止事故的发生，降低事故带来的危害及影响。

SIS 的特点：①以国际电工委员会发布的《电气/电子/可编程电子安全系统的功能安全》(IEC 61508)作为其基础标准，完全符合国际安全协会规定的仪表安全标准规定和可靠性要求；②具有覆盖面广、安全性高、有自诊断功能，着重内部诊断，能够检测并预防潜在的危险；③具备容错性和多重冗余性，SIS 一般采用多重冗余结构以提高系统的硬件故障裕度，一旦某单环节出现故障不会导致 SIS 安全功能丧失；④系统为可编程控制器，其应用程序容易修改，可根据实际情况和需要对软件进行修改；⑤系统响应速度快，从输入变化到输出变化的响应时间一般在毫秒级别，有的 SIS 的响应时间甚至更短；⑥可实现从传感器到执行元件所组成的整个回路的安全性设计，具有 I/O 短路、断线等监测功能。

二、SIS 的结构及通信方式

安全仪表系统(SIS)一般独立于 DCS 设置，用于完成工艺装置与安全相关的紧急停车和安全联锁保护功能。SIS 按照 IEC 61508/IEC 61511 中规定的 SIL3 级设计。SIS 采用由 IEC/TUV 安全认证的三重化或四重化的可编程序控制器，按照故障安全型设计。SIS 的硬件设施主要包括中心控制室(CCR)的人机接口站如工程师站、操作站、服务器等，数据网络交换等设备，中心控制室(CCR)还放置了用于生产急停操作盘的 SIS 控制站和 CCR 辅助操作台用于设置紧急停车按钮和开关，采用硬线连接到安装在 CCR 的 SIS 控制器或远程 I/O 卡件。现场机柜间(FAR)一般用于放置现场的控制站机柜，机柜内各自放置了系统的核心部件，包括配置了系统控制站、I/O 卡件以及浪涌、SIL3 继电器、安全栅、交换机等辅助器件，能够快速实现现场控制单元的安全停车及联锁动作，同时现场各控制站一般采用 485 通信实现与 DCS 系统等外部系统的通信；现场及中控各控制单元配置专属的站间通信，能够快速实现站间的联锁动作及中控急停操作盘的急停动作，同时通过系统的网络设备将现场的报警信息传送至中控室实现报警和实时监控。以天津 LNG 接收站二期的 SIS 系统为例，该系统使用霍尼韦尔最先进的产品 Safety Manager 系统完成对接收站的安全生产保护功能。其详细系统构成如图 3－4－15 所示。

SIS 的通信链路主要包括：机柜室的 SIS 控制器和服务器以及工程师站、操作站之间的通信，机柜室的 SIS 控制器和中控室 SIS 远程 I/O 卡件之间的通信，机柜室的 SIS 控制器和 DCS 控制器之间的通信(指第三方的 DCS)，机柜室的 SIS 控制器和 Safety Historian 之间的通信。一般 SOE 的采集可以用 PKS 的服务器，也可以用 SOE 软件，二者不可兼得。

机柜室的 SIS 控制器与 CCR 的 SIS 远程 I/O，通过交换机，再经过光纤，实现控制辅操台的按钮和报警功能。SIS 的控制器与 PKS 服务器、SIS 工程师站、操作站，通过 FTE 网进行通信，从而实现在中控室设置 SIS 总工程师站，就可以对 SIS 中所有的控制器进行组态、下装、调试、过程监控、系统诊断。

SIS 与三方系统(如 DCS)，通过 R485 通信方式进行通信，从而实现三方系统可以采集 SIS 的数据。SIS 与 Safety Historian 软件，通过以太网进行通信，从而实现 SOE 的采集。

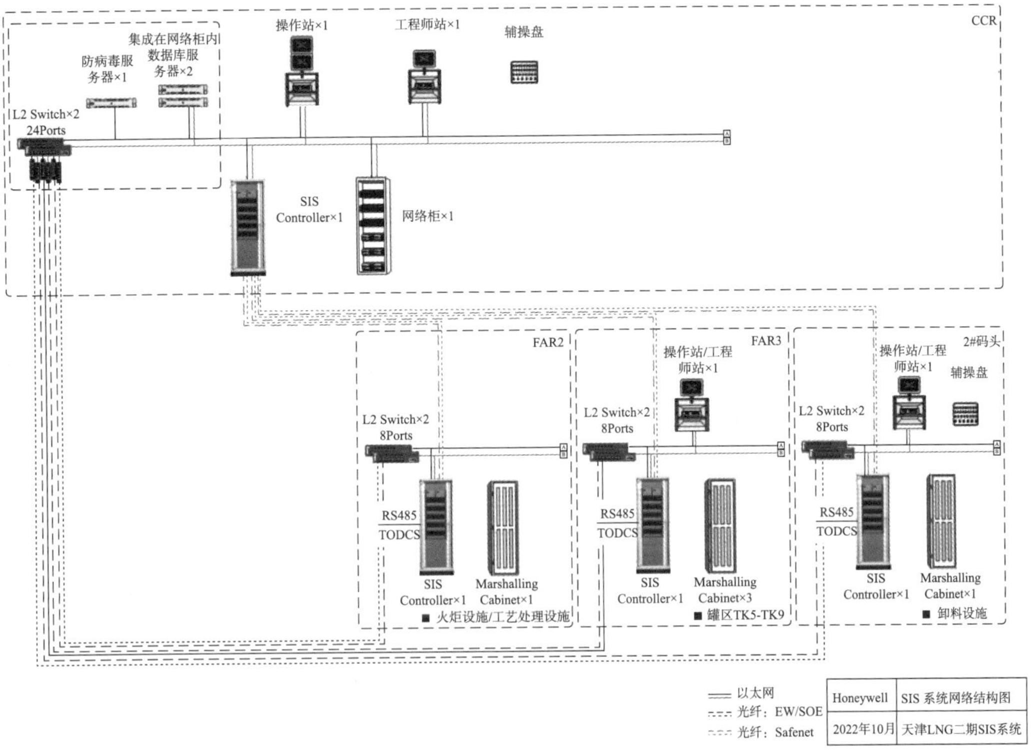

图 3-4-15　SIS 网络架构图

三、SIS 功能介绍

(一)控制器管理(Controller Management)

SIS 功能管理界面如图 3-4-16 所示。

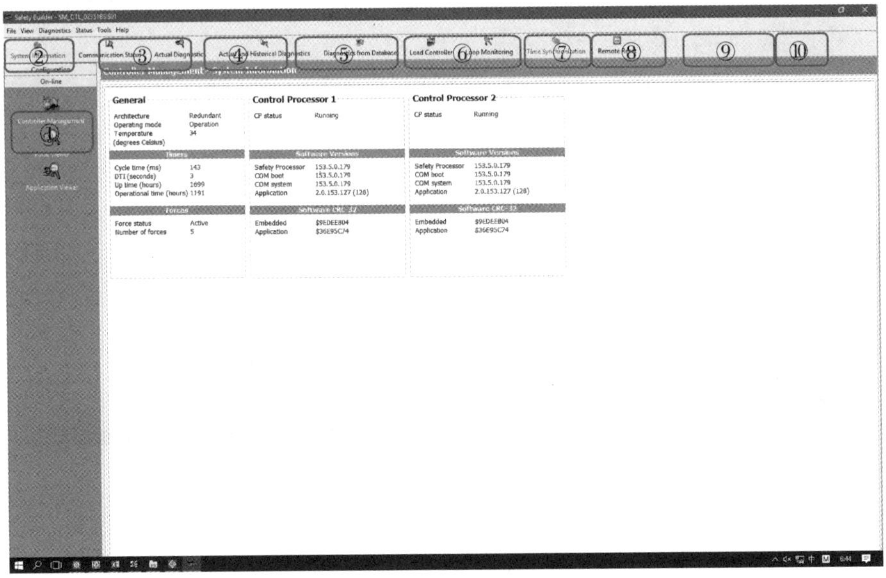

图 3-4-16　SIS 功能管理界面图

点击①Controller Management 按钮启动控制器管理，启动后 Safety Builder 将自动尝试连接 Network Configurator 中所选择了的控制器。若连接成功，即可进入系统在线环境；若连接不成功，需要进行系统应用程序下装。

②System Information：该部分显示的是控制器的相关运行信息，如果有远程 I/O 的话，还会有远程 I/O 列表，显示远程 I/O 相关运行信息。

③Communication Satus：系统通信状态监视。Communication Statistics：显示所有 USI 的所有通道的通信状态，通常情况下测试结果为“0”，表示正常。

④Actual Diagnostics：实时诊断信息。若系统无故障，则显示 No Faults Detected。若诊断出系统故障，将以列表显示。

⑤Actual and Historical Diagnostics：实时和历史的诊断信息。最上面显示的是实时信息，依次向下显示历史信息。每旋转一次 Reset 开关，实时诊断就会自动转换到历史诊断存储。

⑥Diagnostics from Database：每次点击 Actual Diagnostics，或者 Actual and Historical Diagnostics 后，所有的诊断信息将被转移储存到 Safety Sation 的硬盘中。

⑦Load Controller：下装控制器。用于组态程序的下装。

⑧Loop Monitoring：Safety Manager 的某些类型的 I/O 卡件带有检测回路故障的能力。点击该按钮可以查看故障回路。

⑨Time Synchronization：时钟同步。

⑩Remote Reset：在控制器组态时选择了远程复位功能，该按钮才可以在线使用，功能与 BKM 上的 Reset 钥匙开关一样。

(二)点监测(Point Viewer)

可以通过点击 View Screens、View All Forces、Clear All Forces 等按钮，进行相应监测、赋值、强制等操作。SIS 系统点监控如图 3-4-17 所示。

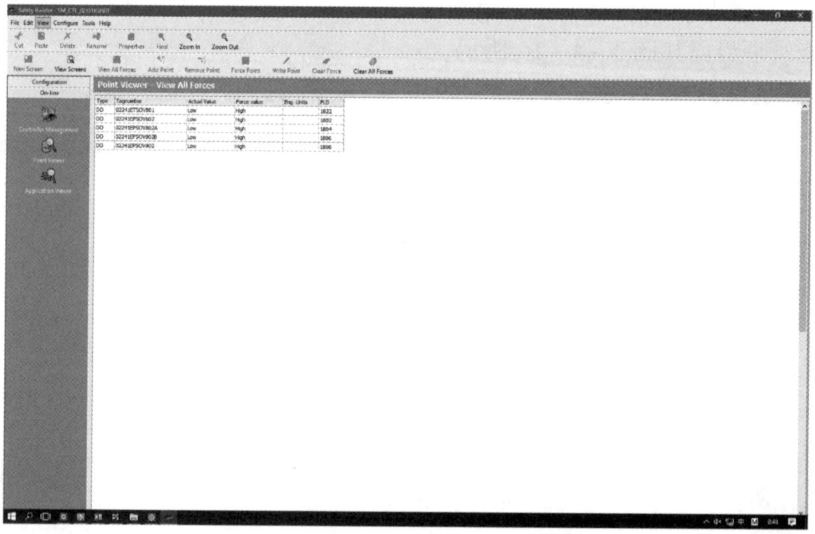

图 3-4-17 SIS 系统点监控示意图

(三)应用程序在线查看(Application Viewer)

SIS 系统逻辑显示如图 3-4-18 所示。

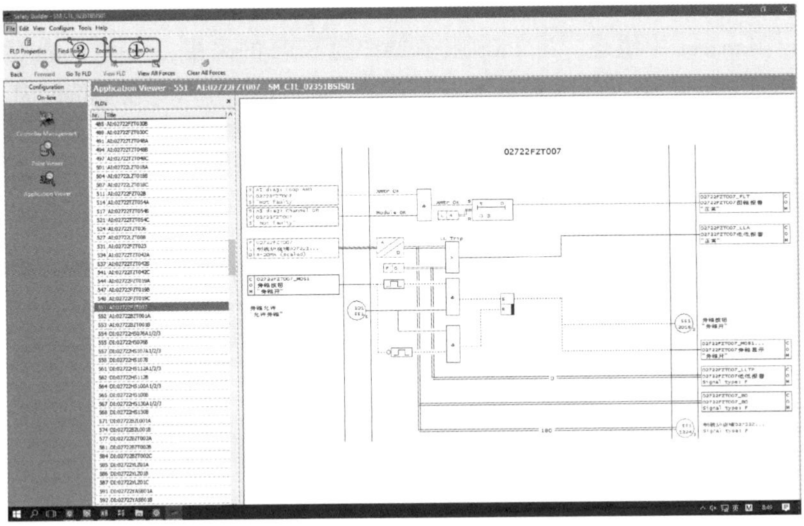

图 3-4-18　SIS 系统逻辑显示图

①View FLD：在线监测和浏览 FLD。在线 FLD 中，红色符号表示与安全相关；单线表示数字量；实线表示逻辑状态为“1”；虚线表示逻辑状态为“0”；双线表示数值量；逻辑值会显示在双实线上。

②点击 Find Point→选择 Point Type，可以在 Tag number 里搜索位号，直接跳转到该位号所在的 FLD。

另外，可以通过传输球跳转到链接的 FLD，还可以右击 FLD 中开关量的点，对该点进行强制，“Low”表示把该点强制为“0”，“High”表示把该点强制为“1”，“Clear”表示取消该点的强制。右击 FLD 中模拟量的点，“Write”对该点进行赋值。

(四)程序备份

系统工程师可以通过在工程师站的软件操作系统进行系统程序项目(图 3-4-19)的备份操作，以免出现问题或故障时数据丢失，也为后期的数据恢复提供保障。

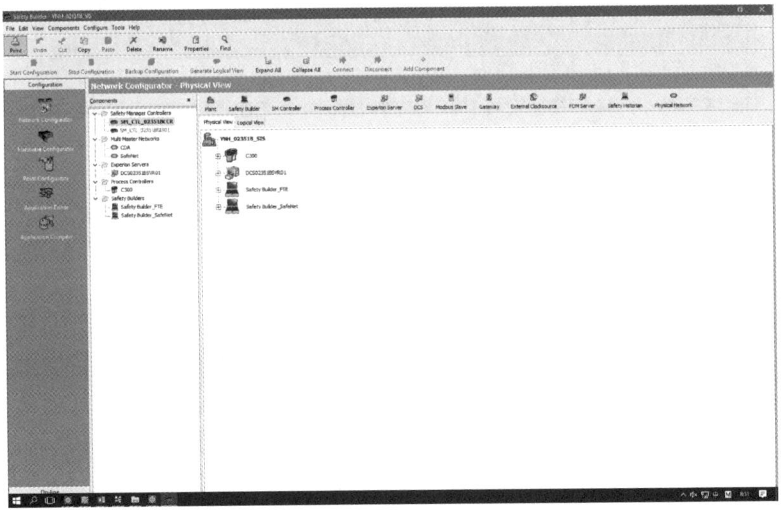

图 3-4-19　SIS 系统程序项目显示图

(五)SOE 采集功能

当 Saferty Manager 中组态，将 PKS 服务器作为 SOE 的采集，同时 Point 的组态，以及 Quick Builder 的组态设置为可以采集 SOE，则在 Station 中可以查看 Safety Manger 的 SOE 信息。

进入 Station 界面，点击 View→Events→SOE Summary。通过查看 SOE Summary，可以得知点的动作信息。如图 3－4－20 所示。

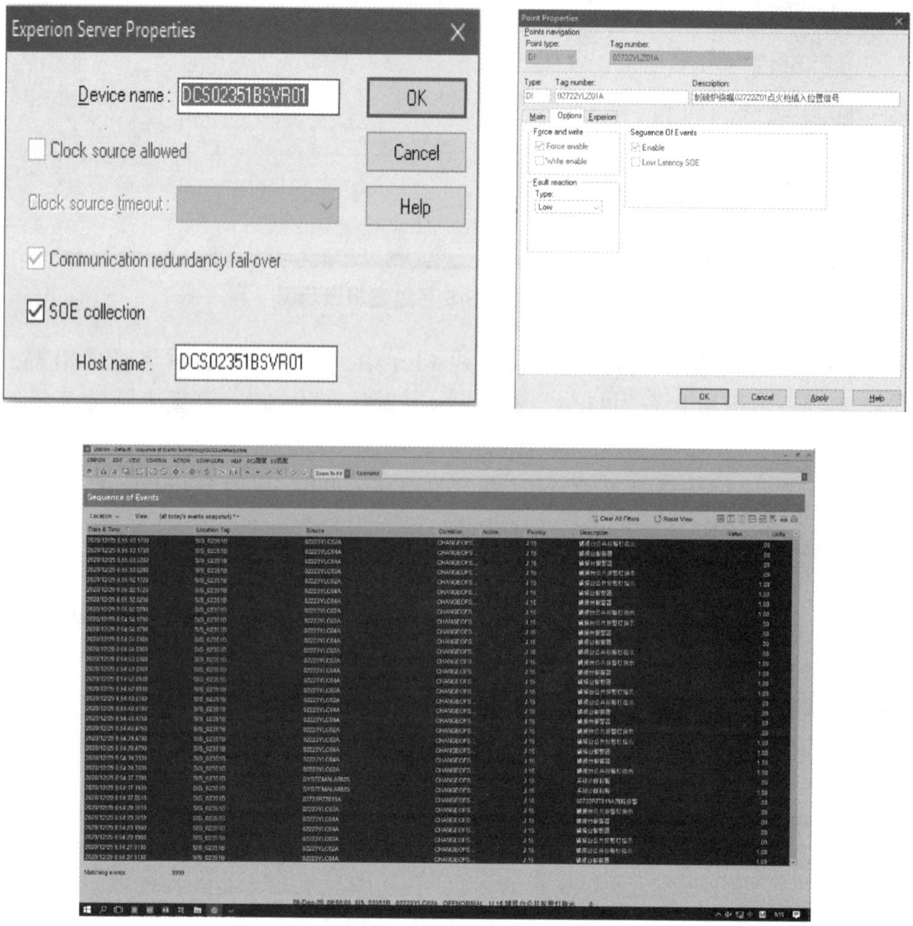

图 3－4－20　SIS 系统 SOE 示意图

(六)趋势采集功能

进入 Station 界面，点击 View→Trends，进入如图 3－4－21 所示的趋势组界面。双击 Title，可以进入每一个趋势组中进行组态。如图 3－4－22 所示。

①数字 5 表示该点所在的趋势组为第 5 组。

②从左到右依次为：Save(保存)，Select View(选择不同的显示界面)，Show Legend(显示图例)，Configure Trend(组态趋势)。

③可以得知该趋势在趋势组的第几位，表示颜色、参数、描述、实时值等信息。只有当参数加入历史采集，才能查看历史数据。

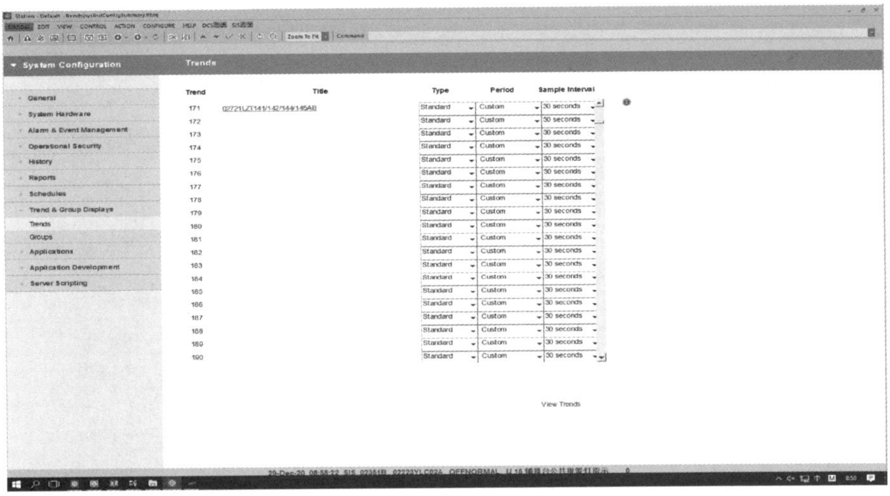

图 3-4-21　SIS 系统趋势设置示意图

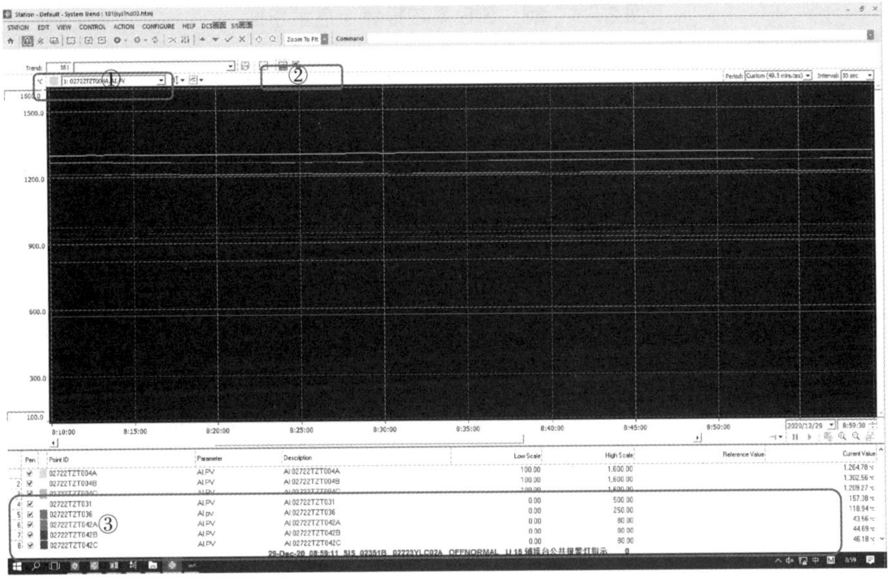

图 3-4-22　SIS 系统趋势图

(七)报警采集功能

PKS 系统提供了丰富的报警/事件监测和管理功能。通过 Station 的报警状态栏可以方便地监视当前系统的报警和系统状态。红色的“Alarm”闪烁表示存在过程报警，青蓝色的“System”闪烁表示存在系统报警/事件，青绿色的“Message”闪烁表示有消息产生。通过点击 Alert 即可进入报警汇总界面/系统状态显示界面或者消息窗口。

报警窗口中显示报警数据库中的报警信息，操作人员通过浏览可据此确认采取下一步的操作。此外，操作人员还可对报警信息进行筛选分类、过滤和定制查询，甚至可细化到查找单独某个点的报警记录信息，极大地方便了操作人员对报警信息的查找。

报警和消息是由非正常的条件所引起的，如温度超限。当出现报警时系统将通过报警区状态栏的报警域提示用户，并且提供了报警综合界面用于处理报警(图 3-4-23)。

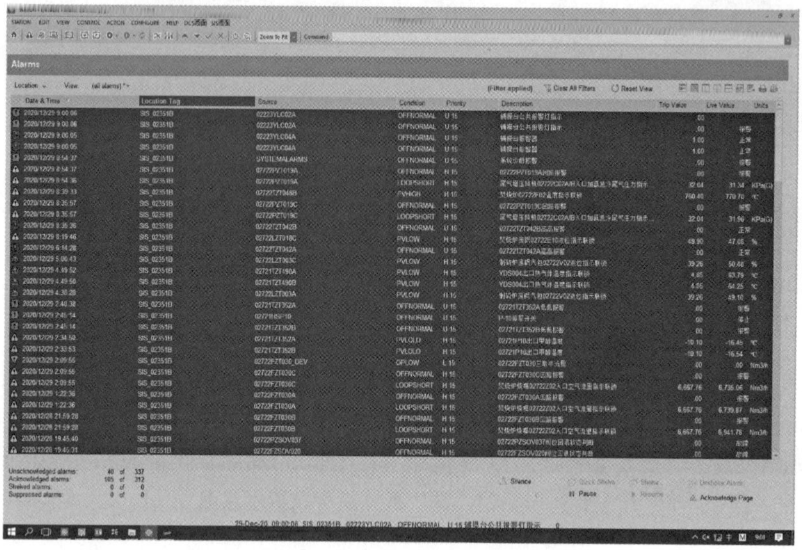

图 3-4-23　SIS 系统报警信息示意图

第三节　FCS 和 GDS

一、FCS 和 GDS 概述

FCS(Fire Contrel System)是火灾报警系统，一般由火灾探测器、区域报警器和集中报警器组成；FCS 可同消防水系统等灭火设施和通信装置联动，以形成中心控制系统。

GDS(Gas Detection System)是气体检测报警系统，对生产、运输、储存过程中可能泄漏的可燃气体或有毒气体进行实时监测。该系统主要由气体检测器、报警控制单元和声光报警器组成，也可与自动排风、喷淋、停车等设施进行安全联锁。

FCS 和 GDS 主要特点如下：

(1)安全标准：获得了 IEC 61508 标准认证，可以同时处理安全设备安全级别 SIL1 到 SIL3 的安全要求。

(2)功能：可实现对多种可燃气体、火焰和低温介质的检测。

(3)实时状态显示：迅速显示各个探测器的状态(浓度、故障、高报、低报状态显示等)，并且这些状态都是实时更新的。

(4)分区报警：按照现场的实际情况分区显示报警状态。

(5)用户界面：操作软件采用工业标准，操作直观、简便。

(6)操作简便：可简单精确地实现可编程逻辑组态，无须烦琐操作。

(7)自动化：可自动控制消防释放及声光报警。

二、FCS 和 GDS 结构及功能

以天津 LNG 接收站的 FCS 和 GDS 为例。该系统使用了霍尼韦尔最先进的产品 Safety Manager 系统。其中，FCS 主要用于对火灾检测的监视、报警及联动等功能，GDS 用于可燃

(有毒)气体检测监视和报警等一系列功能。

GDS 主要构成：包括中控室人机接口站，如工程师站、操作站、服务器等，数据网络交换等设备，中控室还放置了用于可燃及有毒气体报警盘的 GDS 控制站。

现场主要包括 FAR1、FAR2、FAR3 和 1 号及 2 号码头控制室，各自放置了系统的核心部件，其中 FAR1、FAR2 和 1 号码头控制室配置了系统控制站、I/O 卡件以及浪涌、继电器等辅助器件，FAR3 和 2 号码头控制室配置了系统的远程 I/O 卡件以及浪涌、继电器等辅助器件，现场控制单元能够快速实现现场区域的声光报警及监控，同时通过系统的网络设备将现场的报警信息传送至中控室实现报警和实时监控；GDS 的中控控制站通过二号码头的 485 网络设备实现与 DCS 的通信。详细系统构成如图 3 -4 -24 所示。

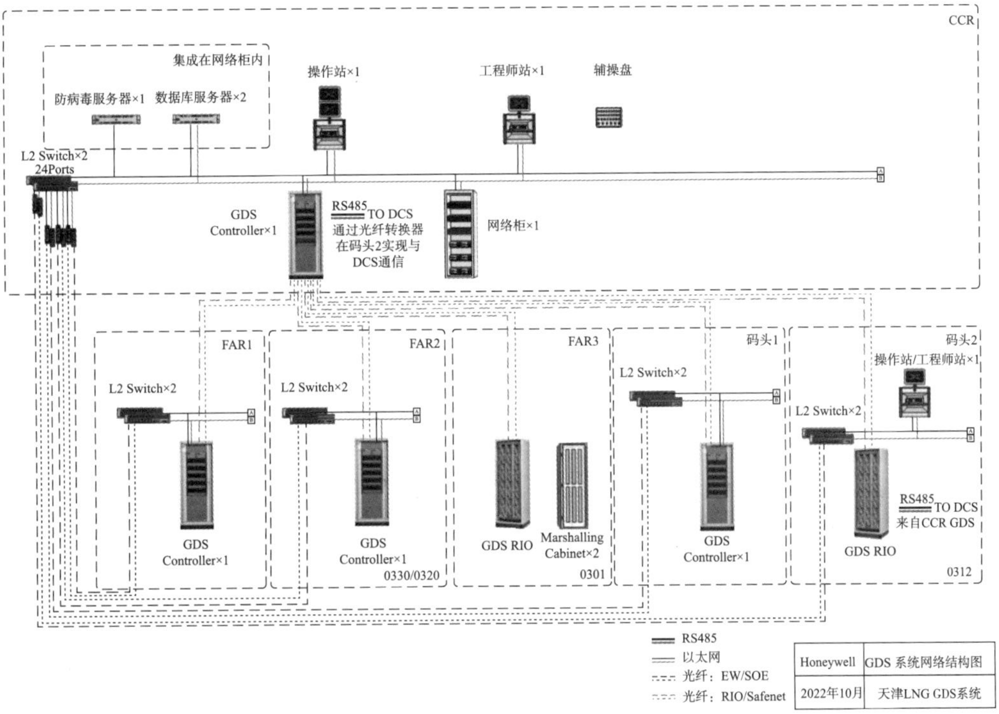

图 3 -4 -24 GDS 网络架构图

FCS 主要构成：包括中控室人机接口站，如工程师站、操作站、服务器等，数据网络交换等设备，中控室还放置了用于紧急操作盘的 FCS 控制站及远程 I/O 站。

现场主要包含 FAR1、FAR2、FAR3 和 1 号及 2 号码头控制室，各自放置了系统的核心部件，包括系统控制站、I/O 卡件以及浪涌、继电器等辅助器件，FAR3 和 2 号码头控制室系统控制站配置了远程 I/O 站放置于中控室用于操作盘的控制，FAR1、FAR2 和 1 号码头的系统控制站与中控室的系统控制站配置 Safenet 通信用于操作盘的控制，现场控制单元能够快速实现现场区域的声光报警、监控及消防联动，同时通过系统的网络设备将现场的报警信息传送至中控室实现报警和实时监控；另外 GDS 连接 FCS 的三层网络，实现了对 GDS 报警的监控。详细系统构成如图 3 -4 -25 所示。

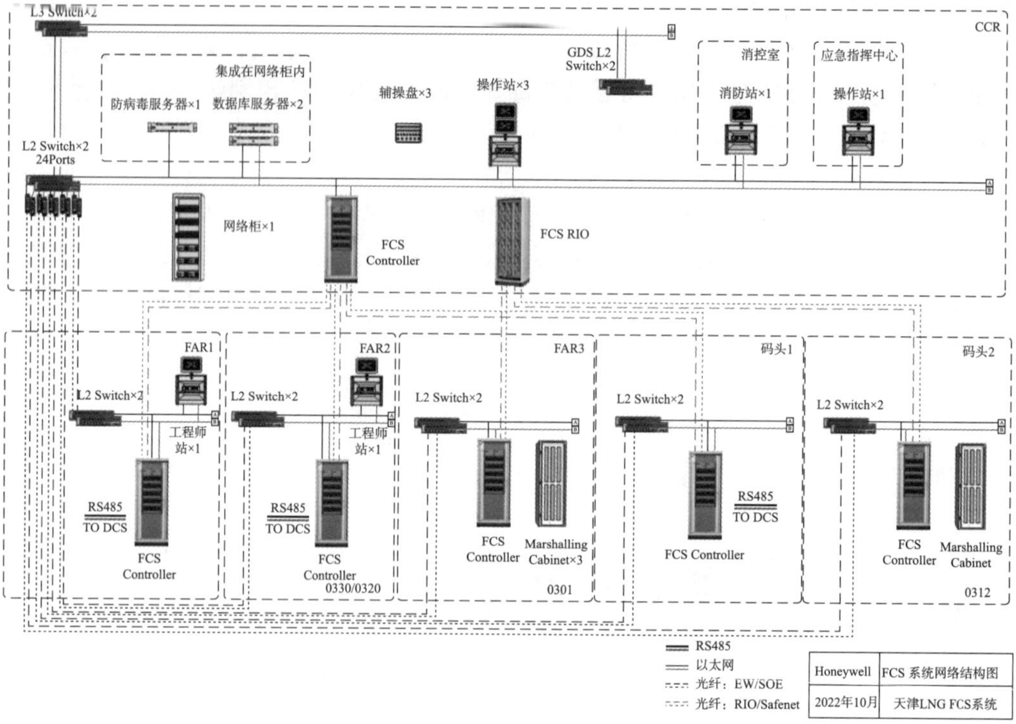

图 3-4-25　FCS 网络架构图

第四节　成套包系统

一、辅助靠泊及船岸连接系统

辅助靠泊及船岸连接系统是集成激光靠泊系统、码头系泊缆绳在线监测及远程脱放系统与智能快速脱缆钩提供船舶停泊系缆功能和船岸通信连接功能的综合性码头靠泊辅助设备。

该系统主要以激光传感器为基础，通常在船舶驶入的最后300m之间监控船舶速度距离和角度。为引航员提供靠泊数据，保障船舶安全靠泊以及码头数据存储分析等。LNG接收站码头区域设置辅助靠泊系统和相应的监控系统，其控制中心设置在码头综合用房内，包括激光辅助靠泊系统(BAS)、缆绳张力监测系统(MLMS)、环境监测系统(EMS)和船岸通信连接系统(SSL)

1. 激光辅助靠泊系统(BAS)

激光辅助靠泊系统由激光传感器、控制中心、机械翻版式大屏显示器、登船电脑、寻呼机系统和其他一些支持设备组成。该系统采用激光测速技术，用以控制LNG船舶靠岸速度和角度。在船舶停泊期间，系统还将提供船舶漂移监测及报警功能。

其主要功能为输入和编辑功能细节的船舶和选择一个船舶进港，显示船舶进港的距离、速度和角度，并可以对其进行警报。在船进港之前要先把船舶的相关信息录入该软件中(图3-4-26、图3-4-27)，它的选择在船的系统内十分重要。

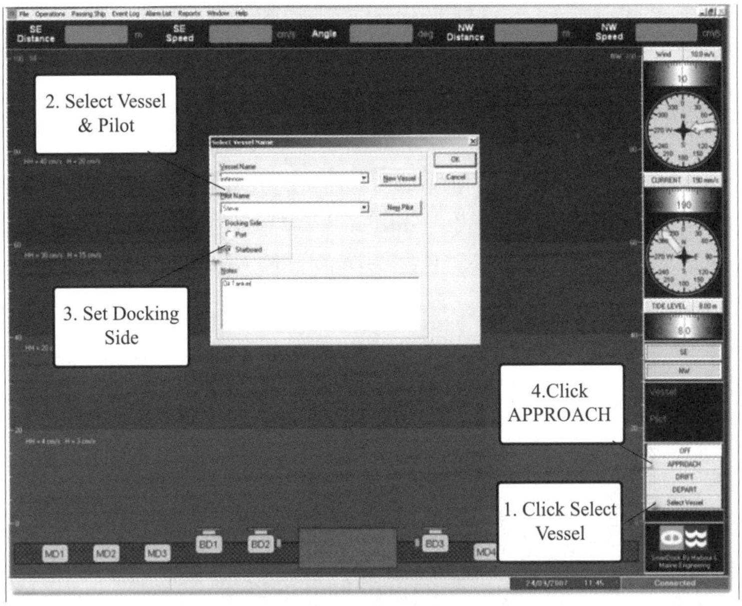

图 3-4-26 船舶信息录入

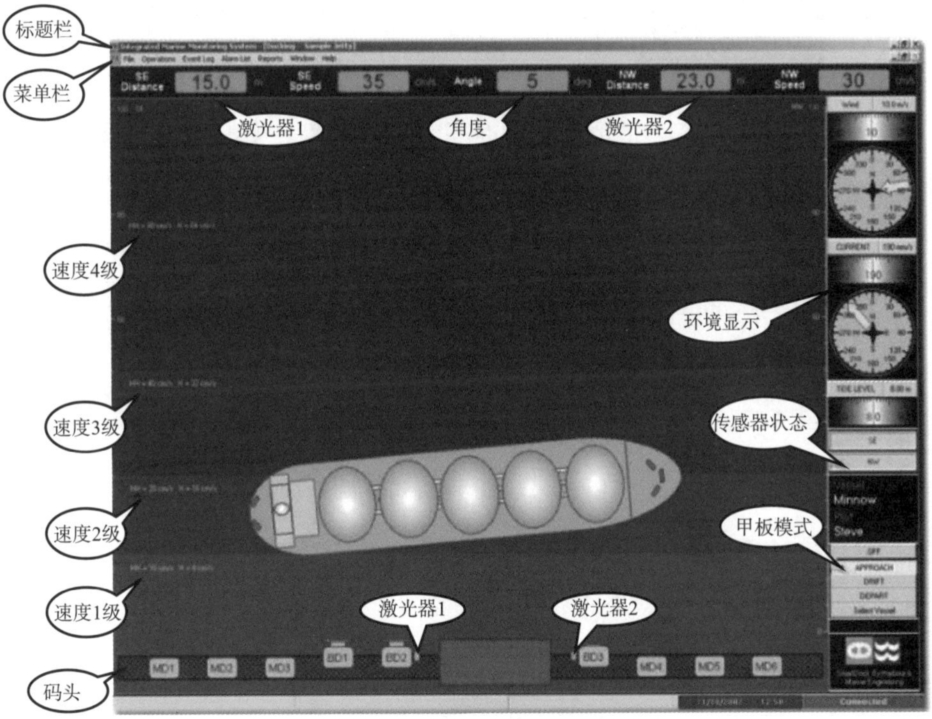

图 3-4-27 船体模式

2. 缆绳张力监测系统

缆绳张力监测系统包括缆绳监测及缆钩控制两部分。该系统主要由应力销传感器和相应的数据处理软件组成，用于对 LNG 船舶系泊时缆绳的受力状况进行实时监测，并具有缆绳张力超限报警功能。

缆绳张力监测系统可显示码头总体平面图，船舶图形和缆绳分布等参数。所有到港船舶的详细资料和相关的缆绳分布模式都以固定的文件保存在数据库中，便以日后访问及调用。停泊荷载通过柱状图显示，警报点由操作人员设定。如果接近或超过警报值，其柱状图颜色就会有相应的改变用以提示性报警。如图 3－4－28 所示。

快速脱缆钩控制系统由远程操作和现场手动操作方式组成。手动操作钩释放杆设计为可移动式，有效防止钩脱缆时发生事故。分离式手动杆必须插入承口后才能进行脱缆操作，可在无负载情况或达到全工作负载状态下安全脱放，脱放钩的手动脱放力全负载状态下小于 15kg。

绞缆机构主要由电动机、减速器、绞盘和电控箱等组成，电动机、减速机、绞盘一体化且在同一个轴线上。绞盘与快速脱缆钩固定支座连成一体。

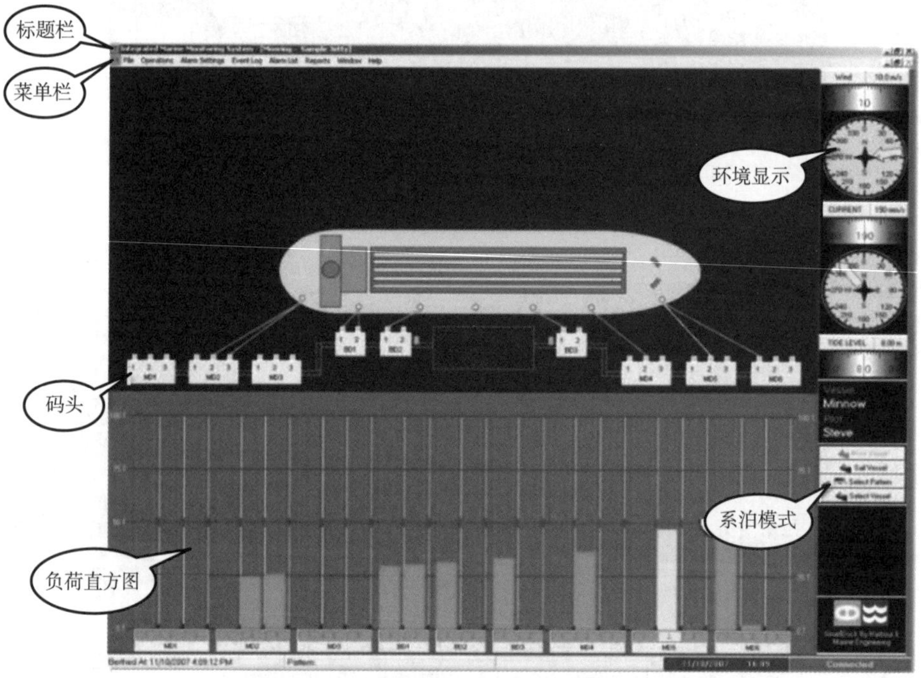

典型的MLMS窗口(带环境显示)

图 3－4－28　脱缆钩界面

快速脱缆钩控制系统的目的是便于船舶离泊时解缆，以及缆绳张力出现异常或船舶及码头发生紧急情况(如火灾等)时快速脱缆。

3. 环境监测系统(EMS)

环境监测系统主要对 LNG 船舶系泊时的风、浪、流、潮位等状况进行监测，并在码头控制室实时监测、显示和记录码头前沿波浪要素和潮位、流向及流速等基本参数和气象数据，监控室打印机可随时打印所需的波高、周期和流速、流向等水文气象要素，用于指导船舶安全靠泊和安全作业。当环境因素超过允许作业条件时，系统将立即发出报警，此时 LNG 船舶应紧急离泊。

环境监测子系统主要由一台气象站、一台能见度传感器、一台洋流和波浪潮汐传感器组成。如图 3－4－29 所示。

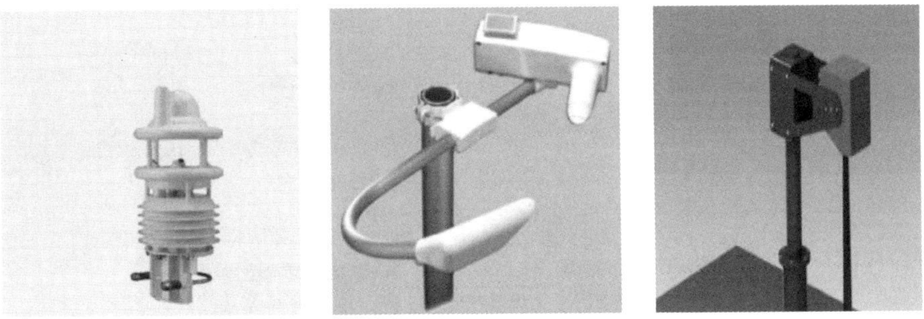

(a)气象站　(b)能见度传感器　(c)洋流和波浪潮汐传感器

图 3－4－29　环境监测子系统

气象站可以检测风速、风向、温度、湿度、大气压、降雨量。能见度传感器通过测量空气中经过采样室的离散光粒子(烟雾、尘土、阴霾、雾、降雨和降雪)的总数测量大气能见度。洋流和波浪潮汐传感器可以检测海水温度、浪高、潮汐等。

4. 船岸通信连接系统(SSL)

LNG 接收站码头配置电子式船岸专用通信连接系统，码头与 LNG 船舶通信连接系统接口位于登船梯端部。系统包括普通电话系统、热线电话、紧急停车系统三部分。其中，普通电话系统的主要功能是实现船方与岸方通信；热线电话主要用于紧急情况下的通信联系；紧急停车系统的主要作用是当船方或岸方出现故障时，保证船方、岸方设备安全，中断正常卸料作业。为了确保安全卸货，船岸通信连接系统(SSL)需要配备光纤连接系统、电缆连接系统两种船岸连接系统。通常情况下用光纤连接系统作为船岸连接系统，电缆连接作为备用。

(1)光纤船岸连接系统。

该系统包括 4 个电话数据通道、1 个船岸紧急切断信号通道、1 个船岸紧急切断信号通道、2 个备用通道。采用一根八芯的光纤接头收发所有的双向信号。

(2)电缆船岸连接系统。

电缆的船岸连接系统用于 ESD 和通信连接的需要。该系统需要危险区域使用的防爆防火花接头，防爆等级为 EExd。ESD 回路要求本质安全型防爆措施即 EExia 防爆等级。船上的电话回路不能通过 EExia 隔离栅，故由岸上提供电源，并使用 EExia 继电开关来隔离。

二、储罐 ATG 罐表系统

储罐 ATG 系统(Automatic Tank Gauging)，中文全名为自动罐表系统，该系统是以伺服液位计、雷达液位计、液位－温度－密度计(LTD)、多点实时温度计等关键仪器仪表为核心，可对储罐内介质的高度、温度、密度、气液相界面等多个参数进行实时精准测量的一体化监测控制系统，同时具备分层翻滚预测软件和储罐盘库管理等重要的辅助作用。

1. ATG 系统控制系统

ATG 系统其结构分为两部分：管理层和设备层(图 3－4－30)。管理层主要包括主数据采集器、数据服务器、LMS 上位机。设备层主要包括伺服液位计、多点平均温度计、LTD 等(图 3－4－31)。通信方式：一般在管理层各站点之间的通信使用 TCP/IP 协议，在设备层使用 Modbus RS485 协议通信。

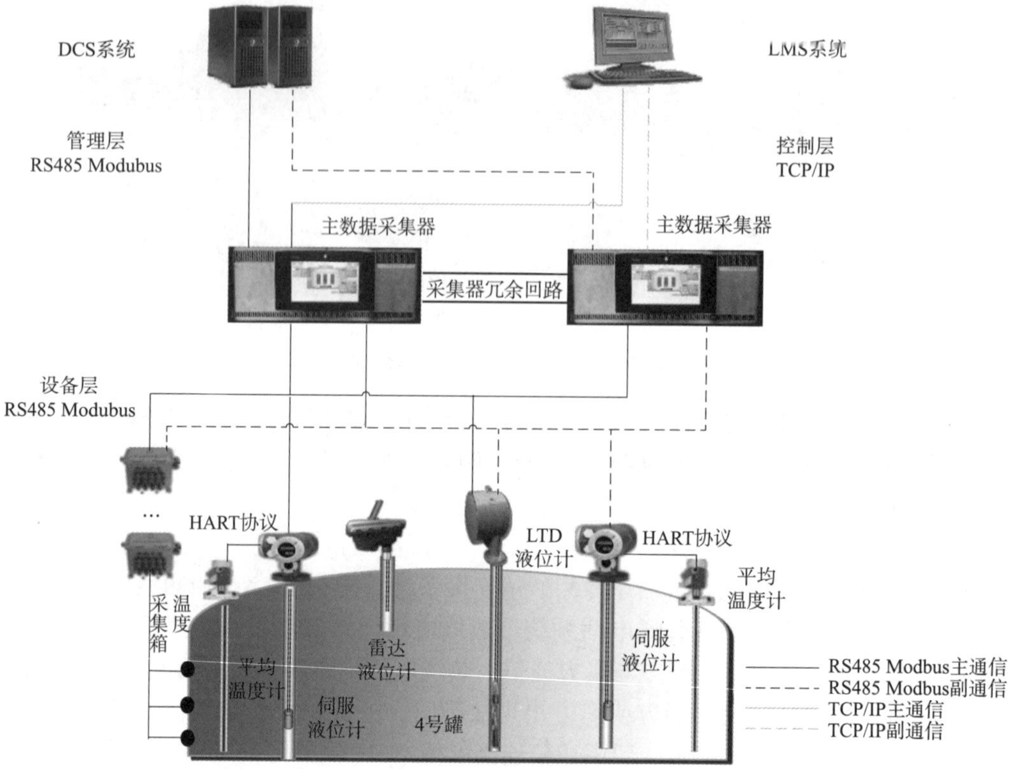

图 3-4-30 ATG 系统结构拓扑图

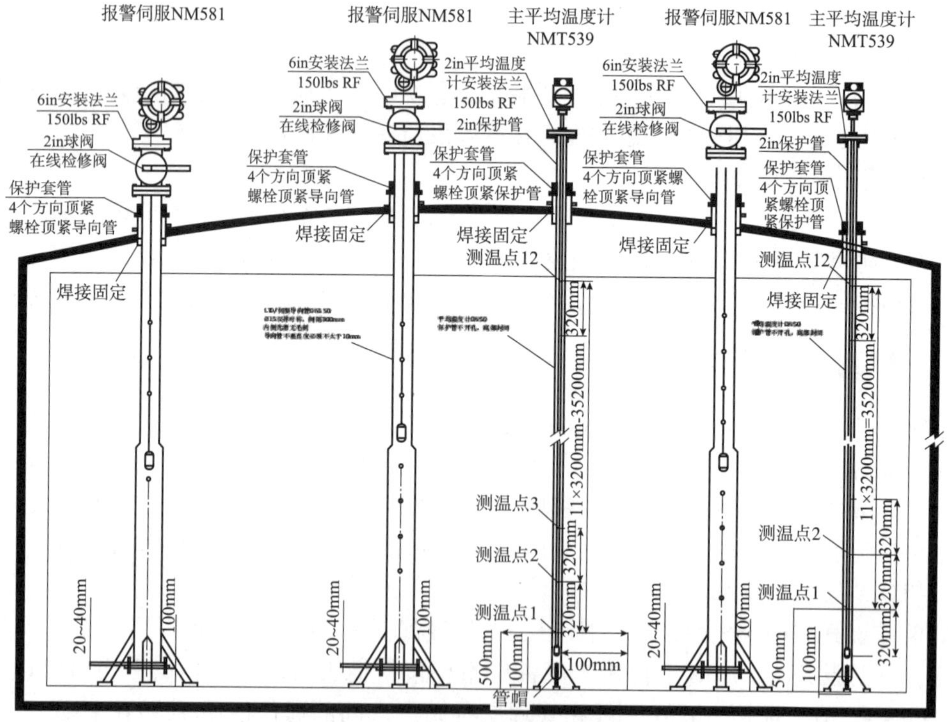

图 3-4-31 ATG 系统设备层简图

2. 伺服液位计

伺服液位计是由信号发生器、差动测量机构、滤波器、比例放大器、伺服电机和测量探头等组成。其工作原理是基于反馈控制原理，核心部分是差动测量机构和伺服电机。当液位发生变化时，差动测量机构中的测量探头会感应到液位的变化，并输出电信号，该信号会被滤波器滤波后传输到比例放大器中。比例放大器将信号放大后，传输到伺服电机，控制阀门的开度，从而实现液位的自动控制和稳定。

伺服液位计遵从美国石油协会(API)和国际法制计量组织(OIML)的标准进行设计和生产制造，早已取得了包括中国在内的世界主要国家的贸易交接计量认证和安全防爆认证，已经成为世界范围内各类液体石化产品的贸易计量交接和库存管理应用的最佳选择。

伺服液位计采用多功能模块化结构(图3－4－32)，可以接入多点平均温度计、单点温度计和HART通信协议的压力信号，提供了完善的贸易交接计量或者库存管理计量的测量方案。也可以选择液位模拟信号输出、伺服密度测量、外接油水界面测量设备的功能，可以实现各种不同的输入输出模式。

3. 平均温度仪表

每台储罐有2组平均温度计(图3－4－33)，分别通过HART通信到相应的伺服液位计内。每一组有11个测温点检测不同液位温度。规范要求相邻两个测温点不大于20cm。

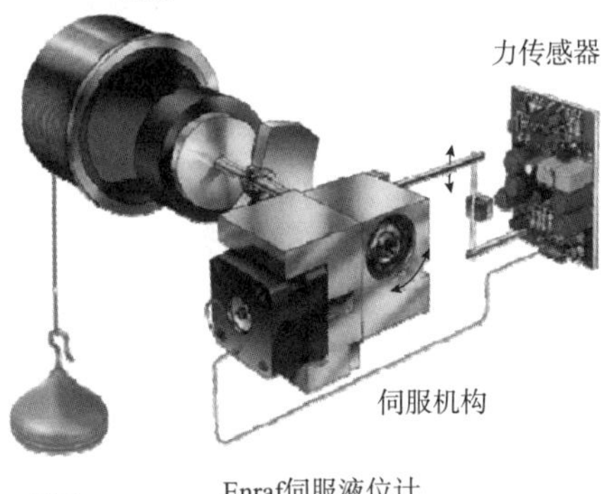

图3－4－32 伺服液位计内部结构图

图3－4－33 平均温度计实物图

4. 液位－温度－密度计(LTD)

LTD液位值测量原理：LTD探头通过驱动电机拖动，钢带通过链轮，同时转动编码器。液位测量电路板能够利用绝对编码器准确计算齿轮的转数，一转为300mm。一个机械齿轮能够准确记录所转的转数。编码齿轮与齿轮通过轴连接。4个齿轮代表4个数量级能够实现0～9999mm的液位编码，误差为±1mm。当探头上下两个液位传感器输出的电压大于一定数值时，系统判定所处位置为实际液面位置，液位编码显示的数值就是液位值。

LTD温度值测量原理：温度传感器位于密度探头的线圈之上，探头为四线制铂电阻Pt100，当温度为0℃时，其电阻值为100Ω，对应分度表不同的温度下电阻是不一样的，然后连接1mA的通电电流，产生相应的电压，其电压与电阻值成正比，电压值通过金属带直接传送到主电路板上，经过计算机处理计算出相应的测量温度值。如图3－4－34所示。

LTD 密度值测量原理：密度测量探头由一个震荡管、两个线圈组成，震荡管与线圈完全不接触。当探头上移动时，液体经过震荡管产生振动，不同密度的液体产生的振动频率不同，产生不同的感应信号，通过金属带(驱动缆绳)传送到电路板，经过计算机处理后计算出液体密度。如图 3－4－35 所示。

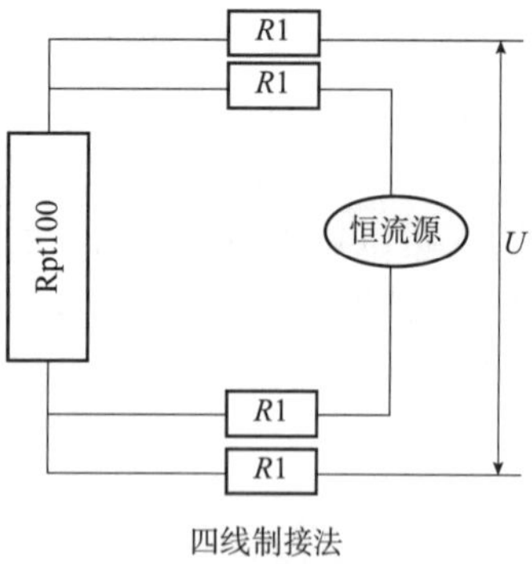

图 3－4－34　LTD 温度值测量原理简图

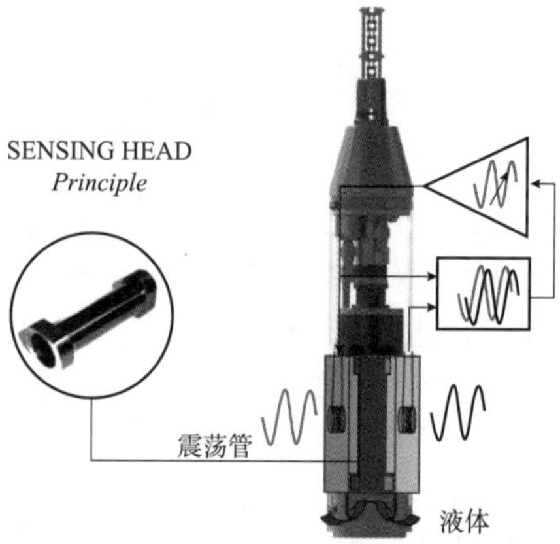

图 3－4－35　LTD 密度值测量原理简图

LTD 可以实现储罐的防翻滚预测及控制，每台储罐采用 1 套 LTD(液位－温度－密度)检测系统，测量罐内 LNG 的上、下密度分布。LTD 由数字逻辑单元和电机驱动单元组成，可在 LNG 储罐内垂直移动、测量，测量可用人工或自动两种方式完成。LTD 可以提供液位、温度、密度数据，操作人员可以通过其了解储罐某一液位下的密度与温度，通过配合使用防翻滚软件，判断罐内液体是否发生翻滚，有效防止翻滚的产生。

此外，储罐设有两条进料管线，分别从顶部和底部填充 LNG。工艺人员通过对新注入的 LNG 密度进行分析，使高密度 LNG 从顶部进料，低密度 LNG 从底部进料。同时，可以通过罐内泵(低温泵)打回流的方式，使上下层 LNG 充分混合。

三、火炬点火及监控系统

火炬设施是 LNG 接收站的重要辅助生产设施之一，用于处理接收站各种工况下排放的低温低压火炬气。一般火炬分为高空火炬和地面火炬两种形式。

1. 高空火炬系统

高空火炬以中国石化青岛 LNG 接收站为例，如图 3－4－36 所示。火炬设施按冷、热两个系统设计，但不同时使用，两个火炬相互独立。其中任意一个火炬检修时，另一个火炬可作为临时备用。冷、热火炬系统均可采用高空自动点火系统和地面爆燃点火 2 套独立点火系统实现点火。冷、热火炬均设置了分液罐，罐内设加热器，对凝液加热气化后放空至火炬燃烧。火炬头上设置 3 支节能型长明灯，接收站正常运行时，冷、热火炬长明灯应处于燃烧状态，长明灯燃烧所用的燃料气有两个来源：一为燃料气系统，二为液化石油气钢瓶，用于火炬首次开车。火炬头上设有三级流体封，防止回火。冷、热火炬分液罐底部设两个潜液式电加热器，确保能使各种工况下分离出来的凝液完全气化。

冷火炬系统主要供接收站内的 BOG 管网、LNG 储罐、乙烷储罐、轻烃回收装置、SCV 及 ORV 事故放空用，BOG 管网通过 0331－PV－0012A/B 阀与冷火炬系统连通，超压进行放空，设计排放量为229t/h。当管网压力高于设定值时，管线上的阀门打开，过量的可燃气体流经冷火炬分液罐的过程中，大于600μm的可燃液滴被分离出来，以防止火雨的发生，可燃气体经过冷火炬分液罐后，通过火炬筒体送至冷火炬头燃烧、放空。

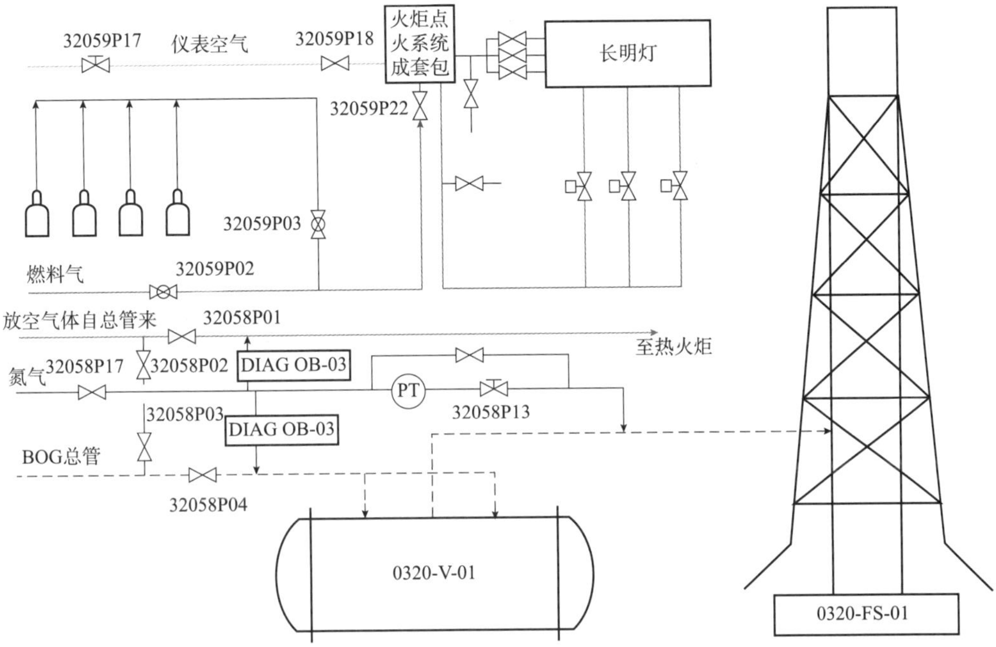

图3-4-36 青岛LNG高空火炬流程图

热火炬系统供液化石油气罐(LPG储罐)火灾工况下放空使用，设计排放量为156.9t/h。当发生火灾时，过量的可燃气体流经热火炬分液罐的过程中，大于600μm的可燃液滴被分离出来，以防止火雨的发生，可燃气体经过热火炬分液罐后，通过火炬筒体送至热火炬头燃烧、放空。

2. 地面火炬系统

地面火炬以中国石化天津LNG接收站为例，火炬系统的基本设置为：①每台火炬的处理能力为0~60t/h；②燃烧塔直径10.6m，高度35m，防风墙直径15.4m，高度6m；③火炬分4级，设35套燃烧器；④火炬设9只长明灯及9套高能点火系统；⑤1套地面爆燃点火系统；⑥整个火炬设备包设置一套控制系统。

地面火炬系统具备一套独立的控制成套包用来实现对设备的操作、监控、联锁保护、运行状态及重要报警信号远传至控制室等功能，该系统可以及时、安全、可靠地处理生产装置在正常或事故状态下排放的火炬气，并满足国家现行标准和环保要求。火炬设备控制包一般采用FCS系统，FCS系统是现场总线控制系统的简称，是以现场总线为基础贯穿于生产现场，在测量、执行机构(过程控制现场仪表)和控制设备(控制室操作站)之间实现双向、串行、多节点数字通信的控制系统。其登录界面如图3-4-37所示。

火炬FCS系统具有开放性、分散性的技术特点，是目前最先进的控制系统装置。在FCS技术中，每个现场设备都是智能化、能够相互通信、具有特定功能的设备，其系统结构特点是全分散式，包括现场设备位置分散和功能块分散。

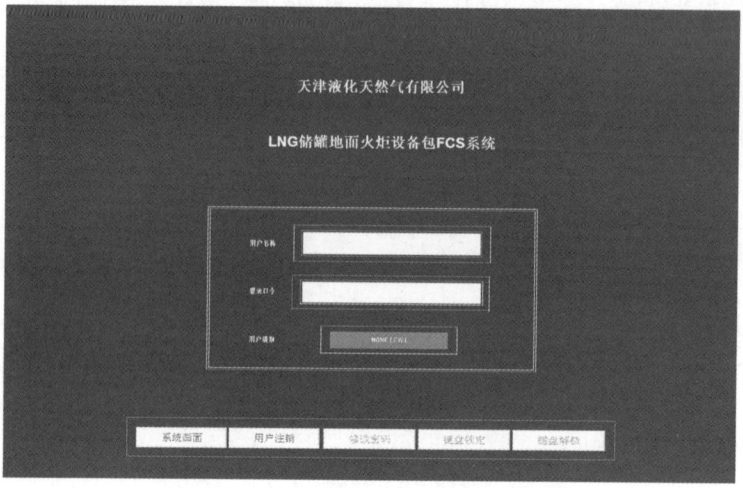

图 3-4-37 火炬 FCS 系统登录界面图

其系统结构如下：

(1)FCS 系统采用经 TUV 安全认证的三重化安全仪表控制系统。

(2)FCS 系统的中央处理器、I/O 模件、电源模件、内部通信模件等硬件设备安装在 FCS 系统机柜中，独立完成工艺装置的安全保护和紧急停车。FCS 系统与 DCS 系统通信协议为冗余的 Modbus RS485 通信方式。

(3)FCS 系统有报警事件顺序记录功能(SOE)。

(4)工程师站用于 FCS 系统的组态、下装、调试和日常维护；SER 工作站用于顺序时间事件的记录，并且工程师站与 SER 工作站共用。

图 3-4-38～图 3-4-40 分别为 FCS 系统报警界面、操作界面、流程组态图。

图 3-4-38 火炬 FCS 系统报警界面图

图3-4-39 火炬FCS系统操作界面图

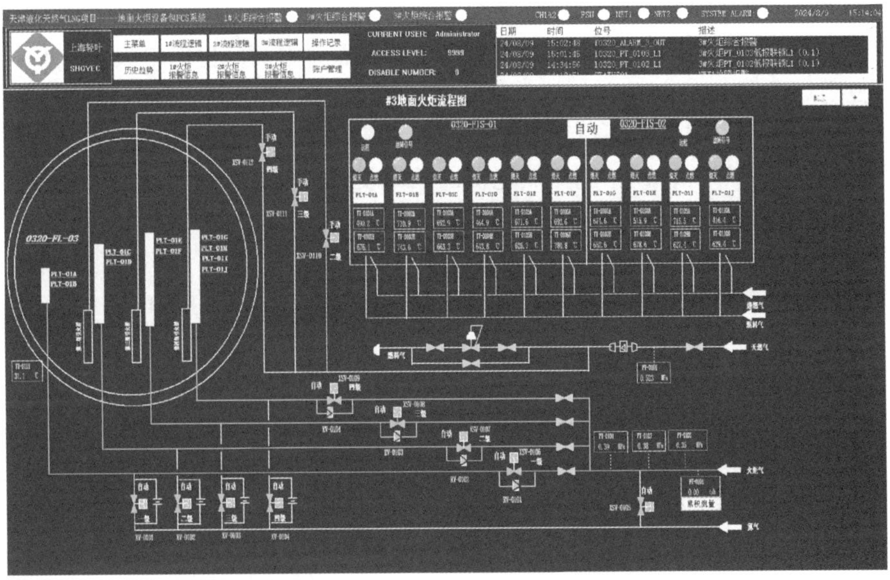

图3-4-40 火炬流程组态界面图

FCS系统显示报警、联锁如下：

(1)火炬的总管压力报警、联锁。

火炬气总管设置压力变送器，压力变送器联锁火炬分级阀的开启、关闭。当压力变送器出现负压时，联锁紧急补氮阀门开启。

(2)长明灯运行状态显示及报警、联锁。

地面火炬设9只长明灯，每台长明灯设两支独立铠装热电偶，通过温度变送器将信号送控制室FCS显示、报警。当长明灯温度低于设定值，联锁高能点火器(HEI)自动点火。

高能点火器(HEI)均可就地或者控制室自动、手动操作，从而保证火炬系统在任何工况下均处于本质安全状态。

(3)燃料气压力低报警。

点火系统是火炬装置安全运行的保证，设置燃料气压力低报警。

(4)火炬气流量计显示。

在火炬气总管上设置流量计，并在现场和控制室显示。

封闭式地面火炬系统共有45台静设备，包含1座燃烧塔、35台燃烧器、9只长明灯。

长明灯及点火系统：

第一级每套燃烧器设1只长明灯，共有3只长明灯，其余每级设2只长明灯，满足多点式地面火炬的安全点火和运行要求。

长明灯选用安全可靠的节能型长明灯，能抵御大风、雨、雪等恶劣天气，单只长明灯的耗气量不超过2.0Nm^3/h(以天然气计)。

长明灯组件(包括长明灯、高能点火元件、双支独立K形热电偶等)应考虑到高温、明火等恶劣环境，保证安全和预期使用寿命。长明灯按常明设计，当长明灯熄灭时能自动被重新点燃。

每只长明灯均配备高能点火(H.E点火)和地面爆燃内传焰点火两种点火方式。高能点火设施具有自动、就地、远程(中控室)三种点火模式。

长明灯上设有点火电嘴，经混合后的燃料气遇到点火电嘴产生的电火花，即可被点燃。

每只长明灯设有2支K形热电偶，通过检测温度及时将长明灯的燃烧情况反馈给点火控制系统。热电偶在长明灯中心位置安装，使检测到的长明灯温度信号更准确，并且长明灯设有保护热电偶头部的装置，避免热电偶因长期受热和周围环境而影响使用寿命。长明灯燃料气与空气的充分混合，使火焰燃烧非常充分。

燃烧塔内的裸露部分热电偶及补偿导线配有310SS保护管，保证不被高温烧坏。

点火盘到高空点火器之间的动力电缆选用耐高温电缆，长明灯热电偶的补偿导线采用精密级K分度补偿导线。

监控系统：

监控系统由1台防爆耐高温摄像机组成。用于监控火炬筒体内长明灯运行及火炬气燃烧情况，防爆耐高温摄像机带风冷保护罩，采用仪表风吹扫降温，在摄像机所处平台设置防爆监控设备箱用于将电信号转换成光信号，摄像机光缆和电源电缆均从就近机柜间的电视监控机柜引出来，与界区外的对接点在现场防爆监控设备箱的进线端子处。

第五章 海水系统

液化天然气接收站的海水系统主要包括取水系统、海水供水管道系统、电解海水制氯系统等。

第一节 取水系统

一、取水系统概述

取水系统采用2条引水管道、5套海水过滤设施和10个泵间。取海水泵房布置在码头的引堤内。如图3-5-1所示。

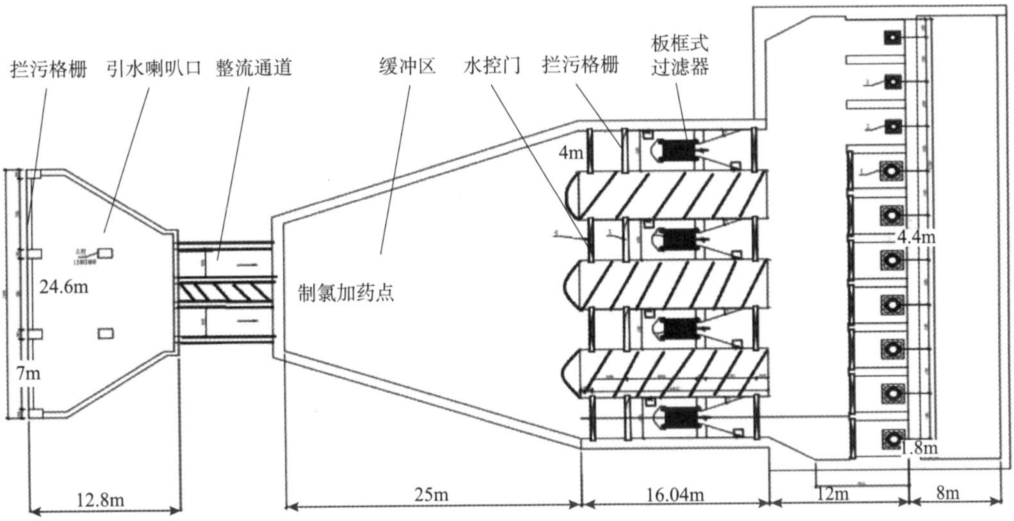

图3-5-1 取水系统布置图

二、取水系统设备设施

(一)取水头和引水管道

取水头和引水管道按照LNG接收站的最终建设规模需要的海水量一次建成，取水及输水能力满足IFV对海水取水量的要求并考虑一定的裕量(10%)，与海水消防水量共88000m^3/h。每条取水管道的过水能力按照44000m^3/h设计。

取水采用2条引水管道。为了避免较大的漂浮物进入沟内，进水口前端设置一道粗拦污栅，栅条间距为200mm，拦污栅材料采用耐海水腐蚀的不锈钢材质制造。引水管道为2条Φ2200mm的带防腐涂层的钢管，并作阴极保护。

(二)滤网间及设备

滤网间内主要设置止水设备和水净化设备，滤网间前端设置一道平板钢闸门，用于滤网间设备检修时截止水流。

闸门之后设置一道条形细格栅，栅条间距为30mm，为耐海水腐蚀的不锈钢材质。选用1台移动式自动清污机与拦污栅相配套，5个拦污栅共用1台清污机。

旋转滤网是取海水的主要净化设备，布置在细格栅后。根据LNG接收站进水流量较大，水深相对较浅的特点，旋转滤网选用外侧面进水无框架式结构旋转滤网，网孔尺寸按照IFV的要求确定为3.0mm×3.0mm，滤网的过栅流速小于0.75m/s。为旋转滤网运行配套的设施有水位测量及自动控制设施等。设备与海水直接接触的部位均采用耐海水腐蚀的不锈钢材质，以确保长期运行的可靠性。

在旋转滤网之后再设置一道平板钢闸门，用于清污设备故障时检修。

滤网间的流道宽度为4.0m。滤网室的长度按照闸门、拦污栅及旋转滤网三项设备的合理布置确定净长度为16.0m，滤网间及设备的过水能力均按照工程最终容量时的流量考虑。旋转滤网的特征值如下：

滤网形式：外侧面进水无框架式结构，材质为316L不锈钢。

名义宽度：3000mm。

使用高度：12.20m(－5.00～7.20m)。

过水能力：20000m^3/h。

网孔尺寸：3.0mm×3.0mm。

(三)泵室及设备

1. 泵室

海水泵流道净宽度为3.40m。

泵室的底高程：在98%低潮位(－1.29m)的条件下，充分考虑引水管道、进口格栅、闸门槽、清污格栅及旋转滤网等的水力阻力损失，并满足水泵叶轮淹没深度的要求，保证水泵的正常、安全、平稳运行，确定泵室底板高程为－5.00m。

泵室的长度指泵室在水流方向的长度。在满足水泵对流道要求的前提下，应该尽量减小泵室长度，从而减小泵房面积和泵房工程造价。按此原则设计优化泵室净长度为10.0m。

2. 机泵

主要包括海水泵、海水消防泵及排水泵。

(1)海水泵。

采用立式斜流泵一级固定式叶轮；材质为双相不锈钢。水泵为单基础、直角形肘管，吐出口在泵座下方，安装布置比较方便。

(2)海水消防泵。

构造形式为立式斜流泵，二级固定式叶轮，第一级叶轮底部设进水导叶体；材质为双相不锈钢。

消防水泵分别占据3个进水流道，消防水泵为单基础、直角形肘管，吐出口在泵座基础的上方，水泵的制造材料选用耐海水腐蚀的双相不锈钢材质。

柴油消防泵的油罐：柴油消防泵的油罐布置在泵的一端，用墙体与泵间分隔开。

3. 排水泵

为了在水下设备需要检修时排空进水流道和泵室中的海水，专门设置1台移动式潜水电泵，临时用于每个流道的泵室的排水；采用不锈钢材质。排水泵流量：180～240m^3/h；扬程：18m；转速：1470r/min。

4. 阀门

每台海水泵出口端装设一道液力自动阀及电动蝶阀，液力自动阀是新型蝶式多功能水泵控制阀。采用流体设计，能耗低、运行稳，密封效果好，它兼顾电动蝶阀以及止回阀的功能，敏捷的快关速度和可调的泄压时间，能有效消除水锤危害，保护水泵及管网系统的安全。

5. 起重机

在滤网间及海水取水泵房各设置一台起重机，可以用于所有设备的安装与检修。

海水泵房吊车形式：电动双梁桥式起重机。

滤网间泵房吊车形式：电动葫芦桥式起重机。

第二节　海水供水管道系统

给 IFV 供海水的管道采用 2 条 *DN*2200 玻璃钢管道，埋地敷设送至 IFV 装置区。

由于玻璃钢管道本身的特性，对地基及受力要求较高，在管道转弯、三通、变径等处均设计支墩，防止管道本身纵向受力造成断裂，并严格控制管道垫层及回填，防止管道被尖锐砾石穿破。

在玻璃钢管道穿越公路处，采用外套 Φ2400mm 的钢筋混凝土管保护。

第三节　电解海水制氯系统

为了避免由于海生物繁殖造成海水输水系统设备及构筑物内表面结垢，采取在海水中加氯的措施，杀灭海生物。

加氯位置布置在取水头前端，以多孔管的方式将次氯酸钠分散地加入海水中。

一、电解海水制氯系统概述

采用电解海水制次氯酸钠系统对所取海水进行杀菌除藻处理。

根据总海水量和海水水质计算，电解海水制次氯酸钠系统将采用 2 套 25kg/h 电解海水制氯系统(有效产氯量：在海水氯离子浓度≥10000mg/L 时，每套电解海水制次氯酸钠装置的有效产氯量为 25kg/h)。对于泵房前海水，根据水头采用连续加氯及冲击加氯联合处理的方式，连续加氯量为 1.5mg/L，冲击 3mg/L(以有效氯计)，冲击加氯每昼夜加 2～3 次，每次 0.5～1h。制氯系统能力在满足连续加药的基础上，其富余能力可以满足每 8h 冲击加药的需求。整套系统通过程序自动控制运行。

二、制氯系统原理

电解海水制氯装置通过整流变压器和整流器将 6kV AC 交流电整流变压为直流电，施加到海水电解槽的阴、阳极上，使海水发生电解产生活性有效氯，投加到海水中杀菌除藻，以解决海生物及菌藻类在管壁上附着繁殖，减少流通面积，造成输水能力降低等诸多问题。

三、制氯系统组成

(1)海水升压系统和过滤装置单元：包括海水升压泵和自动反冲洗过滤器，以及单元内所有的管道、管件、阀门、管道支吊架等必需的附件。

(2)电解海水制次氯酸钠单元：包括电解槽及单元内所有的管道、管件、阀门、管道支吊架等必需的附件。

(3)次氯酸钠贮存及加药单元：包括次氯酸钠贮罐、加药泵及单元内的所有管道、管件、阀门、管道支吊架等必需的附件。

(4)电解槽清洗单元：包括酸洗罐、酸洗泵以及单元内的所有管道、管件、阀门、管道支吊架等必需的附件。

(5)控制单元：包括整个电解海水制次氯酸钠系统控制设备及管道、附件、阀门等。

(6)供电单元：包括整流变压器、整流器柜及低压配电箱等。

四、工艺流程

正常运行状态下，海水经耐海水腐蚀的海水升压泵升压后，通过自动反冲洗过滤器除去海水中的大颗粒物质(大于0.5mm)，再通过流量控制器，以稳定的流量(设定值上下浮动10%)进入电解槽组件电解。

升压过滤后的海水进入电解槽组件。制氯单元是由两组25kg/h电解槽组成。两套整流装置将6kV交流电转化为直流电分别供给对应的电解槽组，将流经电解槽的海水电解，产生次氯酸钠溶液及副产物氢气进入2台次氯酸钠贮罐，氢气由排氢风机排入大气。次氯酸钠溶液由连续加药泵加入海水取水头部，冲击加药时再开启冲击加药泵完成冲击加药。

电解海水时，除产生次氯酸钠和氢气外，还不可避免地产生钙、镁沉淀物，并在电解槽阴极上累积，导致电解槽电压升高，电流效率下降，电耗增大。因此须定期地对电解槽进行酸洗，以除去阴极表面的沉淀物。根据槽压确定电解槽酸洗周期，一般大于30d。

五、主要设备及材质

1. 电解海水制次氯酸钠装置

电解海水制氯装置中的核心部件——制氯单元是由两组25kg/h电解槽模块组成。当每套电解海水制次氯酸钠装置的有效产量为25kg/h的50%、70%、90%时，只需调节电解槽电流为满负荷的50%、70%、90%即可。

2. 酸洗系统

设备的酸洗周期为1~1.5个月一次，因此酸洗系统拟定为固定式的酸洗系统。体积为$1m^3$的PE酸洗罐，其酸液储量可完全满足一次酸洗操作的要求，材质为耐30%浓盐酸的腐蚀(用于酸洗的稀盐酸浓度约为10%)。酸洗泵采用离心泵，过流材质用氟塑料，扬程为25m，流量为$7m^3/h$。

3. 次氯酸钠贮罐

采用两个立式钢衬胶贮罐，每个贮罐的有效容积约为$70m^3$，该容积能保证在两套次氯酸钠发生器同时事故时仍存有约2h的加药量。

4. 排氢风机

设置两台防爆型排氢风机(1 用 1 备)，向次氯酸钠贮罐内送风(风机与电解槽供电连锁)，与贮罐内氢气混合后(使氢气浓度小于1%)排至大气。贮罐的排气管设氢气监测器。

5. 管道及附件

系统内管道及管件采用 UPVC 管。

6. 制氯间建筑

制氯间设有控制室、空调机室、整流间、泵间、电气配电间、制氯间等。

7. 制氯间、柴油罐储存间消防

根据制氯间的工艺特点，在制氯间、柴油罐储存间内设置移动式干粉灭火器 8 组，满足消防要求。

第六章 电信系统

液化天然气接收站厂区的电信系统主要包括行政、调度电话系统、无线集群系统、扩音对讲系统、视频监控系统、办公网络等。

第一节 行政、调度电话系统

在传统的石油化工企业中，一般设置一台专用的程控调度电话交换机实现厂内的调度电话功能，行政电话功能由程控电话交换机来实现，二者从功能上区分较为独立，但建设成本较高。

调度、行政合一解决方案的电话通信系统主要由核心设备调度主机、操作平台(触摸屏调度台)、录音系统、各种终端(行政电话分机、调度电话分机、火警自动电话机等)组成，从网络结构上可分为核心控制层、接入层、应用层三部分。系统可以实现用同一套设备，同时实现行政电话、生产调度电话的通信，各组之间可以独立存在，也可以相互直接通话。采用这种方式可减少需要维护的设备和可能的故障点，降低成本。

天津 LNG 接收站采用调度、行政二网合一的组网方式，利用行政电话程控交换机，虚拟实现调度总机的功能。天津 LNG 使用的程控交换机工作电压为直流 48V，配置了专用 UPS 电源，包括整流稳压电源和两组备用直流免维护蓄电池。每组蓄电池的单独工作时间均满足所带程控交换机最大负荷下 8h，并配有配线架(2000 回线)、计费设备、语音邮箱、维护终端、测试仪表等辅助设备。

在中心控制室和调度室分设调度电话总机和调度台，调度电话站设有数字通话录音功能，容量满足连续录音 1500h 以上。

在各控制室、值班室、办公室等经常有人值守的岗位及需要经常电话联系的工作岗位设置行政分机号码，可拨打调度号码和外线，此外通过仪表船岸通信机柜，为船方电话提供行政分机号码。当外线功能因外部交换设备故障或光缆损坏等失灵时，话机的内线通信功能不受影响。

在接收站各重要防火区域部署火警自动电话机，摘机即可通过配置好的热线，自动拨打位于中心控制室的电话调度台。

第二节 无线集群系统

无线集群系统主要用于生产调度指挥和操作、维修、抢修、巡回检查、消防、卸船作业等通信联络，并满足单呼、组呼、自由编组等通信需求，可有效提高生产效率和管理能力。

以天津 LNG 接收站为例，无线集群系统采用 PDT 标准的数字集群组网方式，系统主要由 1 套 4 载频数字集群基站(频点国家无线电委员会批准)、直放站设备、调度台、网管设备、对讲终端等组成。

1. 基站

基站是数字无线集群系统的核心组成部分，负责支撑整个集群系统的通信业务，主要由基站控制器、信道机、信道控制器、合/分路器、双工器、网络交换机、路由器、机柜组成。基站采用 TDMA 和 IP 软交换技术，其关键设备及模块均应采用冗余备份设计，并可远端控制、维护和升级，基站配置如图 3－6－1 所示。

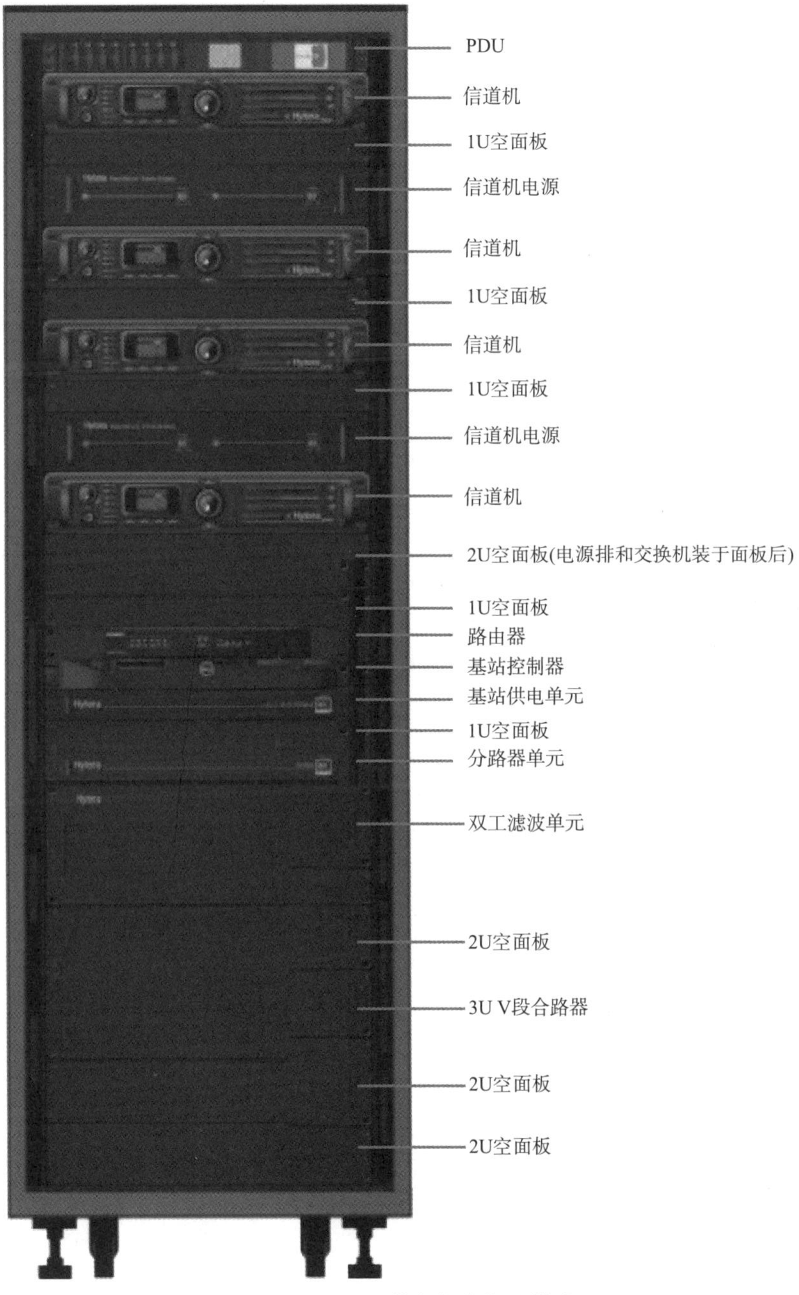

图 3－6－1　四载频数字集群基站

2. 直放站

直放站是一种双向信号放大器，提供对讲机和基站之间的双向通信，作为信号源应用于室内分布系统，主要解决室内信号弱的问题。LNG 接收站一般在码头控制室及槽车充装中心等距离中心控制室基站设备较远距离的室内环境设置直放站，满足信号补盲的需求。

3. 调度台

调度台为综合指挥调度多媒体业务终端，是调度员调度指挥的操作平台，可以分别对用户和通话组进行呼叫、监听、管理。

4. 网管设备

网管设备主要包括网管服务器和网管工作站，用于管理和维护 PDT 系统，完成系统监视、用户管理、参数配置、话务统计、日志查询、系统维护等，并可支持对核心交换网络进行呼叫控制、资源管理、全网录音等功能配置。

5. 对讲终端

考虑接收站生产区域防爆等级要求，各对讲终端均应为本安型防爆设备，设备的防爆等级不应低于设备使用环境的最高爆炸危险等级。

第三节　扩音对讲系统

扩音对讲系统被广泛应用在各种工业企业，能够实现用户在爆炸性危险环境、高噪声、腐蚀、粉尘等恶劣工作条件下的无障碍通信需求，提供清晰、安全、可靠和快速的内部通信保障。在 LNG 接收站，扩音对讲系统主要用于生产调度和应急通信指挥，其稳定性直接关系到生命财产安全和高效生产，尤其在发生事故、紧急情况、设备检修时，该系统起到更加至关重要的紧急通信作用。

依据技术路线、工作原理和技术实现方式的不同，目前扩音对讲系统大致上可以分为两类，即无主机方式和有主机方式。

无主机方式的扩音对讲系统是采用分散式放大的内部通信系统，系统为模块化及全固态型设计，基于处理器进行管理，且可编程以支持必需的系统配置、自我诊断和软件升级。无主机方式的扩音对讲系统可实现的功能较为简单，包括寻呼、紧急广播、会议通话以及报警等通信功能，系统施工、维护、扩容简单。

有主机方式的扩音对讲系统是一种既可以采用集中式放大也可以采用分散式放大的内部通信系统，与无主机方式的系统相比较，增加了交换功能，因此系统功能较为强大，除了可以实现点到点对讲、寻呼广播、紧急广播、会议通话以及报警等通信功能以外，与其他通信系统的可整合性和兼容性更强，同时可以适于各种光纤、VOIP、网络系统的应用。

以天津 LNG 接收站为例，扩音对讲系统为 5 对讲通道的无主机分散放大式系统，拥有 10 路合并分离柜，分设在中控室、码头、罐区、汽车装卸、火炬设施、工艺处理设施等区域。扩音对讲系统应具有与调度电话系统、火灾自动报警系统联动的功能。当发生火灾、泄漏等危险状况时，扩音对讲扬声器可作为消防应急广播及警报功能使用。

1. 话站

扩音对讲话站根据使用场所一般分为室内、室外和防爆型：室内型话站包括台式话机、桌边式话机、嵌入式话机、壁挂式话机；室外型话站为室外防雨型墙挂式话机；防爆场所选用与之防爆等级相符的防爆型话机，分为室内和室外防爆型。

扩音对讲话站根据工艺操作使用需求设置，应具有呼叫和通话开关以及自动消除噪声的功能，安装高度一般为中心距地坪1.3～1.5m，并面向操作通道，背向噪声源，扩音对讲话站样例如图3－6－2所示。

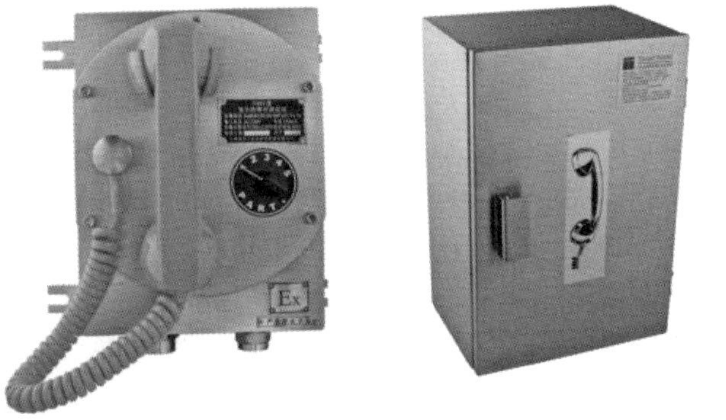

图3－6－2　对讲话站样例

2. 系统扬声器

系统扬声器根据使用场所一般宜分为室内、室外和防爆型。室内型扬声器包括墙挂音箱、吸顶音箱等；室外型扬声器为室外广角式扬声器；防爆场所应选用与之防爆等级相符的防爆型扬声器。

扬声器宜设置在噪声源附近，同一位置的扬声器不宜相向设置，安装高度应视现场情况而定，相对地面和平台一般不低于2.5m。

第四节　视频监控系统

为满足生产操作、消防监视、安全保卫及企业管理的需要，LNG接收站应设置视频监控系统。目前主流的视频监控系统均基于TCP/IP网络技术，通过网络实现监控信号的接入、分发、浏览、录像、回放、管理等一体化功能。

视频监控系统一般由前端设备、传输系统、存储管理系统、显示控制系统四部分组成，如图3－6－3所示。

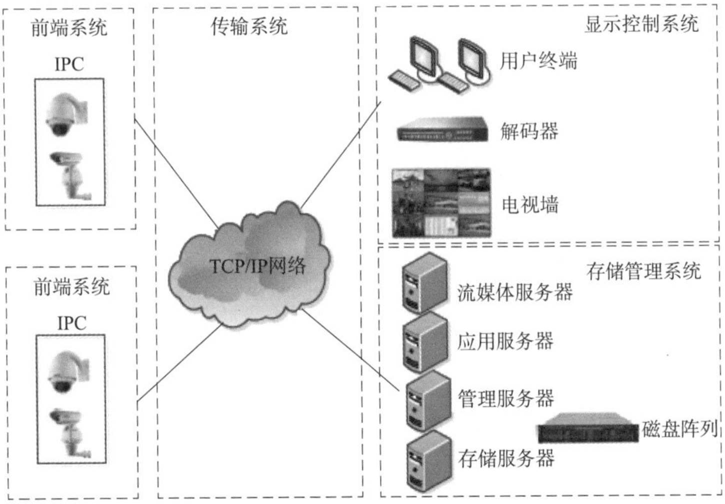

图3－6－3　视频监控系统组成示意图

1. 前端设备

前端设备主要实现视频流、音频流和控制信息的采集功能，主要设备为网络摄像机

(IPC)和视频编码器(内置于IPC)，另外还包括云台、防护罩、室外设备箱和照明装置等附属设备。

2. 传输系统

传输系统主要实现视频流、音频流、报警信息、控制指令等数据信息的传输功能，使前端系统、存储管理系统、显示控制系统能够互联互通，主要包括网络设备和传输线路，如光纤、双绞线、无线收发装置等。

3. 存储管理系统

存储管理系统是视频监控系统的后台和服务端，主要实现视频存储、数据管理、权限分配、用户管理、业务管理、网络管理等功能，主要设备包括流媒体服务器、应用服务器、管理服务器、存储服务器、磁盘阵列等。其中，存储容量需满足不少于90d的要求。

4. 显示控制系统

显示控制系统用于将视频图像、报警信息等呈现给管理人员，并根据管理人员的指令对前端系统、后台数据、应用功能等进行操作配置。该部分为视频监控系统的用户端部分，可与具体应用结合做深度开发，实现行为识别、监控报警、自动控制等智能化功能。

5. 天津LNG接收站视频监控系统情况

天津LNG接收站视频监控系统采用海康威视综合安防管理平台，用于视频监控系统的局域网系统采用专用千兆监控网络，此系统采用基于IP应用的标准以太网结构，由核心层和接入层两级构架组成。系统从功能上分为工艺监视子系统和安防监视子系统，两个子系统通过网络交换机的虚拟分区功能，实现相对独立的两个网络。

(1)工艺监视子系统。

前端摄像机主要设置在码头卸料设施、码头至罐区管线、LNG罐区、火炬、汽车装卸设施、BOG压缩机、BOG再冷凝器、高压泵、浸没燃烧式气化器、输送系统设备、海水泵房、给水泵站及变电所等处；监视客户端设置在中心控制室、HSE中心(消防站)、码头控制室、装车设施操作室、总变电所等处；主控设备设在中控室机房；工艺监视系统支持与火灾自动报警系统联动，摄像机具有预置位功能，当接收到报警信号时，相应报警点附近的摄像机转向报警区域，同时相关监视器弹出报警区域的图像。

(2)安防监视子系统。

前端摄像机均采用高清网络型摄像机，分别设置在大门、围墙、仓库以及管理区的建筑物出入口处；监视客户端设置厂区门卫室、综合楼的保安值班室等处；主控设备设在办公楼机房；安防监视系统应与周界入侵报警系统、门禁系统联动，实现安全防护的功能。

设置在爆炸危险环境的摄像机采用防爆一体化结构设备，设置在室内的摄像机采用一体化球机，监视系统前端IPC图像通过网络回传，并由解码器转换成DVI高清视频信号送至中心控制室大屏幕显示。全厂视频监控系统的控制设优先级，每个视频监控控制点分别控制和观察各自管理范围内的摄像机。

第五节 办公网络系统

LNG接收站办公网络整体由核心交换机构成的核心交换层、园区网统一接入层、数据中心接入层以及安防监控接入层四部分构成。办公网络系统通过运营商专线上联至区域中心出口，访问办公内网和互联网业务。下面以天津 LNG 接收站办公网络架构进行介绍。

1. 核心交换层

核心层由两台核心交换机横向虚拟化为一台逻辑设备实现核心设备的冗余，以达到系统安全目的。核心交换机和接入交换机之间采用双万兆链路互联，实现主干链路的万兆光纤连接，保障整体办公网络体系运行正常。

2. 园区网接入层

接入层主要是负责接收站办公楼、中控室、化验楼、HSE 中心、码头控制室、维修站、综合仓库、工艺处理、罐区、汽车装车的网络接入功能，为满足实际使用需求，接入交换机设备采用千兆接入，双万兆上行的速率。接入交换机采用的三层千兆以太网交换机是具备高性能、高端口密度且易于安装的网络环境而设计的智能型可网管交换机。

3. 数据中心接入层

数据中心交换机采用两台接入交换机，通过光口进行万兆堆叠，虚拟化成一台设备。下行通过网线与服务器互联，专用于传输管理数据，上行通过千兆光口与核心区的核心交换机互联。

4. 安防监控接入层

安防监控接入层汇聚交换机通过防火墙上联至园区接入层，下联监控服务器、门禁服务器、阵列存储等网络设备。安防监控接入层通过网闸、防火墙等安全设备与外部网络进行有效隔离。

第七章 消防系统

第一节 消防水系统

天津 LNG 接收站消防水系统包括一套低压消防水系统和一套中高压消防水系统，由消防水泵和消防水管网组成。水源来自南港工业区市政淡水以及周边海水，日常测试及消防水管网保压使用淡水水源，当事故应急状态淡水资源供应不足时使用海水水源。

一、低压消防水系统

低压消防水系统主要供应厂前区各单体建筑物室内外消火栓用水。水源来自 1 座消防水罐，容积 1000m^3。该系统设置 2 台低压消防泵。其管网日常由生产水泵维持压力 0.4MPa，应急救援状态低压消防泵联锁启动使管网系统压力达到 0.7MPa。

1. 低压消防泵

低压消防泵(图 3-7-1)共设置 2 台(0509-P-03A/B)，额定流量 60L/s，扬程 70m，当低压消防管网压力低于 0.3MPa 时，联锁启动低压消防泵提供消防用水。

图 3-7-1 低压消防泵

二、中高压消防水系统

中高压消防水系统主要供应生产区(中压)、码头(高压)消防用水，水源来自消防水罐中的淡水及周边海水。该系统设置消防稳压泵 2 台，消防试压泵 1 台，电动海水消防泵 1 台，柴油机海水消防泵 2 台。其管网日常由消防稳压泵维持压力 0.7MPa，应急救援状态试压泵及海水消防泵可联锁启动使生产区消防管网压力达到 1.2MPa，使码头区域消防管网压力达到 1.7MPa。

1. 消防稳压泵

消防稳压泵(图 3-7-2)共设置 2 台(0515-P-03A/B)，额定流量 15L/s，扬程 80m。

两台泵切换运行控制中高压消防管网压力为0.80MPa(可调整)，当运行频率低于44.2Hz持续5s，泵则休眠，消防管网压力低于0.7MPa，泵则被唤醒运行。

2. 消防试压泵

消防试压泵(图3-7-3)共设置1台(0515-P-04)，额定流量200L/s，扬程170m。日常中高压消防系统测试、管网冲洗等使用消防试压泵，该泵启动后可使生产区消防管网压力达到1.2MPa，使码头区域消防管网压力达到1.7MPa。

图3-7-2 消防稳压泵

图3-7-3 消防试压泵

3. 海水消防泵

海水消防泵(图3-7-4)共设置3台，分别为电动海水消防泵1台、柴油机海水消防泵2台，额定流量均为310L/s，扬程170m。当应急救援过程中消防水量消耗较大消防试压泵启动30s后，高压管网压力仍小于1.6MPa时(压力无法满足消防要求)，则启动电动海水消防泵，消防试压泵停止运行。如果消防用水量持续增大，高压管网压力仍小于1.6MPa(压力无法满足消防要求)，4min后启动柴油机海水消防泵，补充消防水源。柴油储量不得小于8h额定耗油量。

图3-7-4 电动海水消防泵及柴油机海水消防泵

4. 消防管网系统

消防管网覆盖接收站码头及生产区(储罐区、工艺区、外输计量区、槽车充装区、公用工程区等)。如图3-7-5~图3-7-7所示。

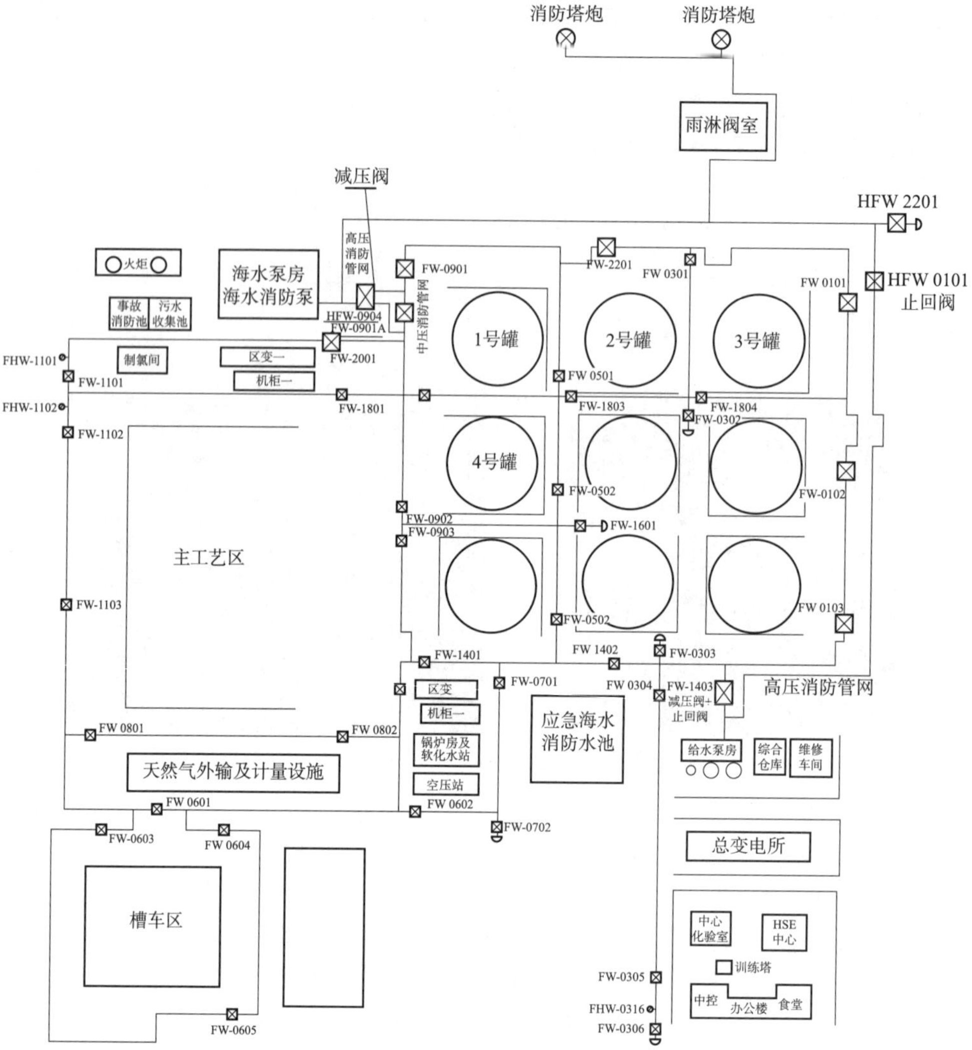

图 3－7－5　天津 LNG 接收站低压及中高压消防管网

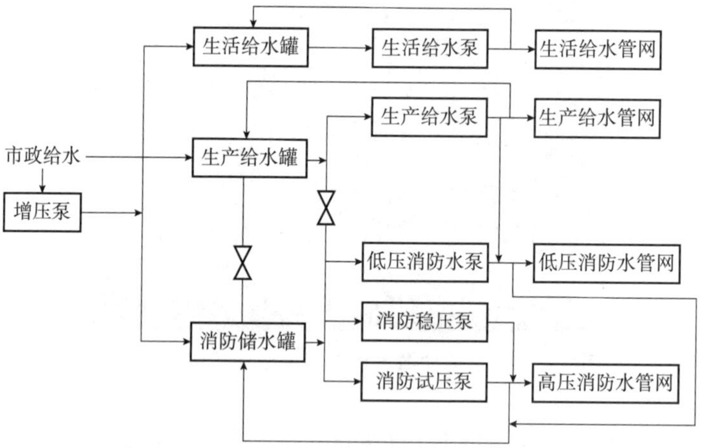

图 3－7－6　淡水消防系统

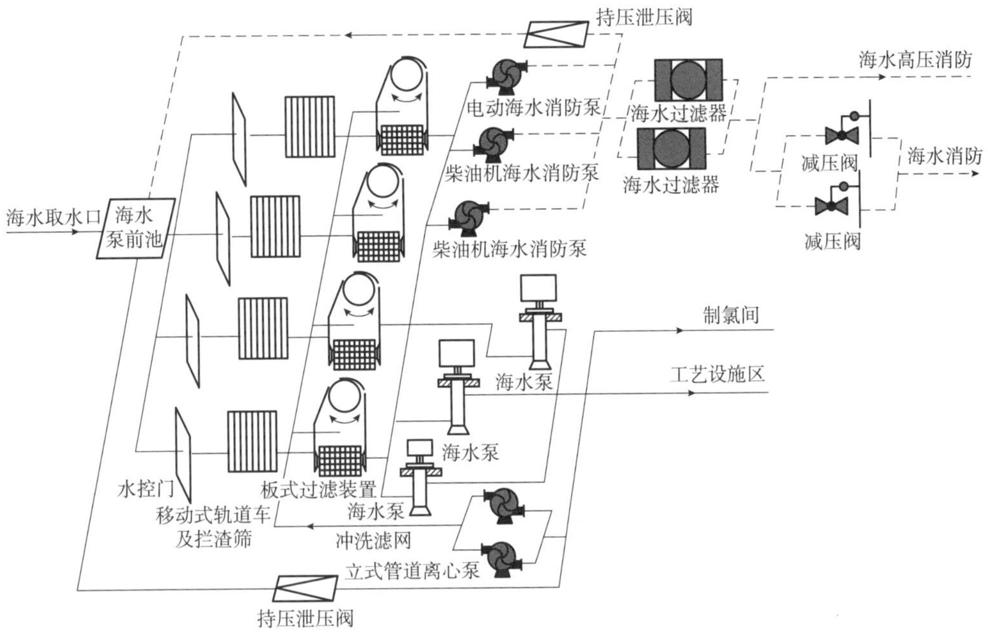

图 3－7－7 海水消防系统(虚线部分)

第二节 固定式消防设施

一、码头消防炮

(一)消防炮作用

天津 LNG 接收站码头消防炮用于码头接卸或运行过程中泄漏、火灾事故救援。1#码头设置 2 座消防炮塔，每座炮塔设有电动遥控水炮及干粉炮；2#码头设置 4 座消防炮塔，设有电动遥控水炮，其中 2 座设有电动遥控干粉炮，均可通过遥控器或码头控制室手操台远程控制。如图 3－7－8、图 3－7－9 所示。

图 3－7－8 消防水炮工作示意图

图 3－7－9 干粉炮工作示意图

(二)消防炮性能参数

水炮设计压力1.3MPa，设计流量200L/s，设计水平射程120m，直流—喷雾可转换喷头，喷雾角度大于100°，水平回转角度大于135°，俯仰角度-60°~70°，在进行应急救援过程中可起到灭火、降温、稀释泄漏天然气等作用。

干粉炮采用碳酸氢钾干粉作为灭火药剂(以码头干粉消防系统为例)，设计压力1.4MPa，设计流量50L/s，最大射程60m，可满足连续喷射1min以上。干粉灭火系统包含14个额定工作压力13.5MPa的70L氮气瓶，同时配备2个额定工作压力为6MPa的6L启动气瓶及可容纳3t碳酸氢钾干粉的储罐组成。

炮塔设有水雾喷淋管线，在进行灭火作业时起到降温、降低热辐射、保护水炮的作用。

二、高倍数泡沫消防系统

天津LNG接收站码头、罐区、工艺区、槽车充装区均设置有LNG事故泄漏收集池及配套高倍数泡沫灭火系统。高倍数泡沫灭火系统的设置目的是控制泄漏到LNG收集池内的液化天然气的挥发速度，避免形成爆炸性气体遇点火源发生火灾爆炸事故。

(一)高倍数泡沫消防系统启动方式

高倍数泡沫消防系统可通过三种方式启动：一是通过中控室(消防控制室)手启盘远程触发；二是通过现场手动阀门启动(二期高倍数泡沫系统可通过现场手启盘启动)；三是通过温变感应到集液槽中存在低温LNG联锁启动。

(二)高倍数泡沫消防设施结构及主要性能参数

泡沫罐容积1.05m^3，容器内径900mm，容器长1956mm，属于常压罐，可容纳1000L的高倍数泡沫原液，原液为3%(G、-21℃)耐海水、耐低温型，发泡倍数为500倍。泡沫和水源的比例为3%:97%，额定工作压力0.8MPa。如图3-7-10所示。

泡沫消防系统配套的LNG泄漏收集池设置3个温度探测器。在日常运行过程中，当2个及以上低温探测器探测到有LNG泄漏到收集池后(温度低于-120℃)，由火灾报警控制盘联锁控制启动阀门，管线式负压比例混合器能在消防水通过时，自动吸入一定比例的泡沫液，将其和消防水混合，泡沫混合液进入高倍数泡沫发生器推动叶轮高速旋转被喷射出，撞击发泡网后生成大量泡沫，向收集池内喷射泡沫覆盖LNG，减缓其挥发速度，避免形成爆炸蒸汽云。泡沫混合液供给强度为7.2L/(s·m^2)，供给时间为40min。如图3-7-11、图3-7-12所示。

图3-7-10 高倍数泡沫储罐

图3-7-11 泡沫发生器

图 3-7-12 LNG 集液池

(三)高倍数泡沫消防系统维护保养

当高倍数泡沫原液储存满 3 年后，应每年对泡沫液进行灭火性能检验，如发现有沉降物或变质，应立即更换高倍数泡沫液；当磁性液位计显示泡沫罐泡沫液储量低于 0.8m 时，应立即添加泡沫液。每月应对高倍数泡沫发生器、泡沫喷头、泡沫罐、管线式比例混合器进行外观检查，条件允许时可开展系统联动检查，测试系统启动至泡沫产生是否满足时间、喷射量等要求。系统外部管线应定期开展防腐除锈处理，防止因管线腐蚀产生漏液现象。

(四)高倍数泡沫消防系统测试注意事项

(1)触发后观察集液池内需在 1min 内出现高倍数泡沫，泡沫发生器风扇旋转要顺畅，泡沫充分发泡。

(2)泡沫发生器根部压力表压力在 0.5～0.8MPa。

(3)高倍数泡沫系统上游水源压力在 0.65～0.8MPa。高倍数泡沫系统水与泡沫混合后压力在 0.65～0.8MPa。

(4)测试后在复位前，需手动关闭泡沫管线手阀，并持续供水冲洗泡沫管道，待泡沫发生器出口全部为清水后方可复位停止供水，然后打开全部导淋阀对管线进行排空，排空后关闭全部导淋阀，并打开泡沫管线手阀，避免残留泡沫液对管道产生腐蚀。

三、干粉消防系统

LNG 接收站码头、LNG 储罐顶部、槽车充装站设置固定式干粉灭火系统，用于扑救码头、安全阀释放口及槽车充装站区域火灾。系统采用自动控制方式，每套干粉灭火系统由 12 个 70L 氮气瓶提供压力，额定工作压力为 13.5MPa，配套干粉储罐、干粉炮，干粉软喷管及相应管网。

码头及储罐配备碳酸氢钾干粉灭火系统，槽车充装中心配备碳酸氢钠干粉灭火系统。

(一)干粉消防系统结构

如图 3-7-13 所示。

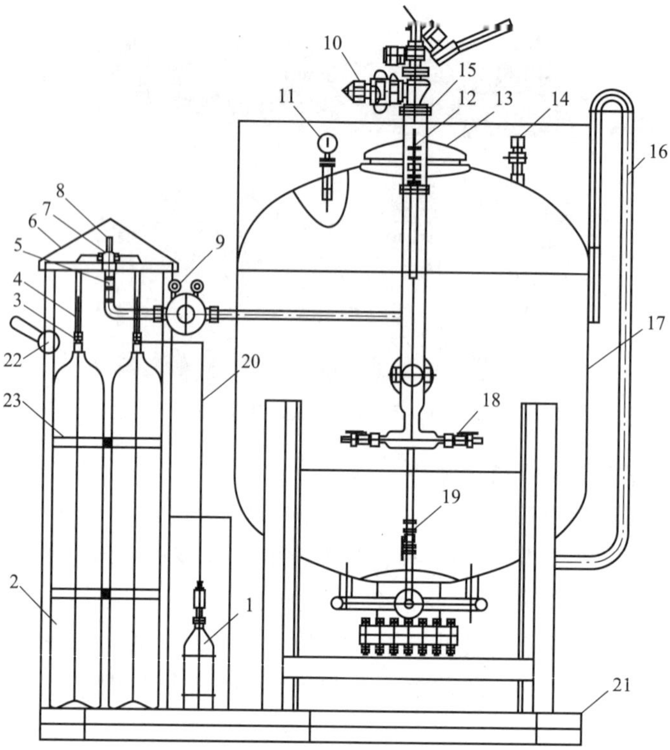

图3-7-13　干粉消防系统结构

1—启动气瓶电磁阀；2—驱动气体钢瓶；3—瓶头阀；4—高压管；5—高压球阀(常开)；6—防雨罩；7—集流管；8—泄压阀；9—减压主阀；10—电动球阀；11—压力表；12—吹扫阀(常闭)；13—加粉孔；14—罐体安全阀；15—出口法兰；16—爬梯；17—干粉罐；18—卷盘球阀；19—进气球阀(常开)；20—启动管路；21—底座撬块；22—机械应急手柄；23—钢瓶固定带

(二)干粉消防系统启动方式

火焰探测器联锁启动：当罐顶对射式火焰探测器检测到安全阀释放口出现火焰后，系统自动联锁启动干粉消防系统灭火。

现场控制箱启动：按下控制面板上的启动按钮，电磁阀1打开启动气体钢瓶，启动气体进入驱动气瓶上的先导阀，并打开平头阀。驱动气体经减压进入干粉罐，充压到设定压力值后自动打开，干粉灭火剂经管道和干粉炮到达保护区扑灭火灾，从而实现自动灭火功能。注意：启动时电磁阀1上的保险插销必须打开、高压球阀5必须打开；在系统进行维护时必须插好电磁阀上的保险插销。

手动启动：按下电磁阀1上的手动杆，启动气瓶打开，启动气体进入瓶头阀3上的先导阀将被打开；驱动气体经过减压阀进入干粉罐，充压到设定压力值(14MPa)后，电动球阀10自动打开，干粉灭火剂经管道和干粉炮到达保护区扑灭火灾，从而实现自动灭火功能。

机械应急启动：当自动与手动按钮均失灵时，可采用机械应急启动。关闭电控电源、拔出驱动气瓶上的瓶头阀3插销，手动扳动机械应急手柄24，驱动气体经过减压阀9进入干粉罐17，充压到设定压力值1.4MPa后，电动球阀10打开，干粉灭火剂经管道和干粉炮到达保护区扑灭火灾，从而实现自动灭火功能。

干粉消防系统启动流程如图3-7-14所示。

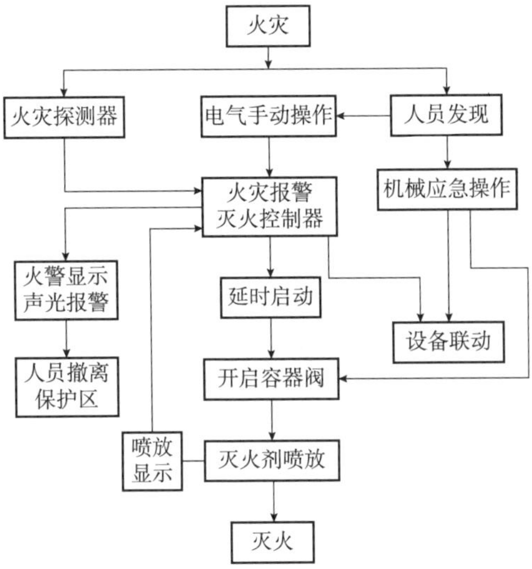

图3-7-14　干粉消防系统启动流程图

(三)干粉消防系统恢复

系统复位：复位灭火探测报警，插上驱动气瓶安全插销。卸下氮气钢瓶，关闭高压球阀5，更换瓶头阀膜片，打开电动球阀10，直到干粉管内压力与大气压一致，然后关闭电动球阀，关闭已打开的所有对应球阀。

充装干粉：首先检查干粉罐底部出口法兰15螺栓是否紧固，橡胶密封圈是否完好，放置是否正确。打开加粉孔13，检查罐内有无积水、杂物和潮湿结块的剩余干粉，若有应及时清除。装粉时严禁将结块干粉和杂物装入罐内，以免发生堵塞管道造成事故，避免高温、潮湿天气装粉。安装完成后必须及时将罐口、密封圈擦拭干净，不得有干粉或其他杂物。

系统吹扫步骤：手动打开干粉罐底部法兰，放出剩余干粉。手动关闭气动阀及卷盘球阀18。打开相应吹扫阀12。拔出吹扫瓶瓶头阀插销。启动吹扫瓶吹扫干粉罐17。罐体完毕后，关闭高压球阀5并安装好罐底法兰。打开气动阀及高压球阀5吹扫管路。

(四)干粉消防系统维护保养

当压力设备的调试或距离上一次关闭到再次启动的时间间隔过长(超过6个月)，可查看更换设备上的密封材质。操作人员必须遵守操作规程，对各个部件及连接处每年检查一次。定期检查气瓶压力是否在规定范围内，低于规定值时应立即更换或修复，并填充压力至规定值。定期检查设备的阀门、减压器、压力表等部件是否处于正常工作状态。干粉罐的安全阀每年必须进行一次校验，安全阀启动压力为1.65MPa。干粉灭火剂一般每年至少进行一次常规检查，查看是否有结块现象，若有则应立即更换灭火剂。每隔5年进行取样送至专业单位检测，如不符合标准应立即更换。每次使用后应彻底将管道中残留余粉吹扫干净，对出粉气动阀、减压阀重新调试，按照要求重新填充干粉灭火剂，氮气瓶重新填充氮气。对一次性膜片进行更换。

四、雨淋消防系统

雨淋消防系统由开式洒水喷头、水流指示器、湿式报警阀组以及管道和供水设施等组成。准工作状态时雨淋阀上游处于充水保压状态。当保护区域内发生火灾时，雨淋阀自动开启，消防水经减压阀减压至0.7MPa后输送至LNG储罐顶部、码头等区域，通过喷头向所保护区域喷洒消防水灭火或对相关设备进行冷却保护。如图3-7-15～图3-7-17所示。

图3-7-15　雨淋阀(右)及减压阀(左)

图3-7-16　雨淋阀设施功能

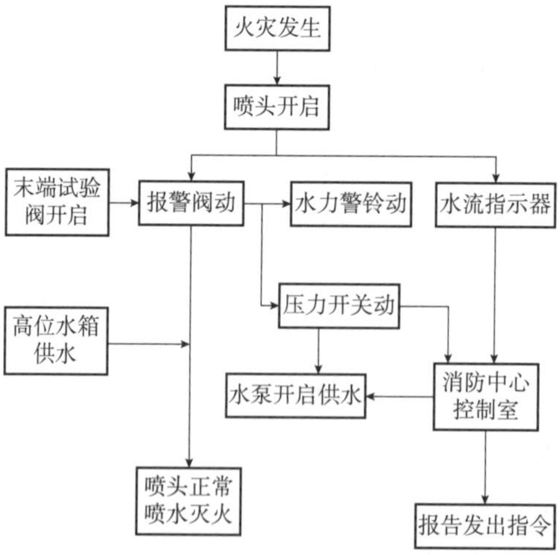

图3-7-17　雨淋消防系统工作流程图

五、消火栓

天津 LNG 接收站共设置 220 座消火栓，其中栓炮一体消火栓 36 座（图 3－7－18、图 3－7－19），分布于接收站码头、储罐区、工艺区、计量外输区、槽车充装站、厂前区、建筑内等区域。消火栓设置 80mm 接口两个、100mm 接口一个，可为消防车供水，可通过炮头（栓炮一体）或直接连接消防水带喷水进行消防救援。

图 3－7－18　消火栓

图 3－7－19　栓炮一体消火栓

六、灭火器

天津 LNG 接收站结合生产实际，主要配备干粉灭火器、二氧化碳灭火器和水基型泡沫灭火器。

（一）干粉灭火器

干粉灭火剂一般分为 BC 干粉灭火剂（碳酸氢钠等）和 ABC 干粉（磷酸铵盐等）两大类，其对应灭火种类包括 A 类火灾：固体物质火灾；B 类火灾：液体火灾和可熔化的固体物质火灾，如汽油、煤油、柴油、原油，甲醇、乙醇、沥青、石蜡等火灾；C 类火灾：指气体火灾，如煤气、甲烷、乙烷、丙烷、氢气等火灾。

8kg 手提式干粉灭火器（图 3－7－20）使用方法：①将灭火器提到距火源适当位置；②拔去保险销，压下压把，灭火剂便会喷出；③让喷嘴对准火焰根部进行灭火。

检查方法：①压力表应在绿色区域；②保险销应完整；③软管无破损、堵塞；④瓶体无凹坑、无严重锈蚀；⑤铭牌完整、清晰。

50kg 推车式干粉灭火器（图 3－7－21）使用方法：①一人展开喷射软管；②另一人拔掉保险销，提起阀门拉杆；③拿起喷枪打开手阀，上风方向距火源 6m 站立；④紧握喷枪对准火焰根部喷射。

检查方法：①压力表数值应在绿色区域；②保险销应完整；③瓶体无凹坑、有无严重锈蚀；④软管无破损、黏连；⑤铭牌应完整、清晰；⑥阀门拉杆和手阀完整有效。

图 3-7-20 8kg 手提式干粉灭火器

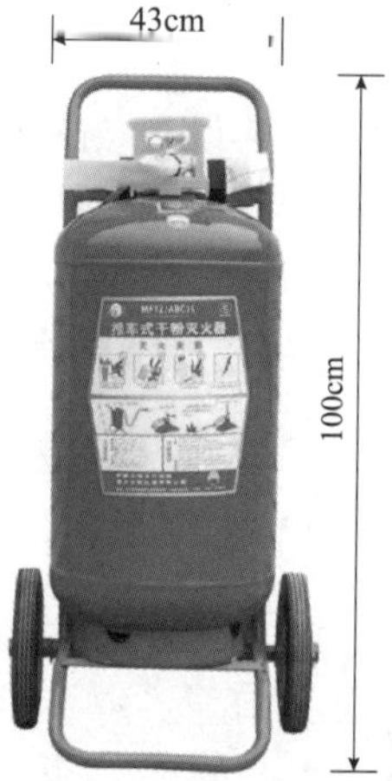

图 3-7-21 50kg 推车式干粉灭火器

（二）二氧化碳灭火器

二氧化碳灭火器加压将液态二氧化碳压缩至钢瓶中，灭火时再将其喷出。二氧化碳有流动性好、喷射率高、不腐蚀容器和不易变质等优良性能，用来扑灭图书、档案、贵重设备、精密仪器、电压600V 以下电气设备及油类的初期火灾。

5kg 二氧化碳灭火器（图 3-7-22）使用方法：①拔出保险销，一只手握住灭火器喇叭筒根部的手柄，另一只手紧握启闭阀的压把；②使用时，不能直接用手抓住喇叭筒外壁或金属连接管，防止手被冻伤；③使用二氧化碳灭火器时，在室外使用的，应选择上风方向喷射；④室内窄小空间使用的，灭火后操作者应迅速离开，以防窒息。

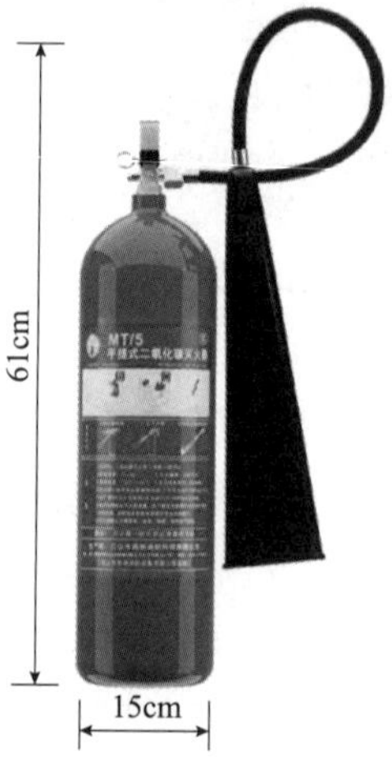

图 3-7-22 5kg 二氧化碳灭火器

检查方法：①查看瓶体铭牌应清晰无破损；②保险销应完整；③瓶体无凹坑、锈蚀；④每月称重检查。

（三）水基型泡沫灭火器

水基型泡沫灭火器内部装有 AFFF 水成膜泡沫灭火剂和氮气产生的泡沫，喷射后泡沫层析出的水在燃料表面形成一层水膜，使可燃物与空气隔绝。适用于扑救固体或非水溶性液体的初期火灾，如木竹类、织物、纸张及油类物质等。水基型灭火器具有灭火效率高、有效期长、抗复燃等优点。

6kg 手提式水基型灭火器（图 3-7-23）使用方法：①使用时先拔出保险销，按下压把，泡沫立即喷出，将喷嘴对准火焰根部横扫，迅速将火焰扑灭；②灭火时应果断、迅速，灭油火时不要直接冲击油面，以免油液激溅引起火焰蔓延；③使用时应竖直操作，切勿横卧或倒置。

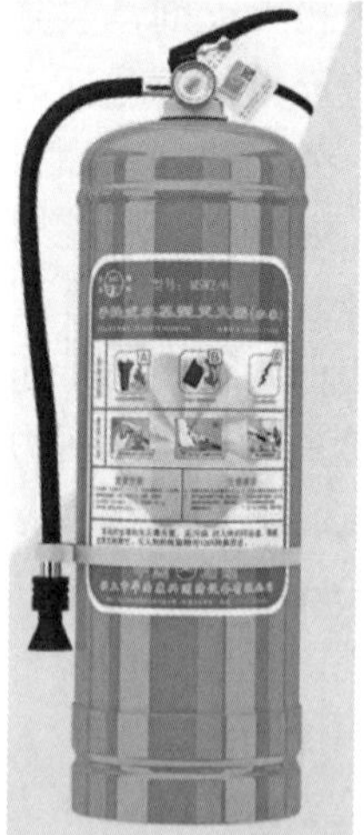

图 3-7-23 6kg 手提式水基型灭火器（AFFF 水成膜泡沫灭火剂）

检查方法：①压力表应在绿色区域；②保险销应完整；③软管无破损、堵塞；④瓶体无凹坑、无严重锈蚀；⑤铭牌完整、清晰。

第三节 建筑火灾报警系统

一、监测报警系统

接收站建筑区域设置了火灾自动报警系统，各单元的火灾报警控制器间通过光纤联网。火灾探测器终端设备的主要类型有烟感探测器、火焰探测器、感温电缆线型探测器。它具有能在火灾初期，将燃烧产生的烟雾、热量、火焰等物理量通过火灾探测器变成电信号，传输到火灾报警控制器，并同时以声或光的形式通知整个楼层疏散。控制器记录火灾发生的部位、时间等，使人们能够及时发现火灾并采取有效措施扑灭初期火灾，最大限度地减少因火灾造成的人员生命和财产损失。建筑火灾报警系统控制逻辑如图 3－7－24 所示。

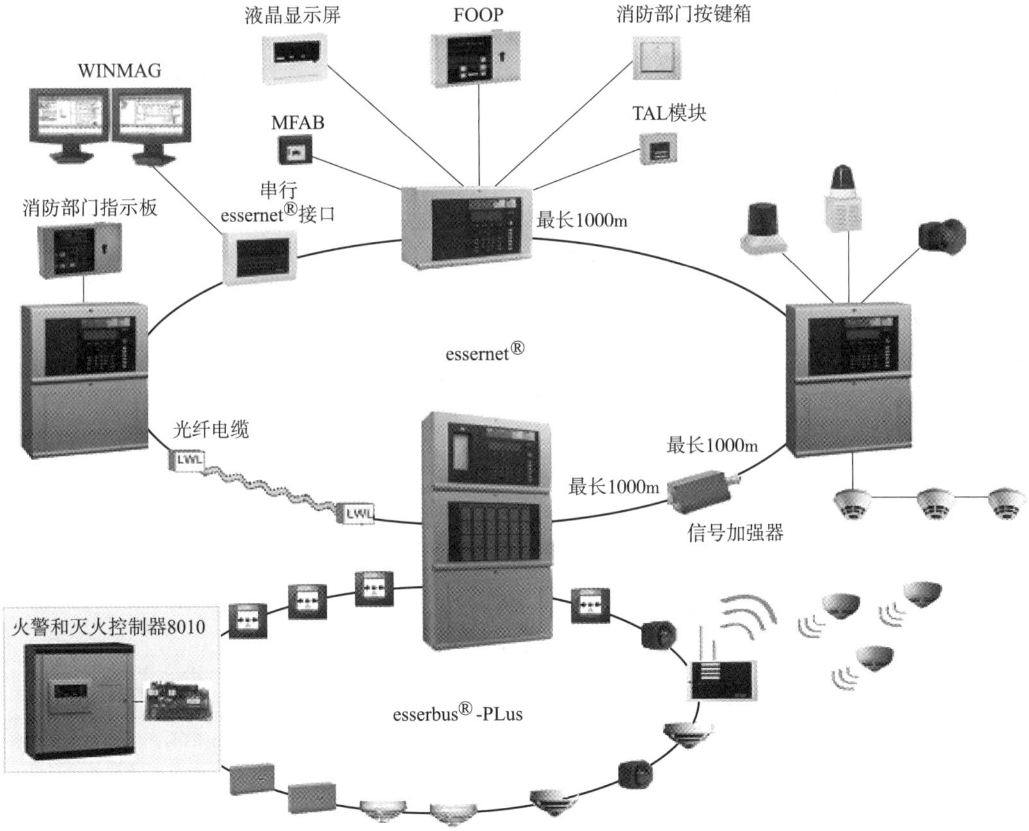

图 3－7－24 建筑火灾报警系统控制逻辑图

二、气体灭火系统(七氟丙烷)

天津 LNG 接收站机柜间、码头控制室、配电间等配置气体灭火系统，其灭火药剂为七氟丙烷，结构为柜式灭火装置也称为无管网灭火系统、预制灭火系统。它是集灭火剂储存容器组件、管路、喷嘴、阀门驱动装置、火灾探测部件、控制器为一体的能自动探测并实施灭火的设备，可直接向保护区内自动喷洒灭火剂。气体灭火系统具有自动和手动两种启动方式。灭火剂七氟丙烷以化学灭火为主，兼有物理灭火作用，无色、无味、清洁、不导电、不污染被保护对象，不会对财物和精密设备造成损坏。

天津 LNG 接收站选用容积为 70L，灭火剂存储压力 2.5MPa，最大工作压力 4.2MPa，工作启动电源 24V DC，以氮气为驱动的全淹没式柜式七氟丙烷灭火装置。如图 3－7－25 所示。

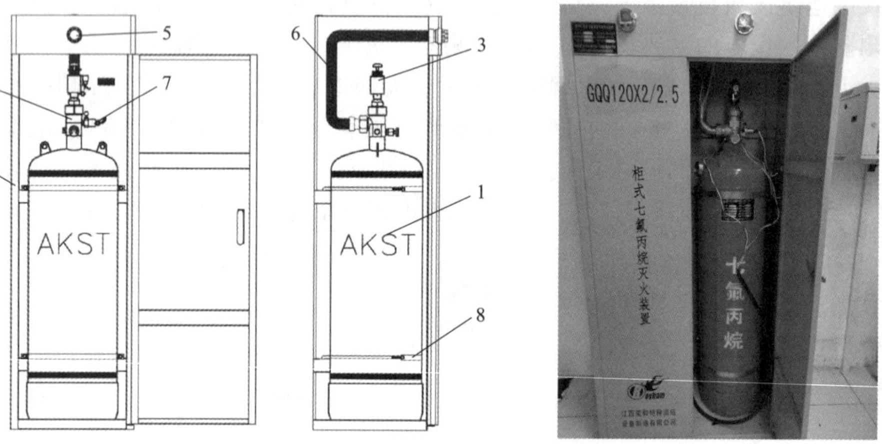

图 3－7－25　气体灭火系统瓶组装置

1—灭火剂储瓶；2—容器阀；3—电磁驱动装置；4—瓶组机柜；5—喷嘴；6—柜式连接管；7—启动管道；8—安装组件

第四节　主要消防应急救援设施

一、消防救援车辆

天津 LNG 消防队配备 6 辆消防救援车辆，其中 2 辆泡沫消防车、1 辆高喷消防车、1 辆干粉消防车、1 辆水罐消防车、1 辆通信指挥车。见表 3－7－1。

表 3－7－1　消防车配备情况

名称	主要参数	底盘	灭火药剂
高倍数泡沫消防车 1	6t 水，6t 泡沫	进口底盘(奔驰)	高倍数泡沫 3%(G、－20℃)耐海水
高倍数泡沫消防车 2	6t 水，6t 泡沫	进口底盘(奔驰)	高倍数泡沫 3%(G、－20℃)耐海水
干粉消防车	2×3t 干粉	进口底盘(奔驰)	磷酸氢氨盐(ABC 类灭火剂)
高喷消防车	6t 水，3t 泡沫，最大举升 60m	进口底盘(沃尔沃)	水，高倍数泡沫 3%(G、－20℃)耐海水
水罐消防车	18t 水，最小转弯半径 12m	国产底盘(汕德卡)	18t 水
通信指挥车	电台通信	依维柯	—

（一）高倍数泡沫消防车

高倍数泡沫消防车（图3-7-26）主要用于灭火或通过喷射泡沫覆盖挥发的液化天然气，减缓其挥发速度，避免形成爆炸性蒸汽云。

图3-7-26 高倍数泡沫消防车

主要设备及技术参数如下：

（1）高倍数泡沫发射器：规格 *DN*500，泡沫发泡倍数为500倍，流量为3~5L/s，工作压力为0.4~1.0MPa。

（2）自摆消防炮：流量20~40L/s，射程≥60m。

（3）移动消防炮：流量40~60L/s，射程≥85m；泡沫射程≥75m，仰俯角-15°~75°，水平旋转角度255°。

（4）多功能水枪：流量每秒10~18.5L/s，射程≥46m。

（5）泡沫枪：泡沫液比例3%~6%，型号PQ16，射程32m，压力0.7MPa，泡沫液流量0.96L/s，混合液流量16L/s。

（6）车载消防炮：控制方式包括有线、无线遥控，遥控距离120m，水平自摆角度0°~90°任意设定，额定压力1MPa，额定流量100L/s，水平旋转角度355°，俯仰角-15°~75°，6000L水可持续喷射60s。

（7）车载灭火剂容量：6t水，6t泡沫。

（二）干粉消防车

干粉消防车（图3-7-27）通过喷射干粉，运用其化学抑制及覆盖隔绝作用灭火。

图3-7-27 干粉消防车

主要设备及技术参数如下：

（1）干粉系统：两座干粉罐共计储存6t干粉（BC类），干粉罐工作压力1.2~1.3MPa，干粉罐最大操作压力1.4MPa，配备氮气瓶18个（50L/个），氮气瓶填充压力15MPa，氮气瓶测定压力30MPa。

（2）干粉枪：流量5kg/s，干粉枪射程8m，干粉枪射高6m。

（3）干粉炮：干粉炮排量最大可达40kg/s，工作压力1.4MPa，干粉炮旋转角度270°，仰俯角度-50°~80°，射程40m。

（三）高喷消防车

高喷消防车（图3-7-28）最大喷射高度为60m，可对高处火灾进行扑救。

主要设备及技术参数如下：

（1）车载灭火剂容量6t水，3t泡沫。

（2）消防泵流量≥4800L/min，出口压力1.5MPa。

（3）车载消防炮额定工作压力1.03MPa，最大流量80L/s，有效射程：水≥90m，泡沫≥70m。

（四）水罐消防车

水罐消防车如图3－7－29所示。

主要设备及技术参数如下：

（1）车载消防炮型号：PLKD10/150型，采用电动遥控水、泡沫两用炮，消防炮设有辅助照明灯，提高夜间作战能力，水平旋转角340°，俯仰角－10°～70°，流量：在1MPa压力下，流量150L/s；射程：在1MPa压力下，有效射程水≥100m，控制方式：无线遥控、有线、手动控制等三种控制方式，遥控距离可达100m。

（2）消防泵流量：在1MPa压力下，流量170L/s。

（3）水罐容量：18300L。

图3－7－28　高喷消防车

图3－7－29　水罐消防车

（五）通信指挥车

可设置为消防救援一线指挥部，是用于火场指挥和通信联络的专勤消防车，具备通信调度及扩音对讲等功能。如图3－7－30所示。

二、多用途无人机

多用途无人机系统由无人机平台、摄像机、气体检测仪、无线喊话器、地面控制台等组成（图3－7－31），可用于应急救援现场高清图像传输、侦检、喊话等。

图3－7－30　通信指挥车

图3－7－31　无人机

飞行平台技术参数如下：

(1)总重(含双电池)：≤6.5kg。

(2)最大起飞质量：≥9kg。

(3)续航时间：空载≥55min，标配载荷时≥50min，最大载荷时≥15min(最大载荷指飞行平台允许承载的最大质量)。

(4)遥控器最大控制距离半径：15km。

(5)最大巡航速度：23m/s(可自由设定)。

(6)最大海拔飞行高度：5km，标准飞行高度>1km。

(7)抗风性：最大抗风能力≥6级。

(8)IP等级：IP54防水等级，具备中雨环境作业能力。

三、消防侦检/灭火机器人

机器人为防爆型，防爆等级Exd(ib)mb ⅡB+H2 T6Gb。具备机器人整机、炮头推杆、仰俯回转电机、控制箱、气体检测仪、红外热像仪、红外摄像机等产品。如图3-7-32所示。

图3-7-32 消防侦检/灭火机器人及拖车架

主要设备及技术参数如下：

(1)行驶速度1.5m/s，速度可调。

(2)单电池连续工作时间4h。

(3)操控方式：机器人具备遥控操作模式或双遥控操作模式，最大遥控距离1302m，具备图像视频传输功能。

(4)最大涉水深度500mm。

(5)爬坡能力90.3%(无水带)。

(6)消防炮流量：额定流量80L/s(1±6%)，可调节。

(7)射程水85m，泡沫混合液80m(配备发泡管)。

(8)视频传输距离1302m。

(9)具备5G通信功能，实现远程大流量视频回传及信息交互。

(10)气体检测功能：支持对CO_2、CO、O_2、H_2S、NH_3、Cl_2、CH_4、H_2等易燃易爆、有毒有害气体的浓度进行定性、定量检测。

(11)测温功能：机器人搭载红外热像仪，具备人体自动检测功能，解决强烟雾下可见光无法看清的人员目标问题，能够检测救援现场人员，同时可实现实时监测异常温度目标。

五、破拆及堵漏工具

(一)破拆工具

(1)手动破拆工具组(图3-7-33)。

手动破拆工具组是一种金属材质的无须动力、单人即可操作的救援工具，用于救援初期。这些工具包括多种工作头，如凿、切、砸、撬等，以适应不同的破拆救援需求。

(2)无齿锯(图3－7－34)。

无齿锯所配备锯轮为无锯齿形砂轮片，通过电机或发动机高速转动带动砂轮片切削物体进行破拆。

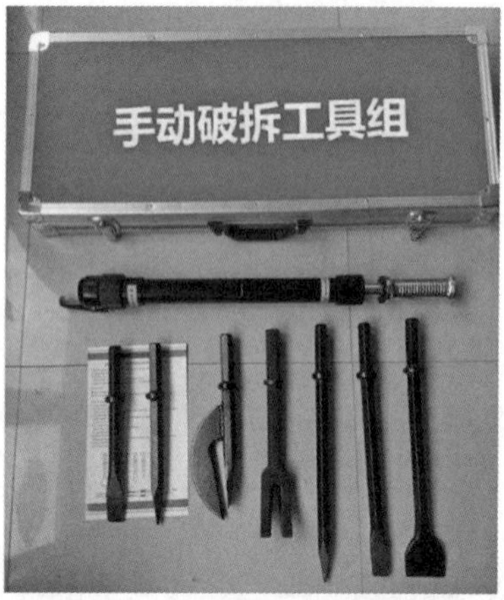

图3－7－33　手动破拆工具组

图3－7－34　无齿锯

(3)机动链锯(图3－7－35)。

机动链锯由电动机(包含汽油发电机构)和链锯构成。主要用于切割木质材料，机动链锯轻便易携，可在无电源区域使用，比传统手动链锯切割更高效。

图3－7－35　机动链锯

(二)堵漏工具

(1)木制堵漏楔(图3－7－36)。

木制堵漏楔，采用红松木材质，经蒸馏、干燥和防腐处理，用于各种容器点、线裂纹产生泄漏临时堵漏，以及各类孔、洞的泄漏在较低压力下的堵漏作业。

主要技术参数如下：

①工作压力：0.1～0.8MPa；

②适用温度：－70～100℃；

③适用圆孔尺寸：$\Phi 5 \sim \Phi 100$mm；

④使用缝隙尺寸：5～100mm。

(2)注入式堵漏工具(图3－7－37)。

注入式堵漏工具是通过手动注压泵向漏点注入胶结剂并配套使用钢带固定进行堵漏，主要用于高温高压下阀门、法兰盘、管道的堵漏作业。

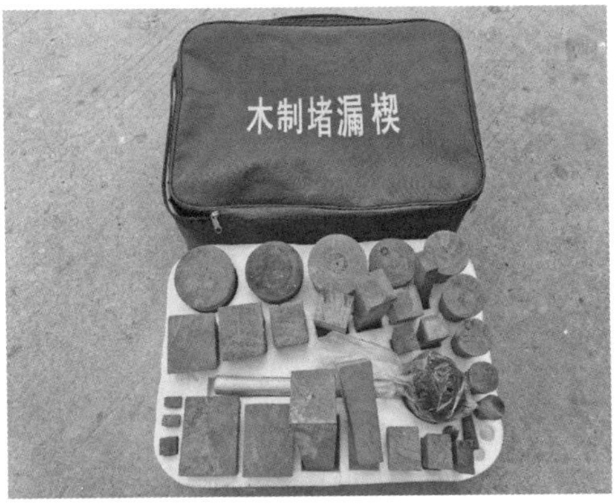

图3-7-36 木制堵漏楔

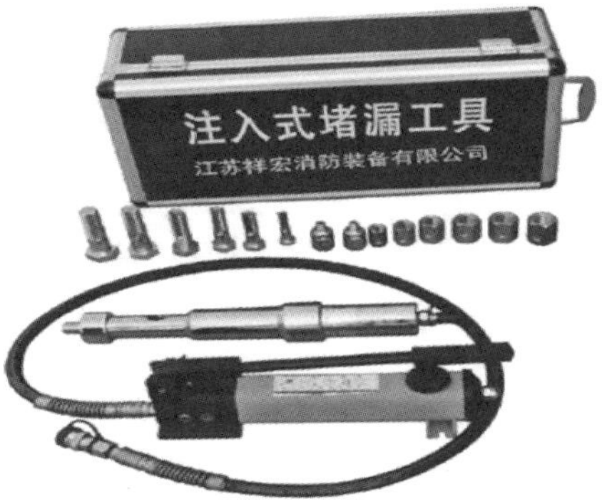

图3-7-37 注入式堵漏工具

主要技术参数如下：

①手动高压泵最高工作压力：63MPa，使用压力≤35MPa；

②钢带规格有：1600mm、1500mm、1200mm、1000mm；

③使用温度：100～400℃。

(3)金属堵漏套管(图3-7-38)。

金属堵漏套管为外包式金属管，主要用于管道堵漏。通过将堵漏胶涂于金属堵漏套衬垫内侧并套于泄漏的管道上，扣紧螺栓和螺母加压实现堵漏。

适用于介质湿度在-70～250℃、压力在-10～2.5MPa的各种管道孔、洞、裂纹泄漏的堵漏。修复后可承受压力为2.5MPa。

主要技术参数如下：

①堵漏温度：-70～250℃；

②可堵压力：≤2.5MPa；

③耐内压力：≤2.5MPa(修复后能承受的介质压力)。

图3-7-38 金属堵漏套管

第八章　公用系统

第一节　给水系统

接收站给水系统包括生活给水系统、生产给水系统、低压消防系统和中高压消防系统四个部分。如图 3-8-1 所示。

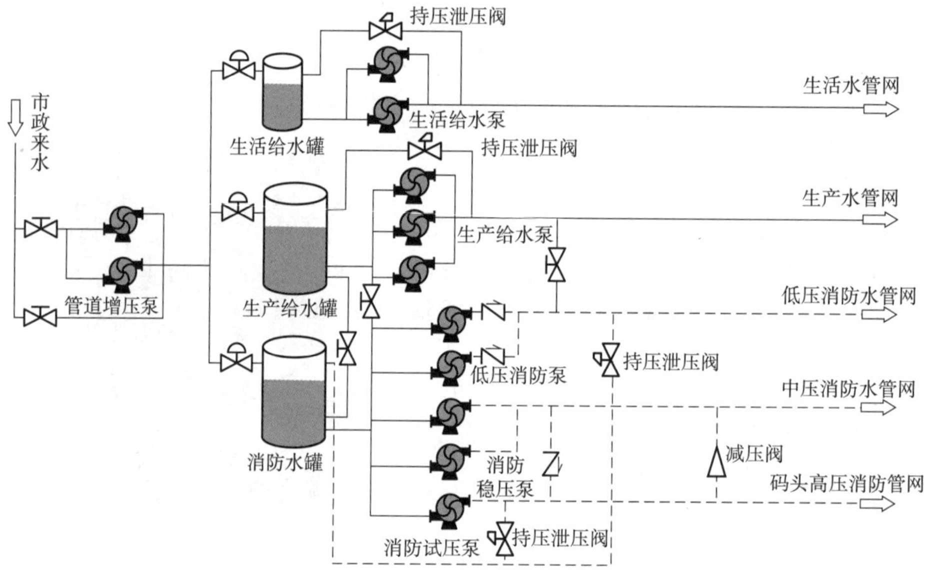

图 3-8-1　给水系统示意图

一、主要设备及设施

1. 主要设备

包括生活给水泵 0509-P-01A/B；生产给水泵 0509-P-02A/B/C；低压消防水泵 0509-P-03A/B；消防稳压泵 0515-P-03A/B；管道离心泵(增压)0509-P-04A/B；消防试压泵 0515-P-04。

2. 主要设施

包括生活给水罐 0509-TK-02；生产给水罐 0509-TK-01；消防水罐 0515-TK-01。

3. 主要管线

市政来水至管道增压泵进口管线；管道增压泵至生活给水罐、生产给水罐和消防水罐上水管线；生活给水罐出口至生活给水泵进口管线、生活给水泵至生活水管网管线、生活给水泵至生活给水罐稳压回流管线；生产给水罐出口至生产给水泵进口管线、生产给水泵至生产水管网管线、生产给水泵至生产给水罐稳压回流管线；生产给水泵至低压消防系统稳压管线、消防水罐出口至低压消防水泵进口管线、低压消防泵至低压消防系统管网管线、低压消防泵至消防水罐持压泄压回流管线；消防水罐出口至消防稳压泵进口管线、消防稳压泵至中高压消防系统管网管线、消防水罐出口至消防试压泵进口管线、消防试压泵至中高压消防管网管线。

二、主要工艺

1. 生活给水系统

市政给水进入生活给水储罐（容积 $50m^3$），经生活给水泵（流量 $10m^3/h$；扬程 40m）加压至 0.4MPa，供办公楼等办公区生活用水。

2. 生产给水系统

市政给水进入生产给水储罐（容积 $1000m^3$），经生产给水泵（流量 $50m^3/h$；扬程 40m）加压至 0.4MPa，供库区及码头各用水点生产用水和维持低压消防管网压力。

3. 低压消防系统

低压消防水源来自消防水罐（容积 $1000m^3$），设置低压消防泵（流量 $216m^3/h$；扬程 70m）定期试运，平时由生产水泵维持系统压力 0.4MPa，主要负责厂前区各单体建筑物室内外消火栓及消防车的消防用水。

4. 中高压消防系统

中高压消防水来自消防水罐，该消防水罐的淡水仅用于中高压消防管网的稳压、消防管网的清洗及高压消防试压。消防稳压泵（流量 $54m^3/h$；扬程 80m）用于维持中高压消防管网压力（0.7～0.8MPa）。消防试压泵（流量 $720m^3/h$；扬程 175m）用于高压消防设施试压。

第二节　氮气系统

氮气供应系统由液氮储存、液氮气化、氮气高压事故补压三部分组成。如图 3－8－2 所示。

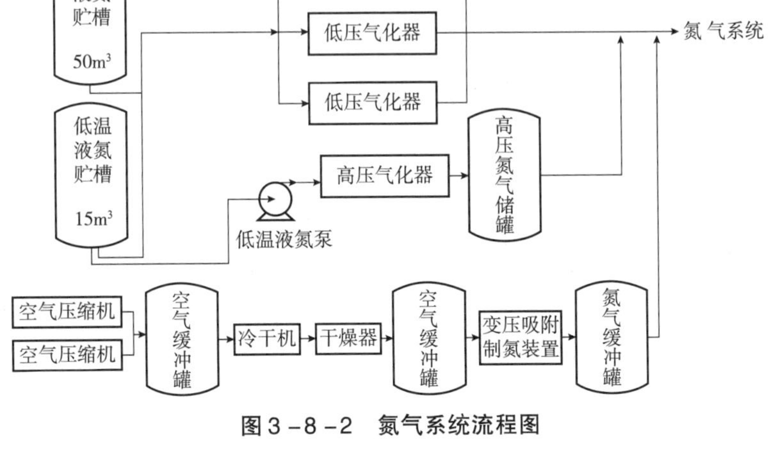

图 3－8－2　氮气系统流程图

一、主要设备及管线

1. 主要设备

PSA 无油螺杆空气压缩机 0607 - C - 003A/B；低温液氮贮槽 0607 - V - 004/005；高压氮气储罐 0607 - V - 003；PSA 压缩空气缓冲罐 0607 - V - 101；PSA 压缩空气缓冲罐 0607 - V - 201；PSA 初级过滤器 0607 - AF - 101；PSA 冷干机 0607 - AF - 201；PSA 微热再生仪表空气干燥器 0607 - DR - 003；

PSA 空气精密过滤器 0607 - AF - 102；PSA 活性炭吸附过滤器 0607 - AF - 103；PSA 变压吸附制氮装置 0607 - PA - 001；PSA 氮气缓冲罐 0607 - V - 202；PSA 粉尘过滤器 0607 - AF - 201；低温液氮泵 0607 - P - 001；低压空温式气化器 0607 - WH - 002A/B/C；高压空温式气化器 0607 - WH - 001。

2. 主要管线

低温液氮贮槽出口至低压空温式气化器管线、低压空温式气化器出口至氮气系统管线、低温液氮贮槽 0607 - V - 004 出口至低温液氮泵管线、低温液氮泵出口至高压氮气储罐管线、高压氮气储罐出口至氮气系统管线、PSA 无油螺杆空气压缩机至 PSA 压缩空气缓冲罐管线、PSA 压缩空气缓冲罐至 PSA 初级过滤器管线、PSA 初级过滤器管线至 PSA 冷干机管线、PSA 冷干机至 PSA 微热再生仪表空气干燥器管线、PSA 微热再生仪表空气干燥器至 PSA 变压吸附制氮装置管线、PSA 变压吸附制氮装置至 PSA 氮气缓冲罐管线、PSA 氮气缓冲罐至氮气系统管线。

二、主要工艺

1. 液氮工作过程

图 3 - 8 - 3　液氮气化器

使用软管连接槽车液氮出口将低压液氮贮槽充装完成。充灌完成后，关闭进料阀，利用槽车内的氮气把软管内的液氮从顶部进料排入贮槽，关闭贮槽顶部进料阀，关闭放空阀，关闭槽车气相阀。低温液氮贮槽一部分液氮进入低压空温式气化器气化后进入系统，满足氮气最大间断用量；由于接收站氮气正常使用量和最大使用量差值较大，为维持氮气用量波动时管网压力的稳定，一部分通过低温液氮泵增压打到高压空温式气化器，后进入高压氮气储罐，在发生异常需要氮气时，高压氮气储罐所储氮气在进行调压后进入系统。图 3 - 8 - 3 ~ 图 3 - 8 - 5 依次为液氮气化器、低温液氮泵和高压氮气储罐。

图3－8－4　低温液氮泵

图3－8－5　高压氮气储罐

2. PSA 制氮系统生产过程

空气经 PSA 空气压缩机压缩至 0.85MPa 左右，进入 PSA 空气缓冲罐 101，缓冲后进入 PSA 冷干机，经初步降温脱水后，进入 PSA 空气干燥器；干燥后的空气经 PSA 空气精密过滤器和 PSA 活性炭吸附过滤器处理后进入 PSA 空气缓冲罐 201；缓冲后进入 PSA 变压吸附装置，通过变压吸附原理，吸附压缩空气中的氧气，得到浓度超过 99.5% 的合格氮气，进入氮气缓冲罐；经过缓冲和压力调整后进入氮气系统。

第三节　仪表风系统

仪表风系统由空气压缩、空气分离净化干燥和空气增压压缩三部分组成。如图 3－8－6 所示。

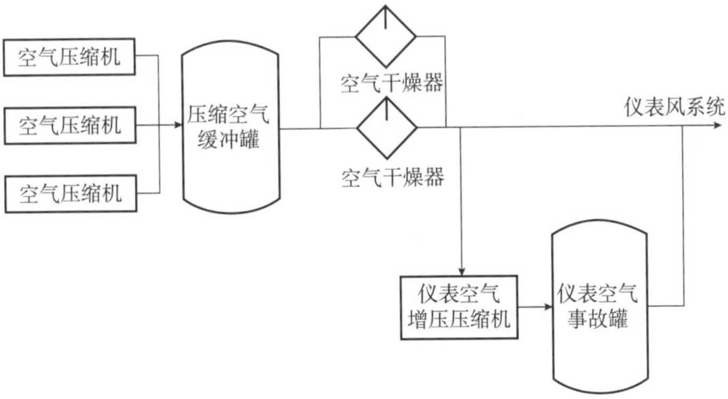

图3－8－6　仪表风系统

一、主要设备及管线

1. 主要设备

仪表风主要设备包括无油螺杆空气压缩机、仪表空气增压压缩机、微热再生仪表空气干燥器、压缩空气缓冲罐及仪表空气事故罐等。

2. 主要管线

无油螺杆空气压缩机出口并联至压缩空气缓冲罐管线、压缩空气缓冲罐出口至干燥器管线、干燥器出口至仪表风系统管线、干燥器出口至仪表空气增压压缩机管线、仪表空气增压压缩机出口至仪表风系统管线。

二、主要工艺

空气经无油螺杆空气压缩机压缩至 0.80MPa 左右，进入压缩空气缓冲罐缓冲，缓冲后进入微热再生仪表空气干燥器；经干燥后的空气一部分进入仪表风系统，还有一部分进入仪表空气增压压缩机，增压压缩后进入仪表风事故罐，以备紧急状态时，供给仪表风系统应急使用。图 3－8－7～图 3－8－9 依次为仪表风缓冲罐、微热再生干燥器和仪表风增压机。

图3－8－7　仪表风缓冲罐

图3－8－8　微热再生干燥器

图3－8－9　仪表风增压机

第四节　软化水系统

接收站软化水系统由过滤系统、加药系统、储存供应系统和辅助系统四部分组成。如图 3－8－10 所示。

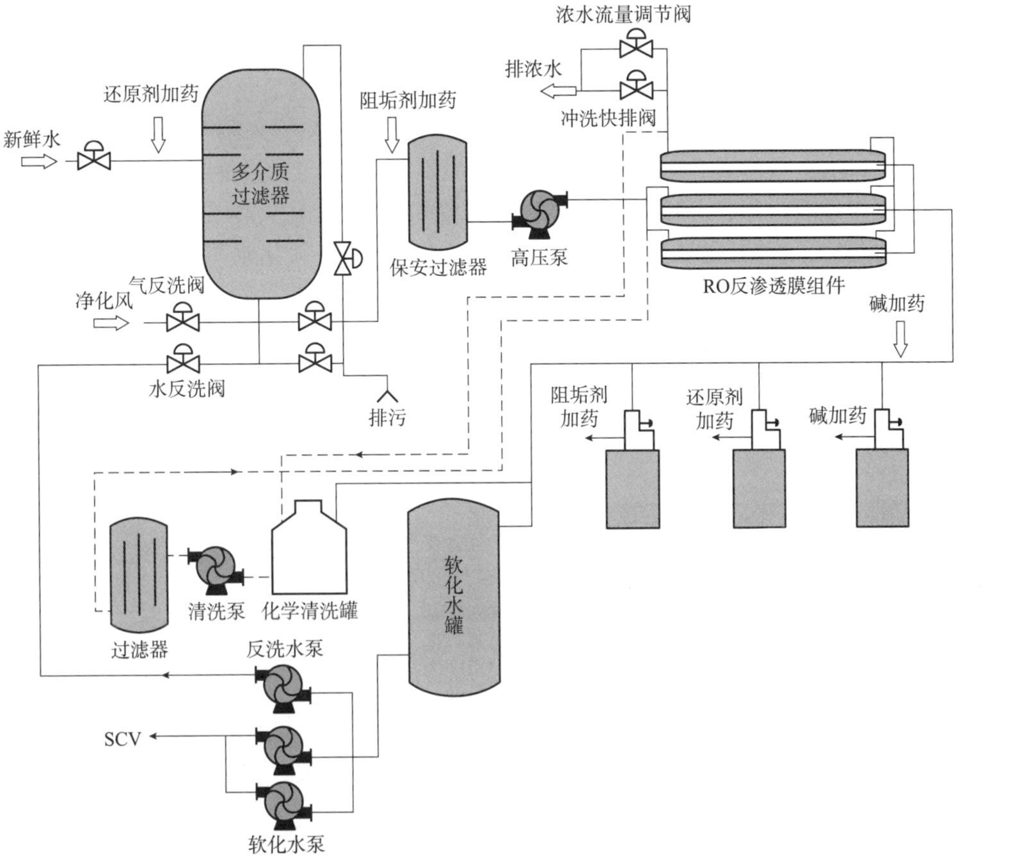

图3-8-10 给水系统示意图

一、主要设备及设施

1. 主要设备

多介质过滤器0713-SR01-1X；保安过滤器0713-SR01-2X；高压泵0713-P01-1X；反渗透膜组件0713-PK01-1X；化学清洗装置0713-PK01-5X；软化水箱0713-V-01；软化水泵0713-P-01A/B；反洗水泵0713-P01-2X；还原剂加药装置0713-PK01-3X；阻垢剂加药装置0713-PK01-2X；碱液加药装置0713-PK01-4X。

2. 主要管线

生产水至多介质过滤器上部进水管线、仪表风至多介质过滤器底部进气管线、多介质过滤器至保安过滤器管线、保安过滤器管线至高压泵进口管线、高压泵出口至反渗透膜组件进口管线；反渗透膜组件软水出口至软化水箱进口和化学清洗装置药箱补水管线，反渗透膜组件排浓盐水管线，阻垢剂药箱补水水管线，还原剂药箱补水水管线，碱液药箱补水水管线，软化水箱出水口至软化水泵进口管线，软水水泵出口至SCV补水口管线，软化水箱出水口至反洗水泵进口管线，反洗水泵至多介质过滤器下部管线，多介质过滤器顶部排水排气管线，化学清洗装置至化学清洗泵管线，化学清洗泵至反渗透膜组件的化学清洗管线，反渗透膜组件至化学清洗装置的化学清洗回路管线。

二、主要工艺

新鲜水由还原剂加药装置 0713 - PK01 - 3X 加入还原剂后进入多介质过滤器 0713 - SR01 - 1X，过滤完成后由阻垢剂加药装置 0713 - PK01 - 2X 加入阻垢剂后进入反渗透组件 0713 - PK01 - 1X，在组件中通过保安过滤器 0713 - SR01 - 2X 过滤、高压泵 0713 - P01 - 1X 加压、反渗透膜过滤；完成之后由碱加药装置 0713 - PK01 - 4X 进行加碱，进入软化水箱 0713 - V - 01，一部分由软化水泵 0713 - P - 01A/B 提升软化水至管网，进入生产系统，另一部分由定压补水装置向供热系统补水。

软化水系统另设一台反洗水泵 0713 - P01 - 2X，对系统进行反洗；反渗透组件 0713 - PK01 - 1X 设置化学清洗装置 0713 - P01 - 5X，包括清洗过滤器、清洗水泵及清洗水箱，对反渗透膜进行清洗。图 3 - 8 - 11 ~ 图 3 - 8 - 13 依次为保安过滤器、反冲洗水泵和反渗透膜。

图 3 - 8 - 11　保安过滤器

图 3 - 8 - 12　反冲洗水泵

图 3 - 8 - 13　反渗透膜

第五节　污水处理系统

接收站污水处理系统包含生活污水系统、生产污水系统、清净废水系统、泡沫集液池、污水处理装置。如图 3 - 8 - 14 所示。

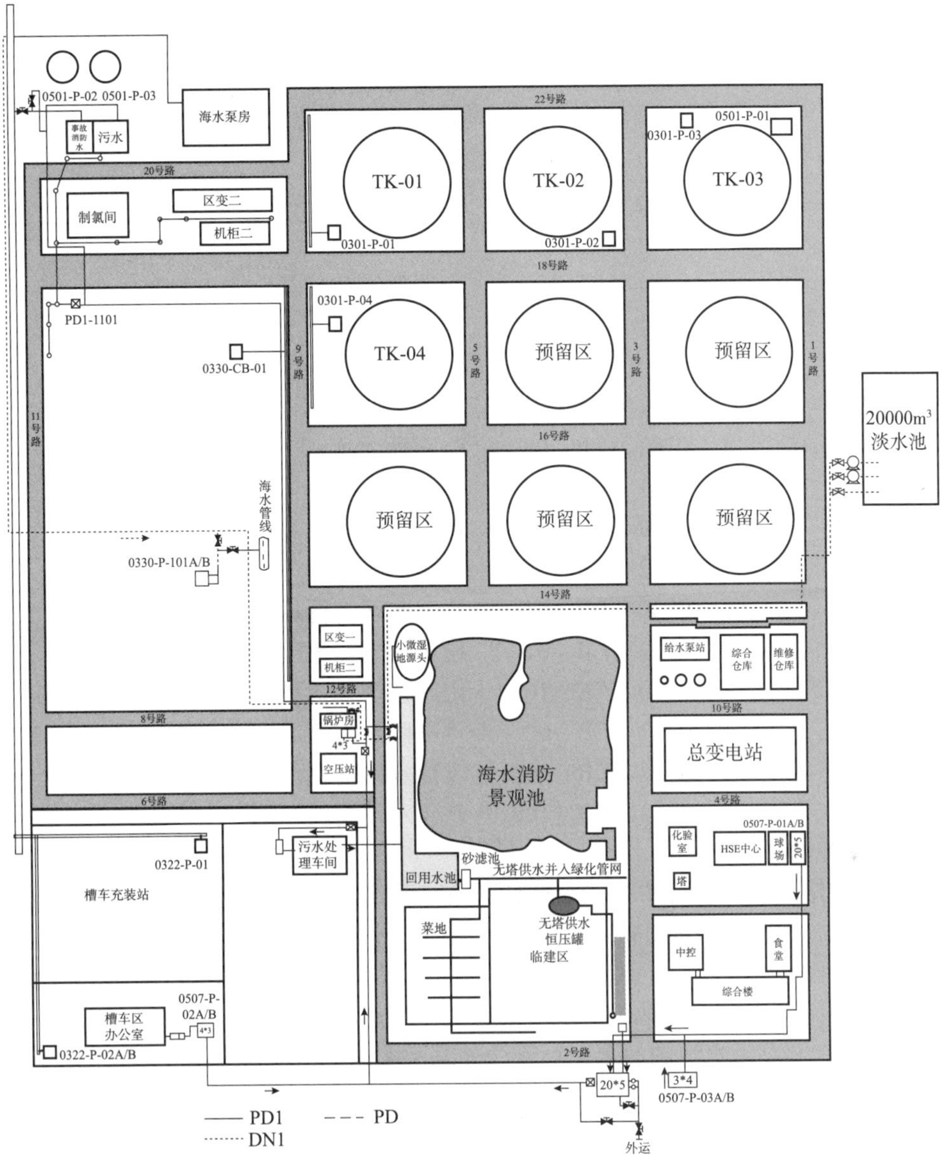

图 3－8－14　接收站污水处理系统布置图

一、主要设备设施

1. 主要设备

包括 24 个收集池，共计配备排水泵 32 台、1 套污水处理设备，其中污水处理设备包括调节池、生化池、膜池等。

2. 主要设施

事故消防水收集池	0501－CB－01	3#LNG 储罐东北侧
事故消防水收集池	0501－CB－02	火炬南侧西池
污水收集池	0501－CB－03	火炬南侧东池

生活污水池(一)	0507 - CB - 01	HSE 中心东侧
生活污水池(二)	0507 - CB - 02	槽车区东南角
生活污水池(三)	0507 - CB - 03	中心控制室正南
总污水池	0507 - CB - 04	2 号路与 3 号路交叉口北
泡沫积液池	0301 - CB - 01	1#罐西南角
泡沫积液池	0301 - CB - 02	2#罐东南角
泡沫积液池	0301 - CB - 03	3#罐西北角
泡沫积液池	0301 - CB - 04	4#罐西北角
泡沫积液池	0301 - CB - 05	5#罐东南角
泡沫积液池	0301 - CB - 06	6#罐西北角
泡沫积液池	0301 - CB - 07	7#罐西北角
泡沫积液池	0301 - CB - 08	8#罐西北角
泡沫积液池	0301 - CB - 09	9#罐西北角
泡沫积液池	0312 - CB - 01	1#主码头东
泡沫积液池	0312 - CB - 02	2#主码头东
泡沫积液池	0330 - CB - 01	主工艺区高低压外输泵东
泡沫积液池	0322 - CB - 01	槽车区东北角
清净废水池	0330 - CB - 101	主工艺区 SCV 东
清净废水池	0322 - CB - 02	槽车区西南角
清净废水池	0713 - CB - 101	软化水站南侧西池
生产污水池	0713 - CB - 102	软化水站南侧东池

3. 主要管线

槽车区、储罐区和工艺区的 11 个泡沫积液池至雨排水沟的管线、码头区的泡沫积液池至污水外运管线、清净废水池 0322 - CB - 02 至雨排水沟管线、事故消防水收集池 0501 - CB - 01/02 至雨排水沟管线、生活污水池(一)与生活污水池(三)至总污水池的污水汇集管线、生活污水池(二)至总污水池的污水汇集管线、生产污水池 0713 - CB - 102 与污水收集池 0501 - CB - 03 至总污水池的污水汇集管线、总污水池至污水处理车间的管线、污水处理车间至回用水池的管线、清净废水池 0713 - CB - 101 和 0330 - CB - 101 至西北角排海口及海水泵前池的污水排放管线。

二、主要工艺

1. 生活污水系统

生活污水经过污水收集管网分别汇集进入各区域的生活污水池，然后经排水泵提升进入总污水池，再经排水泵提升至污水处理厂处理。

2. 生产污水系统

软化水站的生产污水进入生产污水池 0713 - CB - 102 和主工艺区设备、地面清洗的生产污水进入污水收集池 0501 - CB - 03，再经排水泵提升进入总污水池，再经排水泵提升进入污水车外运至污水处理厂处理。

3. 清净废水系统

软化水站的清净废水和 SCV 的清净废水经排水泵提升后进入海水泵前池预处理区。

4. 泡沫集液池

码头、槽车区、储罐区和工艺区的13个泡沫积液池收集的应急消防的泡沫液或积累的雨污水等经排水泵提升后槽车外运。

5. 污水处理装置

生活污水处理站工艺流程包括预处理单元、生化处理单元和深度处理单元。污水经外部污水管线送至处理站，进入调节池，并由调节池提升泵提升到厌氧池、缺氧池、好氧池、沉淀池、膜池依次进行处理，产水泵自膜池抽吸出水经清水池消毒后送至回用水池。回流污泥通过沉淀池污泥回流泵回流到厌氧池，对活性污泥进行重复利用。好氧池混合液通过内回流泵回流到缺氧池，对好氧池中产生的NO3 - 和NO2 - 进行反硝化处理。剩余污泥定期排至储泥罐，通过污泥脱水机脱水后处置。如图3 - 8 - 15所示。

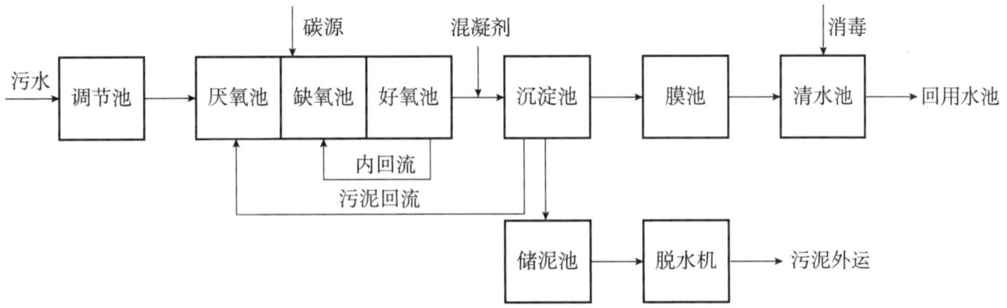

图3 - 8 - 15　污水处理装置工艺流程示意图

第六节　雨排系统

雨排系统按照站区周围道路、建筑物场地标高，并沿马路铺设排水明渠，将站内道路两侧的雨水通过沟渠，有组织地排往临海一侧。场区内地面雨水分侧分区域采用雨水箅子收集到暗管，再通过场内排水明渠，从接收站雨排海口集中排放。

第四篇　LNG 接收站计量分析

第一章　液化天然气计量

第一节　LNG 装/卸船计量

目前国际上商品天然气计量主要有体积计量和能量计量两种方式。国际贸易中，通常以美元/百万英热单位($/MMBTU)对 LNG 计价，定价机制与原油价格(如日本输入原油到岸价，JCC)挂钩，并通过定价公式加以合理调整。

LNG 与原油、液化石油气(LPG)等液态石油类似，可通过动态和静态两种方式进行计量。但由于 LNG 的超低温(约 -160℃)和易挥发等特性，目前尚不能简单地用流量计对其进行实时动态测量。现行的 LNG 国际标准仅对静态计量方式进行了严格的约定。LNG 静态计量是通过测量储罐的液位等参数后计算其体积，再使用密度计算质量。在能量计量方式中，还要计算发热量和能量。

根据不同的贸易条款，如 FOB(装载港船上交货)或 DES(目的港船上交货)，LNG 的计量会始于不同的交付点。对于 FOB 合同项下的货物，其交付点为货物越过装载港管线和 LNG 船装载管线法兰连接处，计量通常始于 LNG 在装载港开始装载之前。而对于 DES 合同项下的货物，其交付点为货物越过 LNG 船卸载管线和卸载港管线法兰连接处，因此计量通常始于 LNG 到达卸载港开始卸载之前。

一、测量设备及配置要求

(一)LNG 船舶

1. 船舱液位测量

LNG 静态计量方式是通过液位计测量 LNG 的液位，再通过液位计算 LNG 的体积。LNG 船计量液位计一般为雷达液位计、电容式液位计或浮子液位计。一般情况下 LNG 船的每个船舱都应至少装两台不同测量原理的液位计，一台作为主要液位计，另一台作为辅助液位计。当主液位计出现故障时用辅助液位计进行计量。由于雷达液位计具有准确性高、故障率低、安装方便等优点，大多数 LNG 船选择雷达液位计作为其主要液位计。读取液位时应至少连续读取 5 次，最后取几次读数的算术平均值作为 LNG 的液位值，其结果应至少精确到 0.1mm。SPA 中规定，液位计测量准确度需控制在 7.5mm 范围内。

(1)雷达液位计。

目前市场上常见的雷达液位计的工作原理主要有调频连续波(FMCW)和脉冲波两种，

其中 FMCW 雷达液位计准确度较高，多用于计量。FMCW 雷达液位计天线发射一个频率随时间线性变化的微波信号，微波遇物料后反射回来的信号和发射信号通过“混频器”进行混频。两者的差频与雷达到反射面的距离成正比，通过 FFT 变换，得到所需的距离信息。虽然 FMCW 方式测量线路较复杂，但测量准确度较高，同时干扰回波也较容易去除。雷达探测器的主体中包括微波信号源、信号处理部分。工作过程中，微波信号源输出一个波幅恒定的线性调频的微波信号，其产生的频率输出如图 4－1－1 所示。发射频率随时间的延长而增加，增加的斜率为 k，当发射出去的连续波遇到液面反射时，反射回来的信号频率如图 4－1－1 中点划线所示，它比发射信号滞后了一定时间 T。发射波的频率与时间成正比。

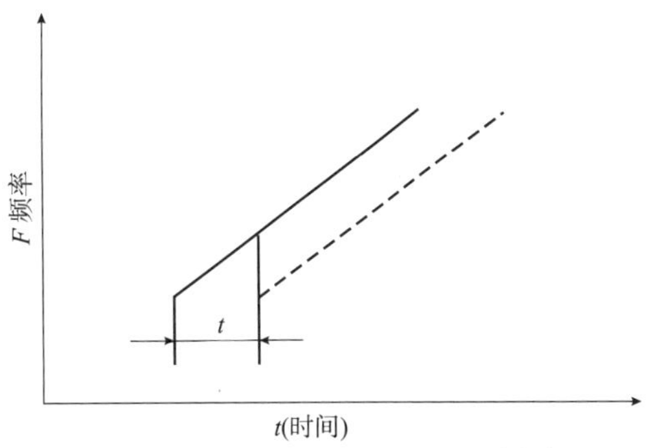

图 4－1－1　频率变化图

(2) 电容式液位计。

电容式液位计的工作原理：圆筒形电容器的电容值随液位的变化而变化。这种液位计的检测元件是两个同轴圆筒电极组成的电容器。当圆筒形电极的一部分被物料浸没时，极板间存在的两种介质的介电常数将引起电容量的变化，电容变化量和电极被浸没深度成正比。

(3) 浮子液位计。

浮子液位计是利用恒浮力原理工作的液位测量仪表。当浮子受到的向上力小于其重量或者向下力小于其排开液体的重量时，浮子最终会浮在液体表面的特性不会被改变。在稳定状态下浮子受到的浮力是恒定的。在液体表面位置发生垂直改变时，浮子的垂直位置在恒浮力作用下会随液体表面位置同步改变。通过各种机械、电磁、光学等物理手段将浮子所处的垂直位置，以操作人员可以直接读出的形式表现出来的设施，就是浮子液位计。

2. 气、液相温度测量

除了买卖双方的特殊要求，每个液货舱都应至少设置 5 个温度传感器，其中 1 个用于测量蒸发气(BOG)的温度，其余用于测量 LNG 的温度。舱顶和舱底应各安装 1 个温度传感器，分别用于连续测量 BOG 和 LNG 的温度。其余的温度传感器应该垂直平均分布在舱顶与舱底之间。一般 LNG 船的每个货舱都要配备一主一辅两套温度测量系统，主测量系统出现故障时使用辅助测量系统。温度传感器的安装需要确保当喷淋泵工作时，传感器不会受到 LNG 喷射的影响。辅助温度测量系统应安装在主要温度测量系统的邻近位置。温度传感器测量准确度要求见表 4－1－1。

表 4－1－1　温度传感器测量准确度要求

温度范围	准确度范围
－165～145℃	不超过 ±0.2℃
－145～40℃	不超过 ±1.0℃

3. 船舱压力测量

每个液货舱都应该配备1个绝对压力计(用于交接计量计算)和1个相对压力计(用于实际操作)。压力传感器的测量准确度应在±0.5%，甚至要求更优。如果测量的压力处于800~1400mbar，那么测量误差不能超过±6mbar。船舱压力取各舱压力测量值的算术平均值，结果至少应精确到0.01kPa。

4. 纵横倾测量设备

(1)如果合同双方选择采用纵倾和横倾倾斜计作为船舶纵倾和横倾测量设备，那么其测量误差不应大于±0.05°，其预期显示分辨力和读数应精确至0.01°。

(2)如果合同双方选择采用电动/气动吃水测量系统作为船舶纵横倾测量设备，那么测量误差不应大于±50mm，其预期显示分辨力和读数应精确至10mm。

(3)如果相关方在手工测量LNG船吃水的基础上计算船舶纵倾和横倾，那么这些观测值应精确至100mm，横倾的计算误差不能超过±0.05%，纵倾的计算误差不应超过±0.10m。

二、计量程序

到港LNG的计量是由独立检验第三方或在独立检验第三方的见证下完成的。历时50多年的发展，LNG到港贸易交接已逐渐形成了一套完整、精确的计量程序，其计量交接流程如图4-1-2、图4-1-3所示。

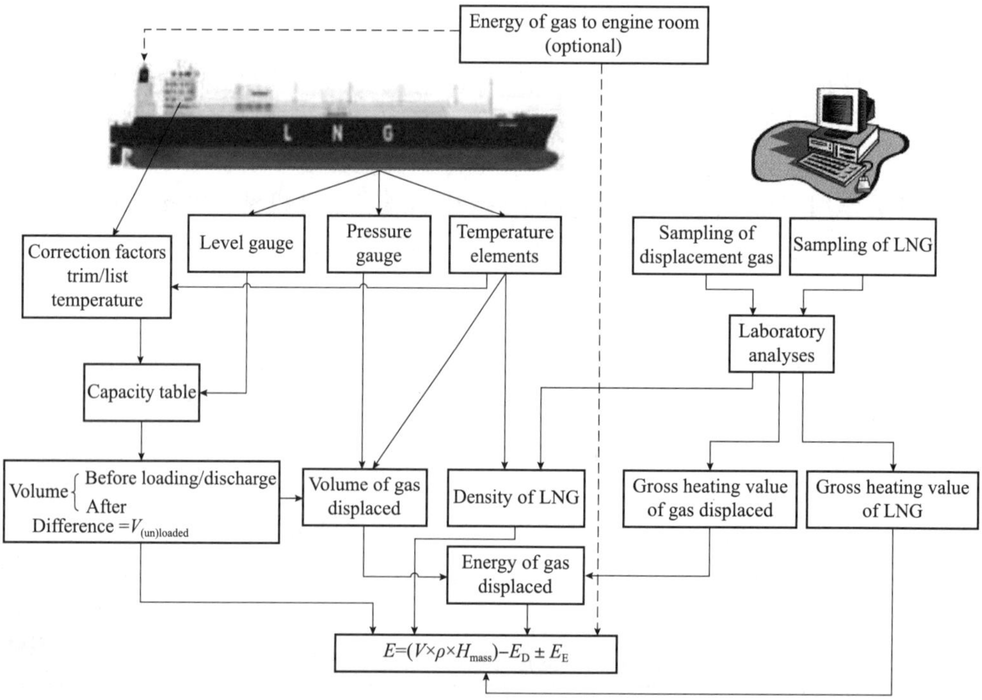

图4-1-2 简要LNG计量流程图(英文)

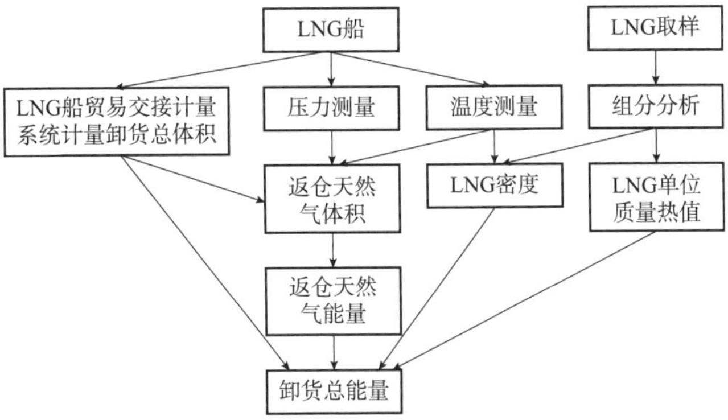

图4-1-3 简要LNG计量流程图(中文)

在货物装载/卸载前后，通过CTMS(贸易交接计量系统)对每个船舱的液位、温度、压力、纵横倾等进行读数并计算出相应舱容；装载/卸载前后相应舱容相减就得到装载/卸载货物的体积。按照一般贸易合同的规定，整个过程都需要买卖双方及其共同指定的第三方检验机构共同见证以及第三方检验机构的校验。现在国内接收站独立检验第三方包括SGS(通标)和CCIC(中测)。LNG体积计量程序如图4-1-4所示。

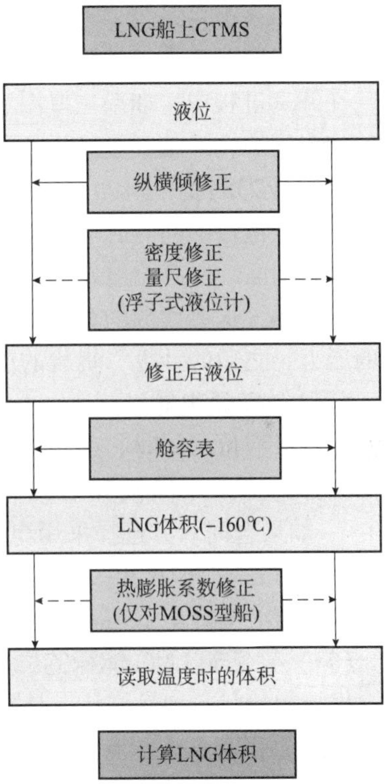

图4-1-4 LNG体积计量程序

(一)计量前检查

初始和最终状态计量前需要对船舱测量设备、工艺管道及设备等进行检查，满足双方计量交接的要求。检查的内容主要包括：船舱检定/校准证书的有效性、船舱测量设备功能、工艺管道及设备等是否满足双方计量交接的要求。相关方确认完毕后再进行下一步计量。

(二)液位测量

对于每个货舱的LNG液位，应采用时间间隔尽可能短的连续的五个读数。如果出现异常读数，应重复该过程(SPA建议，每个读数之间的时间间隔大约为15s或更少)。这五个液位读数的算术平均数应四舍五入至0.001m，并将这个算术平均数视为测量出的液位(单位：m，四舍五入至小数点后三位)。

在读取液位的同时，应对每个货舱测量出的液位进行适宜的校正以得到初始状态计量的液位。

浮子液位计：钢带或牵引索的热校正(包括储罐材料的热校正)；LNG的密度校正；纵横倾校正。以上均可从校正表查得。

电容液位计：储罐材料的热校正；纵横倾校正。以上均可从校正表查得。

雷达液位计：储罐材料的热校正；纵横倾校正。以上均可从校正表查得。

主要液位计、辅液位计要同时测量。通常计量采用主要液位计数据，在主要液位计故障时采用辅助液位计数据进行计量。SPA 要求靠泊和卸载完毕至少 15min 待液面稳定后才进行液位测量。

(三)温度测量

在测量液位的同时，应通过温度传感器测量相应船舱中的蒸汽温度，并将数值四舍五入至 0.01℃。应读取每一个温度传感器的读数，这些温度传感器应处在良好的工作状态且处于液位上方。这些温度传感器读数的算术平均值应四舍五入至 0.1℃，该算术平均值即为初始测量时的蒸汽温度。

在测量液位的同时，应通过温度传感器测量相应船舱中的液体温度，并将数值四舍五入至 0.01℃。应读取每一个温度传感器的读数，这些温度传感器应处在良好的工作状态且浸没在液体中。这些温度传感器读数的算术平均值应四舍五入至 0.1℃，该算术平均值即为初始测量时的液体温度。

主要温度测量系统、辅助温度测量系统要同时测量。通常计量采用主温度测量系统数据，在主温度测量系统故障时采用辅助温度测量系统数据进行计量。

在卸货过程中，如果主要温度测量系统、辅助温度测量系统都出现故障时可采用其他船舱的温度进行计量。

(四)压力测量

在测量液位的同时，应通过压力传感器测量相应船舱中的绝对压力，并将数值四舍五入至 0.001bar。所有船舱之间绝对压力的确定是通过计算所有船舱的绝对压力数值的算术平均值获得，这些读数的算术平均值应四舍五入至 0.001bar，该算术平均值即为最终测量时的压力。之后的计算，货舱的压力单位可以按协商的系数换算至千帕并精确至 0.1kPa。

(五)纵横倾测量

在测量液位的同时，还应测量纵倾、横倾。纵倾、横倾数据主要用于液位校正。如果合同双方选择采用纵倾和横倾倾斜计作为船舶纵倾和横倾的测量设备，读数应精确至 0.01°。如果合同双方选择采用电动/气动吃水测量系统作为船舶纵横倾的测量设备，读数应精确至 10mm。如果相关方在手工测量 LNG 船吃水的基础上计算船舶纵倾和横倾，那么这些观测值应精确至 100mm。

(六)装/卸船 LNG 体积的确定

根据初始状态和最终状态计量结果确定装船或卸船的 LNG 体积：装载港 LNG 装船体积由船舱装货后体积减去装货前体积得到；到港 LNG 卸货体积由船舱卸货前体积减去卸货后体积得到。由此获得的计量结果应该精确至立方米。

1. 初始状态计量

(1)初始计量状态时间。

在终端的气相返回臂、装/卸料臂连接并置换后立即进行初始状态计量，在计量之前确认 LNG 船是否满足以下要求：

①停止所有货物设备的泵和压缩机；

②看情况关闭锅炉的燃气主阀；

③如果 LNG 船上装有再液化设备，应将其停止；

④如果 LNG 船上装有气体燃烧设备(“GCU”)，应将其停止；

⑤关闭 LNG 船上汇管的 ESD(紧急停车系统)阀(液体和气体)。

SPA 指出尽快进行初始状态计量，但是至少在停泊后使液面稳定 15min。在此期间应该完成上面列出的所有要求。

(2)计量程序。

①检查计量和测量设备的功能；

②确定液位；

③纵横倾修正；

④确定蒸汽温度；

⑤确定液体温度；

⑥确定压力；

⑦确定初始状态 LNG 舱容：通过 CTMS 系统计算每个船舱的 LNG 体积，计量结果应精确至立方米，每个船舱的 LNG 体积相加即得到初始状态 LNG 体积。

2. 最终状态计量

(1)最终计量状态时间。

装/卸船完成后，应排空液相装船/卸船臂使其无液体存在，并立即进行最终状态计量。在 LNG 船进行最终状态计量前应确认 LNG 船是否满足以下要求：

①LNG 船和接收站的货物传输管线的状态，在切实可行的范围内，应与卸前计量时的状态尽可能保持一致；

②停止所有货物设备的泵和压缩机；

③看情况关闭锅炉的燃气主阀；

④如果 LNG 船上装有再液化设备，应将其停止；

⑤如果 LNG 船上装有气体燃烧设备(“GCU”)，应将其停止；

⑥关闭 LNG 船上汇管的 ESD(紧急停车系统)阀(液体和气体)。

注意：至少使液面稳定 15min 后再进行计量。

(2)计量程序。

最终状态计量和初始状态计量步骤一致。

3. 确定装(卸)船 LNG 的体积

初始状态计量时的舱容与最终状态计量时的舱容之差即为卸船 LNG 的体积。

最终状态计量时的舱容与初始状态计量时的舱容之差即为装船 LNG 的体积。

(七)延期产生 BOG 量的确定

如果在船方到达锚地发出 NOR(准备就绪通知书)30h 后未装/卸船的话，就要对延期产生的 BOG 量开始计量。

发出 NOR 30h 作为开始计量状态，开始装/卸船那一时刻作为最终计量状态。两种状态计量都通过 CTMS 系统自动计量，两种状态计量之差即为延期产生的 BOG 量。

(八)延期消耗燃料量的确定

若 LNG 船上装设有蒸发气再冷凝器，且在延迟期内保持运营，责任方应支付相应的再冷凝设施的燃料消耗量。额外燃料量等于燃料油消耗率(经再液化处理)与燃料油消耗率(正常)之差乘以延期时间。

(九)能量计算

通过船上 CTMS 计量系统测量出卸载 LNG 的体积和岸上取样分析系统得到卸载 LNG 组

分数据，就可以计算出卸载LNG的密度、热值和卸载总能量。

1. 计算符号

H_{mi}：以MJ/kg为单位的组分i的总(高位)热值(以质量计)；

H_m：以MJ/kg为单位的所卸LNG的总(高位)热值(以质量计)，四舍五入至小数点后四位；

H_v：以BTU/SCF为单位的所卸载LNG的总(高位)热值(基于体积)，标准状态下LNG转化为气态并做检测所得总(高位)热值；

H_{vi}：以BTU/SCF为单位的组分i的总(高位)热值(基于体积)，标准状态下LNG转化为气态并做检测得出的总(高位)热值；

T_L：LNG卸载前即刻测得的LNG液相平均温度，以摄氏度为单位，四舍五入至小数点后一位；

T_V：LNG卸载完成后即刻测得的LNG气相平均温度，以摄氏度为单位，四舍五入至小数点后四位；

K_1：以m^3/kmol为单位的因烃存在而在T_L温度条件下产生的体积校正因子；

K_2：以m^3/kmol为单位的因氮气存在而在T_L温度条件下产生的体积校正因子；

M_i：以kg/kmol为单位的组分i的相对分子质量；

在标准状况下(15.56℃，1.01325bar)甲烷的蒸气热值为37.706MJ/m^3，用于双方参考燃烧计算。该数据依据合同为准，也可以为协商值；

V_i：以m^3/kmol为单位的组分i在T_L下的摩尔体积，四舍五入至小数点后六位；

X_i：依据气相色谱仪检测得到组分i的摩尔分数，四舍五入至小数点后四位；

X_m：甲烷的X_i值；

X_n：氮气的X_i值；

Q：已交付(卸载)LNG的能量，以MMBTU表示，四舍五入至1个百万BTU；

Q_g：返舱BOG的能量，以MMBTU表示，四舍五入至1个百万BTU；

V：卸载LNG体积，以m^3为单位，四舍五入至小数点后三位；

D：LNG密度，以kg/m^3为单位，四舍五入至小数点后一位；

1.0000575：质量热值(BTUIT)从15℃转为60℉时的修正因数；

P：装/卸载完成后LNG船舱的平均蒸汽压力，用绝对压力kPa表示；

P_b：基准压力，为14.696psi(绝压)；

P_r：H_{vi}的参考压力，在GPA 2145中为14.696psi(绝压)；

Z：基准压力(14.696psi)下的压缩因子，四舍五入至小数点后五位；

Z_{air}：参考条件下的压缩因子，0.99959；

$\sqrt{b_i}$：各组分的求和因子；

ρ_i或d_i：组分i在参考条件下的相对密度；

ρ_g：基准条件下气体混合物的相对密度；

W：基准条件下的沃泊指数，四舍五入至小数点后两位。

2. 密度计算

按照ASTM D4784，LNG的密度用修正的Klosek - McKinley方法测定。LNG密度单位为kg/m^3，计算公式如下：

$$D = \frac{\sum (X_i \times M_i)}{\sum (X_i \times V_i) - \left[K_1 + \frac{(K_2 - K_1) \times X_n}{0.0425}\right] \times X_m}$$

3. 总(高)热值(基于质量)

装/卸载 LNG 的总(高)热值，单位为 MJ/kg，计算公式如下：

$$H_m = \frac{\sum (X_i \times M_i \times H_{mi})}{\sum (X_i \times M_i)}$$

式中 $\sum (X_i \times M_i \times H_{mi})$ ——LNG 各组分热值的总和；

$\sum (X_i \times M_i)$ ——LNG 各组分相对分子质量的总和。

4. 总(高)热值(基于体积)

体积总(高)热值的计算不会影响交付能量。它的目的是用于确定交付 LNG 的热值是否在合同规定的范围内。体积总(高)热值(BTU/SCF)的计算公式如下：

$$H_v = \frac{\sum (X_i \times H_{vi})}{Z_{(\text{drygas})}} \times \frac{P_b}{P_r}$$

式中，$Z_{(\text{drygas})} = 1 - \left\{P_b \times \left[\sum (x_i \times \sqrt{b_i})\right]^2\right\}$

5. 沃泊指数

$$W = \frac{H_v}{\sqrt{\rho_g}}$$

式中，$\rho_g = \sum (X_i \times \rho_i) \times \frac{Z_{\text{air}}}{Z} \times \frac{P_b}{P_r}$

$$H_v = \frac{\sum (X_i \times H_{vi})}{Z} \times \frac{P_b}{P_r}$$

6. 质量

$$M = Q \times (1055.056 \times 1.0000575) / H_m / 1000$$

7. 返舱 BOG 热值

LNG 到港卸货期间，为保证船舱压力稳定，岸上一部分 BOG 需通过气相臂返回到船舱中，返气体积为卸货体积，返舱 BOG 热值可以按照下式进行计算：

$$Q_g = \frac{(V \times 288.15)}{(273.15 + T_v)} \times \frac{P}{101.325} \times 37.706$$

8. 能量计算

实际卸载 LNG 的总能量 Q 为卸载 LNG 能量减去返回液货舱内的 BOG 能量。

$$Q = \frac{1}{1055.056 \times 1.0000575}\left[(V \times D) \times H_m - \frac{(V \times 288.15)}{(273.15 + T_v)} \times \frac{P}{101.325} \times 37.706\right]$$

三、卸货计量过程参考标准

卸货计量过程涉及的计算方法、公式和参数通常依据国际标准。表 4 –1 –2 为在计量时较为通用的标准。

表 4-1-2　卸货计量过程中参考的标准

标准名称	标准名称
ISO 6976—2016	天然气 热值、密度和相对密度及化合物沃泊指数的计算
ISO 6578—2017	冷烃液 静态计量 计算方法
ISO 6974—2018	天然气用气相色谱法测定规定的不确定度的组分.
ISO 8943—2007	冷冻轻质烃液　液化天然气的取样　连续法和间歇法
ISO 10715—2022	天然气 取样指南
ISO 10723—2012	天然气 在线分析系统的性能评定
ISO 6142—2001	气体分析 标定用混合气体的制备 称重法
GPA 2199—1999	采用毛细管气相色谱法和硫化学发光检测法测定具体的含硫化合物
ISO 14111—2008	天然气 分析溯源性准则
ASTM D 6667—2019	用紫外荧光法测定气态烃和液化石油气中总挥发硫含量的标准试验方法
ISO 10976—2012	冷冻轻烃流体 液化天然气运输船上货物的测量
GPA 2261—2013	用气相色谱法分析天然气和类似气体混合物
GPA 2198—2003	天然气和天然气液体参考标准混合物的选择 制备、验证、照管和保存
GPA 2199—1999	采用毛细管气相色谱法和硫化学发光检测法测定具体的含硫化合物
ISO 19739—2004	天然气用气相色谱法测定硫化合物
ASTM D 4784—2003	液化天然气密度计算模型标准规范
GPA 2172—2007	成分分析中加热总值、比重和天然气混合物可压缩性的计算
ASTM D 5504—2012	气相色谱和化学发光法测天然气和气体燃料中硫化物的标准试验方法

说明：表格中采用标准的版本按照计量条款中的相关规定确定。

第二节　LNG 槽车充装量计量

国内 LNG 槽车充装量计量普遍采用全电子数字式模块化汽车衡(地衡)，其最大可称重 80t。汽车衡具有结构合理，技术先进，质量稳定可靠等特点。其内部采用放大器、A/D 转换器、微处理器、输入输出接口、程序存储器等电子器件及相应数据处理技术，对偏载、温度漂移、蠕变、非线性等有很好的补偿作用，并直接输出数字信号，提高了抗干扰性能；外壳采用不锈钢全密封结构，防湿、防腐性能好。

与数字式传感器配套的是多功能、智能化的称量显示仪，它可以根据不同的需要通过人机界面选择不同的称量和打印功能，如开机自动清零功能、自动和人工偏载调节功能、多个皮重存储及编号功能、可部分和累加及总和累加、可分段自动量程选择，有较强的故障自诊断功能，可配计算机、打印机组成称量管理系统。

整个系统称量迅速准确、工作稳定可靠、操作使用方便、安装维护简单，适用于槽车的称量计量。

一、测量设备及配置要求

电子汽车衡系统由称量部分(秤体)和显示部分(仪表和信号电缆)两大单元组成，主要包括秤台、称量传感器、连接件、限位装置、称量显示仪表及接线盒等零部件，还可以选配打印机、大屏幕显示器、计算机、电源浪涌保护器和稳压电源等外部设备。电子汽车衡系统组成如图4-1-5所示。

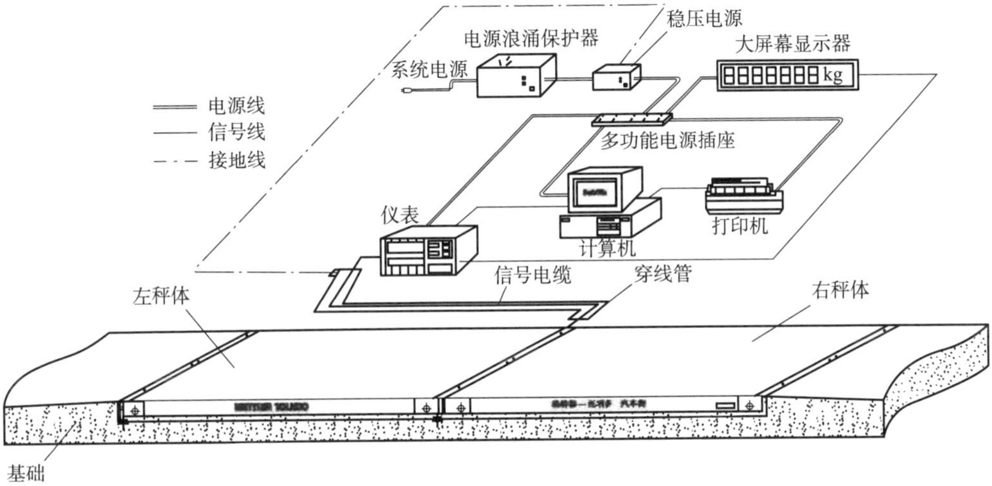

图4-1-5 电子汽车衡系统组成

(一)汽车衡

额定称重：80t；

最大安全过载：125% F. S；

允许通过的汽车轴载：40t；

检定分度值：20kg；

显示分度值：10kg；

传感器数量：8只；

准确度：OIML Ⅲ级；

电源：220VAC(-15% ~10%)，50Hz(1 ±2%)；

防爆等级：Ex ib(ib) Ⅱ BT4；DIP DPT11；

疲劳寿命：通过100万次满称量疲劳试验和15万次125%超载加速疲劳试验。

(二)称重传感器

额定容量：50t；

综合准确度：OIML C3；

蠕变(30)：≤ ±0.013% F. S；

非线性：≤ ±0.01% F. S；

滞后：≤ ±0.016% F. S；

重复性：≤ ±0.005% F. S；

IP防护等级：IP68；

防爆等级：Ex nA Ⅱ T6，DIP A22 TA85℃；

使用温度范围：-40 ~ 55℃；

最大安全过载：200% F. S；

最大极限过载：300% F. S。

(三)称重仪表

显示器：LCD 显示器，点阵带背光的 TFT 彩色显示器；显示刷新率：10Hz。

键盘：可以输入字母和数字，主要功能键：清零、去皮、清除、打印、秤台切换；数字键：0 ~ 9，小数点；3 组共 15 个可定义软键(可输入英文字符)；4 个可编程功能键。

防护等级：IP69K，防水，防尘，可用高温高压水冲洗。

A/D 转换速率：约 25 次/秒。

基本称重功能：清零，去皮，清皮，毛重和净重状态自动零跟踪。

数字滤波：TraxDSP™数字滤波和 TraxEMT™智能维护技术。

最大显示分辨率：1000000 字。

工作电压：100 ~ 240V AC，49 ~ 61Hz，电流：0. 4A。

防爆等级：EX Ⅱ BT4。

仪表自诊断功能：帮助用户快速发现故障，传感器外壳破裂及时报警。

仪表操作日志功能：TraxEMT™嵌入式软件使维护工程师会实时记录系统的状态日志，提供操作跟踪。

输入输出接口：支持 RS - 232/422/485 串口、RJ45 接口、USB 接口等通用数据接口。

二、称重管理系统

(一)工作原理

被称量物或载重汽车置于秤台上，在物体重力作用下，使称量传感器弹性体产生形变，粘贴于弹性体上的应变计桥路阻抗失去平衡，输出与质量数值成比例的电信号，经传感器内部的放大器、A/D 转换器、微处理器等电子元器件运行相应的数据处理，输出数字信号，各传感器数字信号经接线盒进入称量显示仪表直接显示出质量等数据。如果显示仪表与计算机、打印机连接，仪表可同时把质量信号输给计算机等设备组成称量管理系统。称量管理系统原理如图 4 - 1 - 6 所示。

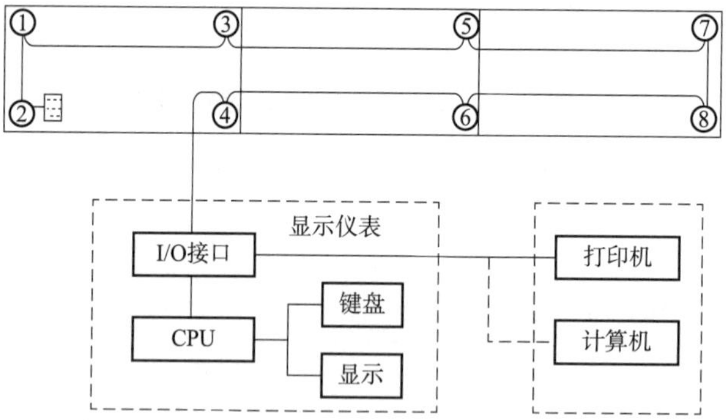

图 4 - 1 - 6　称量管理系统原理框图

(二)系统特点

称重管理系统采用数据库和模块化设计，它具有多种典型的称量方式，适合于多种称量场合使用，主要特点如下：

(1)特有的用户权限设置、皮重范围报警、操作日志功能确保诚实计量、防止作弊。

(2)特具的订单计划量功能保证收发准确。

(3)图形化菜单提示，清屏设置、数值字段公式设置功能，大大简化了操作步骤，提高了工作效率。

(4)不但具有丰富的预置磅单和报表格式，而且还具有灵活的磅单、报表定制功能，最大限度地满足了企业的管理要求。

(三)系统功能

1. 用户设置功能

满足系统的个性设置，完成串口通信、用户自定义的磅单和报表格式、修改当前用户的登录口令、屏幕刷新等设置。

2. 数据库管理功能

包括操作日志查询(便于对操作过程进行跟踪)、数据库字段设置、基础数据库(货物名、规格、客户单位名称、车号代码、车辆皮重等信息)的导入、选择数据库、数据库备份或初始化、交易数据远传至远程数据库等。

3. 数据维护功能

可进行基础数据库(货物名、规格、客户单位名称、车号代码、车辆皮重、订单等信息)的添加、删除、修改等维护。

4. 查询打印功能

对报表、未交易数据、已交易数据、已删除数据等进行浏览查询及打印。

5. 系统设置功能

完成系统运行的准备工作，进行软件使用单位名称、皮重报警范围、称量方式、质量单位及系数、语言选择等的设置。

6. 中英文切换功能

实现界面文字中英文转换。

7. 用户管理功能

分别设置操作员的模块功能使用权限。

三、槽车充装量计算方法

LNG 槽车充装量计量是使用地衡分别称空车和装载 LNG 后重车的质量。LNG 槽车充装质量计算公式如下：

$$m = m_2 - m_1$$

式中 m——装载的 LNG 质量，kg；

m_1——装载 LNG 前的空车质量，kg；

m_2——装载 LNG 后的重车质量，kg。

第三节 LNG 储罐罐存计量

国内 LNG 储罐罐存计量普遍采用智能罐表系统(ATG)配套的罐存管理软件，根据液位计测得的储罐内 LNG 的液位、多点温度计测得的液相平均温度、液位温度密度计(LTD)测得的介质平均密度及检定单位出具的罐容表(按照 LNG 介质进行静态修正后的罐容表)等信息计算 LNG 储罐罐存。

一、ATG 系统的组成

ATG 系统主要由液位计、平均温度计、液位温度密度计(LTD)、通信接口以及 Entis 罐存管理软件组成。其中液位计用于监测 LNG 储罐液位及高低液位报警；平均温度计用于监测 LNG 储罐内液相空间的平均温度和气相空间的平均温度；LTD 主要用于监测 LNG 储罐内液相的平均密度、分层密度及预测翻滚。

(一)液位计

国内普遍在每个低温 LNG 储罐罐顶安装三套液位计，用于精确测量罐存介质的液位和提供储罐液位安全联锁保护。其中第一套为主液位计，第二套为辅伺位计，第三套为报警液位计。液位计的精度不低于 ±0.4mm。国际上通用的低温 LNG 储罐液位计有雷达液位计、伺服液位计等。为保证 LNG 储罐液位的准确性，通常三套液位计不宜选用同一测量原理的设备，三套液位计可实现冗余及报警联锁保护。

(二)平均温度计

每个低温 LNG 储罐配置两套平均温度计(多采用十六点的平均温度计，共 32 点)，测点高度交错分布。测得的各点温度以 HART 通信协议方式分别接入主、辅液位计，同时根据液位计有效液位计算，得出气相、液相的平均温度，并在库存管理单元中参与计算。

(三)液位温度密度计(LTD)

每个低温 LNG 储罐配置一套液位温度密度计(LTD)，用于储罐液位、温度、液相密度的实时测量。LTD 测量仪表由机械驱动部分、一个多传感器组合的探头以及带微处理器的现场处理单元构成。在 LTD 工作时，探头在微处理器的指令下由电机驱动在 LNG 储罐中做垂直运动，抬头的运动模式可以设置成自动或手动。LTD 测得的平均密度作为液相密度，参与罐存计算。

(四)通信接口

控制室内配置通信接口，通过 BPM 扫描现场仪表，采集来自现场仪表的测量数据，并通过光纤将数据上传至罐存管理软件，同时通过光纤将计量信息上传至 DCS 系统。

(五)Entis 罐存管理软件

Entis 罐存管理软件功能强大，具有库存监控管理模块，可实现库存管理，计算体积、质量，显示液位计液位，罐内气相平均温度、液相平均温度显示等功能。

二、LNG 储罐罐存计算方法

LNG 储罐罐存计算包括气相 LNG 质量计算和液相 LNG 质量计算，二者的和即为 LNG 储罐罐存量。

(一)罐存液相质量计算

根据液位计测得储罐内 LNG 液位，通过储罐标定给出的罐容表查表得出相应液相体积及静压力修正体积。

1. 静压力修正体积计算公式

$$\Delta V_p = \Delta V_s \times d_4^t$$

式中 ΔV_p——实际使用的静压力修正容量，m^3；

ΔV_s——以 4℃时水的密度编制的静压力修正容量，m^3；

d_4^t——液体在 t℃的密度(可用标准密度值)与水在 4℃的密度的比值。

2. 罐存液相体积计算

罐容量表所示为 -163℃时的表载示值容量，在罐壁温度为 t℃时，需按以下方法进行修正：

$$V_t = (V_B + \Delta V_p)[1 + 2\alpha(t + 163)]$$

式中 V_t——修正后的液相罐容体积，m^3；

V_B——容量表示值，m^3；

α——罐壁材质线胀系数，1/℃；

t——罐壁温度，用罐内液体温度 t 代替,℃。

3. 液相 LNG 质量计算

根据 LTD 测得的介质平均密度及修正后的液相罐容体积可计算出储罐中液相 LNG 的质量。计算公式如下：

$$m_t = \rho_t V_t$$

式中 m_t——液相 LNG 质量，kg；

ρ_t——液相 LNG 密度，kg/m^3。

4. 气相 LNG 质量计算

(1)气相 LNG 密度计算。

根据理想气体状态方程式：

$$PV = NRT$$

式中 P——绝对压力，kPa；

V——理想气体体积，1/mol；

R——理想气体常数，$kPa \cdot m^3/kmol$；

T——气相温度，K。

可以推导出气相密度计算公式为：

$$\rho_{气} = \frac{PM}{RT}$$

式中 $\rho_{气}$——气相 LNG 密度，kg/m^3；

P——绝对压力，kPa；

M——甲烷摩尔质量，16.0425kg/kmol；

R——理想气体常数，$8.314510 \times 10^{-3} kPa \cdot m^3/kmol$；

T——气相温度，K。

(2)气相LNG体积计算。

$$V_{气} = V - V_t$$

式中 $V_{气}$——储罐内气相体积，m^3；

V——储罐总体积，m^3；

V_t——储罐内液相体积，m^3。

(3)储罐气相质量计算。

$$m_{气} = \rho_{气} \times V_{气}$$

式中 $m_{气}$——气相LNG质量，kg；

$\rho_{气}$——气相LNG密度，kg/m^3；

$V_{气}$——储罐内气相体积，m^3。

5. 储罐罐存计算

$$m_{总} = m_t + m_{气}$$

式中 $m_{总}$——储罐罐存，LNG总质量，kg；

m_t——液相LNG质量，kg；

$m_{气}$——气相LNG质量，kg。

第二章 天然气计量

第一节 天然气外输计量

目前国际上商品天然气外输计量主要有体积计量和能量计量两种方式。国内的广东大鹏 LNG、福建 LNG 接收站等都已经采用能量计量交接方式进行天然气外输计量。LNG 接收站作为天然气管道输送的上游，交接计量以接收站的外输计量系统为准。

外输首站要符合《天然气计量系统技术要求》(GB/T 18603—2023)标准，外输天然气品质要符合《天然气》(GB 17820—2018)，作为民用燃料的天然气，总硫和硫化氢含量应符合一类气或二类气的技术指标。

一、测量设备及配置要求

外输计量系统由超声波流量计及其上下游直管段、整流器、流量计算机、一体化温度变送器、智能压力变送器(绝压)、双金属温度计、压力表及在线色谱分析仪等计量器具及设备组成。其中超声波流量计及其上下游直管段、整流器、配套温度压力检测仪表安装在室外外输管线上；在线分析取样系统安装在入口汇管上；色谱分析系统、载气系统、校准标准气系统均安装在分析小屋内；流量计算机、供电装置及计量控制系统等均安装在机柜间内。

(一)气体超声波流量计

超声波流量计具有不扰乱流场、无可动部件、无压力损失、测量准确度高、性能稳定可靠、测量范围宽等特点，因此被广泛应用于天然气外输计量。超声波流量测量按原理分传播时间法、多普勒效应法、相关法、噪声法、波束偏移法等，传播时间法按测量具体参数不同，分为时差法、相位差法和频差法。时差法、多普勒效应法的应用最广泛。

1. 工作原理

超声流量计主要由流量计表体、超声换能器及其安装部件、信号处理单元和(或)流量计算机组成。流量计以测量声波在流动介质中传播的时间与流量的关系为原理。通常认为声波在流体中的实际传播速度是由介质静止状态下声波的传播速度(C_f)和流体轴向平均流速(V_m)在声波传播方向上的分量组成，如图 4-2-1 所示。

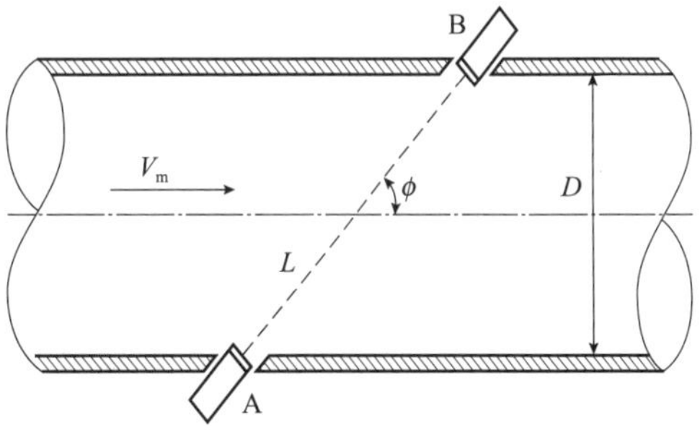

图 4-2-1 超声流量计原理示意图

顺流和逆流传播时间与各量之间的关系是：

$$t_{down} = t_{AB} = \frac{L}{(C_f + V_m \cos\phi)}$$

$$t_{up} = t_{BA} = \frac{L}{(C_f - V_m \cos\phi)}$$

式中 t_{up}——超声波在流体中逆流传播的时间；

t_{down}——超声波在流体中顺流传播的时间；

L——声道长度；

C_f——声波在流体中的传播速度；

V_m——流体的轴向平均流速；

ϕ——声道角。

可利用以上两个公式得出流体流速的表达式：

$$V_m = \frac{L}{2\cos\phi}\left(\frac{1}{t_{down}} - \frac{1}{t_{up}}\right)$$

也可以用相似的方法获得声波的传播速度：

$$C_f = \frac{L}{2}\left(\frac{1}{t_{down}} + \frac{1}{t_{up}}\right)$$

将测得的多个声道的流体流速 v_i，$i = 1, 2, \cdots, k$；利用数学的函数关系进行关联，可得到管道平均流速的估计值 $\bar{v}$，乘以过流面积 A，即可得到体积流量 q_v：

$$q_v = A\bar{v}$$

其中，$\bar{v} = f(v_1, \cdots, v_k)$

式中 k——声道数。

注：即便是给出了声道的数目，但 $f(v_1, \cdots, v_k)$ 的准确形式也会因声道排列情况以及数值计算方法的不同而不同。

2. 综合技术指标

气体超声波流量计必须具有中国国家市场监督管理总局出具的 0.5 级计量器具型式批准证书。超声波流量计与流量计算机的外部连接电缆应采用阻燃屏蔽电缆，电缆护套、橡胶、塑料和其他暴露部分应能抗紫外光、火焰、油类和油脂。

(1)传感器。

流量计的最高设计工作压力应取所有承压部件(如流量计壳体、法兰、传感器、传感器接头等)中最高设计工作压力中的最低者。

流量计与天然气接触的所有部件的材质应使用适于天然气的材料制造，它们既不能影响天然气的性质，又不能受天然气的影响。

流量计的所有外部零部件应该用抗腐蚀材料制造或者用适合在流量计所处环境中使用的抗腐蚀涂层进行保护。

流量计的内径应与提供的前、后直管段的内径保持一致，流量计应为全通径管段式超声波流量计表体，没有压损。

在流量计表体上应至少具有一个用于测量静压的取压点，用于连接压力补偿计算用的压力变送器，取压孔的直径应满足有关标准的要求。配备的静压测量取压截止阀以及下游直管段上的取压截止阀、表阀、本体材质均应为 316SS 不锈钢，关闭时不得有泄漏。取压阀的尺寸应为 $DN15$，连接螺纹为 1/2in NPT(F)，压力等级应大于等于流量计的压力等级。

气体超声流量计的传感器探头宜采用缩入式探头设计，应采取防积垢和防磨损措施；应能在常压下拆装，在现场更换传感器探头不应导致流量计的性能变化。

(2)信号处理单元。

气体超声流量计的信号处理单元(流量变送器)应是以微计算机为核心，准确、稳定、可靠地将被测介质的流量转换为标准的脉冲信号、数字信号(RS-485)及模拟信号4~20mA HART通信协议的装置，并提供一个基于Modbus的以太网通信口。

信号处理单元的供电电源应采用24V DC。

信号处理单元应具有同时向2台相互独立的流量计算机提供独立的流量信号的能力，以完成流量计算的校核功能。

信号处理单元应适于在户外和爆炸危险性场所安装，其防爆、防护等级应符合现场要求，其防爆等级不应低于Ex diaⅡBT4，防护等级不应低于IP65。

信号处理单元应具有在现场显示及对系统参数、各种常数进行重设的能力。

信号处理单元应具有自诊断和单元故障报警输出的能力。

流量计参数在现场应可调。

(3)技术要求。

气体超声流量计应为时差式、至少为四声道以上。

气体超声流量计在室外露天安装，并处于爆炸危险场所区域内，应选隔爆兼本安防爆形式，其防爆等级不应低于Ex diaⅡBT4，防护等级不应低于IP65。

气体超声流量计的口径应根据被测天然气的工况流量确定。在设计最大流量、最低工作压力、最高工作温度的条件下，气体超声流量计测量管内天然气的流速不宜超过流量计标称最高流速的80%，且流速不宜高于25m/s。

在流量计全量程10%~100%的范围内气体超声流量计的测量准确度应不低于±0.5%。

流量计供电电源要求为24V DC。

至少1路脉冲流量输出、2路RS485接口。其电气接口应配带防爆密封堵头。

(4)性能要求。

在对任何系数调整之前，气体超声流量计的流量测量性能应满足以下要求：

最大误差：±0.5%，或 $Q_t \leqslant Q_i \leqslant Q_{max}$；

±1.0%，或 $Q_{min} \leqslant Q_i \leqslant Q_t$。

重复性：±0.2%，或 $Q_t \leqslant Q_i \leqslant Q_{max}$；

±0.4%，或 $Q_{min} \leqslant Q_i \leqslant Q_t$。

分辨率：0.001m/s(0.003ft/s)。

速度采样间隔时间：≤1s。

零流量读数：每一声道<6mm/s。

声速偏差：±0.2%。

各声道间的最大声速差：0.5m/s。

3. 安装要求及注意事项

(1)安装环境。

①环境温度。超声流量计的使用环境温度为-20~45℃，同时应根据安装点的环境及工作条件，对超声流量计采取必要的隔热、防冻及其他保护措施。

②振动。超声流量计的安装应尽可能避开振动环境，特别要避开可引起信号处理单元、超声换能器等部件发生共振的环境。

③干扰。

电气干扰：在安装超声流量计及其相关的连接导线时，应避开可能存在较强电磁或电子干扰的环境，否则应咨询制造厂并采取必要的防护措施。

超声波干扰：与超声流量计工作频率相近的噪声会影响超声流量计的正常工作，如果现场条件不可改变，则应咨询制造厂进行安装。

一般情况下应避免直接在调节阀之后安装超声流量计，控制阀宜安装在超声流量计的下游，如安装在超声流量计的上游则应该保证与控制阀有足够远的距离。

(2)管路安装。

①上、下游直管段。应紧邻超声流量计的上、下游安装一定长度的直管段。上游条件较为理想时，要求上游直管段为10D，下游直管段为5D(推荐上游直管段为20D，下游直管段为5D)。双向流动时，上、下游直管段均应至少10倍管道公称直径。当有扰动流影响时，应使进口直管段足够长，以尽可能减小其对计量的影响。除取压孔、温度套管、天然气组成在线分析取样头和整流器外，在上、下游直管段内不能有管道连接。

②超声流量计表体安装。超声流量计表体应保证水平安装，有的还应将表体法兰上定位销孔与上、下游直管段相应销孔对齐，安装时应留有足够的检修空间。

③突入物。超声流量计的内径、连接法兰及其紧邻的上、下游直管段应具有相同的内径，其偏差应在管径的±1%以内；超声流量计及其紧邻的直管段在组装时应严格对中，并保证其内部流通通道的光滑、平直，不得在连接部分出现台阶及突入垫片等扰动气流的障碍物。

④内表面。与超声流量计匹配的直管段，其内壁应无锈蚀及其他机械损伤，在组装之前，应除去超声流量计及其连接管内的防锈油或沙石、灰尘等附着物。使用中也应随时保持介质流通通道干净、光滑。

⑤温度计插孔。对单向流测量，应将温度计插孔设在超声流量计下游距法兰端面2D～5D之间；对双向流进行测量，温度计插孔应设在距超声流量计法兰端面至少3D的位置。

⑥整流器。是否安装整流器主要取决于所选择的超声流量计种类(单声道或多声道)及上游阻力件对流态干扰的程度，其相关技术要求应咨询超声流量计生产厂家。

⑦天然气组成在线分析系统。使用在线分析系统时，应使所取气样尽可能接近超声流量计测量处的状态，但不可对超声流量计入口处的流态产生影响或造成未经测量的旁通流，应尽可能在超声流量计下游安装在线分析系统。

⑧过滤器。在天然气中杂质含量较高的场合，可在超声流量计的上游安装气体过滤器，过滤器的结构尺寸应能保证在最大流量下产生尽可能小的压力损失和流态改变。在使用过程中，应监测过滤器的差压，定期进行污物排放和清洗，确保过滤器在良好的状态下工作。

(3)电气安装。

安装前必须先认真阅读超声流量计的说明书或安装手册，并按所提供的接线图连接所有电源线、流量、压力和温度信号线。

因压力变送器选择的是绝压压力变送器，需要在流量计算机内将压力数据设置为绝压模式。

(4)防爆要求。

流量计的电气设备和仪表防爆等级应符合《爆炸性环境　第1部分：设备　通用要求》(GB/T 3836.1—2021)的规定，隔爆型电气设备和仪表应符合《爆炸性环境　第2部分：由隔爆外壳“d”保护的设备》(GB/T 3836.2—2021)规定，本质安全型电路和电气设备符合《爆炸性环境　第4部分：由本质安全型“i”保护的设备》(GB/T 3836.4—2021)的规定，其他防爆型电气设备也符合专用标准的规定。

(5)防雷与接地要求。应设有适宜的防雷装置，防雷保护接地电阻应不大于10Ω，处在防雷设施的建筑群中可不设此接地；屏蔽接地应选择合适的接地点；交流工作接地电阻应不大于4Ω；安全保护接地电阻应不大于4Ω；采用联合接地系统接地电阻为1Ω；防雷接地点应远离避雷针接地点至少15m，离强电接地点至少5m。

4. 投运前的检查

为确保气体超声流量计能正常运行，在投入运行前和使用中至少每年做一次流量计现场检查。现场检查主要包括流量计参数检查、零流量检查、声速检查分析、单个声道检查分析、内部检查，以及温度、压力联校、天然气组成数据检查和流量计算准确性核查。

(1)严密性检查。

在测量管段通入正常工作压力的天然气，关闭进出口阀门，用验漏液检查各连接端面是否有泄漏。

(2)电源线、通信线连接检查。

检查超声流量计、流量计算机、压力变送器和温度变送器、天然气组成在线分析系统(如果配备)的所有数据通信线、电源线是否接好，确保所有接线正确。

(3)零流速读数。

确认无泄漏后，关闭超声流量计的上、下游阀门，使流过流量计的气体流速为零，等管道内的气体温度稳定后，读取零流速读数，每个声道的气体流速至少记录30s，要求零流速读数应小于12mm/s。

(4)声速测量和单个声道检查分析。

在零流量检查结束后，对每一声道的声速测量结果进行观测，各声道测量的声速相差应在允许的范围内。计算出相同条件下的理论声速，每个声道的平均声速与理论声速之间的误差应在允许范围内。

(5)超声流量计参数核查。

利用超声流量计配套的软件及流量计的技术要求检查流量计参数，不同厂家设置的流量计性能参数及检查方法不同，但主要应检查流量计系数、增益值、噪声、信号质量或性能参数和气体流速等。各参数的技术要求和检查方法请参照流量计的操作说明书。

(6)压力、温度及在线分析系统设置核查。

核查压力、温度测量系统是否是经检定合格并在有效期内，量程设置是否正确，并应对温度、压力测量系统进行联校。

若安装有天然气组成在线分析系统，应确认在线分析系统所出具的数据是否正确可靠。没有在线分析系统时则输入该计量点的最新天然气组成数据。

(7)流量计算准确性检查。

读取流量计算机工作条件下的流量、标准参比条件下的流量、压力、温度及天然气组成数据。根据流量计提供的工作条件的数据，手工计算标准参比条件下的流量，流量计算机上读取的标准参比条件下的流量与计算得到的标准参比条件下的流量的误差应在允许范围内。

5. 使用及维护

(1)超声流量计的日常维护。

气体超声流量计日常检查的主要参数是温度、压力、天然气组成和超声流量计性能参数等。应定期检查表 4－2－1 中规定的项目。

表 4－2－1　超声流量计日常维护需要检查的参数和方法

需要检查的运行参数	检查方法	备注
气体工作温度	按相关要求检查温度测量系统工作是否正常	必查
气体工作压力	按相关要求检查压力测量系统工作是否正常	必查
天然气组成	检查计算机内输入的天然气组成数据是否正确，或在线分析系统的分析数据是否正确	必查
超声流量计系数	检查超声流量计系数是否与检定证书一致	必查
各声道运行状态	检查各声道的参数，确认各声道运行是否正常	必查
零流速读数	在零流速下各声道所测得的气体流速是否小于规定值	选择
声速	检查超声流量计各声道所测的声速是否稳定在一定范围内，如果发生跳变，表明存在故障	必查
增益值/噪声(信噪比/信号质量)	增益值主要受压力和超声探头表面污物的影响，通常情况下增益应该是相对稳定的。若超出超声流量计说明书中规定的技术范围，则说明超声流量计不能正常工作。检查反映背景噪声和/或电噪声量的参数是否稳定在正常范围。若增益或信噪比等超出流量计说明书中规定的范围，则表明探头表面被污染而不能正常工作	必查
气体工作流速	检查超声流量计所测的气体工作流速是否在超声流量计说明书中规定的正常工作范围内	必查
流量参数核查	首次安装时必须检查超声流量计算机内设置的各项参数是否正确	首次必查

(2)声速核查。

①声速测量。所谓声速是指超声波在气体中的传播速度。流量计从上游和下游两个方向，向天然气气流中发射声脉冲信号，声波的逆流传播时间和顺流传播时间之差为传播时间差。用声道长度除以传播时间，使用公式计算测量的声速。

受超声流量计的生产厂家、声道数量、声道长度、时间测量不确定度等因素影响，声速测量相对扩展不确定度一般在 0.1% ~0.2%。

②声速计算。声速计算是指在流量计算机上使用上传来的天然气组成数据，以及测量的温度和压力，使用 AGA10 号报告规定的方法计算。在一般管输天然气条件下，声速计算的相对扩展不确定度为 0.1%。

③声速比较。在流量计算机中，通过对平均声速测量和声速计算进行比较完成声速核查，偏差 E 一般不大于流量计的最大允许误差的 1/2，即满足下式的要求，否则会报警。

$$E=\left|(C_f-C_c)\times100\%/C_c\right|\leqslant\left|\pm0.5\%\times1/2\right|$$

式中 C_c——计算的声速，m/s；

C_f——测量的平均声速，m/s；

±0.5%——超声波流量计的最大允许误差。

当声速核查不满足其要求时，可能是由以下原因导致的：换能器、声道长度或脏污；天然气组成分析数据未及时更新或在线色谱仪分析的组成数据不准确；温度测量不准确；压力测量不准确。

(二)流量计算机

流量计算机主要用于接收和处理超声波流量计的传感器发送和接收的信号，并将其转换为数字信号进行计算和显示。具体来说，流量计算机可以计算液体或气体在管道中的流量速度，并根据所选的管道直径、流体密度、温度、压力等参数，计算出流量的实际值及标况值。流量计算机可以显示瞬时流量、累计流量和流速等参数。它还可以提供数据通信接口，使流量计的数据可以通过网络或其他方式进行远程监控和管理。

技术指标如下：

流量计算机应是基于微处理器的智能型仪表，应选用32/64bit的微处理器，其内存的容量至少为16M，应能满足流量计算及数据存储的要求。压缩因子及密度的计算准确度应优于±0.01%。

流量计算机的计算软件应含有多种可选择的商贸计量标准，应能通过简单的组态或选项进行计量标准的选择并锁定。正常计算时，不应受其他计量标准的影响。至少能够同时进行2路流量的计量。

应根据流量计的类型选择有关计算标准，如AGA3、AGA7、AGA8、AGA9等，可用于超声波等流量计的计量，根据选用的相关标准，完成标准体积流量(101.325kPa，20℃)、质量流量、能量流量等瞬时流量的计算和各自的累积流量计算。

流量计算机的储存器应在每5min对流量计算结果进行一次归档，至少能够存储不少于30d的累积流量、压力、温度、报警等数据资料。

应能显示标准状态下的气体瞬时流量、累积流量、体积流量和能量质量流量，并且应能显示前1h、前1d及当天的累积流量。同时，应能显示工作压力、温度、仪表工作状态等信息。

应采用LCD显示方式，其面板应带操作按键，可任意选择显示内容。流量计算机的显示精度应能达到小数点后4位，瞬时流量单位应为Nm^3/h，累积流量单位应为$Nm^3\times10^n$，其中n应可根据需要进行设定。

流量计算机应具有自诊断功能，并将结果传送至上位计算机控制系统。同时，能通过站控计算机对其进行组态与维护。

流量计算机应选用24V直流供电电源。

流量计算机应配有安全系统，以控制进入其内部通道，避免人为修改采集的数据、计算标准、校准系数等。同时，应防止计算机病毒的侵入。

流量计算机应既能自动接收上位计算机控制系统下载的气体组分信息，又可以通过计算机或面板人工输入(写入)该信息。同时还应自动接收温度、压力变送器传来的补偿用测量值。该测量值可以是标准模拟信号(4~20mA DC)。

流量计算机压缩因子的计算方法应满足《天然气　压缩系数的计算》[ISO 12213(1～3部分)]或《天然气及相关烃类压缩系数的计算》(AGA NO. 8)等标准的要求。

流量计算机应具有掉电保护功能，在其内部应有备用电池，当外部电源突然断开时，流量计算机内部存储的数据不应丢失。当电源恢复后，应能显示相关的掉电及报警信息，并能将此信息上传至计算机控制系统。

可接受来自PLC或RTU的时钟校准信号。

流量计算机的输入、输出的信号通道至少应包括：

模拟输入：4路，标准4～20mA DC(不低于14位分辨率)，支持HART通信协议；

脉冲输入：2路，频率符合所选流量计的标准(用于计量)；

模拟输出：2路，标准4～20mA DC；

通信接口：RS－485，标准Modbus通信协议，4路。1路用于与PLC通信，1路用于与在线色谱分析仪通信，1路用于标定，1路用于连接超声流量计(用于超声波诊断)；

通信接口：RS232/以太网口，用于日常调试；

通信接口：1路，以太网口(ETHERNET)。

(三)双金属温度计

双金属温度计的保护管一般为Φ10mm的304SS不锈钢套管，与外保护套管采用螺纹连接(M27×2)。

双金属温度计保护套管的长度应根据相应数据表中提供的安装位置处的管径确定，并与保护管的长度进行配套。

刻度盘：机械指针式，铝合金材质，底色为白色，数字和刻度为黑色(不易褪色)。

(四)一体化温度变送器

整体精度：±0.25%。

1. 热电阻

技术指标如下：

检测元件：Pt100(0℃时，电阻值为100Ω，α＝0.00385Ω/℃的铂热电阻)。

RTD温度检测信号采用3线制。

RTD的保护管一般为Φ12mm的不锈钢(304)套管，与外保护套管应采用螺纹连接，连接处的螺纹规格：M27×2内螺纹。

RTD保护套管的长度应根据相应数据表中提供的传感器安装位置处的管径确定。

湿度极限：0～100%相对湿度。

精度：A级。

防爆等级：ExdⅡBT4(最低要求)。

全天候结构，外壳防护等级：IP65。

外保护套管：外保护套管可直接焊接在管道上，其材质采用304不锈钢，外保护套管压力等级见相应数据表。

稳定性：12个月无零点漂移。

材料：保护套管和测温体保护管均采用304不锈钢，表壳为铸铝合金。

2. 温度变送器

技术指标如下：

精度：优于 ±0.25%（最低要求）；

输出：4～20mA 符合 HART 通信协议（两线制）；

供电电源：24V DC；

开启时间：变送器加电 2s 达到性能指标；

湿度极限：0～99% 相对湿度；

防爆等级：ExdⅡBT4（最低要求）；

全天候结构，外壳防护等级：IP65（最低要求）；

稳定性：12 个月无零点漂移；

温度变送器应具有良好的温度特性，其零点和量程在环境温度发生变化时所受的影响在最大量程条件下环境温度影响应优于 0.0002℃/1.0℃（1.8℉）；

一体化温度变送器应适合在环境温度 -30～60℃ 正常工作；

一体化温度变送器应具有瞬变电压保护功能。

3. 压力表

技术指标如下：

测量元件为弹簧管式的压力表。

压力表应能长期承受与最大刻度值相等的压力，且应能短期承受一个超过最大刻度值 1.25 倍的过压力。

压力表应有可直接读取的明显的刻度盘，盘面直径为 ϕ100mm。

刻度盘应为机械指针式，宜选用不锈钢材质，刻度盘的底色应为白色，上面标的数字和刻度为黑色（不易褪色）。

应配有高强度、安全模式的玻璃，背部应有防止压力过大的安全膜片，以适应现场安装环境及运输条件。

压力表的过程连接部分应采用 M20×1.5 螺纹连接，并提供紫铜密封垫圈。

压力表的测量元件和外壳均应选用不锈钢材质。

4. 压力变送器

技术指标如下：

应选用智能型变送器，其测量原理采用电容式或单晶硅谐振式等。

应选用灵敏型变送器，其测量精度不低于满量程的 ±0.075%，信号分辨率应大于 0.025%。

输出信号为 4～20mA DC（二线制），可选择线性或平方根输出，并能输出基于 HART 通信协议的数字信号。

供电电源：24V DC。

变送器应具有自诊断功能。可用专用手持编程操作器对其进行零点及量程的调整，支持 HART 通信协议。

应具有长期的稳定性，零点稳定性至少在 6 个月以上。在变送器安装后其零点及量程应不受安装位置的影响，不易发生零点漂移且极少需要重新校准。

环境温度变化以及静压力对变送器的测量准确度影响应尽量小。压力变送器采用露天安装方式，环境温度对其的影响不可小视，尤其是用于计量系统的压力变送器。压力变送器应具有良好的温度特性，其零点和量程在环境温度发生变化时所受的影响，在最大量程的条件下环境温度影响应不大于±(0.025%量程上限+0.125%量程)/50℉(28℃)。静压影响应优于±0.1%量程上限/1000psi(6.9MPa)。

变送器应适合在环境温度-30~60℃下正常工作。

变送器应具有承受最大量程的100%的过载能力。

变送器测量室中的灌充液应能适应现场环境温度的要求。灌充液应采用对温度不敏感的介质。

变送器应具有防止瞬变电压的保护功能。

应能在危险区域内安装并正常使用，其防爆等级不应低于Ex dⅡBT4，防护等级不应低于IP65。

与介质接触的部分应选用316不锈钢材质。

变送器应带有LCD就地指示表头。

压力变送器的安装采用根部阀和双阀组截止阀组合安装。如果引压取自流量计表体，根部阀采用关断截止阀，阀体材质采用304不锈钢；如果引压取自流量计后管线，根部阀采用一体化焊接式阀门，焊接端可直接焊接在工艺管线上，阀体材质为A216 WCC，阀内件材质采用304不锈钢。双阀组截止阀带排放口，材质采用304不锈钢。

二、测量与计算方法

LNG气化后的管输天然气计量都是按照《天然气计量系统技术要求》(GB/T 18603—2023)配置各种测量设备和计算方法。如：使用超声流量计测量流动条件下(以下简称工况)的体积流量；使用压力变送器测量管道中的天然气压力；使用带铂热电阻的温度变送器测量管道中的天然气温度；使用在线色谱仪分析天然气的组分数据；使用天然气组分和测量的温度及压力按标准规定的方法计算出工况压缩因子；使用天然气组分按标准规定的方法计算出标准参比条件下(以下简称标况)的压缩因子和高位发热量；使用计算得到的工况和标况压缩因子，以及测量的温度和压力，把测量的工况体积量换算成标准体积流量；使用计算的高位发热量和换算的标准体积流量计算能量流量；计算累积的工况和标准体积流量，以及能量流量，得到一个时间段(如天、月和年等)对应的累积量。

(一)计算公式

当已知气体组分时，可计算任何干天然气、天然气代用品以及其他气体燃烧的发热量、密度、相对密度和沃泊指数。首先对气体混合物中所有组分的理想气体物性值按各自相应的摩尔分数进行加权，然后将所有项求和后得到理想气体混合物的物性值。对于以体积为基准的物性值，通过使用压缩因子将其转化为真实气体的物性值。

1. 标况压缩因子计算公式

$$Z_s = 1 - \left(\sum_{i=1}^{n} y_i \sqrt{b_i} \right)^2$$

式中 Z_s——标况天然气压缩因子；

$\sqrt{b_i}$——标况天然气第 i 组分的求和因子。

2. 标况发热量计算公式

$$H = \frac{H^0}{Z_s}$$

式中 H——标况天然气发热量，MJ/m^3 或 MJ/kg；

H^0——标况天然气理想气体发热量，MJ/m^3 或 MJ/kg。

3. 标况天然气理想气体发热量计算公式

$$H^0 = \sum_{i=1}^{n} y_i H_i^0$$

式中 H_i^0——标况天然气第 i 组分理想气体发热量，MJ/m^3 或 MJ/kg。

4. 标况相对密度计算公式

$$d = \frac{d^0}{Z_s} Z_{air}$$

式中 d——标况天然气相对密度；

d^0——标况天然气理想气体相对密度；

Z_{air}——标况空气压缩因子。

5. 标况天然气理想气体相对密度计算公式

$$d^0 = \frac{M}{M_{air}}$$

式中 M——天然气摩尔质量，kg/kmol；

M_{air}——空气摩尔质量，kg/kmol。

6. 天然气摩尔质量计算公式

$$M = \sum_{i=1}^{n} y_i M_i$$

式中 M_i——天然气第 i 组分摩尔质量，kg/kmol。

7. 标况天然气密度计算公式

$$\rho_s = \frac{\rho_s^0}{Z_s}$$

式中 ρ_s——标况天然气密度，kg/m^3；

ρ_s^0——标况天然气理想气体密度，kg/m^3。

8. 标况天然气理想气体密度计算公式

$$\rho_s^0 = \frac{P_s}{T_s R} M$$

式中 P_s——标况压力，101.325kPa；

T_s——标况温度，293.15K；

R——摩尔气体常数，$8.314510 \times 10^{-3} kPa \cdot m^3/kmol$。

9. 标况体积换算

标况体积是在流量计算机上使用计算的工况和标况压缩因子，以及测量的温度、压力和流量数据进行换算的。其换算公式为：

$$Q_s = Q_a \times (P_a/P_s) \times (T_s/T_a) \times (Z_s/Z_a)$$

式中 Q_s——标况体积，m^3；

Q_a——工况体积，m^3；

P_a——工况压力，kPa；

T_a——工况温度，K；

Z_a——工况压缩因子。

10. 能量计算

对于管输天然气，其输送的能量是在流量计算机上使用上传的标况高位发热量和换算的标况体积计算的。能量计算公式如下：

$$Q_e = Q_s \times H_{s,v} = m \times H_{s,m}$$

式中 Q_e——能量，MJ；

$H_{s,v}$——体积基高位发热量，MJ/m^3；

$H_{s,m}$——质量基高位发热量，MJ/kg。

第二节 天然气消耗计量

国内 LNG 接收站消耗天然气主要包括 SCV 燃料气、火炬长明灯用天然气、锅炉燃料气、食堂燃料气及火炬放空天然气。其中：SCV 燃料气、火炬长明灯用天然气主要通过孔板流量计计量其体积；锅炉燃料气通过涡轮流量计计量其体积；食堂燃料气主要通过腰轮流量计计量其体积；火炬放空天然气通过燃烧火嘴数量、放空前后压力变化及火炬厂家给出的放空量计算公式计算得出其体积。

消耗气体积计算公式为：

$$V = V_1 + V_2 + V_3 + V_4 + V_5$$

式中 V——自耗气总体积，Nm^3；

V_1——SCV 燃料气体积，Nm^3；

V_2——火炬长明灯用气体积，Nm^3；

V_3——锅炉燃料气体积，Nm^3；

V_4——食堂燃料气体积，Nm^3；

V_5——火炬放空体积，Nm^3。

第三节 盘库计算

一、基本要求

LNG 接收站需要定期开展质量盘库。质量盘库是对液化天然气接收站接收量、储罐和管道内天然气存量、外输量、自耗气量、放空量等进行核算的作业。盘库周期一般分为月盘、季盘和年盘。

二、盘库计算

1. 理论库存 M_1

盘库周期初始时的库存量加上盘库周期内总接收量减去总外输量(含放空)后的库存。计算公式如下：

$$M_1 = M_2 + M_3 - M_4 \tag{2-1}$$

式中 M_1——理论库存，t；
M_2——盘库周期初始库存量，t；
M_3——盘库周期内总接收量，t；
M_4——总外输量，t。

2. 盘库周期初始库存 M_2

盘库周期初始液化天然气接收站罐存量与管存量之和，计算公式如下：

$$M_2 = M_5 + M_6 + M_7 \tag{2-2}$$

式中 M_5——储罐液相质量之和，t；
M_6——储罐气相质量之和，t；
M_7——站内管道气相和液相质量之和，t。

3. 总接收量 M_3

总接收量为盘库周期内，液化天然气接收站接卸天然气总质量，单位为吨(t)。

4. 输出量 M_4

总外输量为盘库周期内接收站外输的天然气总质量，计算公式如下：

$$M_4 = M_8 + M_9 + M_{10} + M_{11} + M_{12} \tag{2-3}$$

式中 M_8——管道外输量之和，t；
M_9——槽车装车量之和，t；
M_{10}——装船质量之和，t；
M_{11}——自耗气质量之和，包括SCV、食堂、锅炉、火炬耗燃料气，t；
M_{12}——放空天然气质量之和，t。

5. 实际库存 M_{13}

实际库存 M_{13} 盘库时通过测量和计算得出的储罐存量与管道存量之和。由式(2-4)计算：

$$M_{13} = M_5 + M_6 + M_7 \tag{2-4}$$

式中 M_{13}——盘库周期末时液化天然气接收站内实际库存量，t。

6. 损耗量 M_{14}

损耗量 M_{14} 为实际库存减去理论库存，正为盈，负为亏。由式(2-5)计算：

$$M_{14} = M_{13} - M_1 \tag{2-5}$$

式中 M_{14}——损耗量，t。

7. 损耗率 R

损耗率为损耗量与总接收量、盘库初期库存之和的比值。

$$R = \frac{M_{14}}{(M_2 + M_3)} \times 100\% \tag{2-6}$$

式中 R——损耗率,%。

第三章 化验分析设备

第一节 在线取样设备

液化天然气(简称 LNG)是通过特定的工艺将天然气净化处理后，在超低温常压条件下冷却至约 -162℃而液化的产物，具有无色、无味、无毒且无腐蚀性的特性。国内进口 LNG 大都采用 LNG 运输船运输至 LNG 接收站进行卸料，为了确保卸料过程中取得代表性的样品、满足贸易双方计量的要求，LNG 接收站必须配备精确的在线取样系统，因为取样系统的精确度直接关系到 LNG 商品贸易双方的经济利益。本章主要从组成、工作原理等方面展开对取样设备的基本介绍。

一、取样设备的基本组成

(一)取样设备的结构组成

码头在线取样系统包括码头在线取样设备、码头采样小屋、取样 PLC 控制柜、实验室配备的可远程控制取样系统的上位机、通信转换系统。图 4 -3 -1 对码头在线取样设备进行了简单的标识，取样设备主要由手动切断阀、真空软管、真空管、气动隔断阀、气化器、管线等组成。从图中也可以看出，码头通常设计安装有两套独立的 LNG 取样设备，互为备用，全面保障接船卸料工作的顺利进行。

图 4 -3 -1 码头在线取样设备结构

(二)各结构的功能作用

在接船全速卸料过程中，通过化验室远程控制的上位机协同联动在线取样设备工作，可完成船方 LNG 从卸料总管里不断地进入到气化器中实现持续气化过程，气化后的天然气匀速进入采样小屋内的 50L 采样缸中，在采样缸容器按照设置的时间被充满后，缸内的样品会按照设置的压力被压入小屋内的采样钢瓶中，至此取样过程结束，分析操作人员前往采样小屋取回采样钢瓶开始离线色谱分析。下面将详细介绍取样设备各主要结构的功能。

手动隔断阀：手动隔断阀是一个位于真空环境中的低温手动阀，它可以通过一个特殊的工具——加长型专用阀柄手动旋转操作方式进行阀门的开关。在取样设备正常工作时，此手阀应保持打开状态；如果与它相连接的取样探头需要拆除维修维护时，需要对手动切断阀进行切断，以实现对LNG的有效隔离，阻止卸料总管中的LNG液体流出以保证维修维护操作人员的人身安全。与手动隔断阀连接的真空绝热探头是双向探头，安装在液态天然气过冷状态下的管道内，具有既可以在卸船时候采样，也可以用于装船时候采样，探头带有手动及气动切断阀双重保护功能，既可以现场手动切断采样，也可远程切断采样。

真空软管：又称为真空波纹管，连接取样探头和气化器之间的管线为真空绝热管道，用于采样探针上的软连接，以消除LNG管道因温度变化所产生的位移现象，保护采样探头。

真空管与气动隔断阀：安装在采样设备第二段上，其中气动隔断阀由一个仪表风驱动的气缸和连接组件组成。气缸的动作部分通过连接组件连接到采样探头腔体内的1/8in LNG采样管线上的机械阀门上，通过控制仪表风气缸实现对LNG采样管的隔断和打开。与手动切断阀形成双阀门串联，保证采样系统安全性和实现远程操作功能。在化验室上位机点击VAPO1或VAPO2，对应的气化器气动隔断阀将会打开或关闭，实现远程操作两个气化器的开关。

气化器和紧急关断系统：此系统包括气化器本身的温度、进口液体的温度、出口气体的温度监控，以及气化器出口压力的监控。当这三点温度和压力值无法达到安全设定值，说明系统发生问题。监控系统应提供信号给控制器，控制器将紧急切断采样系统，以保证采样系统的样品具有代表性，并保证系统安全正常运行。温度信号和压力信号可以传送到上位机，也可以就地在PLC控制柜上显示。

二、取样设备原理

在接船卸料或装船外输的过程中，液化天然气样品通过真空绝热探头输送到样品气化器，在样品进入气化器之前保持真空状态，防止LNG部分组分提前气化，气化器盘管换热器密封在发热的模块里并且温度可以根据物料的特性被控制，通过流量控制装置将特定小流量的样品连续不断地输入到样品稳定罐中，从而实现LNG样品充分混合，当储罐被装满随即按照一定的设置压力压入采样钢瓶(500mL)内后取样结束，由取样操作人员将采样钢瓶带回化验室离线分析，出具分析报告。

三、取样设备的技术要求

分析报告结果是卸货或装船贸易中的关键环节，LNG各组分结果也与其密度、单位热值有密切的联系，即分析结果的准确与否将直接影响LNG贸易交接计量的具体数量及质量判定。由于LNG是超低温液体混合物且极易气化，液体任何温度和压力的变化都很容易导致LNG组分快速分馏气化，从而对能获取真实代表卸料或装船组分的管道内LNG取样系统提出了很高的要求，国内现有LNG接收站大都采取法国OPTA连续自动采样系统开展采样工作，下面针对该系统具体介绍采样相关的技术要求。

1. 安全性要求

每套采样设备的采样探头连接部分均配置两个隔断阀门，一个是手动隔断阀，另一个是气动切断阀。当需要人为对采样系统的维修维护或者由于温度、压力变送器损坏导致气化器等无法正常工作时，防止码头卸料总管的 LNG 通过采样探头泄漏或破坏整个采样设备的连接管线。采样探头配置的气动切断阀，这种气动操作阀门的开关可以现场就地控制也可以通过控制室的计算机远程控制切断或打开，而且系统配置逻辑控制，可以在紧急状况下，自动关闭阀门，切断采样。

2. 采样探头安装位置

取样探头一般应固定在 LNG 装载/卸载主管线之中，并且管道内 LNG 流向与探头两端开口处相平行，取样点的 LNG 应处于过冷状态且流速和压力稳定。

3. 真空保冷度要求

国际标准《冷冻轻质烃液　液化天然气的取样　连续法和间歇法》(ISO 8943—2007)规定 LNG 采样系统无论是哪种形式，都应该符合过冷度的要求，以保证低温 LNG 液体样品管路中不会发生分馏(部分气化)。否则采样不具有代表性，采样精度也会产生巨大误差，容易发生贸易纠纷。为了保证进入气化器前的样品不提前气化，OPTA 公司为 LNG 管线设计制造了一个真空绝热的环境。第一，取样探头被设计为高真空探头，真空度要求一直保持低于 1.1～4Torr，尽量减少热的传导构成超级保冷系统；第二，过冷度基础条件是低温 LNG 样品必须 100%液相进入气化器，过冷度计算的前提是其他所有样品管上的阀门，包括阀门本体、阀杆、阀柄(手柄/手轮)都不能直接暴露在外界环境中，产生空气加热器的效果，不然直接导致临界 LNG 在进入气化器之前就被部分气化产生气液两相流进入气化器，导致热值过高，造成贸易结算损失。阀门也包括手动切断阀和紧急切断阀，这两个阀门的所有本体也都是内置在真空腔体里，严格保证了 ISO 8943—2007 标准里的过冷度的设计基础要求。

4. LNG 充分气化

经过气化器后的样品要保证完全被气化，为保证 LNG 样品在短时间内全部气化，避免气化不充分而降低样品代表性，采样系统配置了 500W 的气化器；同时还可以通过温度测量监控采样探头、气化器入口、本体、出口的温度，当采样探头的热损太大，说明 LNG 已经变成了气液两相，系统将根据温度设置逻辑控制，通过控制系统直接将采样系统切断，关闭气动切断阀，并报警通知操作人员现场维护。

5. 取样时间要求

应选择在 LNG 装载/卸载流速充分稳定的时间段内进行取样。若取样期间 LNG 输送管线的流量和压力发生变化，应暂停取样，待 LNG 流量和压力恢复正常后再继续取样。当采样系统发生故障或贸易双方有其他需求时，可以分段取样或手动取样。

第二节　在线分析设备

在 LNG 接收站码头及现场其他区域通常设计有码头分析小屋、工艺分析小屋、高低压外输小屋、烟气分析小屋，每个小屋内安装有各类化验设备，设置功能各异。防爆分析小屋一般采用型钢结构，内外墙均为钢板，中间为隔热层，广泛应用于石油、化工等行业场所的爆炸性环境。小屋内除了各类化验设备外，还设有其他附属装置；如样品预处理系统、照明系统、空调供暖系统、可燃气体监测报警系统、电伴热系统、电路控制系统等。分析小屋设置的主要目的是给分析设备提供一个良好的工作环境(主要环境影响因素为温度和湿度)。分析小屋内的主要仪器为天然气色谱分析仪、水烃露点分析仪、总硫分析仪、硫化氢分析仪、烟气分析仪等。本节主要介绍各仪器设备的功能、基本组成及工作原理。

一、在线过程色谱分析仪器

在线过程色谱分析仪安装在码头分析小屋内，小屋内有两台色谱分析仪，其中一台主要用于接收站卸船过程中卸料组分的实时过程检测，另外一台用于场站内 BOG 总管中 BOG 组分的监测。

日本横河型号为 GC8000 的色谱仪设置有彩色触摸屏，只要轻触屏幕上的各功能按钮，所有的分析参数和测量结果便会以简单易懂的图形形式呈现在彩色显示屏上，供工程师查用，大大地简化了维护工作。下面将从三个方面对该色谱分析仪展开详细介绍。

(一)色谱原理

气相色谱是基于时间差别的分离技术将气化的混合物或气体通过含有某种物质的管，再基于管中物质对不同化合物的保留性能不同而得到分离，这样就基于时间的差别对化合物进行了分离，样品经过检测器以后被记录的就是色谱图，每一个峰代表最初混合样品中不同的组分峰出现的时间称为保留时间，可以用来对每个组分进行定性，而峰高或峰面积则是组分含量大小的度量。

(二)色谱基本组成

在线色谱仪由分析器、控制器、样品处理及流路切换单元(简称采样单元)三部分组成。一般来说，三者组装在一体化机箱内。对于爆炸危险场所使用的在线色谱仪，分析器和控制器组装在一起安装在分析小屋内，采样单元装在另一个箱体内安装在分析小屋外。

分析器：由恒温箱(给分析器提供恒定或设定程序的温度)、自动进样阀(周期性地向色谱柱送入定量样品)、色谱柱(利用各种物理化学方法将混合组分分离)、检测器(根据某种物理或化学原理，将分离后的组分浓度信号转换成电信号)四部分构成。

控制器：其作用为对炉温、进样、柱切换和流路切换的控制；检测器信号的运算放大处理和数值计算；本机的显示、信号输出以及与 DCS 的通信。

采样单元：包括样品处理、流路切换、大气平衡部件等。

(三)主要技术参数

色谱分析仪的主要技术指标将从测量范围、重复性、分析组分数、分析周期等方面展开介绍。详细技术指标见表 4－3－1。

表 4－3－1 GC 8000 色谱分析仪主要技术参数

分析组分	测量范围	分析周期/(min/str)	重复性/ ±%FS
氮气(N_2)	0～1%	4	1
甲烷(CH_4)	0～100%	4	—
乙烷(C_2H_6)	0～5%	4	1
丙烷(C_3H_8)	0～3%	4	1
异丁烷(C_4H_{10})	0～1%	4	1
异戊烷(C_5H_{12})	0～1000ppm	4	2

续表

分析组分	测量范围	分析周期/(min/str)	重复性/±%FS
正己烷及以上(C_{6+})	0~1000ppm	4	2
二氧化碳(CO_2)	0~100ppm	4	3
热值(GHV)	0~100MJ/m^3	4	—
密度	0~2kg/m^3	4	—

二、在线贸易色谱分析仪器

在线外运LNG进入接收站内后会根据下游用户的需求加压输送，经过现场气化器将LNG气化后输送至外输管线，经输气首站进入输气干线送至下游用户。在线过程色谱分析仪安装在站内外输计量区域外输分析小屋内。小屋内有两台接入外输总管样品的在线色谱分析仪，一用一备，均可用于外输天然气组分的实时过程检测和贸易计量。

外输色谱分析仪使用艾默生型号为370XA的气相色谱仪，该设备专为简化天然气测量分析而设计，为C_{6+}等参数分析提供了更强的适用性和更高的测量性能，其所使用的维护模块技术更加有利于现场工程师维修维护，大幅缩短了停机时间，降低了整体运营成本。除了天然气组分分析以外，还可同时详细记录密度、热值、沃泊指数测量值等天然气能量计量所需的测量信息，天然气在线贸易色谱分析仪作为天然气外输计量贸易与计算的重要依据，也是之后实行能量计量的先决条件，不仅测量精度高、分析速度快、载气和标气消耗量小，而且使用操作简单，可实现用户对于自动标定的实际需求。下面将对370XA色谱分析仪展开详细介绍。

(一)色谱原理

以恒定流量的氦气在恒定的柱箱温度下，将样品带入由三个阀门和四个色谱柱组成的系统中进行分离，最终根据在热导检测器上的响应大小及对应的响应因子对其进行定量。艾默生色谱分析仪工作原理如图4-3-2所示。

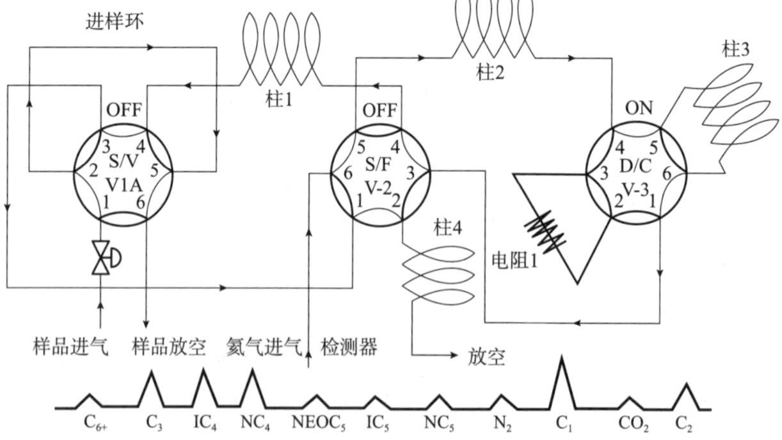

图4-3-2 艾默生色谱分析仪工作原理图

第一个阀门是用于将样品注入系统。第二个阀门称为反冲洗阀，用于排出 C_{6^+} 以上的重组分，以便它们可以先被检测到，而不必经过柱 2 和柱 3。第三个阀叫双柱阀，用于捕获轻组分并允许中间组分绕过柱 3。色谱柱内部有特殊填料设计，可以将气体混合物分离成不同的组分。

(二)色谱仪主要组成部件

370XA 在线色谱仪主要由如图 4-3-3 所示的分析组件 1、电子元件 2、LCD 显示器 3、主板配置 4 四部分组成。

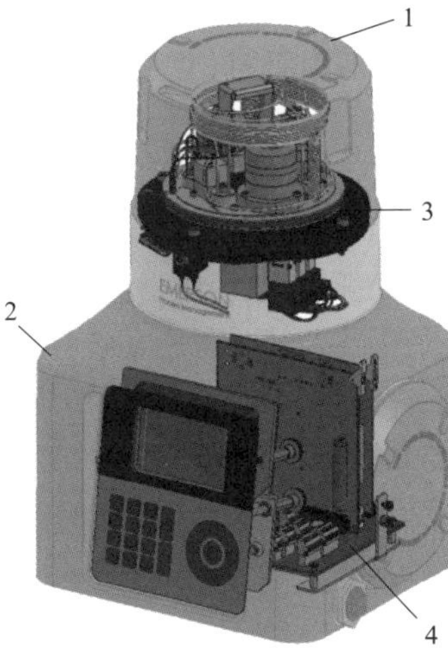

图 4-3-3　370XA 色谱仪结构图

核心的分析组件、电子元件主要由以下部件组成(图 4-3-4)。

(1)加热器罩：控制模块分析组件周围的热环境，对确保可靠、可重复的分析至关重要。

(2)色谱柱：将样气分离成不同的化合物成分，使它们可被检测和测量。370XA 预先盘绕的微型填充色谱柱所含的活性材料可根据沸点，阻挡每种化合物成分的流动，因此，低沸点的成分通过色谱柱所需时间比高沸点的成分更长。370XA 使用四个层析柱和一个节流柱。

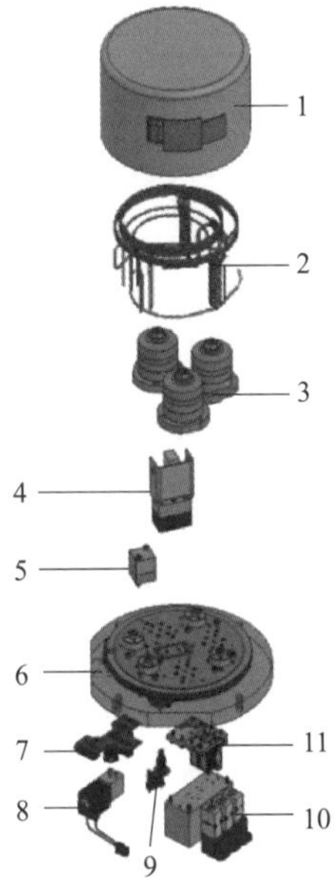

图 4-3-4　艾默生色谱仪核心组件图

1—加热器罩；2—色谱柱；3—分析进样阀；4—检测器；5—采样切断阀；6—阀组组件；7—智能模块电路板；8—流路选择电磁阀；9—载气压力传感器；10—驱动进样阀的电磁阀；11—载气压力控制阀

(3)分析进样阀：控制通过各种色谱柱和检测器的载气和样气的流动。分析进样阀使用膜片式活塞进行阻塞，或者在进样阀相邻端口之间释放气流。对易维护组件的大多数维修工作，最多的是更换膜片和清洁分析进样阀的密封面。

(4)检测器：检测和测量通过色谱柱分离后样气的各种成分/组分。热导检测器(TCD)有两个热敏电阻，用于响应载气和各种分离组分之间的热传导率差。

(5)采样切断阀：在分析的第一个 5s，切断进入采样回路的气流，使样气回路的压力等于样气排放的大气压力。这样可以确保，无论样气压力或流量如何，在每个分析周期，注入分析色谱柱的样气量是相等的。注意作为良好的惯例，在更换分析进样阀膜片时，还应同时更换采样切断阀。

(6)阀组组件：分析恒温炉的大部分组件都安装在阀组上，其中还包含一块多层的“(印刷)流路电路板”(PAFB)，该电路板取代了在传统进样阀、色谱柱、电磁阀和检测器之间存在的互联管线。

(7)智能模块电路板：为方便更换易维护组件，其操作和校准设置均被存储在智能模块电路板(IMB)中。当安装一个新的易维护组件时，它会从 IMB(自动)下载这些设置。在更改设置时，新的组态将(自动)上传到 IMB。

(8)流路选择电磁阀：通过双向隔离电磁阀，选择要分析的采样流路。每个流路都有唯一的流路选择电磁阀。易维护模块最多可有三个流路选择电磁阀和一个校准电磁阀。

(9)载气压力传感器：作为电子压力控制装置的一部分，测量载气压力。

(10)驱动进样阀的电磁阀：每个分析进样阀都由各自四通电磁阀驱动。驱动电磁阀将驱动气体导入其关联驱动进样阀的相应活塞中。

(11)载气压力控制阀：用电子方式控制载气压力。

(三)主要技术特性

370XA 色谱仪的主要技术指标将从测量范围、重复性、分析组分数、分析周期方面展开介绍。该色谱仪的详细技术指标见表 4-3-2。

表 4-3-2 370XA 色谱仪主要技术参数

分析组分	测量范围/%(mol)	分析周期/min	重复性/±%
氮气(N_2)	0~20	4	1
甲烷(CH_4)	65~100	4	—
乙烷(C_2H_6)	0~20	4	1
丙烷(C_3H_8)	0~10	4	1
正丁烷($n-C_4H_{10}$)	0~5	4	
异丁烷($i-C_4H_{10}$)	0~5	4	1
新戊烷(C_5H_{12})	0~1	4	
异戊烷($i-C_5H_{12}$)	0~1	4	2
正戊烷($n-C_5H_{12}$)	0~1	4	
正己烷及以上(C_{6+})	0~1	4	2
二氧化碳(CO_2)	0~20	4	3

三、在线总硫分析仪器

在线总硫分析仪安装在码头分析小屋内，下面以美国 Teledyne 6400TSG 紫外荧光分析仪为例展开介绍。该在线总硫分析仪基于紫外荧光分析原理，能对多种气体、液体中的总硫进行精确分析，测量精度高，操作简单，该分析仪采用了微处理技术，可以根据需要设定量程，并实现自动标定。此外，其正压吹扫柜的设计能够满足多种危险区域的分析需求，确保了操作的安全性和可靠性。

(一)工作原理

6400TSG 总硫分析仪采用紫外荧光技术连续监测气体中的硫化物。即在一个内置的、类似 FID 火焰转化器里，硫化物与氢气混合，通过与空气燃烧生成 SO_2，并用一个特殊的除水装置将燃烧产生的水汽除掉。有一个内置的真空泵将样品和空气抽进转化器中。转化后的样气被送进荧光室里(反应池或测量池)，暴露在紫外光下。如图 4-3-5 所示。

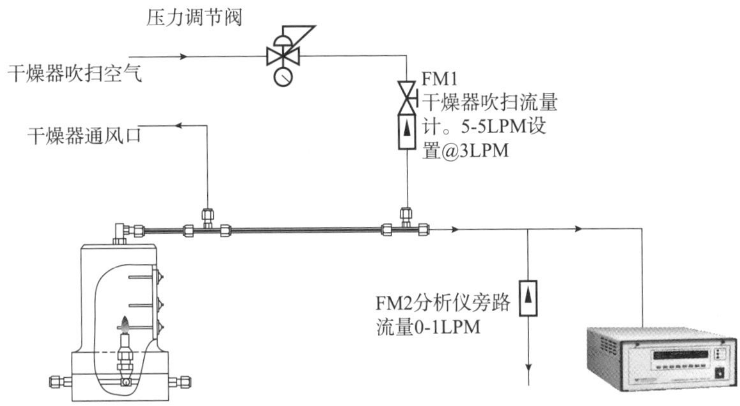

图4-3-5 总硫分析仪工作原理图

在测量池里的测量过程可以用以下方程式描述：

$$SO_2 + hu_1 \longrightarrow SO_2 *$$

$$SO_2 * \longrightarrow SO_2 + hu_2$$

式中，hu_1 代表214nm 波段的入射紫外光；hu_2 代表生成的330nm 波段的荧光。二氧化硫在紫外荧光的照射下变成激发态的二氧化硫，激发态在回到基态的过程中发射的荧光数量依次被光电倍增管感测到，并放大给出一个模拟输出信号，输出信号与反应池中的 SO_2 浓度成正比例，从而获得在0～50ppb 到0～20ppm 等范围内的一个连续的以 SO_2 为代表的总硫测量结果。

总硫分析仪测量池如图4-3-6 所示。

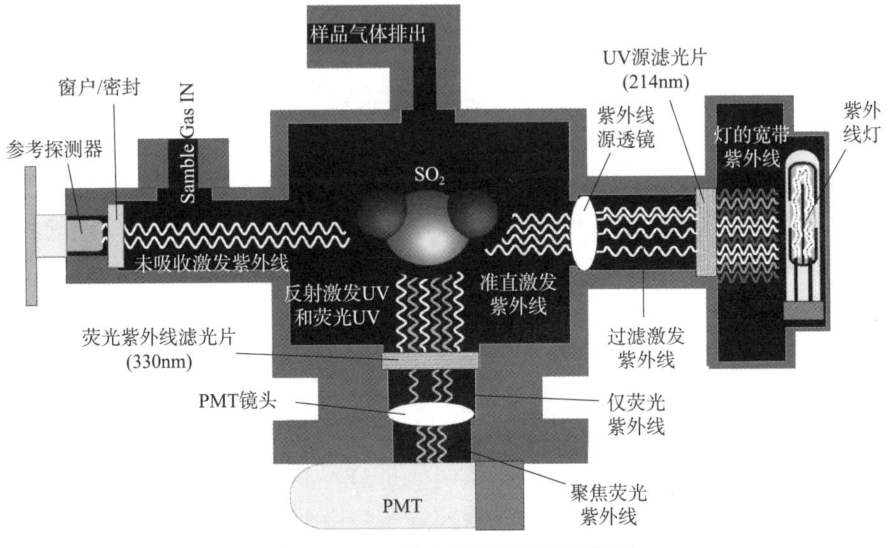

图4-3-6 总硫分析仪测量池简图

(二)分析仪的主要组成

分析仪主要由正压吹扫系统、测量单元、转化单元、转换控制单元四部分组成。如图4-3-7 所示。

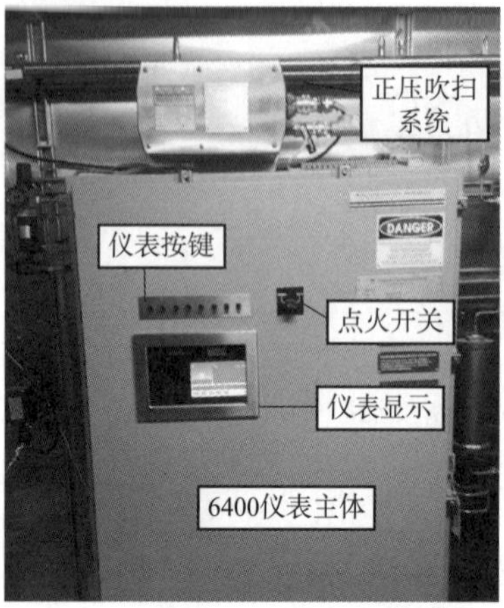

图4－3－7　总硫分析仪仪表外观图、内部结构图

正压吹扫系统：该系统用于在分析过程中保持分析仪内部的压力稳定，防止外部环境中的污染物进入。这对于确保分析精度和减少维护需求至关重要。

测量单元：Model 6400TSG 使用紫外荧光技术进行测量。这种技术通过检测样品中的硫化合物在特定波长的紫外光照射下发出的荧光强度定量分析总硫含量。这种方法具有高灵敏度和选择性，能够实现低至 ppb 级别的检测。

转化单元：该设备包含一个火焰燃烧转换模块，用于将样品中的硫化合物完全转化为二氧化硫。这个过程在氢火焰的强度下进行，在精确控制的温度和空气与氢气流量条件下转化为二氧化硫。

转换控制单元：该分析仪具备先进的数据采集能力，能够记录多种参数，包括浓度值、校准数据和操作参数，如流量、压力和灯光强度。这些数据可以通过测量单元触摸面板或通过 RS－232、以太网或 USB 端口进行本地或远程检索。

（三）主要技术参数及操作步骤要求

该分析仪的操作温度为0～50℃，以独立柜体形式安装在分析小屋内。其操作步骤如下：

（1）确认仪表进样管路关闭，预处理柜中的快速旁路打开，且快速旁路中的流量计内无可见杂质和液态物质（观察 30min）。在确认样气干净且不含有液体时，可以将样气引入（Samplein）入口，入口压力设定在0.1～0.2MPa。

（2）确保仪表的空气入口（吹扫系统）有足够的吹扫空气吹入仪表内部（进入吹扫系统的仪表空气的压力在0.3～0.7MPa）。

（3）将引入吹扫干燥管的空气（Dryerairin）入口的空气压力设定为0.1～0.3MPa，并将仪表内部的 Dryerpuregflowratefm2 流量计的指示调整到 5L/min。

（4）将仪表的燃料气（Fuelin）入口接入高纯氢气并检查管线气密性，将燃料气压力设定在0.1～0.2MPa，将控制仪表上的 FUEL 燃料气（氢气）压力设定为 4psi（表压）。

（5）将瓶装空气或经过处理后的空气（空气露点至少要低于－40℃，建议－60℃以下）接入仪表助燃空气（Zerogradeairin）入口，空气压力控制在0.2MPa（空气瓶经减压后的压力），并将仪表内转化器的空气压力调整到 9psi（表压）。

（6）将仪表上电，仪表的吹扫控制单元首先通电，并吹扫仪表内部 13min 左右。

(7)当仪表内部的吹扫压力达到要求后，仪表上电。上电后，最好暂时将仪表吹扫单元设定为 BYPASS 状态，这样方便打开仪表机壳对仪表内进行调整而仪表不会因为失去吹扫压力而断电。仪表上电后还需要预热 4h。

(8)仪表预热结束后，通过旋转仪表点火开关到 Ignite 位置，进行仪表转换单元点火，点火成功后方可开始分析。

四、在线烃露点分析仪

在线烃露点分析仪安装于码头分析小屋。Condumax Ⅱ在线烃露点分析仪是为了精确测量经过处理的天然气中的烃露点和水露点而设计的，它能够实现连续且自动化的测量过程。该分析仪由专门用于测量烃露点的传感器组件构成，这些组件被安装在防爆外壳内的电气控制单元中。此外水露点测量的传感器则作为一个可选附件，可以与烃露点测量单元同时安装，或者在后期根据需要添加。该分析仪还提供了可选的样气处理单元，确保样气在进入 Condumax Ⅱ之前得到适当的处理，从而提高测量的准确性和可靠性。下面将对 Condumax Ⅱ在线烃露点分析仪展开详细介绍。

(一)工作原理

Condumax Ⅱ的测量原理非常独特，它是通过高灵敏的二级光学效应检测到碳氢化合物冷凝的形成实现测量。当烃类化合物在测量表面上形成时，浅浅地经过刻蚀的圆锥形表面就会对入射光形成反射。该测量表面就被称为"光学表面"。测量表面的制冷由帕尔帖效应(热电)热泵完成。当环境温度为 30℃时，使用该设备可以实现 -30℃的测量。样气的流动一直是连续的，当测量循环开始时，气流停止，检测进入测量元件的那部分样气，直至测量到露点为止。

(二)分析仪的主要组成

如图 4-3-8 所示，烃露点气路由以下四部分组成：

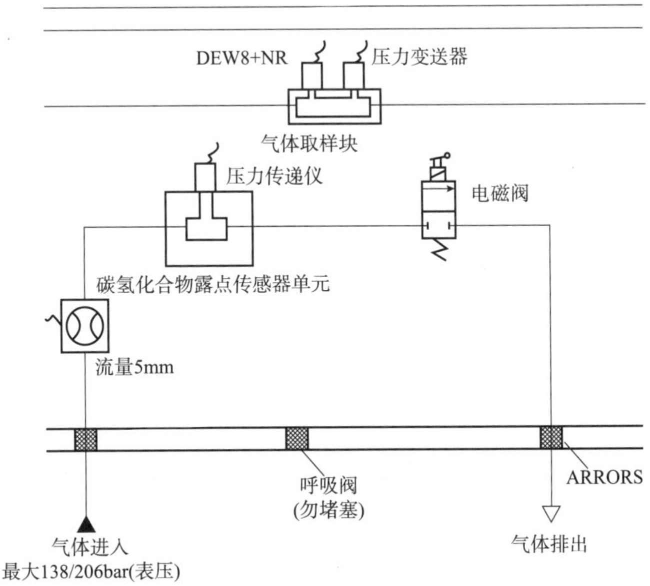

图 4-3-8 烃露点分析仪气路图

流量开关(FSI)：用来控制通过烃露点气路气流的情况。

烃露点传感器元件：用来对样气烃露点进行测量。

压力变送器：用来测量样气在烃露点测量单元内的压力。

电磁阀(SVI)：保证在提供一定体积的气体之后切断气流。

(三)主要技术参数

表4-3-3、表4-3-4分别展示了烃露点传感器元件、测量系统的主要技术参数。

表4-3-3 烃露点传感器元件技术参数

测量技术	黑斑固定样品分析。在烃露点温度下，对烃冷凝物进行直接的光学检测
气体接触部分材料	不锈钢(AISI316级别)。石英玻璃窗上为氟化橡胶O形密封圈
光学表面	经刻蚀的不锈钢，锥形凹面，并安装有小型的精密热电偶
传感器制冷	热电制冷(帕尔贴制冷)模式
范围	21℃环境温度下，27bar，烃露点到-34℃
样品气体流速	0.03Nm^3/h(0.5NL/min)
准确度	±0.5℃烃露点

表4-3-4 测量系统技术参数

材料	所有气体通过部分均为不锈钢材料(AIS1316级别)，软性材料为氟化橡胶
气流开关	不锈钢材料(AIS1316级别)，通气状态下一般开启
样品气体供应	烃露点传感器外部的调节器可调节测量压力至100bar，水露点传感器外部的调节器可调节测量压力至206bar
烃样品停气	12V直流电磁阀：不锈钢(AISI316不锈钢级，氟化橡胶材料)
外壳	氧化铝外壳，防爆。填充铬酸盐，聚酯黑色涂层，经过BS3900的检测
进口保护	IP66/NEMA4
操作环境	室内/室外-20~60℃，相对湿度最大为95%RH
样气接头	1/4in N.P.T.(F)
输出和报警	MODBUSRTURS485，波特率9600。两个非独立的4~20mA线性输出，用户可结合露点和压力参数进行配置。烃和水露点报警通过软件设置。每条线路都有内置的低流量报警
电源	90~260V交流电，频率50Hz/60Hz(功率最大75W)

五、在线水烃露点分析仪器

在线水烃露点分析仪安装在外输区高低压分析小屋。MS 5673-HCDT/EFB-5水烃露点仪，专为天然气领域设计，因为使用高品质的材料，所以传感器非常坚固。该分析仪具有可靠性、精度及重复性极高，低滞后等特点，传感器长期稳定无漂移，水露点探头可以直接测量高压工艺管路工况下的天然气露点值，可应用于防爆场所，安装和更换简单方便。下面将对MS 5673-HCDT/EFB-5水烃露点分析仪展开详细介绍。

(一)工作原理

水露点检测原理：L1661湿度传感器由与两根光纤连接的具有不同反射系数的氧化硅

和氧化锆薄层构成，通过先进的热固化技术，形成一种恰好可以让水分子通过的小孔（约0.3nm）。根据湿度平衡守则，介质中的水分子不断进入传感器的小孔中，改变了光束的反射系数（空气1.00/水1.33），产生一个与介质湿度成比例的波长的变化，这一变化被电子单元记录并计算出露点值。MS 5673 – HCDT/EFB – 5 水烃露点仪具有温度补偿（内置PT100）和压力补偿功能，因而具有极高的测量精度。

烃露点检测原理：分析仪采用经典的冷镜法分析原理，其传感器采用内部全反射专利检测技术。其独特之处在于LED光束不是从上面而是从下面照射到冷镜的表面，光信号没有像常规冷镜法一样穿过气体流路。传感器的镜面经过特殊光学处理，在没有冷凝液产生时，光束会被直接传射出去。通过帕尔贴元件，镜面被冷却，直到冷凝点出现并且长链的碳氢化合物开始凝结。在凝结薄膜和气体的分界面原本被发射出的光束被反射回光电检测器。这个测量位置的温度，通过熔接在传感器镜面和框架上的PT100传感器进行测量。

图4–3–9中光束A显示的是没受干扰的内部全反射，光束B显示的是在冷凝物产生时的反射，光束C显示的是在没有冷凝物时产生的光的外射。BARTEC改良传统技术的创新设计的优势使得气体中带有的微小颗粒不会对测量结果产生影响，另外冷镜的尺寸被减到足够的小，这种紧凑的结构外形可确保加热和冷却的过程能快速完成，从而大大提高分析速度。

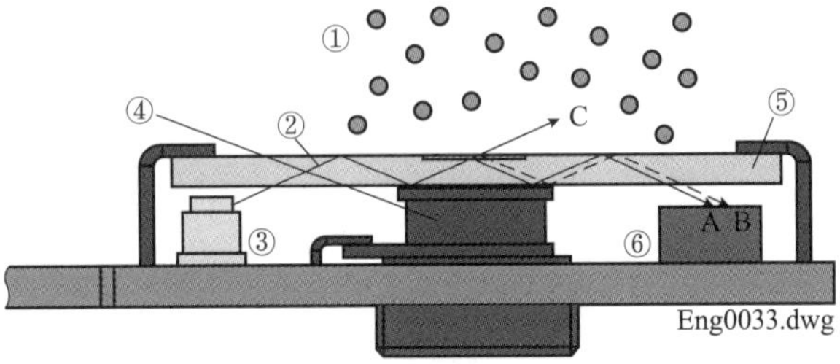

图4–3–9 烃露点工作原理图

①—气体；②—光束；③—发光二极管；④—帕尔贴元件；⑤—玻璃基板；⑥—光电二极管

（二）分析仪主要组成部分

分析仪主要包括显示控制单元、HCDT样品处理系统、湿度传感器、烃露点传感器四个部分。

显示控制单元：HYGROPHLF的特殊应用软件可同时管理样品处理系统中的烃露点传感器和湿度传感器的运行，将传感器分析得到的数据以图表的形式显示出来，并且把所有的数据储存在一个完整的数据库中。将数据传输到上一级的控制系统不仅可以采用模拟量输出，还可以采用Modbus、Profibus以及USB接口。

样品处理系统：经采样探头和伴热管线，样品管线与样品处理系统相连。样品处理系统需要对天然气进行减压、稳流、控温及气液分离等。其包含了用于测量工况水露点的湿度传感器，以及在临界凝析温度点测量烃露点的烃露点传感器。此外其防爆等级为ATEX-ZONE1，所有和气体相关的部分都是用不锈钢材料构成的。

（三）传感器主要技术参数

表4–3–5、表4–3–6分别为湿度测量传感器和HCDT传感器的技术参数。

表 4-3-5 湿度测量传感器的技术参数

具体的设备数据	
内置 Pt100	-50～100℃，DIN IEC 751，4 线
环境条件	
工作温度	-30～60℃
储存温度	-30～50℃
最大工作压力	250bar
防护级别	IP65(安装后)
机械数据	
材质	轴：1.4571 传感器的头部：POM

表 4-3-6 HCDT 传感器技术参数

测量范围	
HCDT 应用范围	-40～80℃
冷却的最大温度	60K(外配冷却器)
HCDT 精度	±0.5℃
测量速率	在 HCDT 为 0℃，约 4min
初始时间	约 30min
环境条件	
探头操作温度	-40～80℃
探头压力范围	0.2～40bar
机械数据	
外壳(接线盒)材质	铝，涂漆
探头轴的材质	铜，镀镍 10u
外壳防护等级	IP 65

六、在线硫化氢分析仪器

在线硫化氢分析仪安装于外输区高低压分析小屋内，Envent 330SH_2S 分析仪采用先进的醋酸铅纸带法，可线性及无干扰地测量硫化氢含量。常规情况下，此分析仪可测量 ppb 至 ppm 级浓度的硫化氢含量。下面将对 Envent 330SH_2S 分析仪展开详细介绍。

(一)工作原理

Envent 330S H_2S 分析仪采用《气体燃料中硫化氢分析的标准试验方法(醋酸铅反应速率法)》(ASTM D4084—2005)。该方法主要介绍应用醋酸铅反应速率法检测天然气中的硫化氢，此外还介绍了双光路检测仪的性能。

醋酸铅纸带与硫化氢接触时发生反应，其反应关系如图 4-3-10 所示。这种纸带不会与样品中的任何其他硫化物发生反应，因此当超过一种硫化合物存在于样品中时纸带不会受干扰，而是通过直接出现在醋酸铅纸带上的棕色斑点可以明显看出硫化氢的反应。

内置在330S模型中的电子元件已经过编程，可以测量随时间推移的纸带暗色化速度，从而得到硫化氢浓度含量。当没有硫化氢与醋酸铅纸带接触时，分析仪传感器显示1000mV（+/-100mV）。

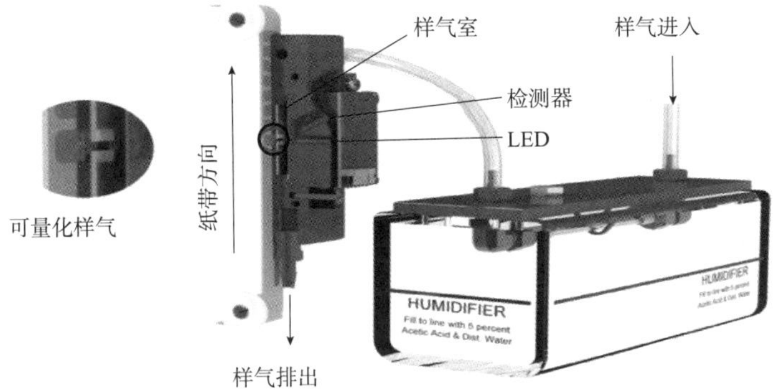

图4-3-10 硫化氢分析仪操作原理示意图

(二)基本组成

330S H_2S 分析仪主要由控制板、液晶显示板、样品室、传感器模块组成。控制板是分析仪最重要的电子元件，是一个印刷路板，可容纳用户所有连接。液晶显示板是一种图形背光显示器，具有触屏或磁性界面。样品室是硫化氢样品与硫化氢纸带接触的部件。传感器模块用于测量硫化氢纸带反射的LED光的强度，由一块电子板、红光发射二极管、光电二极管组成。LED发出一束红光，红光通过 H_2S 纸带反射到检测光强的光电二极管上。当醋酸铅纸带与 H_2S 接触时，颜色越深，光电二极管检测器接收到的光就越少，从而降低了毫伏值，增加了 H_2S 值。“SDS”模型可同时测量 H_2S 纸带两侧的暗化率，因而可同时测量两种不同的样品。

(三)分析仪技术参数

硫化氢分析仪技术参数见表4-3-7。

表4-3-7 硫化氢分析仪技术参数

测量方法	ASTM D4084—2007：测量气体燃料中硫化氢含量的标准方法(醋酸铅纸带法)
环境温度	0~50℃(标准)，更多要求垂询工厂，0~90%湿度(非冷凝状态下)
电源	12~24V DC @小于3W
	或100~240V AC 50/60Hz，5W(测量总硫时，300W)
	保险丝额定值：5 Amps，250V，缓慢熔断式，尺寸：0.201in Diax 0.787in，包装尺寸：5mm×20mm 电池(仅供1d控制板使用)：锂3.6V，直径0.571in & 长0.992in
防爆认证	Class I，Division 1 Groups BCD
量程	标准量程为10~100ppb和0~100ppm
反应时间	90%可达到20s
精度	channel 1 满量程精度：SDS型号的channel2 精度为±2.0%
显示	液晶显示；使用按键或触屏笔操作屏幕菜单选择

第三节　实验室离线分析设备

LNG 接收站内设置有中心化验室，根据接收站的工艺功能以及自身定位等因素确定中心化验室的工作任务，气质分析化验工作可能有所不同，但大体上都类似。在中心化验室通常设置有气瓶间以及气质分析室、办公室等，气瓶间用于存放各类如氧气、氮气、氩气之类的钢瓶气以及仪器设备所用的标气瓶等，仪器设备常用的载气、燃烧气等通过管线引入到气质分析室，供各类设备运行。办公室用于分析操作人员、工程师办公及休息。气质分析室主要存放用于天然气组分分析、天然气硫化物分析的各类设备，本节主要详细介绍三类设备的原理、基本组成、技术参数以及操作运行规程。

一、天然气常规组分分析仪器

（一）色谱原理

天然气组分分析气相色谱仪的常用配置是 TCD 检测器，即热导检测器，它是根据组分和载气热导率不同研制而成的浓度型检测器，也是知名的整体性能检测器。天然气样气通过热导池且浓度变化时，就会从热敏元件上带走不同热量，从而引起热敏元件阻值的变化。电阻变化可以通过电桥转换为电压信号输出，电压信号与载气中组分的浓度成正比，从而实现定量分析。由于热导检测器结构简单、稳定性好、线性范围宽、操作简单、灵敏度适宜、定量准确，且对所有可挥发性物质均有信号（通用型检测器），因而成为目前应用最广的气相色谱检测器之一。

（二）色谱仪基本组成

以安捷伦 7890B 气相色谱仪为例，简要介绍一下色谱仪的结构组成及作用。如图 4－3－11 所示，主要展现的是气相色谱仪的外观结构及内部排列设置，其主要由进样口、检测器、色谱柱、操作面板等硬件组成。如果按照功能分类，色谱仪主要由气路系统、进样系统、分离系统（色谱柱系统）、检测及温控系统、计算机系统（数据处理记录系统）组成。

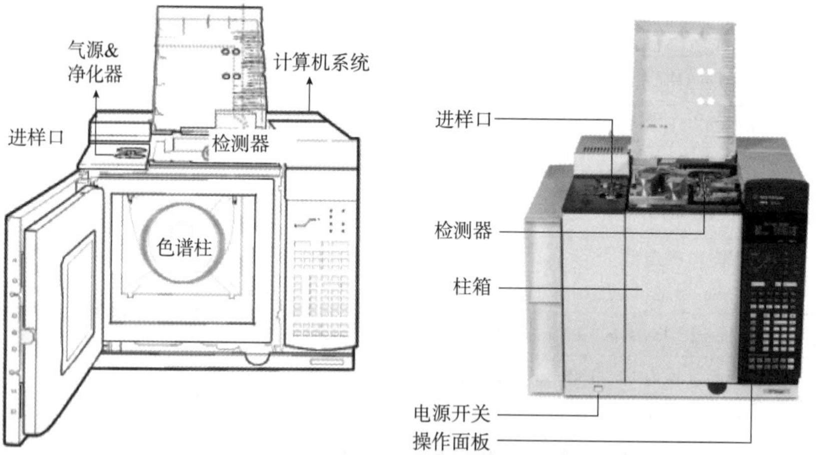

图 4－3－11　安捷伦色谱分析仪外观及内部结构图

1. 气路系统

包括气源、净化干燥管和载气流速控制及气体化装置，是一个载气连续运行的密闭管路系统。通过该系统可以获得纯净的、流速稳定的载气。它的气密性、流量测量的准确性及载气流速的稳定性，都是影响气相色谱仪性能的重要因素。

2. 进样系统

包括进样口、气化室、加热系统。通过该系统可以控制样品的进样方式、流量、压力大小，保证样品快速进入色谱柱中。

3. 分离系统

分离系统是色谱仪的心脏。其作用就是把样品中的各个组分分离开来。分离系统由柱室、色谱柱、温控部件组成。其中色谱柱是色谱仪的核心部件。

4. 检测系统

检测器是将经色谱柱分离出的各组分的浓度或质量(含量)转变成易被测量的电信号(如电压、电流等)，并进行信号处理的一种装置。通常由检测元件、放大器、数模转换器三部分组成。被色谱柱分离后的组分依次进检测器，按其浓度或质量随时间的变化，转化成相应电信号，经放大后记录和显示，绘出色谱图。检测器性能的好坏将直接影响到色谱仪器最终分析结果的准确性。

5. 温控系统

在气相色谱测定中，温度控制是重要的指标，直接影响柱的分离效能、检测器的灵敏度和稳定性。温度控制系统主要指对色谱柱、检测器处的温度控制。在色谱柱室要准确控制分离需要的温度，当试样复杂时，分离室温度需要按一定程序控制温度变化，使各组分在最佳温度下分离。

6. 计算机系统

该系统是记录检测器的检测信号，进行定量数据处理。可测量色谱峰的面积，能自动对色谱分析数据进行处理，按照不同的设置方法直接提供定量分析的准确检测结果。

(三)主要技术参数

以实验室现有配置的气相色谱仪为例。该色谱仪的硬件配置以及各参数设置符合《天然气的组成分析　气相色谱法》(GB/T 13610—2020)、《天然气的组成分析 GC 法》(GPA STD 2261—2020)要求，将从测量范围、重复性、分析组分数、分析周期等方面对色谱仪的主要技术指标展开介绍。其详细技术指标见表4－3－8，其重复性指标参数主要依据《天然气的组成分析　气相色谱法》(GB/T 13610—2020)。目前接收站实验室每次卸船针对天然气常规组分分析的方法主要依据《天然气的组成分析 GC 法》(GPA STD 2261—2020)，该方法是国际天然气贸易结算的依据。此外，国内主要用《天然气的组成分析　气相色谱法》(GB/T 13610—2020)的分析方法测定天然气长输管道气体中的天然气组成。

表4－3－8　天然气组分色谱技术参数比较

分析组分	测量范围/%(mol)	分析周期/min	重复性/%(mol)
氮气(N_2)	0.01～0.5	25	0.01
甲烷(CH_4)	80～99.9	25	0.2
乙烷(C_2H_6)	0.1～5	25	0.07

续表

分析组分	测量范围/%(mol)	分析周期/min	重复性/%(mol)
丙烷(C_3H_8)	0.01~2.5	25	0.07
丁烷(C_4H_{10})	0.01~1	25	0.04
戊烷(C_5H_{12})	0.01~0.1	25	0.01
正己烷及以上(C_{6+})	0.01~2	25	0.01
二氧化碳(CO_2)	50ppm~2	25	0.01

(四)设备操作运行过程

对于实验室内天然气组分色谱，它的分析对象是相对固定的，主要用来分析卸船取样样品、码头手动取样样品、高低压实时外输样品，分别对卸船、槽车外运、计量外输组分开展分析，为站内盘库以及贸易计量奠定坚实基础。因为分析对象相对固定，所以每次测量的样品组分范围已知，化验室为了能够准确分析所有样品，建立了三种分析方法，每月会对仪器开展标定动作以及每次检测前会使用标气开展方法验证操作。下面简单介绍组分分析色谱运行操作流程。

天然气样气从进入色谱到结果检出主要经历五个主要步骤：调用色谱工作站以及分析方法；样品通过进样管线进入 GC 中；待仪器进入准备状态后，开始点击操作面板上的"Start"按钮，在色谱柱内部分离混合物的各组成化合物；检测器检测样品中包含的化合物形成色谱图；色谱计算机系统收集数据并按照已设定的显示报告界面检出结果。

二、天然气硫化物分析仪器

(一)色谱原理

目前实验室常用的分析天然气各种硫化物组分的分析仪配置为 SCD 检测器。下面以安捷伦新推出的 SCD8355 硫化学发光检测器为例展开介绍，图 4-3-12 为 SCD 硫化学发光检测器原理流路图，含硫化合物从色谱柱流出后，进入安装在色谱仪检测器位置上的燃烧

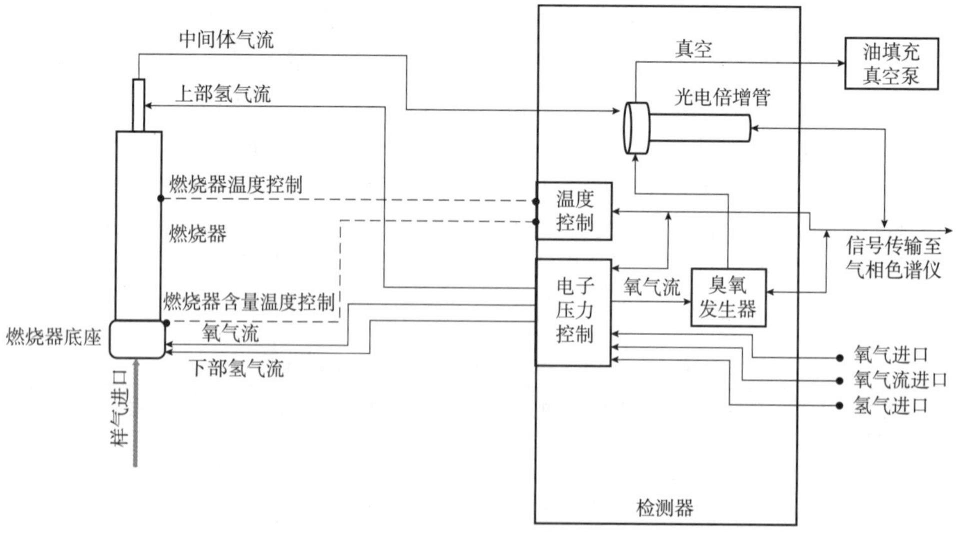

图 4-3-12　SCD 硫化学发光检测器原理流路图

器燃烧，燃烧温度通常设定为800℃，为等离子体燃烧器，硫化合物燃烧经过氧化反应和还原反应后生成中间产物SO，SO中间体被真空吸入SCD检测器反应池内，与也被吸入反应池内的臭氧发生化学发光反应，并通过光学滤片由光电倍增管检测并放大，产生数字信号输出给GC数据记录系统。8355型检测器替代更新安捷伦原来的355/255型，基本原理不变，气体流量控制改为EPC模式，通过GC软件控制，更加准确便捷；燃烧器维护更加方便，缩短了停机时间；对含硫化物具有高选择性和高灵敏度，不受大量样品基质的干扰。该设备与多种ASTM方法兼容，广泛用于石油、天然气、环保等领域。

(二)色谱仪基本组成

色谱仪的基本组成与图4-3-11所示的结构基本相同，不同之处主要表现在检测器类型、所消耗的气体类别、臭氧发生器等附件，下面详细介绍上述三点的特性组成。

1. 检测器类型

检测器不同，色谱分析检测原理不同。检测原理详解具体可见本章及前述章节。

2. 气体种类

因为检测原理不同导致所需的气体种类各异，除了两者所用载气不同以外，硫化合物色谱因为需要发生燃烧反应还需要另外配备燃烧气。TCD检测器一般用氦气载气，用空气作为阀切动力。SCD检测器用氮气作载气，氢气和氧气作为燃烧气，同时氧气也是臭氧生产来源。

3. 臭氧发生器

主要作用是对氧气高压电晕产生臭氧，为燃烧器反应池提供反应所需要的臭氧。

(三)主要技术参数

该色谱仪的仪器硬件配置以及各参数设置符合《气相色谱法与化学发光法测天然气及液态燃料中硫化物的标准实验法》(ASTM D5504—2020)要求，下面将依据ASTM D5504—2020的要求对该仪器的线性度、敏感度、检测组分范围等技术指标开展介绍。

(1)线性度大于105；敏感度小于5pg S/s；对含硫化合物的选择度比对碳氢化合物的高106；不会对硫化合物的响应有抑制作用；反应池内压力小于100Torr，保证高电压供应给臭氧发生器；进样管线材质要选择硫钝化材质。

(2)气体要求：将气态硫标准物混合于氮气、氦气或甲烷基础气三种任一气体中，常用样气组分数值应该被包括在使用的标气数值范围之内。标准气体所连接的压力调节阀必须适用于含硫气体的传递，并且其附件必须针对含硫气体惰化或本身有惰性，不能对硫有吸附。载气以及样气要求高纯度，确保正常反应以及增大检测器的灵敏度。

(3)一般将硫化氢、羰基硫、甲硫醇推荐为标准气体的内含物，为了保证天然气样气中硫化物检测的准确性和相对全面性，也可以增加其他硫化物，如乙硫醇、正丙硫醇、异丙硫醇、二甲基硫醚等。所有多成分的标准气应该要求供货商提供气体生产合格证。

目前接收站实验室每次卸船针对天然气硫化物(主要包括硫化氢)的分析方法主要依据是ASTM D5504—2020，该方法也是各类贸易条款中要求的分析方法。除此之外，国内对于该类分析尤其是针对天然气长输管道气体中硫化氢的检测也可按照《天然气　含硫化合物的测定　第10部分用气相色谱法测定硫化合物》(GB/T 11060.10—2021)。

(四)设备操作运行过程

对于实验室内天然气硫化物色谱，它的分析对象也是相对固定的，与天然气组分色谱分析对象基本相同。针对卸船组分、外输组分分析结果确认了标准气体的组分种类以及浓度范围，针对五种硫化物(硫化氢、羰基硫、甲硫醇、乙硫醇、甲硫醚)建立了一种分析标准方法，每月会对仪器开展标定动作以及每次样气检测前会使用标气开展方法验证操作。

天然气样气分析操作流程与天然气组分色谱分析主要经历的流程基本相同，不同点在于前者除了需要开启色谱仪主机的开关电源以外，还需要启动臭氧发生器开关，如果实验室样品分析需求数量较大，则仪器要保持待机状态，以避免因重新开机导致色谱基线不稳的现象发生。

三、天然气总硫分析仪器

(一)分析原理

目前实验室常用的分析天然气总硫组分的分析仪配置多采用紫外荧光法原理开展检测。德国耶拿紫外荧光硫分析仪采用紫外荧光法测定原理开展检测工作。天然气样品在富氧条件下经高温燃烧后，样气中的硫被氧化成二氧化硫，二氧化硫吸收紫外线的能量转变为激发态的二氧化硫，当其返回到基态时会发出特征波长的荧光(220～420nm)，经过微电流放大器放大、计算和数据处理，即可转换为与光强度成正比的电信号，二氧化硫浓度是由荧光强度的变化确定的。

(二)基本组成

耶拿紫外荧光分析仪通常由进样模块、燃烧模块、检测模块三部分组成，下面将详细介绍这三部分的组成。

1. 进样模块

常用的进样模块包括常压气体进样(GSS)、高压气体/液体进样形式(LPG/GSS)，其中LPG/GSS进样方式较GSS进样方式除了支持气体、液体进样检测以外，对于气体进样可以实现高压钢瓶进样，避免气袋进样方式样品中硫的吸附损失，简化进样操作流程，保证检测结果的准确性。

2. 燃烧模块

燃烧模块主要由燃烧炉以及过滤附件等组成，燃烧炉主要为天然气样气提供高温环境；过滤附件主要去除燃烧产生的积炭以及水汽。

3. 检测模块

该模块主要提供紫外荧光灯源激发燃烧生成的二氧化硫产物，具有较高的灵敏度。

(三)主要技术参数

1. 进样模块

分析带压气体(最高200bar)和液化气(最高压力18bar)；可变体积进样(气体1～20mL，LPG 1～150μL)；加热室保证LPG定量蒸发；气体要求：氩气和氧气。

2. 燃烧模块

实现垂直炉和水平炉模式；完美处理各种样品基体；方便快速切换；低维护成本；温度：20～1050℃；温度(或其他技术参数)稳定性：1050℃ ±2℃，能实现最高1100℃的高温。

3. 检测模块

能实现最小检测绝对量0.2ng S；对于20mL的天然气样气，可实现10ppb的最低检测浓度限值。符合《用紫外线荧光法测定气态烃和液化石油气中总挥发性硫的标准试验方法》(ASTM D6667—2021)以及《天然气 含硫化合物的测定 第8部分：用紫外荧光光度法测定总硫含量》(GB/T 11060.8—2020)检测标准要求。

目前接收站实验室每次卸船针对天然气总硫含量分析的方法主要依据《气相色谱和化学发光法测天然气和气体燃料中硫化物的标准实验方法》(ASTM D5504—2020)、《用紫外线荧光法测定气态烃和液化石油气中总挥发性硫的标准试验方法》(ASTM D6667—2021)，这两种方法也是各类贸易条款中要求的常用分析方法。除此之外，国内对于该类分析尤其是针对天然气长输管道气体中总硫的检测也可执行《天然气 含硫化合物的测定 第8部分：用紫外荧光光度法测定总硫含量》(GB/T 11060.8—2020)、《天然气 含硫化合物的测定 第10部分：用气相色谱法测定硫化合物》(GB/T 11060.10—2021)。

(四)设备操作运行过程

该分析仪的运行维护方法与前面所述的其他实验室离线设备基本相同，这里不再重复赘述。不同点是标定所用的标气成分、浓度不同，该仪器只选一种硫化物－羰基硫建立了分析标准方法，通过改变进样量实现标准曲线的建立。天然气样气从进入仪器到检出结果主要经历六个步骤。

其运行操作流程：

打开氩气和氧气钢瓶减压阀，将分压表分别调至仪器所需要的压力数值；依次打开三个模块电源；打开上位机操作软件，实现与模块的自动连接；激活建立的分析方法；在检测之前，输入样品信息，授权完成后即可开始测量；检测完成后可在操作软件上点击分析结果链接查看检测结果。

第四章　CNAS 认可

LNG 接收站天然气检测实验室主要负责卸货取样分析和外输取样监测分析工作，在部分配备有储罐手动采样器的接收站，也负责对储罐手动取样结果进行分析，用于比对和监测 LTD 密度测量结果。因此，天然气组分分析质量是卸货计量、气化外输量以及罐存计量是否准确可靠的关键因素。

为保证天然气质量检测结果的准确、公正、可信，实验室应研究建立并运行天然气质量管理体系，确保天然气组分、总硫和含硫化合物的检测工作处于质量控制状态，使天然气质量检测更加科学、规范、合理，提高天然气检测实验室的整体管理水平。

第一节　CNAS 认可的目的和意义

CNAS 认可是指由中国合格评定国家认可委员会(CNAS)根据相关国际标准或国家标准，对检测/校准实验室和检验机构有能力完成特定任务作出正式承认的程序。通过认可的实验室出具的检测、检验、校准报告/证书可以加盖 CNAS 和 ILAC 的印章，并具有非常重要的意义。

(1)表明具备了按相应认可准则开展检测和校准服务的技术能力。

(2)增强市场竞争能力，赢得政府部门、社会各界的信任。

(3)获得签署互认协议方国家和地区认可机构的承认。

(4)有机会参与国际合格评定机构认可双边、多边合作交流。

(5)可在认可的范围内使用 CNAS 国家实验室认可标志和 ILAC 国际互认联合标志(CNAS 加入 ILAC 联盟)。

(6)列入获准认可机构名录，提高知名度。

第二节　天然气检测实验室质量管理体系的建立

建立科学、系统、规范的天然气质量管理体系并高效运行是 CNAS 检测实验室保持检测能力和质量控制水平的关键。符合 CNAS 的质量管理体系应当能够全面有效转化各类准则、规则和所申请项目的检测标准(表 4－4－1)要求。

表 4－4－1　天然气检测质量管理体系编制依据

序号	标准代号	标准名称
1	GB/T 13610—2020	天然气的组成分析　气相色谱法
2	GB/T 11060. 4—2017	天然气　含硫化合物的测定　第 4 部分：用氧化微库仑法测定总硫含量
3	GB/T 11060. 10—2021	天然气　含硫化合物的测定　第 10 部分：用气相色谱法测定硫化合物

续表

序号	标准代号	标准名称
4	GPA STD 2261—2020	天然气的组成分析　气相色谱法
5	CNAS－CL01：2018	检测和校准实验室能力认可准则
6	CNAS－CL01－A002：2020	检测和校准实验室能力认可准则在化学检测领域的应用说明
7	CNAS－RL01：2019	实验室认可规则
8	CNAS－RL02：2018	能力验证规则
9	CNAS－CL01－G002：2021	测量结果的计量溯源性要求
10	CNAS－CL01－G003：2021	测量不确定度的要求
11	CNAS－CL01－G001：2024	检测和校准实验室能力认可准则应用要求
12	CNAS－GL001：2018	实验室认可指南
13	CNAS－GL002：2018	能力验证结果的统计处理和能力评价指南
14	CNAS－GL034：2018	石油石化检测领域实验室认可技术指南

天然气质量管理体系文件内容覆盖组织结构、资源配置、过程管理、体系内审和管理评审等方面，包括4个层级：

(1)质量手册，为第一层级文件。主要是按照规定的质量方针和目标以及实验室认可准则描述天然气质量管理体系，对体系架构、原则和内容提出总体要求。

(2)程序文件，为第二层级文件。对影响质量的各项活动作出规定，规定各项活动的方法和流程，使各项活动处于受控状态。

(3)作业指导书，为第三层级文件。主要是详细的作业指导文件，规范天然气检测的取样和检测操作，保证操作符合规范要求。

(4)记录表格，为第四层级文件。主要对体系运行中质量和技术活动的操作文件和记录，确保过程可查询、可追溯。

第三节　天然气质量管理体系的运行

实验室质量管理体系在运行过程中需要周期开展体系运行情况的审核以及对管理体系的改进，确保体系文件高效运行并处于受控状态。这对全体员工深入了解实验室的管理制度、授权职责、设备耗材以及规范技术人员的检测活动都有着积极的作用，使检测实验室的管理更加科学化，有效性得到进一步提高。下面是在体系运行过程中的几个关键环节。

(一)检测人员

检测人员应当具备相应的专业、学历，在完成相关培训和考核后，由实验室质量管理人员授权在检测岗位开展特定项目的检测工作。其中，培训内容包括但不限于天然气检测方法、仪器设备、质量控制方法以及有关化学品安全生产与防护、救护知识等内容。

(二)检测方法

作业指导书：编写天然气的组成、总硫、硫化氢的作业指导书并按照要求开展检测工作，检测结果的精密度符合国家标准的要求。

方法验证：在引入检测方法前，建立天然气检测技术的实验室要通过测量不确定度评定、方法比对、使用有证标准物质等方式验证所建立的检测方法，确保实验室能够按照检测方法要求开展检测工作。

（三）检测设备

设备管理人员负责建立天然气检测设备台账和设备档案，及时更新设备操作、运行和维护维修记录；对检定/校准和修理后的检测设备进行符合性验证，确认设备是否满足当前检测工作需求；按照计划完成检测设备的期间核查工作，确保检测设备可控。

（四）检测结果的质量控制

日常监控：检测和校准结果的日常监控由报告审核人员负责，对数据处理、原始记录和证书报告的信息一致性、证书/报告的规范性和结果的正确性进行审核，对可疑数据进行复检，确保日常监控到位。

质量监督：实验室编写年度质量监督计划表，覆盖全部天然气检测项目，由质量监督员负责从样品的接收、环境条件监控和记录、仪器设备的操作和维护保养、检测方法的应用、量值溯源、原始数据记录等，对天然气检测结果的全过程进行日常监督，保证检测过程和结果的准确性和科学性。

内部质量控制：内部质量控制方法应包括但不限于空白分析、重复检测、比对、加标和控制样品的分析中的一种或几种。天然气检测实验室结合工作实际，编写年度内部质量控制计划表，采取重复检测、设备比对、方法比对及使用有证标准物质等形式多样的内部质量控制方式，覆盖组成、总硫、硫化氢等检测项目的所有检测设备，保证了检测结果的有效性和一致性。

外部质量控制：外部质量控制主要采取能力验证和实验室间比对的方式。能力验证是利用实验室间比对，按照预先制定的准则评价参加者的能力；实验室间比对是按照预先规定的条件，由两个或者多个实验室对相同或类似的物品进行测量或检测的组织、实施和评价。

（五）文件控制

实验室要建立天然气检测方法清单，对涉及的天然气检测标准每季度进行标准查新，查看有无更新的版本和作废的版本，建立受控文件清单，编写查新报告，及时更新标准，加盖受控章发放标准，同时收回作废标准，确保技术人员使用的文件为有效版本。

（六）内审和管理评审

为保障质量管理体系的有效运行和持续改进，检测实验室需制定季度内部检查、年度内部审核及管理评审计划并组织实施，实现实验室的闭环管理。

建立符合本实验室的质量管理体系在实验室日常运行和工作中起到十分重要的作用。以质量手册、程序性文件、作业指导书、质量记录 4 个层次组成的质量管理体系文件为指导，以资源控制、过程要求、持续改进这 3 个实验室日常工作所需部分为基础形成的一整套质量管理体系，是实验室在各个环节工作都能有序高效展开的关键。

第五篇　LNG 接收站投产

第一章　码头投产

第一节　船舶接卸的投产条件

一、工程准备

总承包单位按照合同要求完成码头区域工作量，整个码头区域工程机械完工，工程质量经质量监督部门验收合格，项目整体进入试运投产阶段。试运投产阶段分为 5 部分，分别为单机试车、工程中交、联动试车、投料试车以及性能测试。

(一)单机试车

(1)进行码头区域的三查四定，检查涵盖所有码头区域的管线、设备和设备的附属设施，确保其实际情况与施工管线设计和设备规格布置保持一致。

(2)进行码头区域的电气检查、通电及测试，确保码头的用电设备安全可靠运行。

(3)进行码头区域公用工程系统测试，保障码头区域供水、供风、供氮以及消防系统安全可靠运行。

(4)进行码头区域设备测试，确保卸料臂、登船梯以及码头辅助靠泊系统等设备设施执行功能测试正常，设备位号和管道介质名称、流向标志齐全。

(5)进行码头区域工艺管道的预调试，对工艺管道的焊缝和焊接记录、手动阀操作及其润滑系统、管道支架和法兰安装情况的检查，对仪表、自控系统检查及阀门动作测试，检测以及测试合格之后进行管道的吹扫、清洗和气密作业。

(二)工程中交

单机试车工作均完成并达到规定要求后，整个项目即达到工程中交条件。所有系统都做好试车准备时，签发工程中交证书。工程中交证书由总承包商提交并由业主批准。

(三)联动试车

天津 LNG 项目由于其低温特性，在此阶段进行联动试车的主要是系统的干燥与置换，以及自控系统的联调。其余所涉及的设备均需要在投料试车阶段进行调试。

1. 码头区域 LNG/BOG 管线、设备的干燥及氮气置换

在码头区域管道和设备预冷之前，需要将其所有低温管道和设备进行干燥、置换，直至露点达到 -40℃左右，并进行氧气浓度的检测，所有系统中氧气的安全浓度推荐为不大

于2%(体积浓度),持续72h检测合格,干燥和置换工作结束。干燥和置换工作结束后,码头区域所有的低温管道和设备需要保持在氮气的微正压下,直至码头区域预冷作业。

2. 自控系统联调

对码头区域所有ESD联锁功能进行测试,检查其输出到现场设备的正确性,是否符合因果图逻辑;火气及消防系统的功能测试,检查其联锁输出功能;对程序逻辑控制系统(PLC)、工作站及网络等进行测试检查。

3. 试车前安全检查(PSSR)

在试运投产前,需进行试车前安全检查(PSSR),由开车队伍负责组织开车前安全审查专家小组,设计、采购、施工和试运投产人员共同确认投料条件是否真正具备,以保证设施具备投料开车条件。确保涉及开车工作的每个人都得到相关培训,使他们了解整个接收站设施的设计、操作步骤、HSE要求和规定,以及开车期间的应急响应程序和开车团队在开车期间的职责。

在PSSR检查中的必改项全部整改完成后,由有资质单位出具报告。在安全审查之后,开车承包商编制的试车/开车准备就绪证书经业主审核批准并签字后,开车活动(包括LNG的导入)才能开始进行。

4. 氮气预冷

计划接船前15天开始进行,接船前2天完成卸料总管预冷及隐患整改工作。根据详细设计要求,应控制预冷速率为5~10℃/h,管道上部和下部温差不超过30℃。预冷后管道内温度为-150~-120℃,管道内部不得出现液态氮气。

(四)投料试车

投料试车阶段是在机械完工并且工艺系统、设备干燥、氮气置换合格的状态下,进行的LNG导入、设备系统启动、调试及动态功能测试等活动。

LNG船与接收站连接前,卸料臂的供应商代表应到现场协助操作,码头辅助靠泊系统的供应商代表也应在控制室指导操作。卸料过程包括卸料管线的置换、冷却、填充和储罐的置换、冷却和进料等过程,整个详细卸料过程见本章第二节。

(五)性能测试

性能测试是在系统运行稳定后,码头区域将验证从船上卸载LNG到储罐的速率将等于或大于性能测试速率,测试以6h为计量时间。对天津LNG项目应在投料试车产出合格产品后6个月内完成。

二、政府手续准备

关于码头投产的政府手续分为3类,分别为港口竣工类手续、港口经营类手续以及口岸开放类手续。

(一)港口竣工类手续

港口竣工类手续包括港口工程招投标备案、施工质量安全备案、港口工程开工备案、码头工程安全设立评价(安全预评价)、码头、港口、装卸站应急预案备案、试生产方案许可、重大危险源备案、水运工程交工验收前的安全生产评估、港口工程质量鉴定/交工验收、码头工程安全设施设计专篇、码头安全设施专项验收、港口设施保安符合证书、海域使用证和填海项目竣工海域使用验收。

（二）港口经营类手续

港口经营类手续包括港口经营许可证及其危险货物作业附证。

（三）口岸开放类手续

口岸开放类手续包括海关监管场所设立审批、口岸核心能力建设验收、船舶防污染评价、锚地选划、航标效能验收、通航安全核查和码头（泊位）正式（临时）对外开放。

三、外方准备

为了 LNG 船舶能够安全可靠地完成靠泊以及卸货作业，接收站还应与外方等多家外部单位进行操船模拟试验、船岸兼容性研究以及尽职调查等工作。

（一）操船模拟试验

组织海事局、引航站、船方代表、拖轮船长等参加操船模拟试验，就操船模拟试验工作进行技术交流，就试验方案进行讨论。

（二）船岸兼容性研究

组织贸易方、船方代表等单位进行正式船岸对接会议，确定船岸兼容表中各项信息内容，完成《船岸兼容表》以及《港口信息管理手册》的编制。

（三）资源方尽职调查

资源方尽职调查采用评估问卷与现场考察相结合的方式，评估问卷形式多样。问卷内容涉及港口操作、船岸界面、货物装卸、安全健康和消防、环境保护、应急措施、维修保养、系泊浮筒操作等十个主题，根据主题内容对接收站进行评估。获得资源方认可后，船舶才能装货出港或者停靠接收站。

第二节 LNG 首船接卸方案

在第一艘 LNG 船到港之前，需要 LNG 船舶与接收站双方的紧密联系，以便顺利完成接收站投产作业。在天津 LNG 接收站的投产准备就绪后，利用首船 LNG 船上的 LNG 预冷并填充接收站的工艺管线及储罐。第一艘船舶将在接收站停泊约 15 天，主要实现以下功能：

使用 BOG 预冷 LNG 卸料、保冷循环管线及低压/高压 LNG 总管；使用 BOG 置换 LNG 储罐中的氮气；使用 LNG 填充 LNG 卸料、保冷循环管线及低压/高压 LNG 总管；使用 LNG 预冷和填充 LNG 储罐。

一、首船接卸准备工作

首船接卸准备工作可分为基础准备工作和支持性工作，基础准备工作主要是落实关务管理、海务管理、辅助船舶作业管理、码头作业管理以及码头 HSE 管理五个方面的工作职责和内容，简称“五落实”；支持性工作包括具备人员、物资、制度、条件/许可、技术方案和承包商等六项工作条件，简称“六具备”，开港准备根据由“五落实”和“六具备”组成的价值链开展相关工作，见表 5－1－1。

表5-1-1 开港准备“五落实”和“六具备”价值链

开港准备（六具备＼五落实）	关务管理	海务管理	辅助船舶作业管理	码头作业管理	码头 HSE 管理
人员	关务管理人员到位	海务管理人员到位/完成操船模拟培训	船舶管理人员到位/辅助船舶船员到位	码头管理及作业人员到位/码头作业取证培训	HSE 管理人员到位/码头 HSE 取证培训
物资	口岸查验单位办公及现场监管条件具备	海务人员通信设备(VHF \ UHF)到位	作业拖轮到位/带缆艇到位/海巡艇落实	码头物资到位	码头 HSE 物资到位
制度		港口信息及接收站管理手册	辅助作业船舶安全管理规定	码头管理手册	码头 HSE 制度
条件/许可	收费标准落实/开港政府许可完成/海事监管规定落实	接收站基准及评估完成/船岸安全性落实/船岸设施兼容性落实	辅助船舶具备适航条件	码头接卸条件具备	港口保安设施落实/安全试运行许可/消防验收/环保试运行许可
方案	出入境申报工作程序	引航方案/系泊方案/首船进出港工作程序	辅助作业船舶工作程序	卸货方案	船岸安全检查方案
承包商	第三方检验承包商船代、货代承包商		拖轮承包商带缆艇管理承包商		安保队伍/消防队伍/溢油接收处置单位

二、首船接卸流程

贸易方给接收站下达船舶航次指令，接收站在该航次船舶抵港前2天完成船舶进港申报，并组织船舶代理及货物代理完成该航次船舶的相关业务工作。船舶进港当天，LNG船舶航行至接收站所在港区LNG船专用锚地(引航员登轮点)，引航员登轮并引领船舶进港。

(一)靠泊阶段

在LNG船舶航行至港池调头区之前，LM(Loading Master，装卸工程师、卸货工程师或卸货主管)提前前往码头前沿待命，待LNG船舶调头向码头靠泊时，协助引航员进行LNG船舶对中作业。LNG船舶位置对中完成之后，进行系缆作业。LNG靠泊系缆完成后，LM指挥操作人员放置登船梯，引航员离轮，入境联检部门人员登轮进行船舶查验作业。

(二)卸前准备阶段

入境联检部门查验合格之后，LM携带接收站海图及相关卸货作业文件登轮，与船方代表召开首船卸前会议，核对整个首船卸货作业的流程、注意事项以及相关应急处置。卸前会议结束，LM指挥操作人员登轮进行卸料臂连接作业、卸料臂的气密吹扫及置换、卸前计量以及热态 ESD 测试作业。

(三)码头工艺管线及储罐的 BOG 预冷及置换阶段

热态 ESD 测试完成之后，首先利用 LNG 船上气化器提供的 BOG 预冷 LNG 卸料/码头保冷循环管线，通过卸料臂直接进入 LNG 卸料管线和码头保冷循环管线。该步骤将持续进行至卸料总管码头区域温度达到 –140℃，储罐区域卸料竖管底部温度达到 –100℃。在预冷过程中，管道温降速率应控制在 –5℃/h，管道顶部和底部的最大温差不超过 50℃。工艺管线预冷结束之后，利用 LNG 船上的 BOG 置换储罐的氮气，置换过程中罐压维持在 10kPa 左右，不得超过 15kPa。

(四)码头工艺管线的 LNG 填充阶段

当完成 BOG 预冷温度目标或可接受的预冷温度时，开始利用船方 LNG 对卸料/码头保冷循环管线进行填充。启动 LNG 船舱喷淋泵，LNG 通过卸料臂引入 LNG 卸料管线/码头保冷循环管线。当储罐卸料管线罐前平台顶部温度降至 –155℃，且此处压力显示达到 0.1MPa 时，表明 LNG 卸料/码头保冷循环管线、卸料立管以及预冷喷淋线填充结束。

(五)储罐喷淋预冷阶段

利用船方扫舱泵将卸料总管压力升至 0.5MPa，缓慢微开储罐喷淋线调节阀，初始流量以 3t/h 进行，控制储罐预冷温度下降速率 3～5℃/h，相邻温度点温差不大于 20℃，不同温度点温差不大于 50℃，喷淋过程中通过联系船方调节喷淋泵流量，稳定卸料总管压力为 0.5MPa。当罐底板温度全部达到 –150℃，全开储罐喷淋管线阀门。

(六)储罐进液阶段

当罐底板、罐内壁温度全部达到 –150℃，全开下进料 HV 阀旁通球阀；当液位至 150mm 时，全开上进料 HV 阀旁通球阀、*DN*50 排凝线阀；当液位至 500mm 时，缓慢开启下进料管线阀，关闭上、下进料 HV 阀旁通、*DN*50 排凝线阀，通知船方依次启动 2 台卸货泵，通过下进液阀进入储罐，液位至 3m 停止卸料。

(七)常规卸货作业阶段

储罐卸料至 3m 液位时停止，通知船方停止卸货泵，启动扫舱泵维持卸料系统冷态循环，储罐开始静置 12h，对罐内泵进行预冷。储罐静置完成后，逐台启动 LNG 船舱卸料泵，通过卸料臂将船舱中的剩余 LNG 卸至储罐中，达到全速卸料时对卸料臂的卸料速率进行测试，剩余的卸货操作流程按照常规船舶接卸流程进行作业，卸货完毕并断开卸料臂之后，LNG 船舶在引航员引领下进行离泊。

第二章　LNG 储罐投产

LNG 储罐是 LNG 接收站储存工艺系统的核心设备，伴随着材料和焊接技术的发展，LNG 储罐越来越趋于大型化和多样化。LNG 储罐属常压、低温储罐，按储罐结构形式可分为单包容罐、双包容罐、全包容罐和薄膜罐。由于全包容罐具有更高的安全性，在 LNG 储存越来越大型化，且对安全性要求越来越高的情况下，全包容罐得到了广泛的使用，目前国内接收站一般采用地上式全包容罐。本章节主要介绍全容式 LNG 储罐的投产内容。

第一节　术语及定义

1. 全容式 LNG 储罐

由内罐和外罐组成，内罐为钢制自支撑结构，用于储存低温易燃液体；外罐为独立的自支撑式带拱顶的闭式结构，用于承受气相压力和隔热材料，并可容纳内罐溢出的低温易燃液体，其材质一般为钢制或者混凝土。

2. 投料试车条件检查确认

投料前必须进行投料试车条件检查确认，重点建设项目由总公司工程建设部组织，其他项目一般由建设单位组织。

3. 水露点

在一定压力下，气体中析出第一滴液体时的温度。

4. BOG 置换氮气

在 LNG 管道及储罐引入 LNG 前，采用 BOG 对管线内的氮气进行置换，目的是防止系统内的氮气影响火炬的正常排放和已投用 LNG 接收站 BOG 处理系统的运行稳定性。

第二节　投产前准备工作

LNG 储罐投产全过程应符合国家和行业有关标准规范及中国石化相关技术规定。正式投产前，应完成以下工作。

一、投产手续办理

储罐投产前，建设单位应取得相关政府部门的行政许可，做到依法合规投产，包括但不限于以下手续：消防验收、防雷装置竣工验收、生产许可证、危化品经营许可证、排污许可证、试运行方案、试生产安全条件评估、突发事件应急预案备案、突发环境事件应急预案备案、特种设备登记注册、重大危险源备案、机电仪设备校验、外部协议签订等；涉及码头投用的还应办理码头工程验收和泊位对外开放等手续。

二、PSSR 和投料试车条件检查确认

PSSR(Pre－Startup Safety Review)为开车前安全条件检查，投料前必须进行投料试车条件检查确认。同时应根据项目生产准备和试车管理规定做好组织准备、人员准备、技术准备、物资准备、资金准备、营销准备和外部条件准备，确保投产试车各项工作均已准备完毕。

第三节　储罐投产具体流程

一、LNG 储罐及附属管线干燥置换

LNG 储罐及附属管线宜采用干空气或干燥氮气进行干燥，采用干燥氮气进行置换。采用干燥空气进行干燥时，应采取除油措施，干燥空气的水露点不宜高于－40℃；采用氮气进行干燥置换时，氮气纯度应大于99.5%、水露点应低于－60℃。

LNG 储罐的干燥置换应分区进行(详见本章附件1～附件4)；附属管线的干燥置换按照先干线、后支线的顺序进行，通过干线的首末端设计预留进、排气口完成；在干、支线干燥置换完成后，对仪表引压管进行干燥置换；整体干燥置换流程宜按照图5－2－1顺序进行。

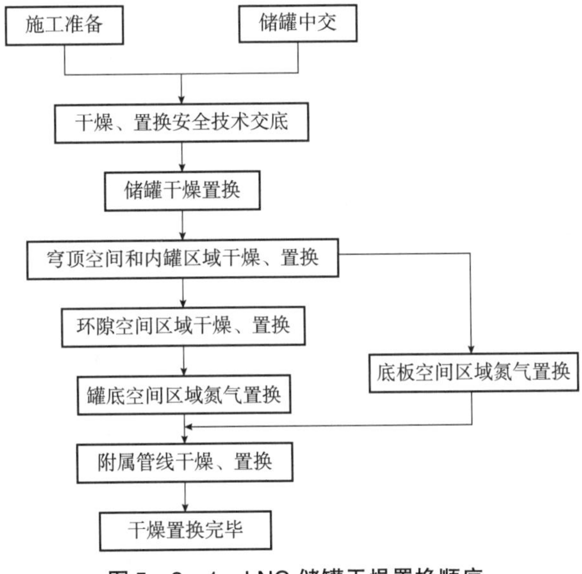

图5－2－1　LNG 储罐干燥置换顺序

LNG 储罐和附属管线干燥置换，以系统氮气保压静止24h 后的检测数值为判断依据，检测合格且72h 复测合格，则可认为干燥置换合格；检测点应选取管线低点导淋处，阀门阀腔排污口、仪表引压管等做抽检，验收标准参见表5－2－1。

表5－2－1　储罐及附属管线干燥置换验收标准

序号	项目	氧含量	水露点	备注
1	储罐 A 区	≤4%	≤－20℃	内罐及穹顶空间

续表

序号	项目	氧含量	水露点	备注
2	储罐 B 区	≤4%	≤ -10℃	储罐环形空间
3	储罐 C 区	≤4%	不要求	内罐底与热角保护底板间空间
4	储罐 D 区	≤4%	不要求	热角保护底板与外罐底板空间
5	工艺管道	≤2%	≤ -40℃	含罐内泵和储罐的附属管线

LNG 储罐干燥原则上持续 6 ~ 8 周，但实际干燥持续时间与施工结束后设备里的含水量、干燥用氮气流量、最终达到的水露点及氧含量均有关系。LNG 储罐干燥置换过程中，需保持储罐各区压力 A 区 > B 区 > C 区 > D 区；建议储罐压力升降速率不大于 1kPa/h。

干燥置换时，宜同时对后续需抽出盲板的隔离阀门、切断阀等的密封性进行测试，并完成内漏超标阀门的维修维护。

二、工艺管线预冷

工艺管线预冷介质可选用低温氮气或低温天然气，从安全性和经济性考虑，建议选用低温氮气进行工艺管线预冷。一般只需对 10in 以上的工艺管线进行预冷。

预冷前，应先对管线进行检查。确认管线干燥置换合格，管道弹簧支吊架等的锁定装置已拆除，管道标识及管托位移标识已完成，管线及其支管、支撑等有自由冷缩空间。

工艺管线预冷时，从预留口进行注氮，尽量选取气体流通末端高点进行放空。通过注气温度、注入量、放空量等控制管道温降速率，控制指标见表 5 -2 -2。管线预冷过程中应密切监控管道位移情况，同时在管线温度降至不同节点时，对阀门进行动作测试，对法兰与阀门压盖进行冷紧。当目标管线末端温度≤ -110℃，且管内各测温点温度均达到 -110℃左右时，预冷工作结束。

表 5 -2 -2　工艺管道预冷操作控制指标

项目	预冷要求			
	推荐预冷速率	安全控制预冷速率	管道顶底部温差	注氮点管线底部温度
LNG 管线	5℃/h	≤10℃/h	≤50℃	> -150℃

三、BOG 置换氮气

工艺管线预冷完成后，开始进行储罐及管线的 BOG 置换氮气流程。在目标管线的始端注入低温 BOG 或者少量 LNG，经过储罐就地放空或者放空至火炬实现 BOG 置换氮气。

BOG 置换氮气前，先通过储罐罐顶 N9 放空口、各导淋阀处尽可能将储罐内氮气排放至大气，控制储罐压降速度，直至储罐压力降至 1 ~ 2kPa；打开 BOG 注入管线阀门，通过罐顶 N9 等放空口就地放空；当放空口检测到可燃气含量大于 5% 时，关闭放空口，打开放空去火炬流程；当甲烷含量大于 80% 时，可以采用 BOG 回收系统对其回收。置换过程中罐压应控制最高不超过 15kPa。

四、储罐及附属管道预冷

1. 水平段 LNG 管线填充

水平段 LNG 管道是指罐前平台和储罐间 LNG 相关管道，主要包括但不限于卸料总管、低压总管等。水平段 LNG 管线的填充可与系统的 BOG 置换氮气同步进行。

采用小流量 LNG，按照“由低到高”的工艺路线进行填充。填充期间应密切关注填充段管道的温度变化及管线位移、泄漏情况，出现紧急情况应立即停止填充并进行应急处置；应采取关闭切断阀等措施避免 LNG 进入储罐。

2. 储罐预冷

储罐预冷采用 LNG 喷淋的方式进行。通过调节开工冷却喷淋线阀门开度，及监控内罐底板、内罐壁板、角保护壁板和底板的温度变化，从而控制 LNG 储罐温降速度在 3～5℃/h，确保 LNG 储罐均匀缓慢冷却。预冷过程中内罐底板任意临近两个温度传感器的最大温差不允许超过 20℃，并且任意两个温度传感器的最大温差不能超过 50℃。当罐底各温度传感器达到 -150℃以下时，储罐预冷结束。

预冷期间，应严格控制喷淋冷却线引出的 LNG 管道的压力在 0.4～0.6MPa（视 LNG 储罐冷却喷头的最佳工作压力而定），确保冷却喷淋质量；同时密切关注 BOG 管网压力，一般应控制在 10～25kPa。

五、储罐液位建立

储罐喷淋预冷结束后，应分阶段按照“先慢后快、先底部后顶部”的顺序缓慢建立液位。

首先维持喷淋管线压力，全开喷淋预冷管线阀门和下进液阀门旁路阀进行储罐 LNG 初始填充，直至液位达到 150mm；全开上进液阀门旁路阀及进料管线排凝阀，填充 LNG 至 500mm；适当降低冷却喷淋线压力，关闭上下进液阀门旁路、关闭进料管线排凝阀，缓慢打开下进料阀门进行 LNG 填充。综合考虑 LNG 组分、储罐压力、罐内泵有效汽蚀余量及最小启动液位等要求，一般应填充至 3m 高度。

六、罐内泵测试

储罐液位填充至 150mm 时，利用小流量 LNG 对泵出口管线进行填充；储罐液位达到 3～5m并静置 12h 后，由工艺、设备、电气、仪表等各专业完成测试前条件确认，进行罐内泵性能测试，测试不同负荷下 72h 连续运行时罐内泵的运行状态并记录相关参数。

七、附件

附件 1～附件 4 如下所示。

附件 1

（资料性）
储罐干燥置换阀门及罐上管线示意图

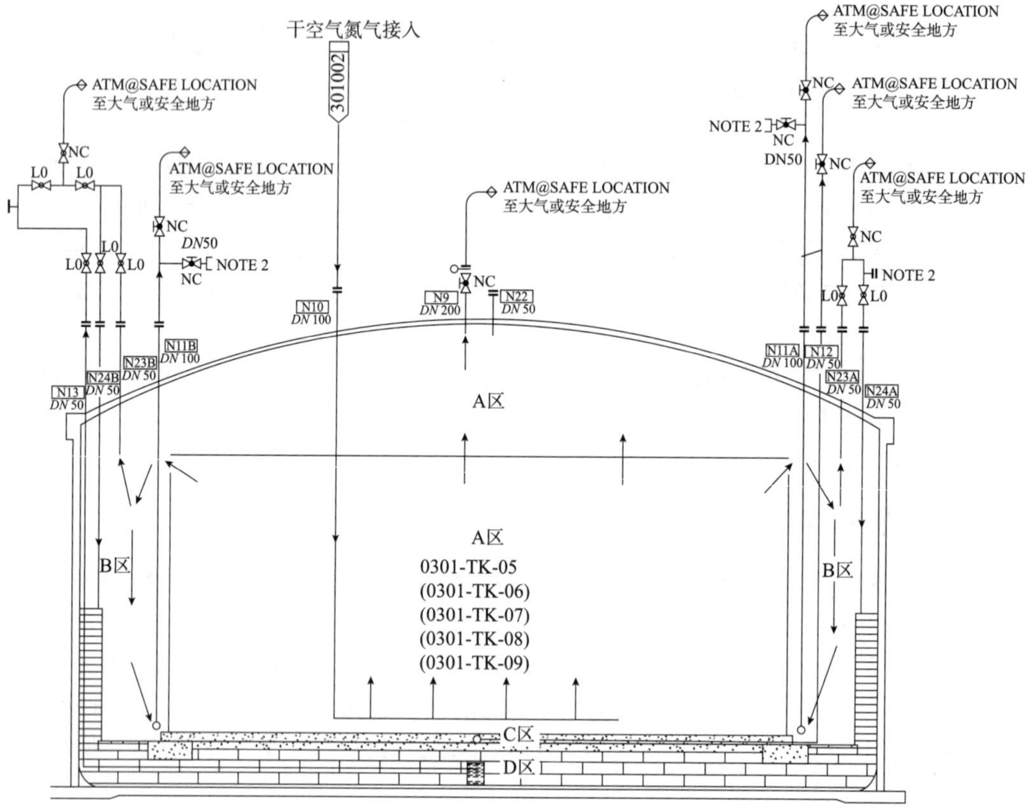

附件 2

（资料性）
LNG 储罐试车前阀门状态设置表

储罐试车前阀门状态设置表										
阀门位号	PID 位号	阀门类型	阀门位置	管线编号	阀门开	阀门关	班组班长	部门工程师	部门领导	日期

附件3

（资料性）
LNG储罐蒸发率测试记录表

（　）#LNG储罐蒸发率测试记录表					
日期：					
时间	储罐液位	储罐液位	储罐压力	储罐压力	储罐压力
	m	m	kPa	kPa	kPa

附件 4

（资料性）
LNG 储罐罐内泵性能测试记录表

罐内泵（　）性能测试记录表										
										日期：
时间	液位	压力	泵负荷	泵的振动（A/B）	电流	泵出口 LNG 的压力	泵出口 LNG 的流量	泵出口 LNG 的温度	泵出口阀开度	泵回流阀开度
	LI	PI		VI		PI	FI	TI	HV	FV
	m	kPa	%	mm/s	A	MPa	t/h	℃	%	%

第三章　工艺系统投产

LNG 接收站工艺区主要涉及场站内增压、气化、再冷凝的相关工艺，涉及需要投用的设备包括增压外输泵、气化器、BOG 压缩机及再冷凝装置等，本章节主要介绍工艺处理区域增压气化以及 BOG 再冷凝装置的投产工艺。

第一节　干燥置换

在工艺站场试压结束并吹扫合格后，为降低工艺站场的水露点，节省氮气用量，先采用热干空气进行除湿，当所有区域水露点降至 -20℃左右时，再采用氮气进行干燥置换。

置换前，需先确认工艺区管道与 LNG 储罐的隔离状态，确认相关阀位设置正确。氮气注入口尽量选择管径较大预留口处，并在管道上安装流量计和压力表，以便随时监测氮气的流量和压力；放空点尽量选择在气体流通末端的高点，为避免形成层流，应设置多个氮气排放点。置换时，氮气温度尽量保持高温，避免潮气或者细雾结霜滞留在系统内。干燥置换合格标准见表 5-3-1。干燥置换合格后，间隔 24h 连续 72h 复测合格后，保持系统氮气隔离[工艺管线及设备保压 60kPa(g)]。

表 5-3-1　管线、设备干燥置换验收标准

序号	项目	氧含量	水露点
1	工艺管线	≤2%	≤ -40℃
2	工艺设备	≤2%	≤ -40℃

第二节　主管线预冷填充

根据投料试车方案及细则，对低压 LNG 总管、高压 LNG 总管进行预冷填充，控制管道降温速度 5~8℃/h，顶底温差 <45℃，待低压外输总管末端温度达到 -140℃，增压泵出口总管远端温度达到 -110℃时，开始进行填充。控制管道降温速度 5~8℃/h，顶底温差 <45℃，待高压外输总管末端温度达到 -150℃时，填充完成。启动一台罐内泵建立全场零输出循环。

第三节　增压外输泵投用

一、主要管线

主要管线包括增压外输泵的入口管线、出口管线、回流管线、NG 放空管线、过泵保冷循环线。

二、实施步骤

(一)预冷

1. 预冷条件检查

(1)工艺流程设定完成。

(2)LNG 的供应、温度、压力正常。

(3)管道法兰处无外部泄漏，区域内无可燃气体泄漏。

(4)自控仪表已全部调试完成并投用。

(5)应摘除的联锁已摘除。

2. 增压外输泵的预冷

通过全开外输增压泵泵筒放空线安全阀旁路手阀，全开外输增压出口线热膨胀安全阀旁路手阀，排放泵筒和泵出口管线的冷蒸汽，以进行冷却，通过全开泵筒排凝线手阀泵入口管线排凝线阀门，引 LNG 预冷泵筒。泵筒排凝线温度达到 -140℃后，关闭排凝线手阀，全开泵入口管线排凝线阀门，之后通过泵筒排凝线手阀控制泵筒预冷 LNG 流量。泵筒预冷产生的 BOG 气体通过泵筒放空线 PSV 旁路，泵出口线 TSV 旁路泄放至 BOG 总管。

微开泵筒排凝线手阀，根据泵筒表面温度传感器温度，保持温降速度不大于 10℃/h。当泵筒底部温度传感器温度降至 -140℃时，开始有液相形成，泵筒内液位上升速率不大于 25.4mm/min。当泵筒液位按照厂家要求静滞，当液位达到 92% 开始泵的进口管线预冷。打开泵入口管线手阀旁路，密切关注泵入口管线温度变送器示数，注意观察泵入口管线管托位移情况，出现异常情况立即停止泵入口管线的 LNG 预冷。当温度达到 -140℃时，泵入口管线预冷完成。保持泵入口管线阀门旁路打开，继续进行泵筒液位填充。当泵出口管线温度达到 -140℃时，完成泵筒 LNG 的填充，静置然后关闭泵筒放空线安全阀 PSV 旁路手阀，泵出口线热膨胀安全阀 TSV 旁路手阀，利用排凝管线给泵筒增压，泵筒压力接近低压总管压力时，缓慢打开泵入口管线 HV 阀门，关闭旁路，关闭泵入口管线排凝阀门，将排凝线中残余的 LNG 排出。

开启泵出口回流管线 XV 阀及 FV 阀旁路手阀，对泵出口回流管线进行 LNG 预冷。LNG 预冷填充完成后，LNG 经泵出口回流汇管，汇入零输出循环管线，回到 LNG 储罐。开启过泵保冷循环线 XV 阀，对过泵保冷循环线进行 LNG 预冷。LNG 预冷填充完成后，LNG 经循环线汇管进入零输出循环管线，回到 LNG 储罐，开启泵筒放空线汇管至混合器后分液罐 XV 阀，泵筒内 BOG 排放至混合器后分液罐。

(二)启机测试

1. 外输高压泵启动前检查

(1)泵的温度应稳定在 LNG 液相温度下。

(2)管道法兰处无外部泄漏。

(3)泵必须完全浸入液体。

(4)泵入口压力维持在正常压力。

(5)已设置欠流、过流、低排放压力和低液位继电器。

(6)电力供应正常。

(7)电源和泵电机的绝缘电阻符合要求。

（8）自控仪表已全部调试完成并投用。

（9）应摘除的联锁已摘除。

（10）电源接线盒和振动接线盒氮气密封系统投用正常。

2. 增压外输泵启动测试

检查启泵条件已设置欠流、过流继电器，已设置低排放压力和低液位继电器，电力供应正常，电源和泵电机的绝缘电阻符合要求，应摘除的连锁已摘除，关闭高压气化器入口总管至零输出管线 FV 阀，缓慢将回流线 FV 阀打开至 40%，并投自动控制。

厂家工程师确认后，现场启动泵，记录启动电流，监控启动后泵出口压力，启泵后让高压外输泵回流回储罐，通过手动控制回流线 FV 阀开度控制高压外输泵的流量负荷，分别在允许最小流量到最大高效流量测试 5 个点，每个点稳定测试 10min，在各点测试完成后，记录回流线 FV 开度和泵筒流量之间的对应关系，启动测试完成后，逐步减小回流阀的开度，观察出口流量，直至泵的最低允许流量。现场按下泵停止按钮，关闭回流线 FV，开启其旁路。

第四节　气化器投用

一、浸没燃烧式气化器（SCV）投用

（一）主要管线

包括 SCV 的入口 LNG 管线、出口 NG 管线、循环水管线、燃料气管线、鼓风机空气管线。

（二）实施步骤

1. 开车前准备

SCV 开车前应对设备及附属设施进行检查，满足以下要求：

（1）各部件无松动、脱落现象。

（2）电气、仪表系统完好，具备投用条件，控制面板指示灯显示正常。

（3）仪表风系统已调试完成，仪表风压力不低于 0.5MPa。

（4）燃料气系统已调试完成，燃料气压力不低于 0.4MPa。

（5）水浴池已按设备供应商要求加注软化水，水位液位介于高低报警值之间。

（6）零输出循环已建立，低压总管压力变送器维持在 0.85MPa。

2. 点火测试

（1）通过 CP（机柜间控制面板）上的开关启动。

（2）鼓风机启动。

（3）火焰探测器和保护继电器的电源打开。

（4）大约 90s 后，鼓风机出口管线预吹扫结束（除非鼓风机出口压力低或低低）。在鼓风机启动 30s 后，若鼓风机出口压力低，报警灯将亮起，蜂鸣器响起。

（5）当以下启动程序完成后，燃烧器开始启动：

①预吹扫结束；

②主燃料气管线上阀门最小开度打开；

③主燃料气管线上球阀关闭。

(6)完成以上程序后，引火燃料气线上球阀打开，引火燃料气管线上放空阀关闭。同时交流电供应至点火器10s，引火燃烧器点火棒开始打火。同时冷却水泵启动。

(7)若点火器停止点火10s后，引火燃烧器内可以检测到火焰，燃烧器操作程序继续向下走。若燃烧器点火程序完成1min后，仍不能检测到火焰，SCV将跳车。

(8)再过10s后，主燃料气管线放空阀门关闭，与此同时喷射水泵打开，水浴加碱自动控制逻辑投用。主燃料气管线放空阀门关闭5s之后，主燃料气管线上球阀打开，主燃烧器启动。

(9)主燃料气管线放空阀门关闭20s之后，出口NG温度控制主燃料气管线上温控FV阀，引火燃料气管线上放空阀打开，引火燃料气线上球阀关闭，引火燃烧器停止工作。水浴温度达到25℃时，LNG允许进料指示灯亮，信号自机柜间控制面板传递至中控室，可以向SCV供应LNG。

3. SCV入口管线预冷

(1)缓慢打开入口手阀旁路阀，LNG进入SCV入口管线进行预冷，通过SCV出口排BOG管线阀门，将预冷产生的BOG排放至BOG总管，通过调节入口手阀跨线截止阀开度控制SCV入口管线的预冷速度。

(2)通过入口管线就地温度计示数监控预冷速度，当温度达到 -120℃时，入口管线预冷完成。预冷过程中控制预冷温降速度不超过2℃/min，检查SCV入口管线管托位移情况。

(3)关闭SCV出口排BOG管线阀门，缓慢开启SCV出口管线手动截止球阀，为高压NG总管充压(充压至高压外输单元界区阀)。

(4)缓慢全开SCV入口管线手动截断球阀旁路手阀，为SCV和高压NG总管充压。

(5)当SCV出口压力、计量外输管道压力达到0.1MPa时，开启外输单元界区阀，为SCV和高压NG总管及下游至工业园阀室一管道充压。当SCV出口压力、计量外输管道压力0.7～0.8MPa时，完成充压。

(6)关闭SCV入口XV阀，30min后关闭SCV入口FV阀门，按照SCV停机顺序停机。

(7)充压完成后，对SCV入口、出口、计量外输区所有连接的阀门法兰进行泄漏检查。

二、开架式海水气化器(ORV)投用

(一)主要管线

包括ORV的入口LNG管线、出口NG管线、海水管线。

(二)实施步骤

1. 开车前准备

ORV在首次启动之前，应对设备LNG、NG线路进行以下检查和调整：

(1)进行泄漏检查。

(2)进行电气和控制系统检查。

(3)LNG、NG线路中的氧气浓度应小于1%(mol)，否则应采用氮气吹扫以降低氧气的浓度。

(4)LNG、NG线路应充分干燥，水露点应低于 -40℃。

(5)启动之前应检查阀门开关状态。

2. ORV 海水系统投用

在 LNG 进入 ORV 之前，按如下步骤投用海水流程：

(1)电气和控制系统检查。

(2)打开 ORV 海水入口管线手动蝶阀、设备放空口手阀、海水入口管线电动 MOV 阀门、海水入口管线气动 HV 蝶阀、海水出口管线手动蝶阀。

(3)根据海水泵操作规程启动海水泵。

(4)中控人员调节海水电动 MOV 阀和海水流量 HV 阀，使海水流量达到设计流量(6250～7500t/h)。

(5)现场操作人员根据各海水槽海水的分配情况，微调海水蝶阀，确保相邻海水槽深度变化不超过 ±10mm。

3. ORV 预冷、试车

(1)确认海水系统正常投用，海水流量控制在 7250t/h 左右。

(2)比较 ORV 中压力与外输总管压力的大小，如果外输总管压力数值大于 ORV 中压力，打开 NG 出口手阀均压，复位并打开出口 NG 管线 ESDV 阀；如果 0330PT1012 压力数值低于 0331PT0002，则进行充压。

(3)如果 ORV 常见投用，先给 LNG 入口管线切断 XV 阀旁路手阀一小开度，对入口 XV 至 FV 阀管段进行缓慢预冷，并对该管段均压，预冷均压完成后关闭 LNG 入口管线切断 XV 阀旁路手阀，打开 LNG 管线入口 XV 阀。

(4)中控人员将流量调节阀 FV 设为手动模式，并给一小开度对入口管线建立小流量预冷，并实时监控入口管线温变温度。

(5)当入口管线温变温度达到 -150℃时预冷完成；逐渐开大 LNG 入口 FV 阀，并根据下游用量调节 FV 阀的开度，并将 NG 出口温度控制在 1℃以上，同时监控高压泵的出口流量。

三、带中间介质的海水气化器(IFV)投用

(一)主要管线

包括 IFV 的入口 LNG 管线、出口 NG 管线、海水管线。

(二)实施步骤

1. 开车前准备

IFV 在首次启动之前，应对设备 LNG、NG 和丙烷线路进行以下检查和调整：

(1)进行泄漏检查。

(2)进行电气和控制系统检查。

(3)LNG、NG 线路中的氧气浓度应小于 1%(mol)，否则应采用氮气吹扫以降低氧气的浓度。

(4)LNG、NG 和丙烷线路应充分干燥，水露点应低于 -40℃。

(5)E1 壳程应充入中间介质丙烷，丙烷液位高度为 1470mm ±10mm。

(6)启动之前应检查阀门开关状态。

2. IFV 海水系统投用

在 LNG 进入 IFV 之前，按如下步骤投用海水流程：

（1）电气和控制系统检查。

（2）打开 IFV 海水入口管线手动蝶阀、设备放空口手阀、海水入口管线电动 MOV 阀门、海水入口管线气动 HV 蝶阀、海水出口管线手动蝶阀。

（3）根据海水泵操作规程启动海水泵。

（4）缓慢减小 HV 海水入口管线阀门开度，使 IFV 海水流量控制在 7250t/h。当设备放空口有海水流出时，说明设备海水填充已完成，关闭放空口手阀。

（5）在 IFV 海水流程投用过程中，应重点检查确认 IFV 无异常响声，无异常振动，法兰连接处无泄漏，如发现异常响声或振动，必须找出原因，并采取适当的措施。

3. IFV 预冷、试车

（1）确认海水系统正常投用，海水流量控制在 7250t/h 左右。

（2）打开 IFV 出口管线 ESDV 阀门，手动缓慢打开入口管线 FV－B 阀门（20% 开度）。

（3）微开 IFV 入口管线手动截断球阀旁路阀，微开入口 XV 阀旁路手阀，对 IFV 入口管线进行预冷。缓慢打开出口排 BOG 管线阀门，将预冷产生的 BOG 排放至 BOG 总管。通过调节入口手阀跨线阀门的开度控制 IFV 入口管线的预冷速度。

（4）IFV 入口管线和设备的预冷同步进行，在预冷过程中逐步增加 LNG 流量，监测 IFV E2 段管道表面温度，保证预冷速度不大于－50℃/h；监测 E1 段壳程丙烷温度，并将温度保持在 5℃以上。当 E2 管道表面温度低于－100℃时，设备预冷完成。冷却操作时 LNG 的流量预计为 3～5t/h，应根据检测温度进行流量的调整。

（5）当 IFV 入口管线上温度变送器上的示数达到－120℃左右时，IFV 入口管线冷却完毕，关闭 IFV 出口排 BOG 管线阀门。

（6）缓慢全开入口管线手动截断球阀旁路手阀、XV 阀旁路手阀，为 IFV 充压。

（7）当 IFV 出口压力达到下游管网压力时，IFV 充压完成，缓慢开启 IFV 出口手阀。

（8）关闭 IFV 入口管线 FV－B 阀门，关闭 XV 阀旁路手阀，待 IFV 入口第一道手动截断球阀上下游均压完成后，缓慢打开此阀门，关闭旁路手阀。

（9）保持 IFV 入口管线 FV 阀门关闭，缓慢打开 XV 阀门旁路手阀，为 XV 和 FV 间管段充压，充压完成后，打开阀门 XV，关闭其旁路手阀。微开 FV－B 阀门，为 IFV 和高压 NG 总管充压。通过调节 FV 阀门控制进入 IFV 的 LNG 流量。

四、LNG 气化外输流程建立

最后一台增压外输泵启动测试完成后，保持运行状态，回流线 FV 投自动，控制增压泵的流量在 100t/h，关闭低压总管至外输增压泵出口汇管阀门，关闭高压气化器入口总管至零输出管线阀门，打开出口外输增压泵出口线 XV 阀，阀后手阀处于微开状态（10% 开度）。

通过气化器入口 XV 阀旁路对气化器入口管线进行预冷，同步对气化器出口至外输计量界区紧急切断阀之间的高压 NG 管线进行升压，压力每升高 1MPa 关闭气化器入口 XV 阀旁路，分别在外输 NG 管网充到 2MPa、3MPa、4MPa、5MPa 后进行保压测试，检查高压系统进行泄漏检查确认是否有 NG 泄漏，当气化器入口达到－120℃时，为气化器入口 XV 阀前后均压后，之后将其打开，手动打开入口 FV 阀小开度，继续向下游充压，当出站压力达到 5MPa 时，打开出站紧急切断阀，调节气化器入口 FV 阀，使泵出口流量为 100t/h，开始向下游供气。

当外输 NG 管网压力已建立时，气化器的投用较为简单。通过气化器出口紧急切断阀的旁路对管线进行反向升压，至气化器出口压力与外输管网压力接近时，打开出口紧急切断阀；通过气化器入口 XV 阀旁路对气化器入口管线进行预冷，当温度达到 -120℃时，对入口 XV 阀前后进行均压；均压完成后，打开入口 XV 阀，投用气化器，根据外输量调节入口 FV 的开度。

第五节　BOG 再冷凝系统投用

一、主要设备及管线

(一)主要设备

包括 BOG 压缩机入口缓冲罐 V-02；BOG 凝液收集罐 V-03；压缩机入口减温器 DT-01；BOG 压缩机；混合器 M-01；混合器后分液罐 V-01。

(二)主要管线

包括 BOG 压缩机的入口管线、BOG 压缩机的出口管线、混合器入口气相管线、混合器入口液相管线、混合器出口至 V-01 管线，V-01 底部 LNG 出液管线，V-01 顶部增压泵筒气相放空管线、V-01 顶部外输增压泵回流来气相放空管线，BOG 压缩机出口至燃料气电加热器入口管线。

二、BOG 压缩机预冷、负荷试车

(一)BOG 压缩机预冷、负荷试车前准备

BOG 压缩机预冷、负荷试车前应对压缩机本体、润滑油系统及附属设施进行检查，满足以下要求：

(1)设备已经完成单机调试(包括仪表、电气、润滑油系统、气体负荷调节系统、氮气密封系统等)。

(2)电气、仪表系统完好，且已投用，控制面板指示灯显示正常，DCS 能够监控相应数据，控制面板指示灯显示正常。

(3)氮气管网系统压力正常，氮气主管网至压缩机就地仪表盘阀门打开，氮气压力显示正常。

(4)压缩机的气、油的安全保护系统，即压缩机一级、二级出口的安全阀处于投用状态，润滑油系统辅油泵、主油泵的安全阀及自力式稳压阀均处于投用状态，一级、二级气缸填料密封处泄漏气收集汇管至火炬气管线的阀门确保处于开启状态，中体箱高点放空管线确保畅通无堵塞。

(5)盘车系统已正常投用。

(6)润滑油系统、油池电加热器、油冷却风机均已正常投用。

(7)BOG 压缩机电机空间电加热器开机前处于开启状态，线圈始终处于干燥保护状态，确认开机时再关闭电机空间电加热器。

(8)所有阀门工艺阀门已按照试车前阀门状态设置表完成设置。

(9)压缩机本体设备联锁及工艺联锁已投用，不具备投用条件的联锁已屏蔽。

(10)混合器及分液罐V-01已预冷完成。

(11)试车现场，保持环境清洁，无影响操作人员及安全逃生的因素。

(12)临时气化器已停用，预留口手阀已关闭。

(13)试车区域已经使用试车警示带、标签和/或标记清晰标注作业区域及其设备。

(二)BOG压缩机开机预冷及工艺介质气负荷试车

(1)启动机身油池电加热器，使机身油池温度≥32℃。

(2)在开机前确认主电机空间加热已经处于开启状态并对电机线圈空间进行加热干燥，压缩机准备开机时关闭电机空间加热。

(3)现场人员将辅油泵现场操作“就地/远传”旋钮旋至就地操作，手动开启辅油泵回流稳压阀的旁路手阀，现场手动启动辅油泵，对油系统管路进行循环置换预热，5min后缓慢关小回流稳压阀的旁路手阀，使润滑油进入各润滑点，观察辅油泵出口就地压力表压力约为0.40MPa，同时观察润滑点油压，压力约为370~400kPa，油系统建立后观察油路温度达到27℃。

(4)两台油冷却风机现场就地操作柱已置于远动位置。

(5)将电动盘车齿轮与飞轮啮合，使用盘车装置完整盘车至少两圈以上，确认运动部件无异常现象后，脱开盘车齿轮复位盘车限位开关；确认飞轮锁定销处于移除状态，中控确认限位开关信号正常。

(6)将压缩机负荷调节至0%，并且中控室对零负荷进行确认。

(7)打开出口至火炬线手阀，确认关闭回流线PV阀。

(8)确认DCS允许启动条件已经具备，DCS给出允许启动信号，现场就地操作柱启动BOG压缩机主电机。

(9)主电机启动完成后，油压稳定在380kPa，将辅油泵在就地操作柱置于自动位，5min后辅油泵自动停止，若油压≤0.24MPa时，自动启动辅油泵；若油压≤0.17MPa，压缩机将自动连锁停车。

(10)压缩机启动后，当油温达到32℃时，压缩机允许加载，此时，在就地盘按下升负荷按钮，压缩机负荷升至50%运行(50%负荷运行，此时应该观察气缸内侧CE端的负荷调节器，其指示器应该处于伸出状态，该状态对于负荷运行尤其重要)。

(11)观察压缩机入口进气温度，直至降温至-130℃以下，当预冷后期入口温度降温缓慢时，可缓慢打开减温器液相管线TV阀门加快降温速率。

(12)记录压缩机各级入口温度、压力参数。

(13)当压缩机入口进气温度低于-130℃时，压缩机预冷结束，准备逐步升高压缩机出口压力，开始再冷凝系统的试车。

(三)混合器及分液罐的试车

1. BOG压缩机预冷及单设备工况运转测试

BOG压缩机按照试车程序开机后，以50%负荷通过出口放空至火炬流程运行，通过调节低压总管至减温器TV阀门开度逐步降低BOG压缩机入口温度，直至入口温度降低至-130℃。BOG压缩机预冷结束后，逐步关小去火炬放空球阀，建立BOG压缩机出口背压(4~5bar)。对BOG压缩机进行单设备工况运转测试(2h)，记录相关数据。

2. BOG压缩再冷凝流程打通

BOG压缩机单设备工况运转测试结束后以50%负荷运行，通过关小压缩机出口排火炬手阀，压缩机出口压力逐步升高，BOG 经压缩后逐步进 V－01，缓慢增加压缩机出口压力，观察到 BOG 进再冷凝器有气相流量显示后，同步缓慢开启 LNG 进再冷凝器 FV 阀，控制 LNG 与 BOG 质量流量比为 8：1 左右，打开底部 LNG 进低压总管 LV 阀控制 V－01 液位。在这个过程中，通过调节低压总管 PV 阀控制再冷凝器底部压力稳定在 0.8MPa 左右。

BOG 压缩机 50% 负荷下再冷凝系统运行稳定后，进行 24h 负荷测试。测试结束后，提高 BOG 压缩机负荷至 75%、100%，按照 1：8 气液比调节进再冷凝器 LNG 流量，达到稳定状态，每种负荷测试 24h，记录相关测试数据。测试过程中，密切监控 BOG 总管压力和火炬运行状态，在 BOG 总管压力呈持续下降趋势后逐步减小至火炬 BOG 流量，直至火炬熄灭。

第六篇 LNG 接收站生产管理

LNG 接收站生产调度是指为完成上级单位下达的生产计划，对 LNG 船舶接卸、气化外输、槽车装运、检维修作业等各生产环节开展的计划、组织、协调、监控等一系列活动，包括生产计划管理、工艺方案管理、生产过程管理、生产分析、生产信息管理、作业管理、异常管理、应急管理、投产管理、调度室及调度人员管理、考核管理等具体内容。

为开展生产调度活动，建立 LNG 接收站生产调度系统，具体是指由公司生产运行部(调度控制中心)、安全环保部、接收站运行中心、槽车充装中心、港务运行中心、检维修中心、计量化验中心等生产单位组成的生产运行网络，包括人员、组织、资源、设施和工作程序等。

第一章 调度机构

第一节 调度机构及职责

公司设立生产调控中心作为调度管理机构设在生产运行部，代表公司开展生产调度相关工作，组织各基层单位完成生产调度各项工作内容的同时，负责做好生产信息汇总、生产指令传达、生产计划跟踪、生产风险分析、应急事件协调。负责全面掌握现场重点作业、工艺调整、设备检修等各类信息，负责与上级、同级调度加强沟通，做好专业间问题协调及信息传递，负责跟踪监督生产计划完成情况，编制上报调度报表，负责做好生产运行风险分析及防范措施，负责接收和甄别应急事件报告并逐级汇报，及时传达应急指挥命令，组织各专业应急响应，起到“信息中心”“协调中心”“应急中心”三大作用。

1. 组织机构

组织机构如图 6－1－1 所示。

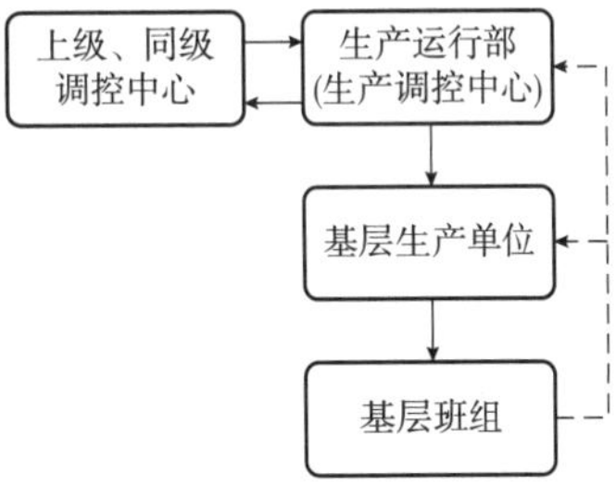

图 6－1－1 组织机构图

2. 各机构职责

(1)生产运行部(生产调控中心)。

公司生产运行部(生产调控中心)是公司生产调度运行归口管理部门，负责贯彻落实公司精神和调度指令，下达公司生产计划和作业计划，对日常生产运行活动起到协调、控制及重要信息传递作用，同时具备应急生产情况下指挥职能，其主要工作内容包括：

①负责建立健全公司生产调度管理规章制度、技术规程及基础资料台账并及时更新；

②根据相关规定，具体履行生产计划管理、工艺运行方案管理、生产过程管理、生产分析、生产信息管理、生产协调、作业管理、异常管理、应急管理、投产管理、调度令及作业票管理、调度室及调度人员管理等调度管理职责；

③对各基层单位生产调度执行情况、生产运行管理情况进行考核。

(2)基层生产单位。

生产基层单位是指公司完成具体生产任务的接收站运行中心、槽车充装中心、港务运行中心、检维修中心及计量化验中心，为公司生产运行执行部门，具体职责如下：

①负责所辖业务范围的安全生产管理工作，依据生产计划和作业计划，具体组织实施各项生产活动；

②依据相关规定，在生产运行部(生产调控中心)指导下，履行生产计划管理、工艺运行方案管理、生产过程管理、生产分析、生产信息管理、生产协调、作业管理、异常管理、应急管理、投产管理、调度令及作业票管理、调度室及调度人员管理等调度管理工作中的相应职责。

(3)基层班组。

基层班组归属各基层生产单位管理，为公司基础操作单位，具体职责如下：

①基层班组是现场生产运行直接操作人员，根据基层生产单位要求做好各项生产运行相关工作；

②根据各基层生产单位指令完成生产运行部(生产调控中心)安排的各项任务；

③负责履行现场生产情况上报，对现场生产情况如实向上汇报。

第二节　调度人员及设施

天津 LNG 接收站生产调控中心设置在接收站现场中控楼二楼应急指挥中心，现配置 3 名兼职调度及 1 名专职调度 24h 值守，负责做好生产信息汇总、生产指令传达、生产计划跟踪、生产风险分析、应急事件协调等具体调度工作。

1. 调度人员职责

见表 6-1-1。

表 6-1-1　调度人员职责表

生产运行调度岗位职责分工		
岗位名称	岗位职责	
工程师岗	1	协助部门主任做好调度岗位规范化管理工作、信息化管理工作
	2	负责编写并发布当月生产月报
	3	负责日调度会纪要审核或编写
	4	负责发布年度、月度生产计划，编写月度运行方案，特殊时期、特殊事件专项运行方案，并对各生产部门做好执行交底
	5	负责编写天然气分公司月度生产视频会、生产年会、生产设计等各类生产会议 PPT 汇报材料

续表

岗位名称	岗位职责	
工程师岗	6	负责编写防汛抗台方案以及重点工作大表的督查，负责防汛相关工作
	7	负责编写年度、季度、月度重点工作大表、冬季生产消缺大表并负责督查、更新、上报
	8	负责与天然气分公司生产计划岗进行阶段性生产计划工作对接
	9	根据部门安排，组织各类生产方案审查，并跟踪会议安排事项，对当值调度做好执行交底
	10	负责根据公司要求安排参加各类现场检查以及生产类会议，并将检查问题及相关会议安排进行通报
	11	负责调度运行应急管理工作
	12	负责接收站能源管理工作
	13	负责对外信息报送及外部协调
	14	配合其他业务部门工作
	15	完成部门主任交办的其他工作
调度运行岗	1	负责做好24h调度工作
	2	负责生产日报的编制及发送
	3	负责日调度会纪要编写
	4	负责现场调度巡查，充分掌握现场各项施工作业、检维修作业按计划开展情况以及工艺处置、装置启停情况，发现问题并协调解决
	5	负责做好应急事件响应工作，按照应急处置程序做好响应应急处置管理工作，组织记录应急事件过程、编写事件快报，配合组织应急事件专题会议并形成事件报告
	6	负责充分掌握当日设备运行情况以及次日设备检修计划，用调度邮箱下达次日外输、装车计划，安排设备启停，并负责生产计划调整
	7	负责参加生产晚值班会
	8	参加分公司调度例会及材料编写
	9	负责启动“两特”，发布通知、值班表，落实值班人员到位情况
	10	负责每天汇总现场生产信息，督促各单位上报信息日报
	11	根据天然气分公司总调度室要求上报接船情况、冬季保供、天气预报等信息
	12	根据南港气象专报提前通知各单位组织做好应对措施
	13	负责填写调度交接班记录(每日9:00向下班调度交接)
	14	负责每天20:00前向公司领导发布当日生产简讯
	15	负责每周罐存测算，根据指令实时测算罐存
	16	负责监控、巡视DCS画面、视频监控画面，核查设备启停、关键生产参数，及时发现DCS生产异常、视频监控异常情况并协调各专业处理
	17	负责调控中心值守，及时接听上、下级及内外部电话，响应对讲机通话，做好调度指令台账、现场直接作业等工作记录，做好部门内部(分管主任或主任)汇报工作

续表

岗位名称		岗位职责
调度运行岗	18	负责根据部门安排参加各类现场检查以及生产类会议
	19	负责根据指令安排完成临时工作，比如库存测算、临时通知、临时文字材料、会议准备、组织现场抢修、抢险，负责传达执行分公司电话安排事项等
	20	完成部门领导交办的其他工作

共同工作：

1. 应急工作，共同参与，应急响应要迅速，应急协调、应急指令要及时，应急记录要全面。
2. 值班调度要做好信息及时共享、互通有无，平时相互之间多沟通，不局限于交接班，避免倒班带来的信息中断风险。
3. 完成部门领导交办的其他工作，岗位工作做到互补，相互支持，提升综合工作能力。
4. 参加的各项检查、会议，相关安排及注意事项要进行通报、交接，并列入交接班记录。
5. 其他单位上报的需要协调解决的事项、分公司安排事项、公司领导安排事项、部门安排的事项等，要进行交接，并列入交接班记录。
6. 充分利用好调度会做好问询、督促及工作安排，做好考核工作

2. 调度相关设施

生产调控中心可在线查看 DCS 画面、现场视频监控操作等；配备电话 2 部(其中 1 部联通座机，1 部防爆手机)，确保内外部通信畅通；配备液晶大屏幕(由 25 块分辨率为 1920 × 1080 的小屏幕拼接而成)、计算机 5 台用于投放 DCS 画面、生产管理系统画面、现场摄像头监控画面；配备防爆对讲机 4 部、灭火器、空呼器若干。

第二章 调度运行模式及工作原则

第一节 调度运行模式

天津 LNG 接收站生产运行按照“统一调度、分级管控”原则，由生产运行部(生产调控中心)分三个层级进行统一调度：

第一层级为天然气分公司生产运行部(调度控制中心)对接收站生产运行的调控；

第二层级为公司调度对基层生产单位及各生产单位控制室的调控；

第三层级为基层单位对班组、所辖生产运行承包商、运行维护人员的调控。

统一调度是指公司生产运行部(生产调控中心)根据上级指令、结合现场具体生产情况，向上承接天然气分公司生产运行部(生产调控中心)相关指令，向下调控至基层单位，基层单位指挥至班组。

分级管控是指生产系统按照生产运行部(调度控制中心)及各基层生产单位、班组不同层级的管理职责、权限开展生产运行组织与协调工作。

第二节 调度工作原则

(1)调度工作严肃性。生产调度系统是公司生产运行的指挥中枢，公司各生产单位应根据公司调度管理相关规定，落实管理职责、服从生产运行部(生产调控中心)统一指挥，确保生产指挥系统运行顺畅。

(2)调度指令唯一性。公司生产运行部(生产调控中心)是生产指令发布、生产信息公开及反馈的唯一单位，公司各部门不得随意向生产系统发布指令、对外透露生产信息。

(3)调度权威性。公司生产运行部(生产调控中心)是调度管理的归口部门，在公司领导和天然气分公司生产运行部(生产调控中心)的领导下，开展公司调度管理工作，各生产基层单位、生产运行承包商应服从生产运行部(生产调控中心)统一调度、统一指挥。

第三章　生产计划管理

第一节　生产计划执行

生产调控中心负责接收天然气分公司生产调控中心下达的生产计划，并确认生产计划在可执行范围内，确认后向基层单位下达，并监督生产计划执行情况；同时根据生产计划，做好储罐库存管理，对物料进出平衡进行整体控制。

第二节　生产计划管理要求

LNG 接收站生产管理是指为完成上级单位下达的生产计划，对 LNG 船舶接卸、气化外输、槽车装运、检维修作业等各生产环节开展的计划、组织、协调、监控等一系列管理活动，包括生产计划管理、工艺方案管理、生产过程管理、生产分析、生产信息管理、作业管理、异常管理、应急管理、投产管理、调度室及调度人员管理、考核管理等具体内容。

开展生产管理活动，建立 LNG 接收站生产调度系统，具体是指由公司生产运行部(调度控制中心)、安全环保部、接收站运行中心、槽车充装中心、港务运行中心、检维修中心、计量化验中心等生产单位组成的生产运行网络，包括人员、组织、资源、设施和工作程序等。

1. LNG 船舶装卸计划

(1)生产调控中心接收天然气分公司生产调控中心 LNG 船舶计划，结合月度罐存测算情况，对船舶计划进行核实确认，若月度罐存不满足安全液位要求，则向天然气分公司生产调控中心申请船舶计划调整，若罐存整体受控，则向港务运行中心下达船舶计划。

(2)港务运行中心负责具体船舶计划的执行，如船舶计划出现延误，及时报告生产调控中心。

2. 外输计划管理

(1)外输计划按时间分为年度计划、月度计划和日计划；按类别分为气态外输计划、槽车装运计划、BOG 外输计划、冷能外输计划。

(2)外输计划由生产调控中心下达到基层生产单位执行，接收站运行中心负责气态外输计划、BOG 外输计划、冷能外输计划的执行，槽车充装中心负责槽车装运计划的执行，生产调控中心负责生产计划执行情况的督查。

(3)如出现异常情况造成基层生产单位无法完成外输计划，应通过书面材料形式向生产调控中心报备。

(4)基层单位应及时整理归档外输计划，保存期限不低于三年，并应采用双备份异地储存保管。

3. LNG 库存管理

（1）测算原则。

①冬季生产期间库存按“库存能坚持到下船推迟 3 天接卸”为原则，进行空罐预警（例：下船 12 月 15 日接卸，库存需坚持到 12 月 18 日全速卸料时间，坚持不到即空罐风险，能坚持到 18 日全速卸料以后即库存可控）。

②非冬季生产期间库存按“库存能坚持到下船推迟 2 天接卸”为原则，进行空罐预警（例：下船 5 月 15 日接卸，库存需坚持到 5 月 17 日全速卸料时间，坚持不到即有空罐风险，能坚持到 17 日全速卸料以后即库存可控）。

③冬季/非冬季期间，只要下船卸料完成后会冒罐就需进行冒罐预警。

（2）库存测算职责流程。

①调度工程师每月初按月计划对整月库存进行测算，梳理出空罐、冒罐风险点，在月度生产方案中体现，并在调度群中做好通报，当月持续关注库存风险点。

②值班调度每周周一进行一次测算，重点针对本周或下 3 船接卸及库存情况进行测算并及时通报。

③值班调度每天进行库存测算，按照第 1 条测算原则，就近测算到下一船，尤其重点针对日计划调整（提量/降量）、船期调整（提前/恶劣天气可能无法接船）后库存产生的变化进行分析，有无风险均进行内部通报。

④进行通报模板举例：截至 5 月 12 日 8:00，库存液位为 × × 米，按当前生产任务测算，剩余库存可坚持至 × 月 × 日 × 点，下船于 × 月 × 日接卸，存在空罐/冒罐风险或库存可控。

第四章　生产方案管理

第一节　生产方案分类

方案包括年度生产设计(也称年度生产方案)、月度生产方案和特殊时期、高风险、特殊要求等专项生产方案，如年度冬季生产方案。

第二节　生产方案编制要求

(1)生产方案由生产调控中心组织基层生产单位进行编制。

(2)年度、月度生产方案的编制应依据公司生产计划，符合相关技术标准，在安全可行的基础上积极采用优化的运行方式和输送工艺，确保装置安全、平稳、高效运行；年度、月度生产方案主要包括以下内容：完成生产计划需要采用的工艺与运行方式；主要储运设施的运行安排；接收站资源配置及调配方案，新、改、扩建及大规模检维修等生产作业的时间安排；工艺运行参数的控制范围；异常情况分析及应急防范控制措施；其他需要特别注明的事宜。

(3)专项生产方案是指在特殊工况、特定时间范围内、具有高风险等条件下，对储运设施的工艺进行调整安排的生产方案；基层生产单位应根据公司安排或自身需要进行编写；专项生产方案要突出针对性和可操作性。

(4)生产方案编制完成后，生产调控中心组织相关单位进行方案审查，编制单位根据审查意见予以修改完善，经公司主管领导审核后实施；生产方案如需上级部门审查、备案，由生产调控中心负责按要求报送。

(5)生产调控中心负责对生产方案执行情况进行督查，并及时整理归档生产方案，保存期限不低于两年，并采用双备份异地储存保管。

第五章 生产监控管理

生产监控坚持实时监控、适时分析，对装置运行参数进行记录。

生产调控中心牵头负责，由中心控制室、槽车充装控制室、码头控制室具体负责实时监控，异常及应急情况及时报至生产调控中心。

中心控制室应采取24h值守制度，由接收站运行中心负责，对生产运行实施全天候监控，及时反馈生产信息，严格落实生产指令。

槽车充装控制室在装车时段应保持实时值守，由槽车充装中心负责，及时反馈槽车充装信息，严格落实生产指令。

码头控制室在接船期间应保持实时值守，由接收站运行中心负责，按要求记录辅助靠泊系统相关参数。

第六章 生产技术管理

生产技术管理包括工艺指标管理、操作规程管理、生产变更管理、报警管理、联锁管理等具体工作，生产调控中心负责公司生产技术管理工作，各基层单位落实各自范围内的生产技术管理。

第一节 工艺指标管理

生产调控中心按照公司工艺技术管理规定，以工艺卡片形式对接收站工艺指标进行管理；生产调控中心组织各基层单位每年对工艺卡片进行升版，组织审核后发布实施；在工程建设项目投产前，生产调控中心组织各基层单位完成工艺卡片升版工作，审核完成后作为投产必要条件。各基层单位在执行工艺卡片过程中，若发现可优化的工艺指标，可向生产调控中心申请工艺卡片变更，生产调控中心组织审查，审查通过后予以备案，备案后可具体执行，待下一年度升版时统一进行升版，具体执行以下要求：

(1)工艺指标是指为了保证生产过程的安全、环保、平稳、高效运行，对操作过程中各方面的参数规定一定的范围以满足控制要求。各方面的参数控制指标以工艺卡片形式进行管理。

(2)工艺卡片指标依据设计的基础数据、装置长周期运行的限制条件、装置考核标定数据、产品质量指标和环保达标排放要求等制定。

(3)工艺卡片由基层操作单位编制，经所属单位负责人审查后报送生产运行部，生产运行部组织机关部门审核会签后报公司主要领导批准。

(4)临时工艺卡片适用于新装置开工初期，试行必须有时间限制，最长一年。生产运行稳定后，应及时修订为正式的工艺卡片。

(5)工艺卡片应明确编号、版次和执行日期，摆放在操作室明显位置。

(6)班组人员须熟记工艺卡片指标，在操作控制过程中定期与DCS、现场指标对比，确保工艺卡片指标得到有效控制。基层单位工程师应随时跟踪工艺卡片执行情况，并处理执行中遇到的问题。

(7)操作指标超出工艺卡片控制范围时，必须按操作规程做出调整，并及时报告工程师，组织检查超限原因，提出纠正措施，杜绝再次发生超指标的现象。如果某一操作指标多次或连续超工艺卡片控制范围，基层单位应及时向生产运行部汇报，组织查找深层次原因，落实措施，消除超指标现象。

(8)工艺卡片每三年评审、修订一次。运行过程中若需修改工艺卡片指标，应填写工艺技术变更审批单，经批准后执行。

(9)生产运行部每年组织对工艺卡片的适应性和有效性进行确认。

第二节 操作规程

公司操作规程管理主要参照《化工企业操作规程管理规范》(T/CCSAS026—2023)执行。生产调控中心按照公司工艺技术管理规定，对操作规程进行管理；组织各基层单位每年对操作规程进行升版，组织公司内部审核后发布实施；在工程建设项目投产前，组织各基层单位完成工艺卡片升版工作，审核完成后作为投产必要条件。各基层单位在执行操作规程时，若发现可优化的内容，可向生产调控中心申请操作规程变更，生产调控中心组织审查，审查通过后予以备案，备案完毕后执行，待下一年度升版时统一进行升版。具体执行以下要求：

(1)操作规程是生产操作的技术依据，各级生产指挥和操作人员均须严格执行。操作规程应至少包括工艺原理、工艺操作、工艺控制、设备信息、安全与环保要求等。其中工艺操作应包括开车、正常操作、停车、应急操作、关键设备操作等内容。

(2)操作规程由专业管理部门组织各基层操作单位专业管理人员及操作人员编制，经所属基层操作单位负责人审查后报送生产运行部，生产运行部组织机关部门审核会签后报公司分管领导及主要领导审核及批准。

(3)对于操作规程未包括的特殊情况，可编制临时操作卡，由基层操作单位负责人签字，生产运行部批准后生效，班组执行。使用后的临时操作卡由所属基层单位收回，做好记录，并根据实际需求确定临时操作是否纳入正常操作规程的管理。

(4)操作规程原则上每三年评审一次，当发生国家有关安全生产法律、法规、规程、标准废止、修订或新颁布；生产设施新建、扩建、改建；工艺、技术路线、装置设备和控制，确因需要可提前进行评审、修订。当工艺技术、设备发生变更时，需及时审核修订操作规程对应部分。

(5)生产运行部每年组织对操作规程的适应性和有效性进行确认。

(6)生产运行部负责操作规程受控确认及旧操作规程废止管理工作，基层操作单位负责具体做好操作规程发放与回收及统计工作。

(7)经修订的操作规程发布后，旧的操作规程强行废止，废止的操作规程由基层操作单位收集后交至生产运行部统一销毁。

第三节 报警及联锁管理

生产操作人员应核实工艺报警及联锁值设置情况，确保报警及联锁值与设计文件一致；若需更改报警或联锁值，按程序进行审批后实施，并及时更新相关技术台账和操作规程等文件。

发生工艺报警或联锁情况时，生产人员应认真做好记录和分析，及时调整工艺运行情况，恢复正常运行工况；对于长期出现报警或多次联锁的情况，工艺工程师应组织人员进行专项分析，弄清原因并制定解决措施，上报公司生产运行部，按程序报批实施。具体执行以下要求：

(1)工艺联锁须100%投用，因生产实际确需变更或临时旁路的，应按相关工艺变更规定办理审批后执行，各单位相应建立联锁管理台账并及时更新。

(2)工艺联锁旁路状况必须作为交接班记录内容并交接清楚，联锁旁路后的风险管控应纳入正常预案管理。

(3)工艺联锁动作后，基层操作单位必须牵头查明原因，确保联锁信号/联锁系统恢复正常后投用。

(4)禁止屏蔽报警信息，频繁误报的报警值，基层操作单位可根据实际运行情况申请修改或取消报警值，需按相关工艺技术变更办理程序审批后执行。

第四节　变更管理

生产工艺变更是指涉及工艺技术的变更、物料的变更、联锁报警保护系统的变更、应急预案的变更，具体包括工艺流程、工艺指标、操作规程、物料(化学品)、联锁(机组本身联锁除外)和报警的变更。其中联锁保护系统的变更还应执行公司《仪表联锁保护系统管理办法》的详细规定。因仪表故障、维护和检测等确需临时旁路的工况，由工艺操作人员负责旁路操作(DCS/SIS无旁路软按钮除外)，但临时旁路须在当班交班前恢复投用并做好旁路记录；因生产实际确需长时间旁路的，应按工艺变更规定，办理审批后执行。

变更实施并正常投用后，变更申请单位应及时对变更涉及的管理制度、操作规程、工艺卡片、工艺记录、应急预案、PID图及设备相关资料进行关联修改、更新，及时对变更涉及的管理、操作及维护人员进行变更告知和培训，并形成记录。同时收集完整变更资料并存档，包括：变更申请、方案、风险评估及管控措施、培训记录、修改更新后的关联文件(附修订说明并盖章)以及投用后的运行情况等，向变更主管部门申请变更验收。

第七章　生产信息管理

第一节　生产信息汇报制度

生产调控中心负责生产信息的收集、处理工作；各基层单位配合负责生产信息的收集及跟踪工作。生产信息实行汇报管理，基层生产单位要按时向公司调度汇报所辖区域的运行及生产情况，坚决杜绝出现迟报、漏报、瞒报及误报；生产信息实行日报、周报、月报、年报制度，对生产计划的完成情况，装置的运行状况，重点工作进展情况等进行总结分析。

第二节　生产信息汇报要求

(1)生产信息汇报内容包括但不限于以下信息：重大生产事故；影响装置正常运营的自然灾害；发生重大生产事故预兆和趋势的事件；主要装置的启停事件；影响生产计划完成的事件；交班前和接班后重大生产情况汇报；生产异常情况(突发事件、生产波动、设备故障、外部条件变化、天气异常造成的影响等)；其他对生产有重要影响的事件。以上信息要第一时间向调度汇报。

(2)生产信息报表均以电子邮件形式报送至公司生产调度邮箱，由接收站运行中心(中心控制室)负责整合及上报。

(3)生产调控中心负责公司生产资料归类保存工作，生产资料包括但不限于设计资料、生产技术资料、方案及总结、作业管理制度、规章制度及通知、应急管理资料等；调度中心负责生产信息报表整理归档，保存期限不低于三年；生产资料按照公司档案管理规定，做好上报存档工作。

第八章　生产协调

生产调度应协调各方面资源以解决生产中存在的问题，为生产运行创造良好的环境，主要包括负责建立上下游企业、内外部单位的生产沟通协调工作机制，衔接好上下游生产计划，提前做好生产预测和安排，紧密合作，确保储运设施安全、平稳、高效运行。

内部生产协调实行两级生产调度协调机制，第一级为生产运行部值班调度级，第二级为公司生产调度会级，两层级结合构成公司生产调度协调机制。生产调控中心对各单位提出的一般生产协调事项，在充分沟通的基础上形成协调方案，经公司审查批准后，以会议纪要(记录)方式下达。

生产调控中心对公司各职能部门、各生产部门及单位提出的重大生产协调事项，召开专题协调会，在充分研究讨论的基础上确定执行方案，以会议纪要形式下达；生产调控中心组织召开生产调度会，对生产工作进行协调，强化沟通与协调，及时解决生产问题。

第九章　作业管理

第一节　作业计划管理

各基层单位按照“管业务必须管安全”“风险管控最有利”和“谁签字谁负责、谁审批谁负责”的原则，结合作业实际，制定并落实风险防控措施。作业计划审批应在作业影响及风险分析到位，风险防控措施明确有效的情况下开展。作业计划审批对象为作业窗口期，不能以作业计划审批代替作业相关方案、操作票、变更、连锁解除及恢复、作业许可等管控流程的审批。

作业计划按时间分为年度计划、半年度计划、月度计划和周计划；生产调控中心负责接收站全部作业计划汇总编制工作，并负责向上级部门进行备案及解释。

年度作业计划，由各基层生产单位报备，生产运行部（生产调控中心）统一汇总编制。原则上年度作业计划可进行一次半年度局部调整，各基层生产单位根据运行实际及外输计划执行情况对未来机电仪检修安排情况提出计划调整意见或窗口期申请，由生产运行部上报上级部门审批后执行，未经审批，不得调整作业计划。

月度作业计划，原则上应根据年度作业计划安排执行，如出现新增作业计划应具备合理理由并报至生产调控中心审核后执行。

周作业计划，由基层生产单位每周四前上报，同时对上周作业情况进行更新，生产调控中心负责作业计划报备及执行情况进行督察。

原则上不允许临时性作业（影响安全生产的应急抢修除外），确需开展的临时作业须至少提前24h向调控中心报告。对于突发应急抢修作业，按照突发事件处置程序先进行作业，同时补充上报作业计划至调控中心。

生产计划资料保存期限不低于一年，并应采用双备份异地储存保管，由生产调度中心负责定期整理归档。

第二节　作业监督管理

各单位应提前7天将审核完毕的作业方案向生产调控中心报备。作业方案中应包括作业安全分析及相关风险防控措施内容，例如动火作业应包括放空、施工前置换及检测、投产前置换及检测、投产等环节的实施措施，并明确隔离点位置及具体隔离措施、上锁挂牌措施、工艺和设备联锁的解除及恢复等风险防控措施。生产调控中心应对作业方案中的风险防控措施进行审查，对于风险防控措施不全面、不可行、不明确等情况，调控中心应要求各单位补充完善，方案补充完善之前作业计划不予审批。

各单位按照作业方案和批复的作业时间组织现场作业，并及时向生产调控中心报告作业进展，当作业计划时间及作业内容发生变化，或作业实施过程与方案相比出现较大偏差时，应及时报告生产调控中心；若运行工况条件发生重大变化，导致作业无法按计划进行时，生产调控中心与各单位沟通确认变更作业计划。现场作业过程中发生异常情况时，各单位应立即报告调控中心；紧急情况下，现场可先处理后汇报。生产调控中心发现影响现场作业的异常情况或发生其他突发事件时，应及时通知作业现场和相关方，必要时可要求现场终止作业。

重点作业应编制作业方案，并按程序向生产调控中心备案，重大作业方案由生产调控中心组织公司级方案审查会；生产调控中心在方案编制、程序审批、现场实施等作业管理环节对能量隔离、联锁摘除、工艺及设备变更、作业许可手续办理、作业安全分析(JSA)、安全交底与风险防控措施确认、作业监护等工作进行督查。生产调控中心有权制止各单位违规开展的作业，并进行通报。

第十章　异常管理

生产调控中心按照《天津液化公司生产安全异常管理办法》要求开展生产安全异常的识别、监测预警、处置及报告工作。生产调度要坚持实时值守、运行分析原则，对异常情况信息及时分析上报、组织协调相关专业部门进行处置。各业务单位异常处置结束后 5 天内将分析报告报送生产调度，每月将上月发生的异常信息统计表报生产调控中心留存备案。生产调度做好生产安全异常的收集、统计工作，并组织开展生产运行相关异常情况的处置经验分享工作。

第一节　异常事件的分类

按照性质分类，可将异常分为工艺异常、设备设施异常以及其他异常情况。

一、工艺异常

工艺异常主要包括但不限于以下情况：

(1)天然气储运设施的非计划停运。

(2)工艺控制参数超限，主要包括压力、差压、液位、温度、流量等出现超出设计规定范围、操作规程要求范围或设备说明书及规程中要求参数范围。

(3)生产区域中物料的突发性泄漏。

(4)火灾报警、烟感报警、安全阀起跳、火炬系统异常排放等。

(5)非事故状态下的 SIS 联锁异常触发(含全场联锁、区域联锁和关键设备联锁停机等)。

(6)站内主工艺管线阀门故障。

二、设备设施异常

设备设施异常主要包括但不限于以下情况：

(1)接收站在用罐内泵、高压泵、气化器等关键设备故障。

(2)接收站接卸设备故障导致无法正常接船。

(3)在用贸易流量计故障。

(4)UPS 供电系统或发电机等备用电源无法正常工作。

三、其他异常

(1)人员出现情绪异常、行为异常、打架斗殴等可能影响安全生产或人员伤害的行为。

(2)出现蓄意破坏或企图非法入侵的情况。

(3)周边外部单位、上下游企业发生的可能影响本单位安全生产的情况。

(4)直接作业环节中发生的尚未构成事故的各类险兆等。

第二节 发生异常工作流程

一、异常监测预警

(1)各生产单位应充分利用自动化控制系统(DCS)、安全监控系统(FCS、GDS等)、安全管理信息系统等，严格执行异常情况监测与预警机制。

(2)加强对易发生异常的场所、设备、岗位等巡检及巡查，设置必要的监测监控和防范处置设施，发现异常征兆立即发布预警信息。

(3)对上下游单位或相邻单位发生的可能造成公司异常情况发生的信息，要及时采取应对措施。

二、异常报告

(1)发生异常情况后，属地单位应及时研判风险，并及时上报公司调度，由公司调度按照应急处置程序启动相应级别的应急预案进行处置和上报。

(2)异常处置结束后，发生异常的属地单位应利用“五个回归”进行溯源分析，于5天内将分析报告报送至公司业务归口部门审核。

三、异常处置

(1)发生异常情况后，现场人员要立即按照规程(预案)进行处置，对于没有规程(预案)的异常，现场人员应采取有效的处置措施，并立即报告请示公司调度及相关专业技术人员。

(2)公司调度及相关专业技术人员接到汇报后，要立即组织对异常进行分析研判，找出原因，评估风险，制定处置措施，防止异常情况进一步持续或扩大。

(3)异常处置过程中，要根据风险评估结果，为现场处置人员配备相应的个人防护用品，持续进行周围有毒有害和可燃气体监测，在确保人身安全的前提下，进行异常情况处置。

(4)异常处置过程中，要进行动态风险研判，预判可能出现的新的异常情况，完善处置方案。

(5)异常处置结束后，各单位要详细记录异常情况，保存有关数据、图表、趋势，逐项分析异常原因，评估处置措施，提出改进方法，形成分析报告，对异常情况实行闭环管理。

(6)异常处置过程中，非必要不得对储运设施进行带压密封和带压开孔。

第三节 异常事件的分析

生产异常情况按层级分为部门级及公司级，各级异常事件分析流程如下：

1. 部门级异常事件分析流程

由各基层生产单位自行开展分析，原则上分析会应在事件处置完成3日内开展，并在完成分析会的5日内将分析报告报至生产运行部；

2. 公司级异常事件或事件处置完成5日内无法判定原因的异常事件

由生产运行部组织专题会进行异常事件分析，初步分析报告应由相关专业部门在专题会召开前1日报至生产运行部。

第十一章 应急管理

为全面贯彻落实法律法规、标准要求，明确应对各类突发事件的应急职责和处置原则，提升应对突发事件的综合处置能力，预防和控制次生、衍生事件灾害的发生，最大限度地减少人身伤害、环境破坏、财产损失和社会影响。

突发事件分为生产安全、市场供应、自然灾害、公共卫生、社会安全5类。

(1)生产安全类事件：主要包括接收站物料泄漏及火灾爆炸、LNG船舶货运泄漏及火灾爆炸、人员落水、特种设备异常、交通运输安全(包括次生事件)、工程建设等事件。

(2)市场供应类事件：主要包括天然气供应事件。

(3)自然灾害类事件：主要包括气象灾害、地质灾害、地震灾害等事件。

(4)公共卫生类事件：主要包括传染病疫情、食物中毒、急性职业中毒、群体性不明原因疾病，以及其他严重影响员工健康和生命安全的事件。

(5)社会安全类事件：主要包括恐怖袭击、内外部群体性上访聚集、公共聚集场所大型集会、网络与信息安全事件等。

按照突发事件的性质、严重程度、可控性、影响范围等因素以及公司机构设置情况，将公司突发事件分为公司及以上级、基层单位级，并对应设置二级应急响应级别。

发生重大突发事件、着火、爆炸、大量天然气或LNG泄漏等应急事件时，应立即向生产调控中心汇报，生产调控中心整合信息后立即向主管领导汇报，并根据《公司重大突发事件应急预案》和《公司现场处置方案》程序进行应急处置工作。

当发生应急事件时，属地基层单位应在第一时间电话报告生产调控中心，同时15min内书面报告。汇报内容包括但不限于：事故发生的时间、地点、人员伤亡情况、现场影响范围、事故原因，已经或者拟采取的处理措施等，如果事故原因暂时不清楚的，应尽快核查清楚后及时补报。

紧急事故状态下，生产调控中心根据生产运行情况在请示公司分管领导后有权决定暂时停止或终止对储运设施安全运行有重大影响的施工、检维修和试验等项目作业。

发生突发事件后，各业务单位应立即按照相关规定和程序向生产调控中心报告。各业务单位可先采取局部隔离、降压及运行调整等措施，防止事态进一步扩大，并按照应急预案进行应急处置。事故处理结束后，由生产调控中心统一通知各基层生产单位，基层生产单位要做好恢复生产运行的准备工作；在出现火灾、爆炸、严重泄漏等紧急情况时，各业务单位现场可先处置后汇报。

发生生产异常情况时，应第一时间打电话给生产调控中心，并立即派人进行排查，找到原因并处理完毕的，应建立防范措施，避免再次发生；未能查找到原因的，应组织各专业进行联合排查解决，严重影响生产或安全运行的异常情况，应上报上级单位，说明情况，安排专人跟踪落实，直至解决问题。

应急终止后，生产调控中心应组织尽快恢复正常生产、经营秩序。

生产调控中心应定期开展应急演练，加强各业务单位间应急处置的衔接性，提高应急处置能力。

第十二章　能耗管理

公司能耗管理包括能源体系评审、能耗指标下达、能耗统计、能耗分析、节能措施制订、节能措施实施等具体工作。

第一节　能源体系管理

生产调控中心根据公司能源体系相关要求，编制能源体系评审计划及方案，并完成能源体系评审工作；生产调控中心根据公司能源体系及实际生产运行情况，编制公司年度节能方案，经审查后发布实施。

第二节　能耗指标管理

生产调控中心根据天然气分公司下达的能耗指标，将公司能耗指标分解至各基层单位，并按月度进行下达；各基层单位按照指标分解情况合理组织生产，保证月度能耗不超指标；生产调控中心对各基层单位月度能耗情况进行统计分析，根据能耗情况，组织基层单位制定下月工艺运行方案优化等节能措施，并监督各单位落实；生产调控中心对各基层单位执行情况进行监督考核。

第十三章　投产管理

公司工程建设项目投产管理应执行集团公司、天然气分公司及公司生产准备与试车相关规定和要求。项目生产准备部按照公司相关规定完成工程建设项目的《生产准备工作纲要》《总体试车方案》《投产试运方案》、投产条件检查及确认等审批程序后，应及时向生产调控中心备案，生产调控中心按程序向天然气分公司备案。

工程建设项目投料前必须进行投料试车条件检查。投料试车条件检查依据应包括国家有关法律、法规、标准、规范，集团公司、公司相关规定要求。建设单位应对储罐系统、码头系统、再冷凝系统、火炬系统、压缩机组、仪表风系统、过滤分离系统、计量调压系统、脱水系统等投料关键试车环节做好各级确认，确保试车安全。实施投料试车条件检查的项目应具备以下基本条件：

(1)按照地方政府要求完成消防验收、防雷验收、安全应急预案备案、环保应急预案备案等相关合法合规手续。

(2)LNG 接收站项目应完成重大危险源识别、评估、分级、备案等工作；将涉及的重大危险源有关监测监控数据按要求接入全国危险化学品安全风险监测预警系统。

(3)工程已办理中间交接手续。“三查四定”的问题整改消缺完毕，遗留尾项已处理完。

(4)安装的工艺、管道、静、动设备、装置电气、仪表、自控、通信等系统及其他辅助设备设施符合设计安装要求情况；特种设备和强检设备已按要求办理登记使用并在检验有效期内；安全设施经过检验、标定并达到使用条件。

(5)各系统吹扫冲洗、气密试验、单机试车、联动试车已完成。

(6)生产管理制度、相关试车方案、操作规程等生产综合技术资料已完成。

(7)供排水、供电、供暖、物料贮存、自控通信系统已落实；安全、消防、急救等系统已完善；投产所需资料、物料、备件齐全；保运工作已落实。

(8)现场确认工艺、设备、电气、仪表、公用工程和应急准备、警示标识等已具备投料条件。

(9)发生的变更符合变更管理要求。影响投料试车的设计变更项目已施工完成。

(10)参与投料试车人员资质及员工培训考核符合相关管理要求。

投料试车条件检查出的问题根据对投料试车造成影响进行分类，影响投料试车的问题必须整改完毕；不影响投料试车的问题应列出整改责任人、责任单位、验收人和完成时间进度表。

工程建设项目投产前，项目生产准备部应按照作业计划管理要求编制新建项目投产计划，上报生产调控中心审批、备案。工程建设项目投产试运期间，项目生产准备部应向生产调控中心编报试运投产日报，及时报送投产关键节点、重要事件、应急响应和处置进度。工程建设项目投产试运完成 72h 内，项目生产准备部应编制投产试运阶段性总结报告，报送生产调控中心。

第十四章　调度令管理

调度令是公司生产运行管理活动中强制性执行指令，只能在生产调度指挥系统中由上而下传达，任何单位和个人不得随意篡改其内容和形式。

第一节　调度令下达形式

调度令的内容包括计划量的下达或调整，管线、阀室、站场工艺状态，系统运行参数的改变，突发事件处置期间的预警行动、应急响应、应急处置等环节指令下达，其他应该通过调度指令执行的行为。

调度令分以书面或口头形式下达：书面调度令通过生产管理系统、电子邮件、传真或其他约定方式下达；口头调度令由生产调控中心通过调度电话直接下达，并实现电话录音可追溯。调度指令下达至各基层单位。

第二节　调度令工作要求

(1)生产流程切换、小范围内运行工艺调整的调度令由生产调控中心相关负责人批准后下达。为应对重大事件而达到接收站生产大范围调整、停运或重新启动、工程建设项目投产的调度令必须经分管生产负责人审核签字后由调度下达。

(2)调度令必须清晰、明确，不得以调度令发布与调控运行无关的事务。调度令接收方应严格执行调度令。若对执行调度令有异议，应及时向调度令下达方申述，若调度令下达方仍坚持原调度令，调度令接收方应执行。

(3)下达和接受调度指令的人员应做好相应记录，调度令接收方应及时反馈调度令接收和执行情况。生产调控中心做好调度指令执行情况绩效考核，有权对严重违反指令安排的部门及单位进行公司级处罚及通报。

(4)公司任何部门及个人不得违反调度指令和干预调度系统值班人员履行职责，生产调度依照规定有权拒绝各种无理干预。

(5)书面调度令应整理归档，保存期限不低于两年；电话录音记录保存期限不低于一年。调度电话录音，应采用循环覆盖方式；特殊时段和指挥失误，或发生事故以及处理期间的电话录音，应及时拷贝副本按档案资料保存。

第十五章 考核管理

生产运行部(生产调控中心)负责对各生产单位的生产作业活动进行监管，制定检查、考核标准，提高生产经营管理水平。考核内容包括但不限于生产计划及工艺运行方案执行情况、调度令执行情况、运行监视及管控情况、生产数据填报情况、作业上报及执行情况、异常信息报送情况、应急管理情况等。生产调控中心定期向各单位通报考核情况，考核结果应按照《公司绩效考核办法》执行，确保各项生产管理职能有效实施和落实。

第七篇　LNG 接收站新技术应用

第一章　冷能利用

LNG 蕴涵大量冷能，在标准大气压下气化时，每吨 LNG 于 –162 ~ 5℃释放的冷量约为 230kW · h。有效回收这些冷能并实现梯级利用，是 LNG 接收站运营者深入推进高质量发展和能源供给侧结构性改革，探索能源综合利用和梯级利用新途径、新模式，大幅提高能源利用效率，大幅度减少污染排放，具有良好的经济社会效益和环境效益的伟大实践和重要路径。

第一节　利用背景

冷能利用方式分为直接利用和间接利用。直接利用包括冷能发电、海水淡化、空气分离、轻烃分离、液态二氧化碳及干冰、制冰及冷库、冰雪世界、大数据中心冷能利用等，间接利用包括低温破碎、污水处理等。

随着 LNG 国际贸易增长，LNG 冷能利用引起各国政府和企业高度重视，其中日本是世界上冷能利用最早、技术相对成熟的国家，有 25 套冷能利用装置及一座冷能冷冻仓库，LNG 冷能利用率为 20% ~30%，东京湾 LNG 接收站区域成为冷能利用工业聚焦区，冷能利用率达到 43%。我国尚处在冷能利用的规划开发阶段，仅有少量装置投运，大量冷能被直接排入海水浪费，但我国作为全球最大的 LNG 进口国，LNG 冷能利用潜力巨大、前景广阔。

第二节　利用方向

一、空气分离

利用 LNG 高品质的低温冷能，代替电力为空分装置提供能源，用以生产液氧、液氮、液氩等液态气体，不仅可降低空分装置和 LNG 接收站的运行成本，而且省去了常规液体空分装置所需的高温、低温膨胀机，使能耗显著降低，节电 50% ~60%、节水 70% ~90%，同时减轻海域环境冷污染。

二、冷热交换

有效发挥 LNG 接收站位于港口工业园区的优势，同园区内化工、电力等装置进行冷热能耦合交换，形成资源互补，将 –162℃的 LNG 按温位梯级利用，可利用远距离传输保冷技术（每7km损失温度约2℃）或利用低品位预冷与换热介质进行冷热交换，在30km以内有显著的经济效益，大幅度降低运行成本。

三、轻烃分离

利用LNG冷能把湿气中的轻烃资源分离回收，可省去制冷设备投资，以较低的能耗获得高附加值的C_{2+}（乙烷＋LPG），或为制取乙烯提供工业原料，市场前景非常乐观，同时实现LNG气化。

四、LNG冷能发电＋液氢制备

通过LNG气化过程中产生的介质膨胀做功驱动电机发电。通用的几种方式效率如下：朗肯循环法采用乙烯单工质的效率为18%，采用混合工质的效率为36%；直接膨胀法的效率为24%；联合法的效率可高达50%；布雷顿循环法效率高于50%。单独采用冷能发电的利用效率都不高，但如果在产业中统筹考虑气化、电力使用，产业盈利较为可观。因此考虑在冷能发电后串联液氢制备工艺。可利用低成本的冷能发电进行电解水制氢（类似于利用弃风弃电制氢），并使用LNG冷能作为氢液化工艺初冷端冷源，较传统工艺可有效降低氢液化能耗40%。

同时基于冷能发电设备研究，进一步探索中间介质气化器（IFV）运行逻辑，探索研究分体式中间介质气化器。

五、其他应用

除了上述4种技术可广泛应用于中国石化和国内其他产业外，还有冷能海水淡化、冰雪游乐场、冷链物流、区域性供冷（数据中心、分布式城区等）、低温破碎、制取干冰等一系列应用场景，其本质是在场景中替代电力能力进行制冷，项目的落地需要因地制宜，统筹考虑经营市场、可获取性、技术可行性、稳定性等一系列问题。

第二章 薄膜储罐

第一节 薄膜罐的发展

薄膜罐，相较于常温罐，具有投资少、工期短、容量大的优点。最早的不锈钢薄膜系统来自一项挪威专利，该薄膜采用了带折皱的正交的波纹薄膜，让薄膜对冷热应力可能造成的平面拉伸进行吸收，1964 年，这种储罐系统获得了首个专利。该薄膜系统早期主要应用于海洋气体运输船，特别是在 LNG 运输船上，后期转向陆基储罐。

世界上第一座陆基薄膜储罐位于日本根岸接收站，是容积为 10 万 m^3 的地下罐，建于 1971 年，采用 IHI 技术。20 世纪 90 年代日本石川岛播磨重工业(Ishikawajima – harima Heavy Industry，简称 IHI)、川崎重工业(Kawasaki Heavy Industry，简称 KHI)和 Gaz Transport & Technigaz(法国气体运输及技术有限公司，简称 GTT)等公司就已成功进行了 20 万 m^3 薄膜储罐的技术研发工作。2006 年，法国 GTT 公司开发了配备热角保护系统的新型薄膜储罐，并通过 EN 14620 的审核。

截至目前，LNG 薄膜储罐已成为 LNG 行业近 20 年来除全容储罐外市场占有率较高的罐型。在多个国家和地区已有近百座薄膜型储罐建成，目前法国 GTT、韩国 KOGAS、日本 IHI、KHI 及三菱重工业(Mitsubishi Heavy Industry，简称 MHI)等多家公司，均有成功建造陆上薄膜罐(含地下储罐)的工程业绩。

北京市燃气集团有限责任公司在天津南港工业区内建立我国首座薄膜型 LNG 储罐，已于 2022 年底建成投用。

第二节 薄膜罐的结构

薄膜罐主要分为五个部分：混凝土外罐、薄膜内罐、罐顶内衬、绝热系统和吊顶。如图 7 – 2 – 1 所示。

一、混凝土外罐

薄膜型储罐和常见的全包容混凝土顶储罐的混凝土外罐没有太大区别，由混凝土拱顶、混凝土罐壁和混凝土承台组成。区别在于外罐需要承受绝热板传递的 LNG 荷载，且外罐内壁为多面组成的正多边形。

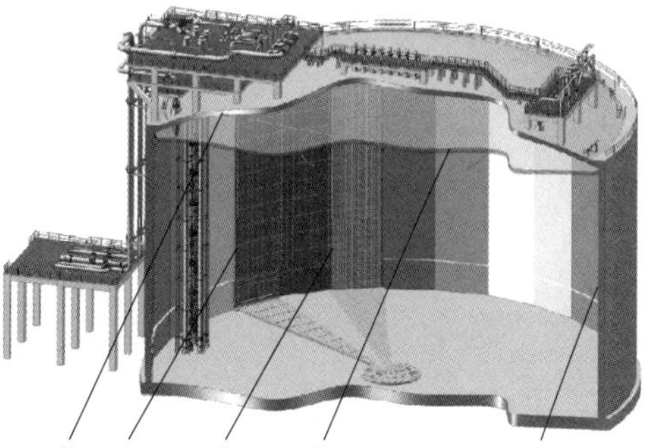

图 7 – 2 – 1 薄膜型储罐整体结构图

1—混凝土外罐；2—薄膜内罐；3—罐顶内衬；4—绝热系统；5—吊顶

二、薄膜内罐

内罐不承压，仅有密封功能。薄膜内罐由不锈钢薄膜组成，分为主屏蔽薄膜和次屏蔽薄膜。薄膜焊接于绝热板内的预埋不锈钢钢板上，而绝热板通过螺栓定位、环氧树脂胶粘在混凝土外罐内壁上。主屏蔽薄膜应用于罐壁和罐底，薄膜为双向正交波纹网格，允许在冷/热负荷下进行双向的自由收缩/扩张。次屏蔽薄膜设置在罐底和罐壁底部区域绝热系统中，主要用于可能出现的泄漏保护，它是一种非波纹状的复合材料，在一层铝片上面表面分别覆盖一层玻璃布。

三、薄顶内衬

罐顶的16Mn低温钢内衬在承压环处与薄膜内罐连接，形成气密空间，满足内罐的气密性要求。罐顶内衬设计确保罐顶可承受罐顶的钢筋质量，以及施工过程中混凝土的质量，还可以在罐顶浇筑过程中起到支撑作用。

四、绝热系统

绝热系统位于薄膜内罐与混凝土外罐之间，作用是限制混凝土外罐与罐内介质之间的热量交换，确保储罐蒸发率满足设计要求。绝热系统承载了罐内LNG从薄膜传至外罐的载荷，它的厚度取决于日蒸发率。绝热系统由绝热板(PUF)和防潮层组成。其中防潮层涂在外罐内墙墙面和底部，主要作用是防止水蒸气和BOG渗透至混凝土外罐和罐底，即可实现罐内气密性又可以防止绝热材料受潮，通常选用金属衬里或聚合物防潮层。

五、吊顶

吊顶由覆盖玻璃棉毡的铝合金板构成，用以限制储罐内LNG与储罐拱顶区域的热交换，设计上与9%镍钢全容罐类似。

六、泄漏监测

薄膜罐的泄漏监测方式除了温度监测还可采用氮气系统监测，罐绝热板区域充满氮气，因此可通过气体分析、温度监测、气体压力控制实现对内罐系统气密性持续监测，保证对隔热空间的永久性控制。绝热系统内可进行气体的连续取样分析，当甲烷含量超过限定比值时，氮气吹扫模式开启，以降低甲烷的浓度。

第三章 智能化

加快数字化转型、智能化发展，是石油石化行业着力推进高水平科技自立自强、实现绿色低碳发展的重要途径和必由之路。

第一节 智能化新技术

LNG 接收站智能化新型技术是运用人工智能和先进的信息技术、控制技术等通过数据收集、分析和优化，实现接收站数字化和智能化。关键的技术支持有：

(1)人工智能技术：包括机器学习、深度学习和模式识别等算法，对海量数据进行分析和模式识别，实现智能决策和预测。

(2)大数据分析技术：利用大数据技术，对生产中产生的大量数据进行挖掘和分析，发现规律和隐藏信息。

(3)自动化技术：通过自动化控制系统(如 PLC、DCS、SCADA 等)，对 LNG 接收站各个环节进行自动化和智能化控制。

(4)物联网技术：通过传感器、监测仪器和互联网将各类设备、系统连接起来，实现 LNG 接收站信息(如压力、温度、流量等参数)的自动采集、传输和处理。

通过上述及其他智能化技术的推广应用，助力 LNG 接收站智能化转型，为接收站生产效率提升、有效节约成本费用、提高安全可靠性等提供有力保障。

第二节 中国石化天然气分公司信息化、数字化、智能化顶层设计

一、中国石化天然气分公司“十四五”信息化规划及顶层设计背景

中国石化天然气分公司于 2022 年完成了“十四五”信息化规划工作，规划描绘了公司在“十四五”期间的信息化建设的总体目标、总体蓝图以及总体思路，确定了“1331”工程建设内容，如图 7－3－1 所示。含义分别为：“1”是建成一个智能运行中心；“3”是代表智能经营、智能储运、智能销售“三大方向”；“3”为构建统一完善的数据治理与信息标准化、网络安全、信息和数字化管控“三大保障”体系；“1”是形成以数据中心为核心的绿色智能的一个信息基础支撑。

2023 年 5 月 9 日，天然气分公司组织召开了《天然气分公司信息化数字化智能化顶层深化设计》项目启动大会，委托中国工业互联网研究院承担此项顶层深化设计工作，项目正式启动。工作目标是：在现有“十四五”规划的基础上，遵循中国石化集团公司(以下称集团公司)数字化发展战略，编制具有指导性、约束性和规范性的文件《天然气分公司信息化、

数字化、智能化顶层深化设计》，强化发展规划的落地，该设计文件已于2024年1月31日发布实施。

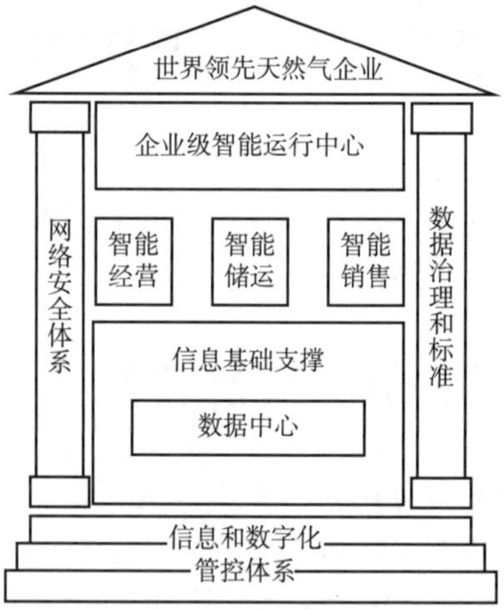

图7-3-1 “1331”工程

二、信息化、数字化、智能化总体架构

天然气分公司的信息化建设以集团公司总部的多湖一中台为基础，建设天分数据专区和应用专区，以集团制定的数据治理和数据标准为总标准，进行数据治理和标准制定；对于实时性要求不高的业务系统、管理系统，部署在石化智云；对于实时性、智能化要求较高的生产系统，以多湖一中台的架构为标准，建设天分生产运行边缘云，总体构架如图7-3-2所示。

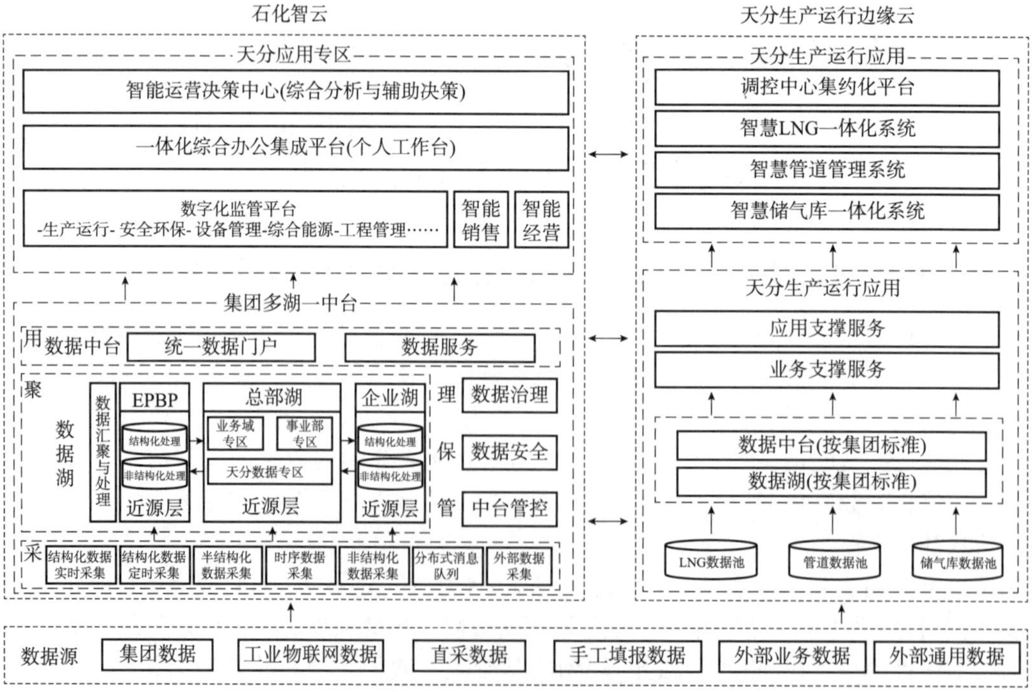

图7-3-2 总体构架图

三、"三大"业务系统

经过对天然气分公司的业务流程梳理，确定了业务地图，如图7－3－3所示。业务地图分为三个层次：

1. 核心运营业务

包括能源(天然气)的采购、生产运行、能源物流、能源销售，能源资产和工程建设等六大核心运营业务。

2. 经营管理业务

包括战略决策管理、风险与监督管理、财务管理、人力资源管理、物资供应链管理和综合协同管理等。

3. 运营管控和支持业务

包括安全环保、能源管理、设备管理和管线管理等。

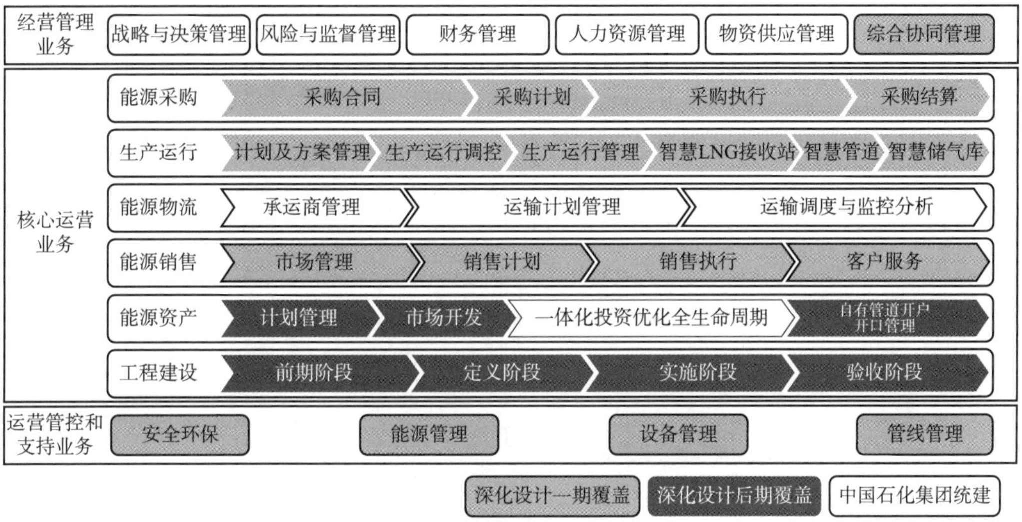

图7－3－3 天然气分公司业务地图

天然气业务经营的总体流程，跨两大业务板块：市场销售板块和安全生产板块。总体流程各业务环节的责任单位包括：天然气分公司机关销售管理部、国际贸易中心、终端市场开发中心、天然气结算中心、安全环保部和生产运行部等。根据业务管控，划分为三大系统：市场与销售系统、生产运行管理系统及安全环保监控系统。如图7－3－4所示。

1. 市场与销售业务系统

天然气分公司业务经营包括管道气和液体气经营两个大类，目前的市场需求以管道气的经营为主。销售业务主要包括市场与客户开发、管道气资源管理、管道气气源、LNG贸易、液体气销售、管道气中长期计划及次日计划、资源池管理、天然气库存、虚拟储气库、贸易订单管理、客户管理等15个核心管理要素。如图7－3－5所示。

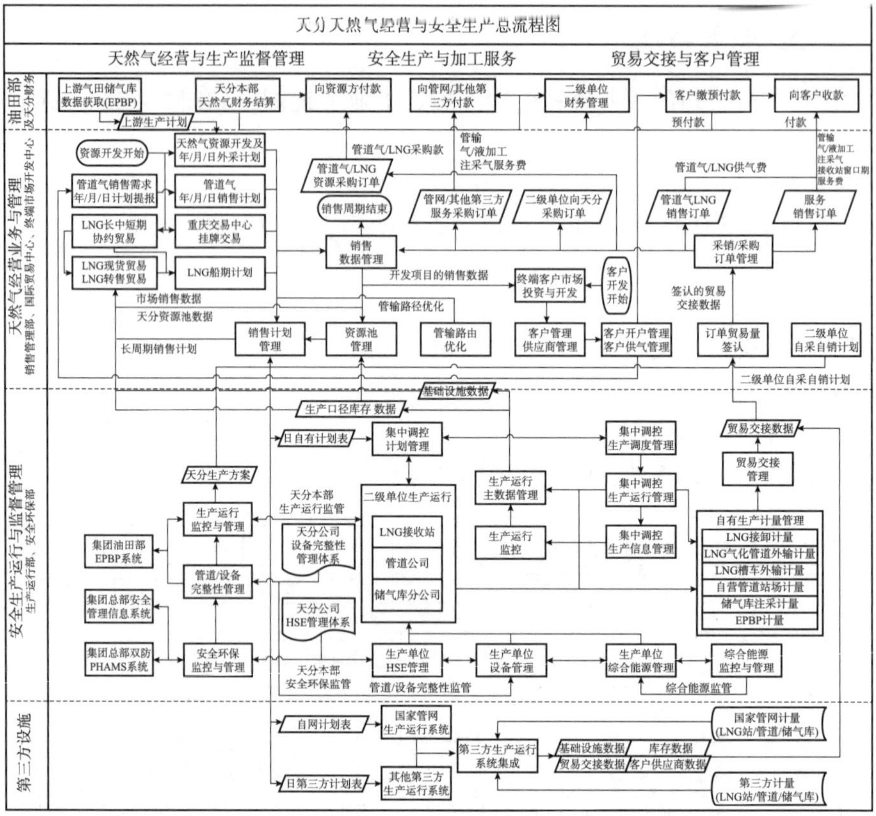

图 7-3-4　市场销售、生产运行与安全环保业务总流程

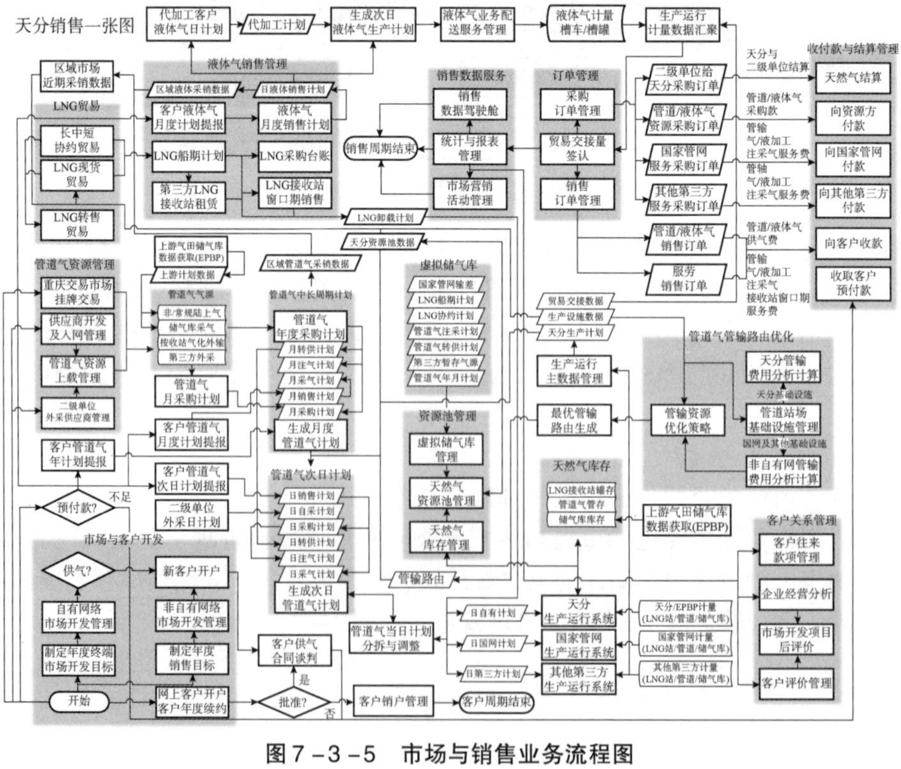

图 7-3-5　市场与销售业务流程图

2. 生产运行管理系统

天然气分公司生产运行部的生产运行(不含科技与信息管理)的管理职能，划分为8大业务功能，分别是：管道完整性体系管理、设备完整性体系管理、生产调度体系管理、计量体系管理、生产准备及投产管理、井控管理、生产运行承包商管理和管网设施公平开放8大功能模块。如图7-3-6所示。

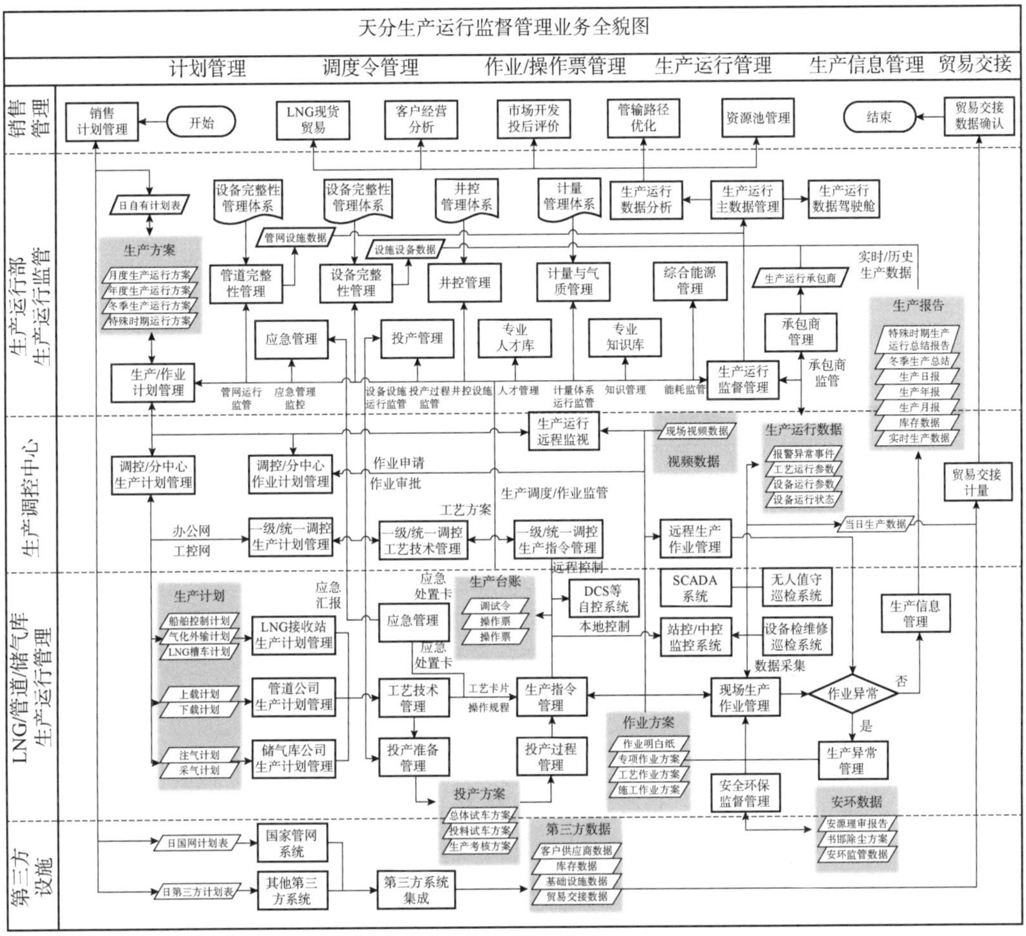

图7-3-6 生产运行管理业务流程

3. 安全环保监控系统

安全环保监控系统是以HSE管理体系、风险隐患为核心的应用系统。系统主要对生产过程中发生的事故、障碍、异常等不安全因素(风险、隐患、重大危险源)进行管理，加强对重大安全事件的应急响应、预案执行的有效性和快速性，规范职业安全健康管理体系。安全环保监控系统按照目标管理的方式，制定出天然气分公司的安全工作总目标，然后层层展开、层层落实，下属部门以至每个成员根据安全总目标，分别制定部门及个人安全目标工作和保证措施，形成一个全过程、多层次的安全目标管理体系。如图7-3-7所示。

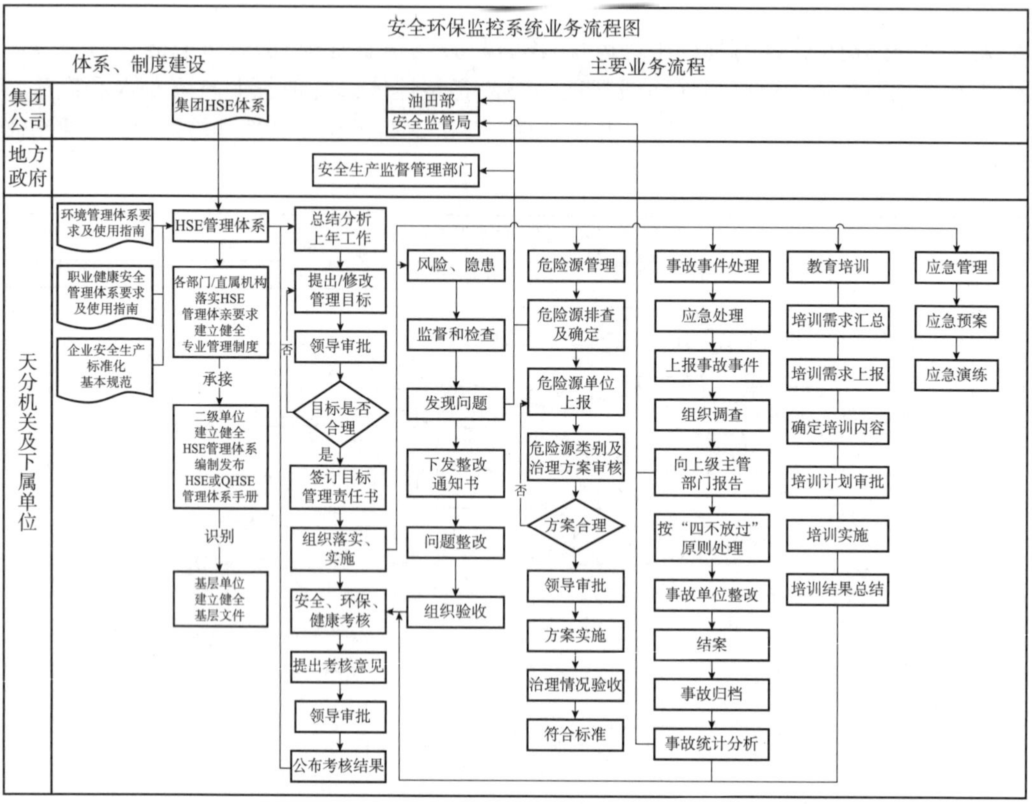

图7－3－7 安全环保监控系统业务流程图

四、LNG接收站智能化功能规划

天然气分公司信息化、数字化、智能化顶层设计确定LNG接收站数字化、智能化功能策略为：构建数字孪生平台，在工艺流程仿真优化、设备仿真与智慧化管控、巡检、应急响应多场景实现智能化，在自我感知、自我分析、自我判断、辅以人工干预方面取得实质性突破。系统具体功能包括智慧工程管理、智能生产管理、智能设备管理、智能安全环保、智慧园区管理、综合经营分析、综合办公个人工作台等，全面覆盖LNG接收站运行的所有业务流程环节。

1. 智慧工程管理

提供对工程项目从前期规划到交付验收全业务流程精细化管理的支撑功能，为工程建设各相关单位提供统一的协同工作平台，满足工程项目各阶段、各环节、各相关单位间的工作衔接和数据共享，实现基于工程项目数据的统计分析和综合应用，达到提升工程建设项目管理水平和辅助进行决策的目标。主要包括项目群管理、过程控制管理、数据采集管理、可视化管理等功能。

2. 智能生产管理

以满足LNG接收站安全生产运行为主要目的，实现智能调度管控为目标，实现日常运行计划的编制，并根据生成任务计划、调度令等信息进行调度操作，并记录调度日志，管理维护接收站的接卸和管输能力，提供运行控制参数管理、罐存管理、站场作业管理、码头装卸管理、槽车运输管理、线路作业管理、设备动态等功能，结合生产监控模块完成对接收站的运行和监控的管理，并根据其数据自动生成各类生产运行报表，从而为建立以“集中调控”为目标的接收站指挥系统奠定基础。包含生产动态、生产计划、票据管理、值班管理、运行管理、生产报表管理、计量管理、智能化能耗分析、综合查询；码头、接收站、管输一体化管控。

3. 智能设备管理

基于包含机具数据、设备台账、组织数据等一系列技术和相关创新应用，实现设备信息在线统计，自动关联设备检维修等，自动实现库存预警等。提供数据分析功能，进行风险数据统计分析、维护保养完成率分析、设备完好率分析、维修完成率分析、故障统计分析等。可一目了然地掌握各个设备的运营状况。

4. 智能安全环保

环境保护监控一体化地图，形成污染源信息在“一张图”上集中展现，实施全过程污染防治和生态保护，建设“无异味工厂”“无废工厂”，推进“碳达峰”“碳中和”进程，做到依法合规，实现绿色洁净发展；安全应急管理一张图，围绕作业安全建立与其相关的施工、健康、安全风险监测、评估、处置管理手段，提高应急事件的处理能力。

5. 智慧园区管理

以“互联网 + 服务”思维，通过开发“智慧后勤平台”，全面实现机关后勤服务精细化、动态化、可视化、智能化管理。按照全方位大统一和补短板强服务的原则，将智慧餐厅、门禁进出、通道闸机、车辆管理、办公用房、住宿管理、访客管理、电子巡更、水电缴费、智能文印、电瓶车充电、智能考勤等集成到一个平台之上，让每一位使用个人专属二维码或是人脸识别、刷卡的多种方式都可在接收站内任意刷，也更乐于在管理后台上完成相应的办公需求，进一步加强与后勤保障部门的互动互评。

第三节　天津 LNG 智能化应用

一、整体概况

天津 LNG 项目于 2018 年 2 月完成投产，目前已建有完备的工控系统和网络机房设施，覆盖全厂生产各专业，通过 DCS/SIS/GDS、电气 SCADA、视频监控及门禁系统，总体实现了自动化、网络化。公司根据“中国石化天然气高质量大发展”的战略总部署，紧紧围绕智能装车、智能运营、智能巡检、智能安全管控、工程数字化交付等重点领域，推动公司智能化建设，先后搭建多个智能化应用平台。为有效消除各套系统因功能重复建设所形成的，采用“数据 + 平台 + 应用”的新模式，搭建了天津 LNG 智能运行管理平台，制定了统一的数据集成接口，将生产数据管理、承包商安全及电子作业票管理、生产智能巡检平台、能源管理等应用系统予以集成。同时应信息化应用及智能化终端对数据传输安全性、延时性及可靠性等要求，2023 年部署覆盖全站的 5G 专网传输网络，打造“高带宽、低时延、强安全”的网络环境。

二、应用情况

(一)生产数据综合管理系统

通过可视化、动态化处理，实现生产数据、设备数据、视频数据的集中统一管理。系统支持大屏、手机、PC三端联动，从不同纬度，展示当前的生产信息。系统包括数据采集、生产监测、动设备状态监测及故障分析、报表及台账管理等模块，主要实现生产看板，工艺流程、分析小屋、电气运行检测，储罐罐存容量及使用率，设备开机率、关键动设备检修管理及状况监测，生产异常报警查看、历史查询、推送、统计分析，安防监控视频信息查看，生产日报数据录入、调度数据检索、报表查看等功能。如图7-3-8～图7-3-10所示。

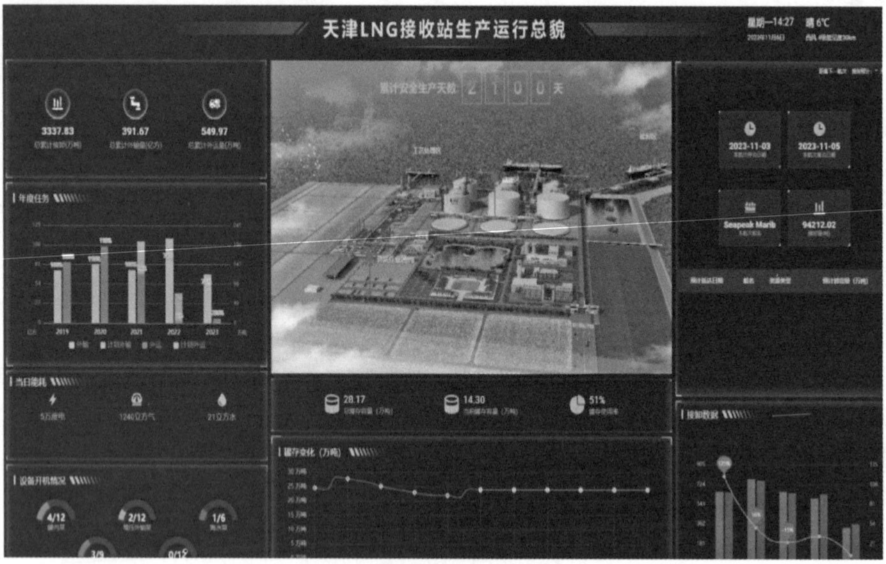

图7-3-8　总貌监视图

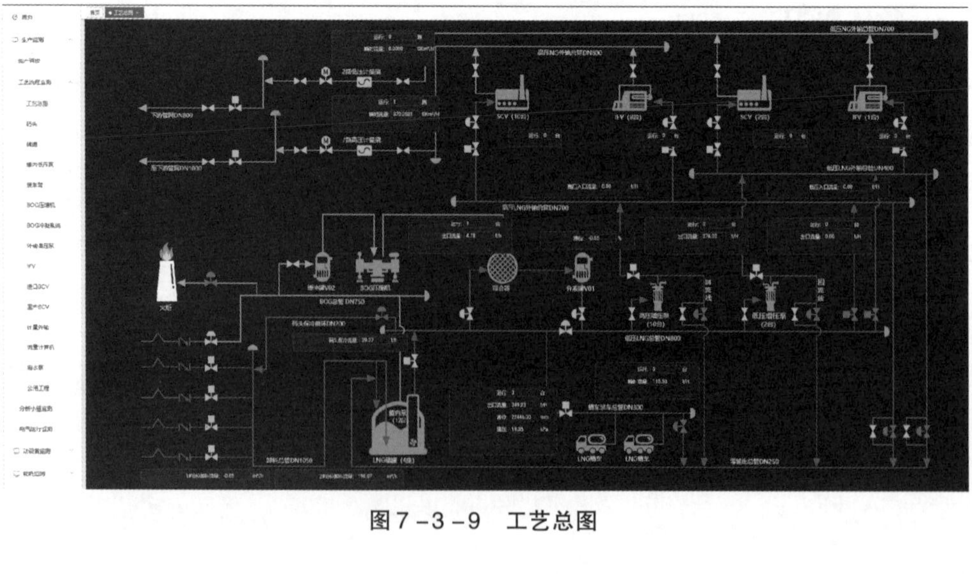

图7-3-9　工艺总图

使用情况：实时掌握了解生产数据，包括外输、外运生产信息、生产任务统计、罐存信息、接船信息、接卸统计、关键设备信息、气象信息等，生产综合日报、计量日报、主要动设备运行时间统计表等均可由本系统自动生成。系统上线后，有效提升了接收站实时感知、协同优化、预测预警、科学决策的能力。

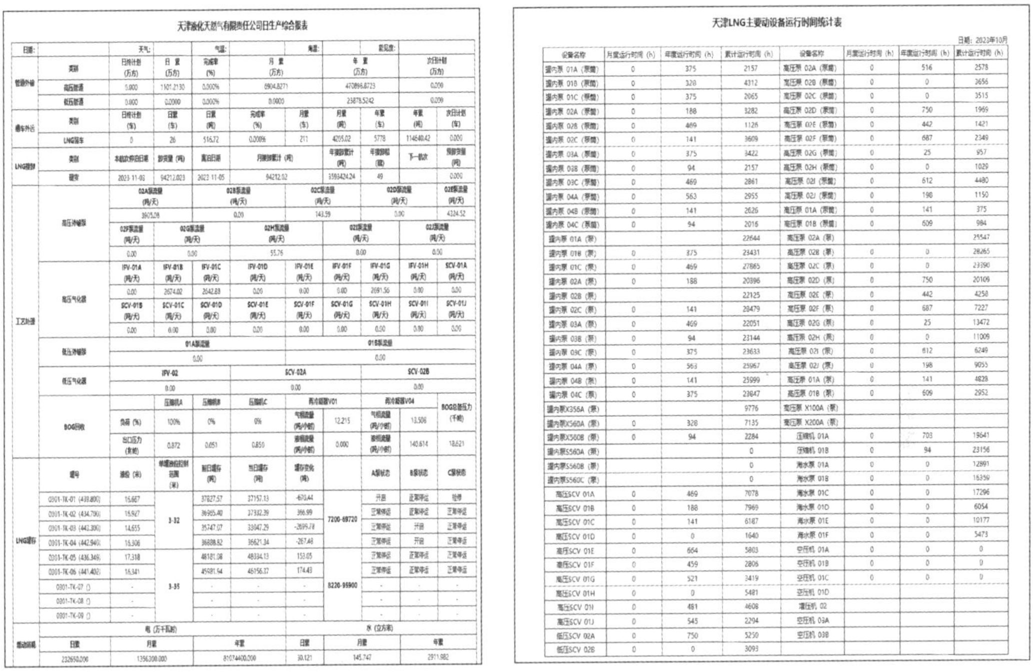

天津液化天然气有限责任公司日生产综合报表

日期:		天气:		气温:		湿度:		能见度:		
管道外输	类别	日输计划(万方)	日量(万方)	完成率(%)	月量(万方)		年量(万方)		次日计划(万方)	
	高压管道	5.000	1101.2130	0.000%	6904.8271		470896.8723		0.000	
	低压管道	0.000	0.0000	0.000%	0.0000		23878.5242		0.000	
槽车外运	类别	日输计划(车)	日量(车)	日量(吨)	完成率(%)	月量(车)	月量(吨)	年量(车)	年量(吨)	次日计划(车)
	LNG槽车	0	26	516.72	0.000%	211	4205.02	5778	114640.42	0.000
LNG接卸	类别	本航次停泊日期	卸货量(吨)	离泊日期	月接卸累计(吨)		年接卸累计(吨)	年接卸船(艘)	下一航次	预卸货量(吨)
	[illegible]	2023-11-03	94212.023	2023-11-05	94212.02		3393424.24	49		0.000
工艺处理	高压外输泵	02A泵流量(吨/天)		02B泵流量(吨/天)		02C泵流量(吨/天)		02D泵流量(吨/天)		02E泵流量(吨/天)
		3905.08		0.00		143.59		0.00		4324.52
		02F泵流量(吨/天)	02G泵流量(吨/天)		02H泵流量(吨/天)		02I泵流量(吨/天)		02J泵流量(吨/天)	
		0.00	0.00		55.76		0.00		0.00	
	高压气化器	IFV-01A(吨/天)	IFV-01B(吨/天)	IFV-01C(吨/天)	IFV-01D(吨/天)	IFV-01E(吨/天)	IFV-01F(吨/天)	IFV-01G(吨/天)	IFV-01H(吨/天)	SCV-01A(吨/天)
		0.00	2674.02	2642.88	0.00	0.00	0.00	2691.56	0.00	0.00
		SCV-01B(吨/天)	SCV-01C(吨/天)	SCV-01D(吨/天)	SCV-01E(吨/天)	SCV-01F(吨/天)	SCV-01G(吨/天)	SCV-01H(吨/天)	SCV-01I(吨/天)	SCV-01J(吨/天)
		0.00	6.00	0.00	0.00	0.00	0.00	0.00	0.00	0.00
	低压外输泵	01A泵流量					01B泵流量			
		0.00					0.00			
	低压气化器	IFV-02			SCV-02A			SCV-02B		
		0.00			0.00			0.00		
	BOG回收		压缩机A	压缩机B	压缩机C	再冷凝器V01		再冷凝器V04		BOG总管压力(千帕)
		负荷(%)	100%	0%	0%	气相流量(吨/小时)	12.215	气相流量(吨/小时)	13.506	
		出口压力(兆帕)	0.872	0.051	0.850	液相流量(吨/小时)	0.000	液相流量(吨/小时)	140.614	18.621
LNG罐存	罐号	液位(米)	单罐液位控制范围(米)	前日罐存(吨)	当日罐存(吨)	罐存变化(吨)		A泵状态	B泵状态	C泵状态
	0301-TK-01 (439.800)	16.667	3-32	37827.57	37157.13	-670.44	7200-69720	开启	正常停运	检修
	0301-TK-02 (434.790)	16.927		36965.40	37332.39	366.99		正常停运	正常停运	正常停运
	0301-TK-03 (443.300)	14.655		35747.07	33047.29	-2699.78		正常停运	开启	正常停运
	0301-TK-04 (442.940)	16.306		36888.82	36621.34	-267.48		正常停运	开启	正常停运
	0301-TK-05 (436.349)	17.318	3-35	48181.08	48334.13	153.05	8220-95900	正常停运	正常停运	正常停运
	0301-TK-06 (441.402)	16.341		45981.94	46156.37	174.43		正常停运	正常停运	正常停运
	0301-TK-07 ()	-		-	-	-		-	-	-
	0301-TK-08 ()	-		-	-	-		-	-	-
	0301-TK-09 ()	-		-	-	-		-	-	-
能源消耗	电(万千瓦时)					水(立方米)				
	日量	月量		年量		日量	月量		年量	
	232650.000	1356300.000		81074400.000		30.121	145.747		2911.982	

天津LNG主要动设备运行时间统计表

日期：2023年10月

设备名称	月度运行时间(h)	年度运行时间(h)	累计运行时间(h)	设备名称	月度运行时间(h)	年度运行时间(h)	累计运行时间(h)
罐内泵 01A (泵筒)	0	375	2157	高压泵 02A (泵筒)	0	516	2578
罐内泵 01B (泵筒)	0	328	4312	高压泵 02B (泵筒)	0	0	3656
罐内泵 01C (泵筒)	0	375	2065	高压泵 02C (泵筒)	0	0	3515
罐内泵 02A (泵筒)	0	188	3282	高压泵 02D (泵筒)	0	750	1969
罐内泵 02B (泵筒)	0	469	1126	高压泵 02E (泵筒)	0	442	1421
罐内泵 02C (泵筒)	0	141	3609	高压泵 02F (泵筒)	0	687	2349
罐内泵 03A (泵筒)	0	375	3422	高压泵 02G (泵筒)	0	25	957
罐内泵 03B (泵筒)	0	94	2157	高压泵 02H (泵筒)	0	0	1029
罐内泵 03C (泵筒)	0	469	2861	高压泵 02I (泵筒)	0	612	4480
罐内泵 04A (泵筒)	0	563	2955	高压泵 02J (泵筒)	0	198	1150
罐内泵 04B (泵筒)	0	141	2626	高压泵 01A (泵筒)	0	141	375
罐内泵 04C (泵筒)	0	94	2016	高压泵 01B (泵筒)	0	609	984
罐内泵 01A (泵)			22644	高压泵 02A (泵)			25547
罐内泵 01B (泵)	0	375	23431	高压泵 02B (泵)	0	0	28265
罐内泵 01C (泵)	0	469	27865	高压泵 02C (泵)	0	0	23390
罐内泵 02A (泵)	0	188	20396	高压泵 02D (泵)	0	750	20109
罐内泵 02B (泵)			22125	高压泵 02E (泵)	0	442	4258
罐内泵 02C (泵)	0	141	28479	高压泵 02F (泵)	0	687	7227
罐内泵 03A (泵)	0	469	22051	高压泵 02G (泵)	0	25	13472
罐内泵 03B (泵)	0	94	23144	高压泵 02H (泵)	0	0	11009
罐内泵 03C (泵)	0	375	23633	高压泵 02I (泵)	0	612	6249
罐内泵 04A (泵)	0	563	25967	高压泵 02J (泵)	0	198	9055
罐内泵 04B (泵)	0	141	25999	高压泵 01A (泵)	0	141	4828
罐内泵 04C (泵)	0	375	23847	高压泵 01B (泵)	0	609	2952
罐内泵X356A (泵)			9776	高压泵 X100A (泵)			
罐内泵X560A (泵)	0	328	7135	高压泵 X200A (泵)			
罐内泵X560B (泵)	0	94	2284	压缩机 01A	0	703	19641
罐内泵S560A (泵)			0	压缩机 01B	0	94	23156
罐内泵S560B (泵)			0	海水泵 01A	0	0	12891
罐内泵S560C (泵)			0	海水泵 01B	0	0	16359
高压SCV 01A	0	469	7078	海水泵 01C	0	0	17296
高压SCV 01B	0	188	7969	海水泵 01D	0	0	6054
高压SCV 01C	0	141	6187	海水泵 01E	0	0	10177
高压SCV 01D	0	0	1640	海水泵 01F	0	0	5473
高压SCV 01E	0	664	5803	空压机 01A	0	0	0
高压SCV 01F	0	459	2806	空压机 01B	0	0	0
高压SCV 01G	0	521	3419	空压机 01C	0	0	0
高压SCV 01H	0	0	5481	空压机 01D			
高压SCV 01I	0	481	4608	增压机 02			
高压SCV 01J	0	545	2294	空压机 03A			
低压SCV 02A	0	750	5250	空压机 03B			
低压SCV 02B	0	0	3093				

图7-3-10 智能报表

(二)智能电气运维监测系统

本系统为中国石化首个 LNG 接收站智能电气运维监测系统，系统整体规模涉及中压柜间、总变 GIS、变压器等总变重点区域。共投入 2 部智能机器人、5 种传感器，通过结合设备的温度、姿态、开关状态等多种运行状态数据和工作环境数据，以 3D 可视化为显示基础，实现对监测数据的存储、分析、显示、预测(图 7－3－11)，从而达到减少人力投入、预判设备运行健康情况、确保生产不停机、不出现安全事故的目的。系统包括机器人巡检、开关柜二次室柜面仪表数据识别、电气设备健康体检、工作报表统计及导出等功能。平台

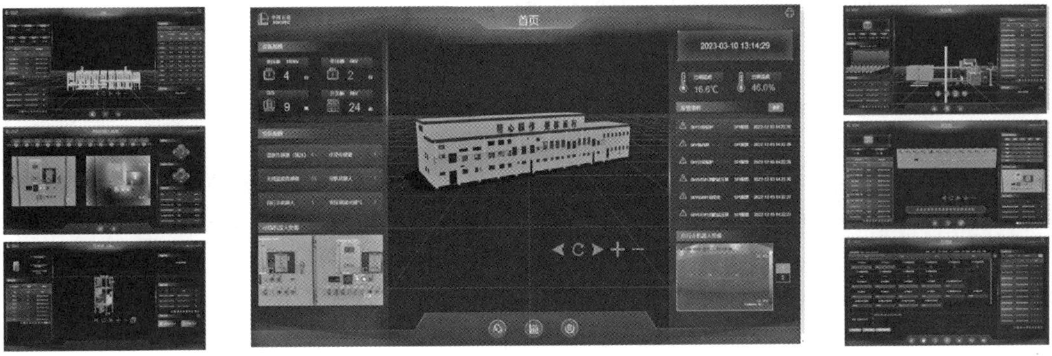

图7-3-11 系统运行多界面

根据设置的巡检任务内容和时间间隔对机器人进行统一调度控制，完成诸如中压柜二次室表记识别、设备运行局放检测、设备运行声音采集、柜面温度监控等工作内容，形成特色的“五位一体”巡检方式，每次机器人完成指定任务后平台会及时生成巡检报告（图7-3-12）。系统打通同总变SCADA系统的报警数据通道，并形成同机器人联动的机制，一旦SCADA系统发出报警信息，机器人会自动赶赴异常设备前及时提供现场视频信息，让运维人员通过画面及时了解情况，正确做出下一步处置动作。

(a) 视频智能识别画面　(b) 局部检测(声波)　(c) 局部检测(地面波)

图7-3-12　智能巡检机器人

使用情况：系统投运后大幅降低总变日常运检工作强度，自动报表统计使运维人员更易发现问题并及时处理问题，提高巡检效率及工作质量、降低人工工时、提升办公信息化程度。

(三)双重预防机制数智化管控平台

为严格落实集团公司科技强安工作，天津LNG接收站安全管控平台数智化建设以PHAMS平台进行专业风险评估和双重预防机制功能提升为核心，将双防风险清单、现场终端巡查、电子作业系统、人员定位系统、视频智能监控、雷电预警等系统功能有机融合，实现安全风险分级管控和隐患排查治理双重预防管理。系统功能与政府平台互联互通，用数字化技术手段推进双预防持续有效开展。将隐患治理责任到人，使得隐患排查不再停留在管理层面、操作层面，将班组巡检、各专业联检（工艺、设备、电气、仪表）与隐患排查相结合，治理结果共同监督，形成问题动态闭环管理。

使用情况：已在工艺外操现场排查、电气隐患排查、远传压力表排查、设备振动监测等场景推广应用。

(四)卸料臂自动对接技术

2021年12月29日投用天津LNG接收站2#泊位国产卸料臂，为全球首台具备自动对接功能的LNG卸料臂，不用人工干涉，可自动快速实现卸料臂和所接泊LNG船体法兰的精准对接，并创新性地开发了3D实时智能管控、基于视觉的自动对接等功能，产品整体性能达到国际主流水平。如图7-3-13所示。

视觉识别与自动对接系统

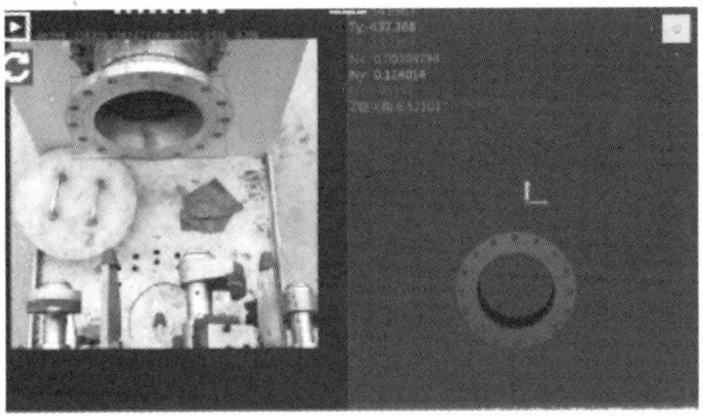

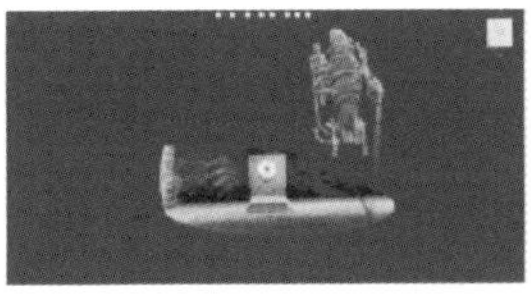

技术特点
- 视觉系统识别船体法兰
- 船体法兰浮动追踪
- 视觉高精度测距与成像
- 算法解析目标位姿
- 适应雨、雾、强光、黑暗环境
- 远距离、大广角视角
- 路径解析与平滑轨迹运动
- 实时安全避障
- 紧急停车
- 0-100无极调速自动对接

安全运维预测系统

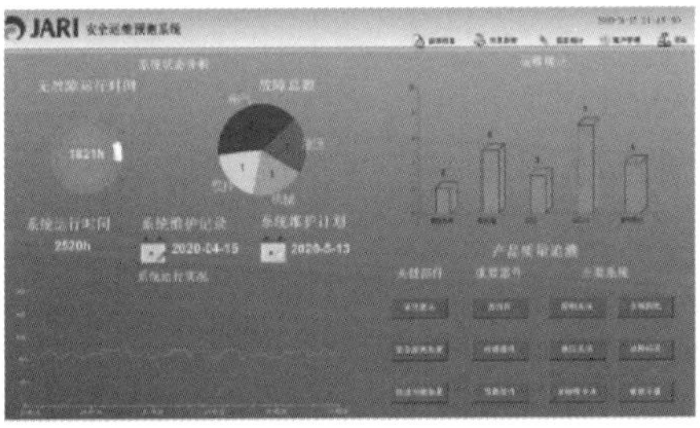

技术特点
- 故障报警、故障预测
- 大数据信息分析
- 设备劣势趋势、寿命周期预测
- 在线故障诊断、预警及分级报警
- 安全维护计划、作业指导、维修记录
- 自动生成维护/维修工单
- 自动弹出报警信息，故障快速定位
- 图文并茂故障解决方案

图7-3-13　视觉识别与自动对接系统

(五)智慧装车

如本书第三篇第二章LNG装车系统所述，天津LNG接收站通过智慧化装车系统建设实现了槽车充装业务全流程信息化管理，提高了业务流转效率，规范充装现场秩序，大幅减少内操人员。

除了智能装车系统的研发，装车撬操作自动化及充装过程的安全智能管控也是提升装车智慧化水平的关键。青岛LNG接收站已研发国内首台自动化装车撬并投入使用(图7-3-14、图7-3-15)，自动装车撬具有一键到位、自动对接、自动验漏、自动吹扫、自动拆臂、自动归位等功能，实现了全流程自动装车，有效降低安全风险。

图7-3-14　自动化装车撬首车测试

图7-3-15　二代全自动化装车撬

参考文献

[1]中石油江苏液化天然气有限公司．液化天然气接收站运行技术手册[M]．中国石化出版社，2020.

[2]邵志芳，张宏君．石油化工往复式压缩机组施工及验收规范[S]．中华人民共和国工业和信息化部，2022.

[3]陈洪岩，刘思源，李琳琳，等．往复压缩机检维修过程分析及探讨[J]．压缩机技术，2021(05)：30-34.

[4]孙陆晶，叶郁，贾领军．国内外LNG供需现状及发展前景[J]．中国石油和化工经济分析，2012，(12)：52-57.

[5]马红，胡文君．大型LNG储罐结构形式及选型[J]．中国房地产业，2013，(4)：467-470.

[6]骆晓玲，齐长勇，程换新．大型液化天然气储罐的发展研究[J]．机械设计与制造，2009，(9)：255-257.

[7]丁乙．16万立方米全容式低温LNG储罐建造工法大全[M]．北京：中国石化出版社，2020.

[8]沈艳俐．10万 m^3LNG储罐罐顶气升技术措施及控制浅析[J]．上海煤气，2016，2(3)：53-54.

[9]向苍义，唐志和，苏璟，等．20万 m^3LNG储罐钢制拱顶气顶升技术综述[J]．石油化工建设，2017，39(3)：54-58.

[10]杨国强．LNG储罐设计与施工[D]．西安：西安石油大学，2016.

[11]马铁轮，洪宁．DOKA模板在LNG储罐工程中的应用及安全风险分析[J]．石油工程建设，2010，36(3)：82-86.

[12]张丹，许佳伟，明红芳，等．LNG薄膜罐技术发展现状及其在国内推广的前景[J]．化工管理，2021，2(5)：9-10.

[13]谷翀．LNG运输船的结构特点及发展前景[J]．上海节能，2020，(12)：1457-1462.

[14]宋吉卫．大型LNG船船型设计研究[J]．中国造船，2012，53(04)：164-170.

[15]陶金贤，黄勇，陈顺洪，等．支线LNG运输船船型设计研究[J]．船舶工程，2015，37(03)：10-12+43.

[16]胡庆华，刘建朔．V型无压载水小型LNG运输船设计研究[J]．煤气与热力，2019，39(08)：39-42+44.

[17]李源．大型LNG船设计演变轨迹[J]．中国船检，2012，(05)：58-62.

[18]吴珉颉，段兆芳．LNG动力船发展现状及相关问题分析[J]．中国能源，2017，39(08)：36-38.

[19]张晓荣，李博洋，涂志平．LNG运输船冷能的利用设计与经济性[J]．中国航海，2018，41(02)：130-134.

[20]吴穷，王建丰，王冲，等．LNG运输船的主动力装置[J]．热能动力工程，2009，24(01)：7-11+139.

[21]丁举．大型LNG船推进型式研究[J]．船舶，2011，22(04)：25-28.

[22]张海涛．液化天然气运输船动力装置选型[J]．中国水运(下半月)，2018，18(07)：1-3.

[23]李博洋，张运秋，邱力强，等．LNG动力船燃料冷能的综合开发与利用[J]．中国航海，2015，38(03)：108-111+120.

[24]仲伟杰，裴存锋．LNG接收站接船卸料操作风险管控[J]．低碳世界，2021，11(07)：142-143.

[25]任东，杨伟红．浅析大型LNG接收站LNG船舶接卸安全管理[J]．石油和化工设备，2022，25(11)：177-180.

[26]方灿明. 非设计工况下 LNG 接收站接船卸料问题及对策[J]. 天然气技术与经济, 2015, 9(05): 41 - 44 + 79.
[27]景佳琪, 陈军. LNG 卸船时预冷速度的控制要点[J]. 油气储运, 2015, 34(03): 328 - 331.
[28]宋朋远. LNG 船舶接卸过程中卸料臂预冷控制研究[J]. 化工管理, 2022, (12): 111 - 113.
[29]邢辉, 张荣旺. 船运 LNG 到港计量交接作业及常见问题的解决措施[J]. 天然气工业, 2011, 31(08): 96 - 100 + 138 - 139.
[30]方灿明. LNG 接收站非设计工况下接船卸料所面临的问题及对策[J]. 城市燃气, 2015, (07): 15 - 19.
[31]孙优贤, 桂卫华, 钱峰, 等. 控制工程手册[M]. 北京: 化学工业出版社, 2015.
[32]梁尚煊, 叶东升. LNG 贸易计量与交接[J]化工学报, 2009, S1.
[33]李宝斐, 罗怡凯. 液化天然气取样系统应用技术综述[J]. 石化技术, 2019, 26(10): 369 - 370.
[34]许国旺, 侯晓莉, 朱书奎. 分析化学手册第三版 [M]. 北京: 化学工业出版社, 2016.
[35]王飞. 德国耶拿 EA5000 紫外荧光测硫仪在硫含量分析中的应用[J]. 石化技术, 2018, 25(1): 23.
[36]牛亚楠. 多元混合制冷剂小型天然气液化装置的模拟研究[D]. 上海: 同济大学, 2007.
[37]宋明智. 中国天然气产业发展策略研究[J]. 资源与产业, 2012, 14(04): 12 - 18.
[38]刘新领. 论 LNG 站的安全技术管理[J]. 城市燃气, 2005, (05): 12 - 15.
[39]陈兵替, 王建中, 谢友友, 等. 煤层气开采过程安全风险分析[J]. 中国煤层气, 2011, 8(03): 44 - 46.
[40]王泓. LNG 潜在的危害及其预防措施[J]. 天然气与石油, 2007, (01): 1 - 2 + 10 + 59.
[41]李颖舒, 郭滔, 杨建庭, 等. 检测实验室中质量管理体系的建立与运行[J]. 机电工程技术, 2022, 51(09): 55 - 57.